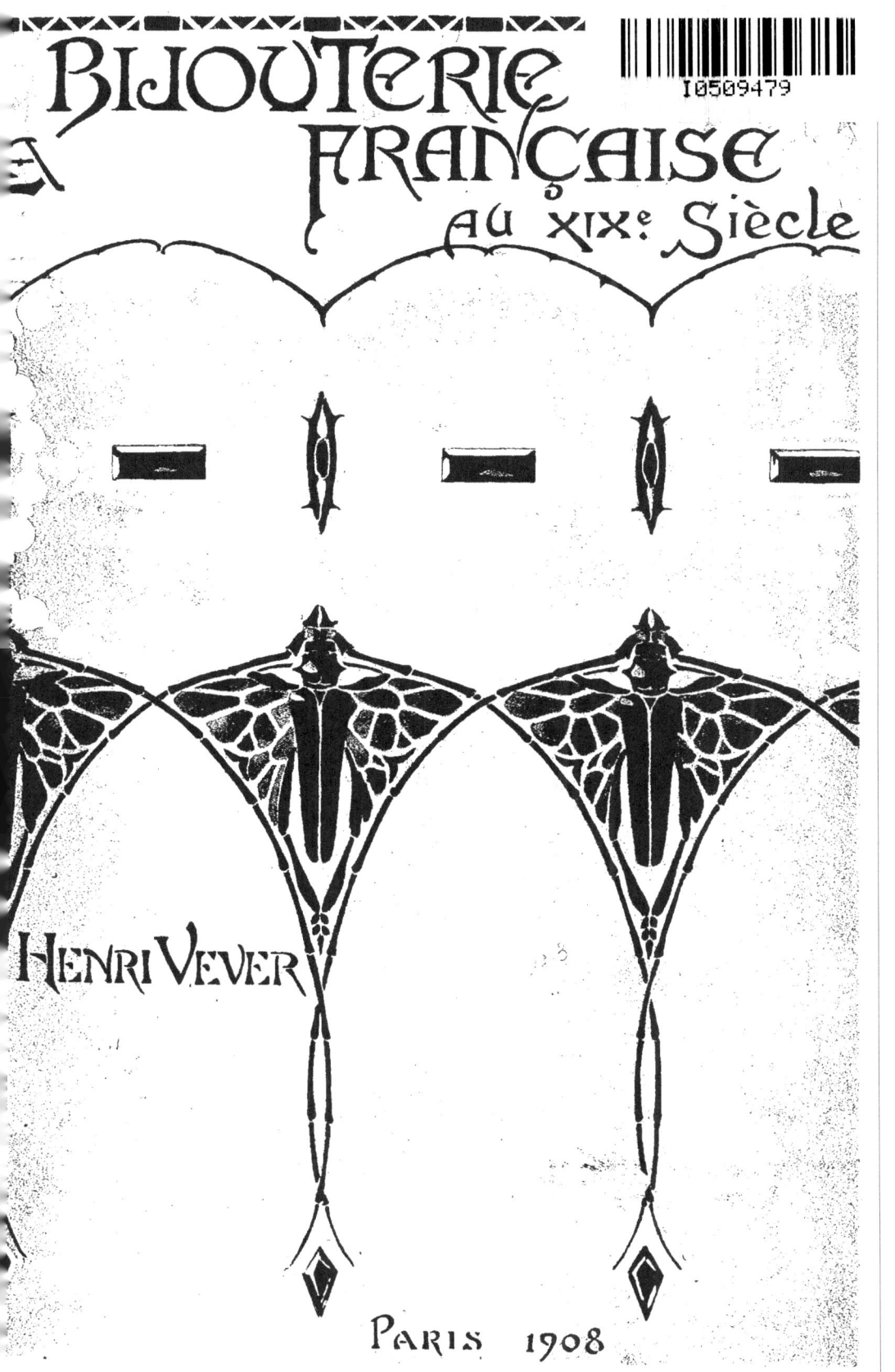

LA

BIJOUTERIE FRANÇAISE
AU XIXe SIÈCLE

(1800-1900)

LA
BIJOUTERIE FRANÇAISE

AU XIXᵉ SIÈCLE

(1800-1900)

PAR

HENRI VEVER

BIJOUTIER-JOAILLIER

III

La Troisième République

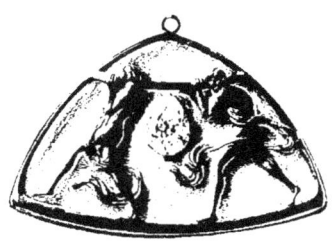
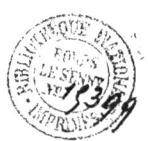

PARIS
H. FLOURY, LIBRAIRE-ÉDITEUR
1, BOULEVARD DES CAPUCINES, 1

—

1908

Tous droits de traduction et de reproduction réservés

LA TROISIÈME RÉPUBLIQUE

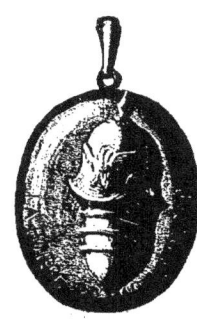

« LA FORCE PRIME LE DROIT »
MÉDAILLON (1871),
par Paul Legrand.

Il n'est certainement pas besoin de rappeler de quelle tragique façon se termina cette période de luxe inouï, de jouissance enfiévrée, que fut la fin du Second Empire. Le réveil fut brutal pour la France, bercée jusqu'alors par le joyeux accord des fêtes ininterrompues, et aussi par les chants de victoire qui célébraient le succès de nos armes. A la joie, à la vie facile et insouciante, à la ferme confiance dans l'avenir du pays, succédèrent brusquement les patriotiques angoisses, les préparatifs inquiets, et bientôt, hélas ! les larmes et le deuil. Ce fut la guerre ! guerre préméditée et longuement préparée par un ennemi redoutable, guerre sans ami, sans allié, car nos campagnes antérieures de Crimée, d'Italie, de Chine, du Mexique, avaient successivement éveillé contre nous la méfiance des autres nations, quelque peu jalouses aussi de notre gloire et de notre richesse. Aucune voix en Europe ne s'éleva pour protester ni pour intervenir en notre faveur ; et la France terrassée dut subir, saignante encore, la cruelle amputation de deux de ses plus belles provinces [1].

Mais ses malheurs ne devaient pas s'arrêter là et Paris, après les souffrances d'un siège rigoureux stoïquement supporté, connut les horreurs de la guerre civile et vit l'incendie sacrilège détruire, sous les yeux même du vain-

[1]. Indépendamment de l'indemnité de guerre de cinq milliards, concédée par le traité de Francfort, la France dut abandonner à l'Allemagne le département du Bas-Rhin tout entier, celui du Haut-Rhin moins Belfort et son territoire, les trois quarts de celui de la Moselle, un tiers de celui de la Meurthe, deux cantons de celui des Vosges ; soit une perte de 14.875 kilomètres carrés, avec une population de plus de 1.600.000 habitants.

queur, les monuments séculaires qui faisaient sa parure et son orgueil.

Dans cette tempête effroyable, il sembla vraiment que la patrie allait sombrer. Comme il arrive après les grands cataclysmes, il y eut un premier moment de stupeur et de recueillement ; puis, après la répression définitive de la Commune, Paris, accessible de nouveau à tous ceux qui s'étaient mis à l'abri en province ou à l'étranger, commença à se ressaisir. La vie industrielle et commerciale du pays reprit ; les salons se rouvrirent peu à peu. Certes, le temps des fêtes était loin, mais on était heureux de se retrouver après la tourmente, de savoir comment s'étaient passés les jours mauvais, de s'entretenir aussi des chances possibles de restauration impériale ou monarchique, blanche ou tricolore, d'échanger ses espérances alors très justifiées, ou de préparer les voies de l'avenir souhaité [1].

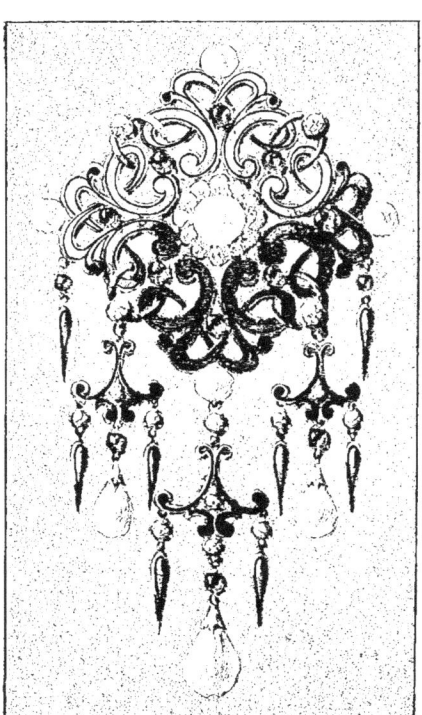

BROCHE A FILETS D'ÉMAIL,
PERLES ET BRILLANTS.

1. La République ne fut proclamée définitivement par l'Assemblée Nationale, en 1875, qu'à *une* voix de majorité.

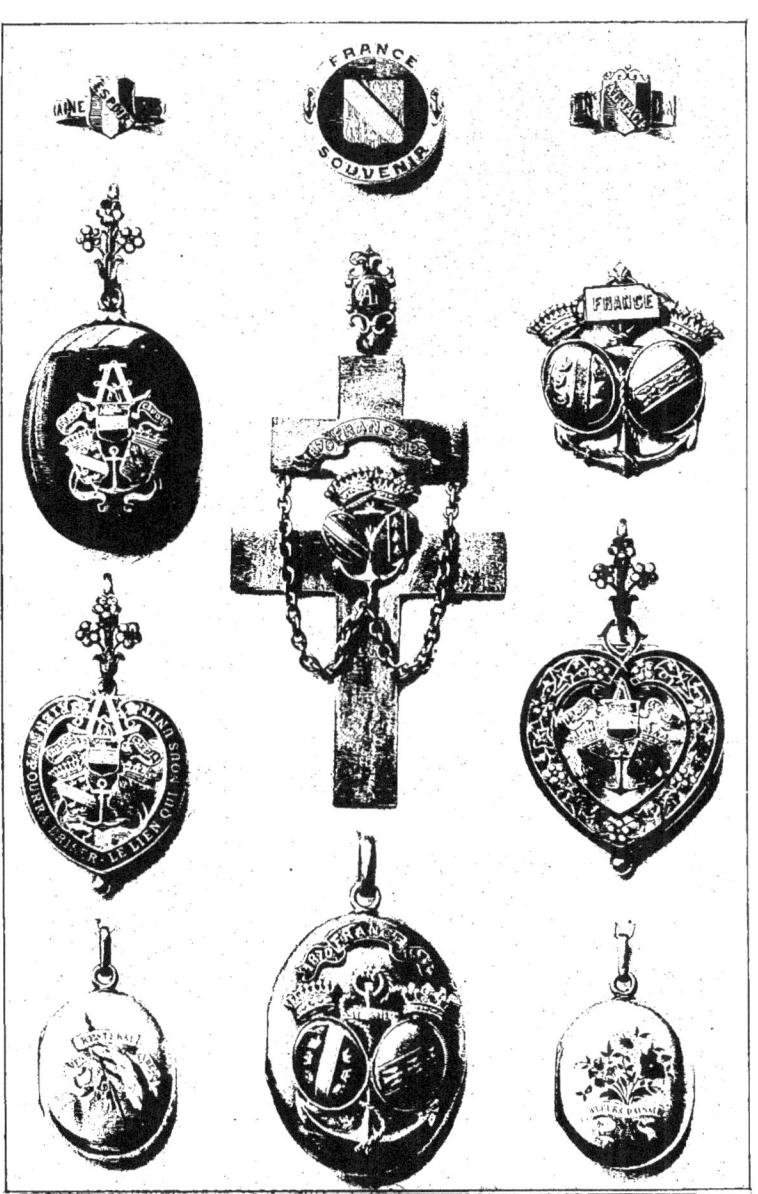

BIJOUX « ALSACE-LORRAINE », AVEC EMBLÈMES ET DEVISES PATRIOTIQUES.

Dans ces réunions mondaines, presque intimes, on se contentait de porter sans ostentation les parures d'autrefois, ou du moins ce qu'il en restait, car nombreux furent ceux qui, partis précipitamment à l'étranger, n'avaient pu y vivre que grâce à la vente de quelques-uns de leurs joyaux. Il n'est peut-être pas hors de propos de signaler ici qu'après avoir constaté par expérience de quelle ressource le bijou peut être dans les circonstances difficiles, beaucoup s'empressèrent, dès leur retour, non seulement de reconstituer leur écrin, mais même de l'augmenter dans de notables proportions.

Rappelons aussi que, pendant l'Année terrible, il y eut, à Paris, une telle pénurie de numéraire qu'on avait la plus grande difficulté à acheter même les objets de première nécessité qui, d'ailleurs, avaient atteint des prix excessifs. Il était donc pour ainsi dire impossible aux Parisiens de réaliser leurs bijoux. A ce moment, le malaise était devenu tel, qu'une délégation de la Chambre syndicale de la Bijouterie fit une démarche auprès du Ministre des Finances pour lui proposer de faire fondre et convertir en

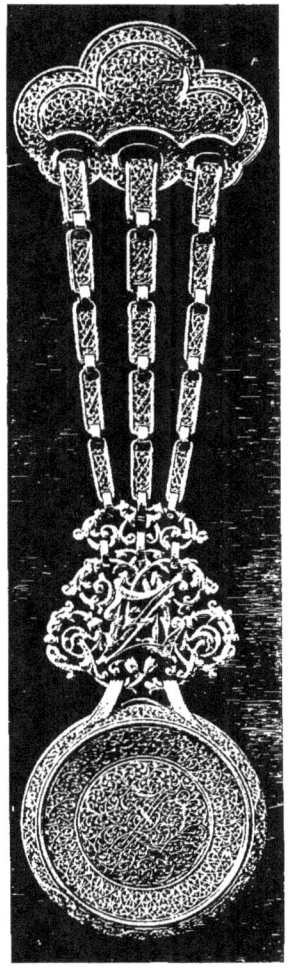

CHATELAINE EN OR REPERCÉ.
Composition de J. Debut ;
exécution de Chalvet.
(Maison Boucheron.) — Haut., 19 cent.

espèces, par la Monnaie, les matières d'or et d'argent qui

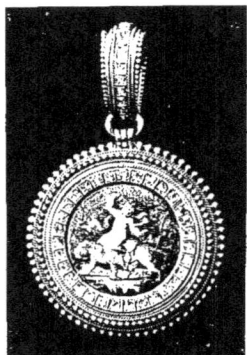

MÉDAILLON
AVEC ÉMAIL PEINT
par E. Fontenay.

se trouvaient sans emploi, par suite du chômage absolu.

La délégation fut, selon l'usage, reçue « d'une façon charmante », avec promesse de donner suite à sa très intéressante proposition, dont, selon l'usage aussi, on n'entendit jamais plus parler.

Après la mort de Napoléon III, en 1872 [1], l'Impératrice Eugénie, réfugiée en Angleterre et se trouvant dans une gêne relative, se défit de ses bijoux personnels, désormais inutiles d'ailleurs. C'est ainsi que son grand collier de trois rangs de perles, comprenant 121 perles pesant 4.260 grains [2] (plus de 35 grains de moyenne par perle), fut acheté par Loew, un ancien employé de Baugrand, pour le compte de la Païva, devenue

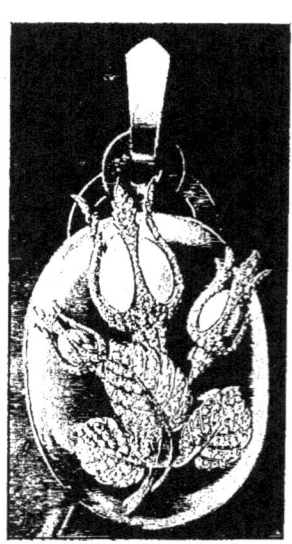

MÉDAILLON OR MAT,
AVEC BOUTONS DE ROSES
EN PERLES ROSES
par Gay et Morgan.

1. Lorsque Napoléon III mourut à Chislehurst, le 9 janvier 1872, « l'Empereur portait trois bagues à l'annulaire de la main gauche. C'étaient son anneau de mariage, celui de sa mère, la reine Hortense, et celui de son aïeule maternelle, l'Impératrice Joséphine. On offrit au Prince Impérial de les lui remettre, mais, par un pieux scrupule, le fils de Napoléon III les refusa et émit le désir que son père fût inhumé avec ces précieux souvenirs. » (*Napoléon III*, par Jean Guétary. Paris, Librairie Universelle.)

2. Voici quelle était la composition du collier à ce moment :

1er rang . . . . 35 perles, 1.130 grains.
2e — . . . . 39 — 1.408 —
3e — . . . . 47 — 1.724 —
Ensemble. . 121 perles, 4.262 grains.

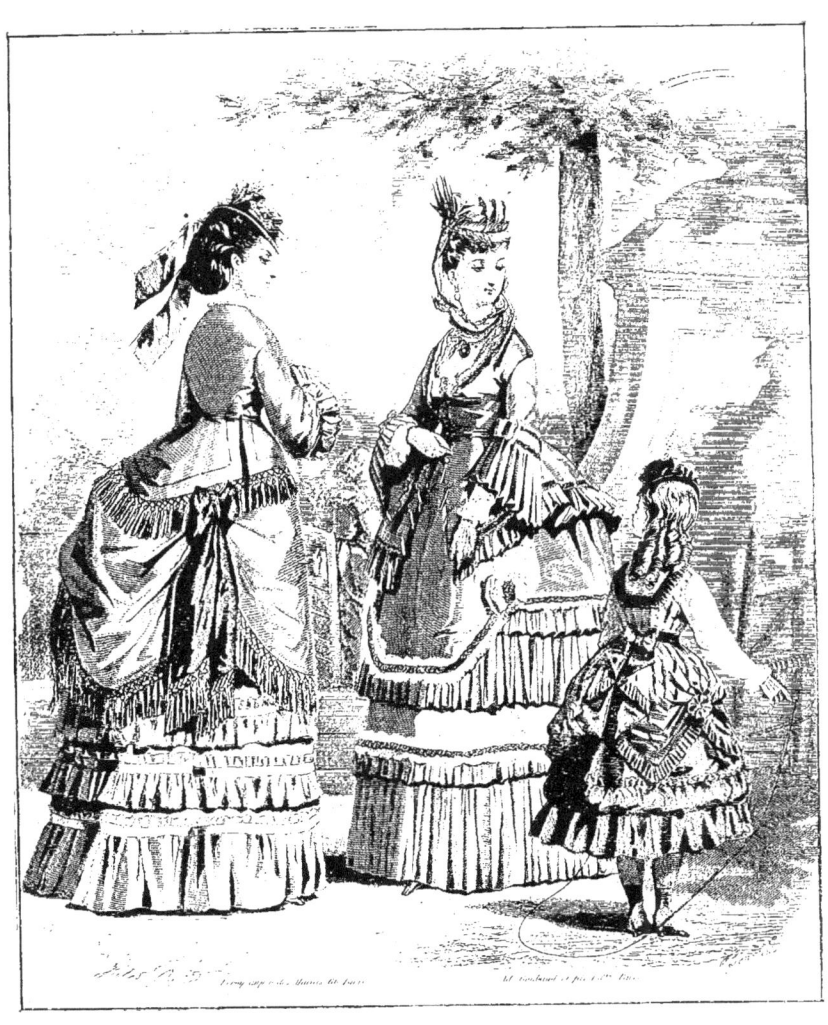

MODES DE 1870.
Médaillons, boucles d'oreilles.

par son mariage, Comtesse Henckel de Donnersmarck.

Personne n'ignore le rôle joué vers la fin de l'Empire par cette Juive polonaise qui, partie de rien, mais douée d'un esprit d'intrigue remarquable, d'une volonté tenace et d'une ambition sans bornes, comme aussi sans scrupules, devint successivement la reine des femmes entretenues de Paris, puis Marquise de Païva, enfin Comtesse Henckel de Donnersmarck et cousine du Prince de Bismarck ! Elle, dont la jeunesse s'était passée dans la misère, fut invitée aux Tuileries et reçut dans l'intimité la fleur de la brillante société d'alors. Les notabilités des lettres, des sciences, des arts, de la finance et du monde diplomatique se retrouvaient dans le somptueux hôtel qu'elle s'était fait construire aux Champs-Élysées par Mauguin et Lefuel, et que Baudry décora de peintures célèbres. Les attaches de la Païva avec l'ambassade d'Allemagne et avec le Prince de Hohenlohe ne sont un secret pour personne ; certains ne se gênaient même pas pour l'appeler « l'espionne ». Le Comte Henckel de Donnersmark fut, en 1870 — nous nous le rappelons trop bien, — le premier gouverneur allemand de Metz, après la capitulation. Ce poste et le titre de Prince qu'il reçut par la suite récompensèrent les services, plus importants que glorieux, rendus à l'Allemagne par le couple funeste, pendant son long séjour à Paris.

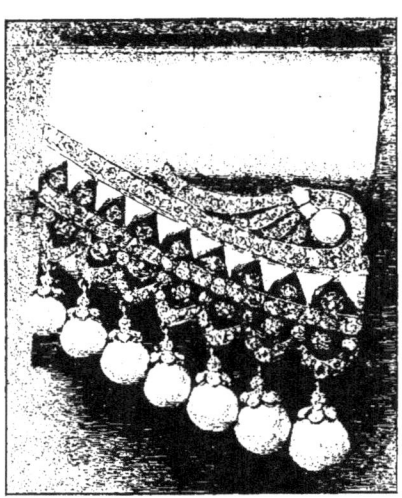

BRACELET MANCHETTE
par Crouzet. (Maison Boucheron.)

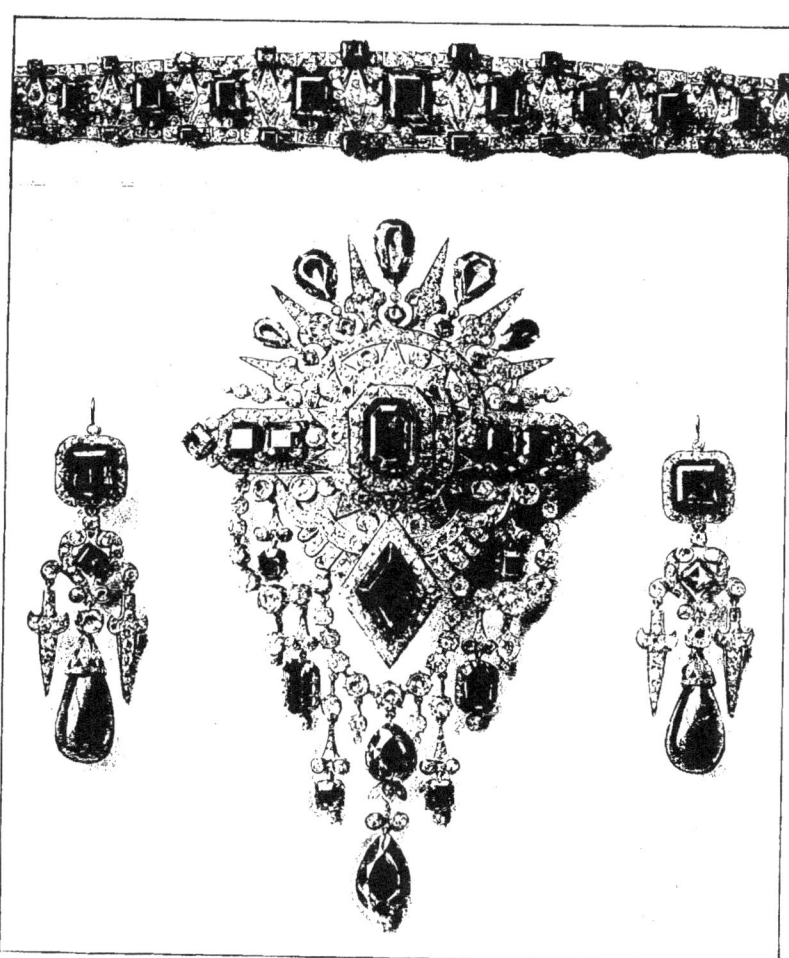

PARURE D'ÉMERAUDES ET BRILLANTS
par Bapst (1872).

On prétend que la Païva, qui avait cherché à circonvenir Gambetta après la guerre, fut invitée par le Gouvernement français à quitter le territoire.

N'y a-t-il pas une sorte de fatalité tragique dans les vicissitudes de ce collier qui, après avoir rayonné sur les épaules de la Souveraine aux jours de sa splendeur, vint parer — trophée insolent — la femme qui avait été un des principaux instruments de sa déchéance et de notre perte !

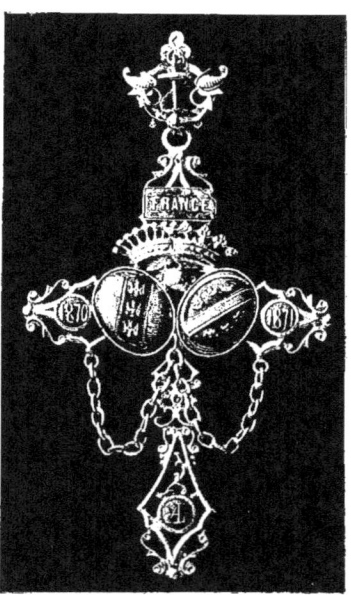

CROIX « ALSACE-LORRAINE ».

La Comtesse de Donnersmarck mourut quelques années plus tard en Allemagne. Son mari, malgré les souvenirs qui pouvaient s'attacher à un pareil joyau, le vendit, en 1889, à Kramer qui, nous l'avons dit, avait été joaillier de l'Impératrice, bien que sujet prussien ; ce dernier le revendit immédiatement 500.000 francs à Boucheron, qui dispersa cette collection de perles en différents colliers.

Naturellement, dans l'état d'esprit général où chacun se trouvait au sortir de la guerre, il n'était pas question, pour les bijoutiers, de s'ingénier à découvrir quelque formule d'art inédite. Toutes leurs tentatives de nouveauté, nombreuses d'ailleurs, furent à ce moment inspirées beaucoup plus par le sentiment patriotique que par une préoccupation décorative. On créa beaucoup de bijoux où figuraient des éclats d'obus, des débris d'armes, des attributs militaires, ou encore, se mêlant au lierre, au myosotis, à des emblèmes de souvenir et d'espérance, les armoiries enlacées et souvent enchaînées de l'Alsace et de la Lorraine; le mot « *France* » inscrit dans un écusson dont l'angle de droite supprimé rappelait les provinces enlevées. Ces bijoux symboliques étaient, en général, plus intéressants par l'idée respectable et touchante qu'ils cherchaient à exprimer, que par la beauté de leur composition ou la perfection de leur exécution. On en vendit d'innombrables quantités en vieil argent estampé, avec les couleurs françaises émaillées : croix, médaillons, bracelets, châtelaines, broches, cachets, bagues, épingles de cravate, etc.

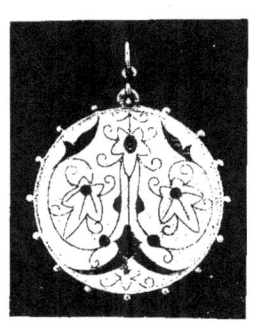

BOUCLE D'OREILLE
ÉMAUX CLOISONNÉS
par Falize.

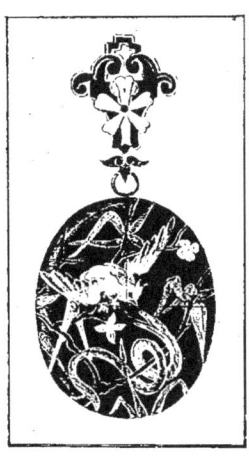

MÉDAILLON
ÉMAUX CLOISONNÉS
par Falize.

La maison Piel en avait dix modèles différents, et un atelier entier fut employé pendant plus de deux ans à la fabrication exclusive et ininterrompue de bijoux « Alsace-Lorraine ». Ces bijoux éveillèrent la susceptibilité toujours aux aguets de l'autorité allemande, qui les interdit dans les pays annexés.

A propos de ces bijoux patriotiques inspirés par les tragiques événements de 1870, rappelons une anecdote qui circulait alors et dont le feld-maréchal de Manteuffel fut, paraît-il, le héros.

Dans un repas officiel, le futur statthalter d'Alsace-Lorraine était assis auprès d'un de nos plus fins diplomates. Celui-ci s'évertuait à convaincre son illustre voisin de la supériorité française pour tout ce qui récla-

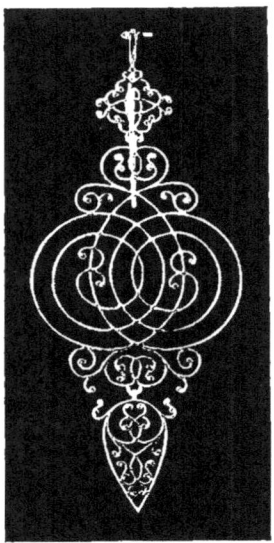

PENDANT D'OREILLE EN OR.
Genre ferrure tourné à la pince,
par Chalvet.
(Maison Boucheron.)

mait de la délicatesse et du goût. Sous les doigts habiles de nos ouvriers, soutenait-il, il n'est rien de laid qui ne puisse être transformé en objet gracieux. Quelque peu agacé, le vieux soldat, arrachant un poil de sa barbe grise, le remit à notre compatriote en s'écriant, avec une pointe d'ironie : « Eh bien ! pour démontrer l'exactitude de ce que vous avancez, qu'ils me fassent quelque chose de joli avec cela ».

Acceptant la gageure, le Français envoya « cela » à un joaillier parisien, au patriotisme duquel il fit un pressant appel, afin que le bijou commandé fournît une preuve irréfutable de l'habileté et du goût dont il s'était porté garant.

Peu de jours après, le maréchal recevait de Paris un petit colis contenant une magnifique épingle de cravate, très finement ciselée. L'aigle de Prusse y était représenté, tenant dans ses serres le poil germain, aux extrémités duquel étaient fixés deux minuscules écussons d'or aux armes d'Alsace et de Lorraine ; mais sur le roc où se dressait fièrement l'héraldique oiseau, on pouvait lire en français ces mots, hélas ! moins invraisemblables alors qu'aujourd'hui : « Vous ne les tenez que par un cheveu ».

Cependant, le succès prodigieux de l'emprunt de guerre de quatre milliards

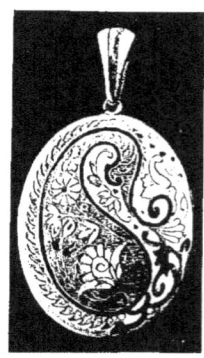

MÉDAILLON
ÉMAUX CLOISONNÉS
par Falize.

et demi couvert quatorze fois, la libération anticipée du territoire [1], la reconstitution rapide de nos forces militaires et de notre armement, la réédification des monuments détruits par l'invasion et la guerre civile, entreprise au lendemain de nos désastres [2], donnèrent au monde des preuves indiscutables de la vitalité extraordinaire de la France. Les étrangers revinrent en foule à Paris, poussés en partie par la curiosité de visiter le théâtre où venait de se dérouler un des plus grands drames de l'histoire moderne, et de voir les ruines, pour ainsi dire encore fumantes, amoncelées par le siège et la Commune. Ils étaient désireux aussi de se procurer à nouveau tous les objets de luxe dont ils avaient été privés pendant les longs mois où Paris était resté fermé. C'est ainsi que notre riche clientèle cosmopolite, celle d'Orient, de Grèce, d'Égypte, d'Espagne, de Russie, des deux Amériques, dont nous étions alors les fournisseurs habituels, et presque exclusifs, pour les articles d'élégance et de mode, nous firent des commandes et des achats importants, donnant à notre industrie une impulsion aussi heureuse qu'inespérée.

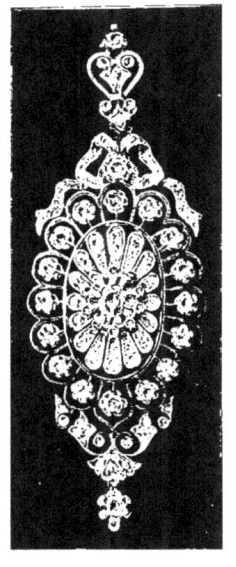

PENDANT DE COU
JOAILLERIE ET OR.
(Maison Deshayes,
de 1872 à 1885.)

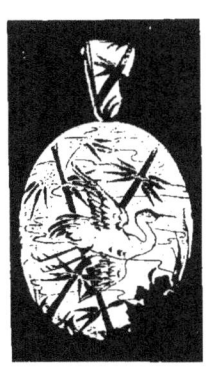

MÉDAILLON
ÉMAUX CLOISONNÉS
par Falize.

1. On fit, à cette occasion, des bijoux avec inscription « *La France libre!* », de même que, en 1874 et 1875, au moment où il était question d'une restauration monarchique, on en fit de fleurdelisés avec la devise : « *La Parole est à la France et l'heure est à Dieu* ».

2. L'emprunt de liquidation de 350 millions, émis par la Ville de Paris, fut souscrit quinze fois.

D'autre part, toutes les parties du pays n'avaient pas été également éprouvées par les événements ; si les départements envahis par l'ennemi avaient beaucoup souffert, les autres, tout en prenant part aux tristesses et aux efforts communs, avaient profité matériellement de l'émigration des Parisiens et des achats d'approvisionnements et d'équipements de toutes sortes nécessités par la formation de nos armées improvisées. Il y eut aussi un certain nombre de Français riches qui, rentrés chez eux, se trouvèrent avoir

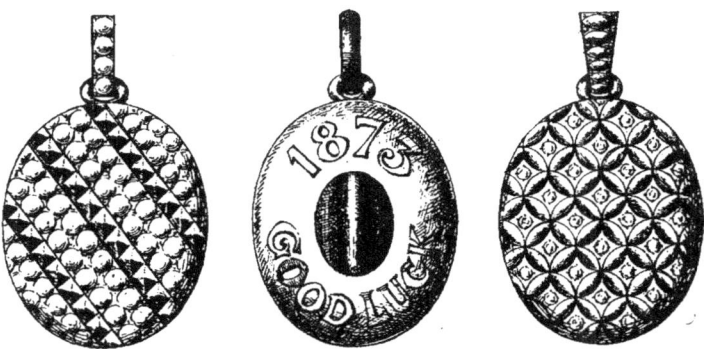

MÉDAILLONS TURQUOISES CALIBRÉES, DEMI-PERLES ET ROSES ;
MÉDAILLON OR MAT AVEC ŒIL-DE-CHAT
par Paul Robin (1873).

fait sur leurs revenus, par la force même des choses, des économies involontaires et importantes et leurs habitudes de dépense étaient trop invétérées pour qu'ils n'eussent pas considéré comme anormal de conserver ces ressources inattendues. Ce fut un moment de grande prospérité pour le commerce de luxe et en particulier pour la bijouterie.

Une autre circonstance vint encore favoriser cet essor inespéré de la joaillerie française ; ce fut, vers 1872, l'apparition, sur le marché de Paris, des diamants du Cap[1], dont

---

1. On en avait vu déjà en 1869 quelques échantillons, mais comme on en ignorait alors la provenance et l'abondance, les affaires n'en furent pas influencées.

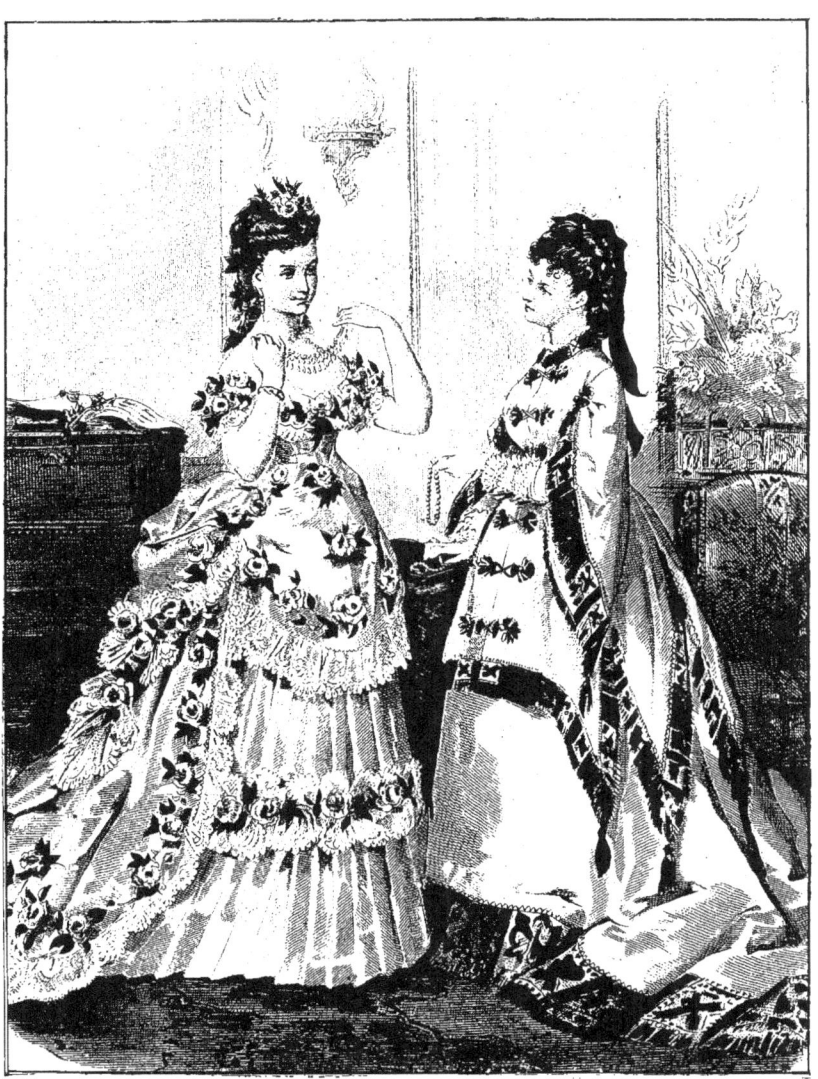

MODES DE 1872.
Colliers, pendants d'oreilles, bracelet.

le premier avait été découvert en 1867, sur le territoire d'une ferme hollandaise, située à 1.200 kilomètres environ

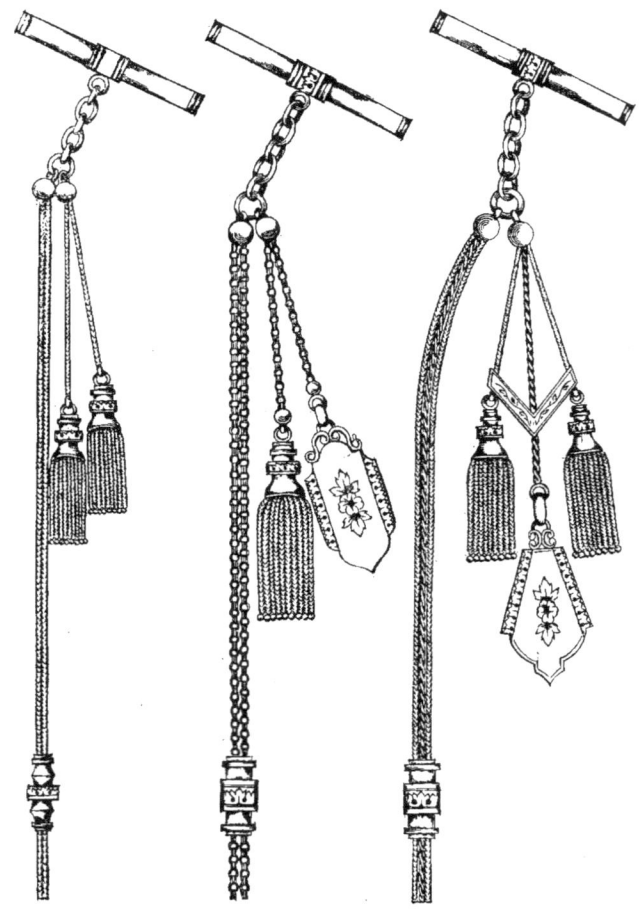

CHAINES « LÉONTINES » A GLANDS ET MÉDAILLONS,
AVEC COULANTS, POUR DAMES (1875).

au nord du Cap de Bonne-Espérance. L'enfant qui ramassa ce caillou aux lueurs voilées ne se doutait pas de la nature de sa trouvaille. Reconnue un peu plus tard par un docteur anglais, la précieuse substance devint rapidement l'objet de recherches actives et donna lieu aussitôt à des spéculations effrénées et à des entreprises considérables. Les premiers

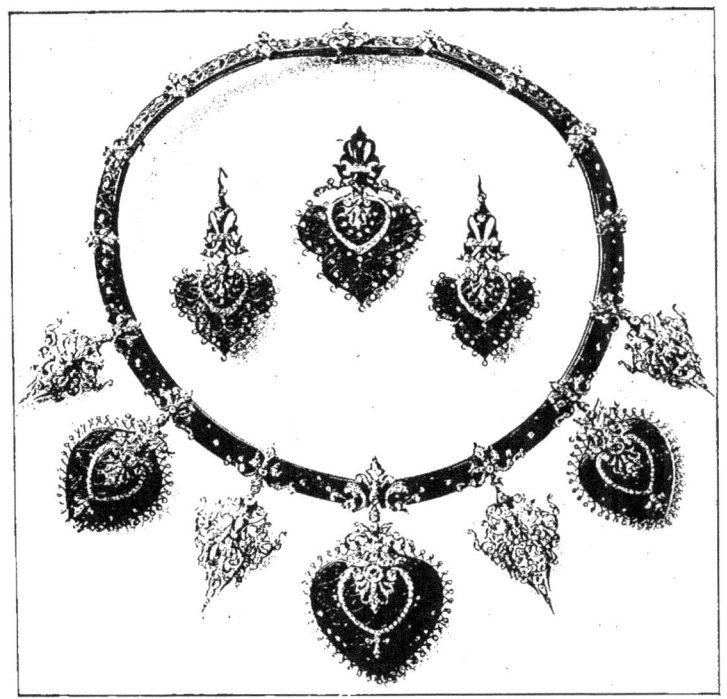

COLLIER ET DEMI-PARURE, AVEC ÉMAUX TRANSLUCIDES
par Rirlault (Maison Boucheron).

spécimens que l'on trouva étaient en général de grande dimension, mais ils avaient malheureusement une teinte jaunâtre qui jeta une défaveur sur ces nouveaux diamants, tandis que, de leur côté, ceux-ci, en raison de leur grosseur inaccoutumée, faisaient du tort aux grandes pierres plus blanches des anciennes mines qui devenaient ainsi moins

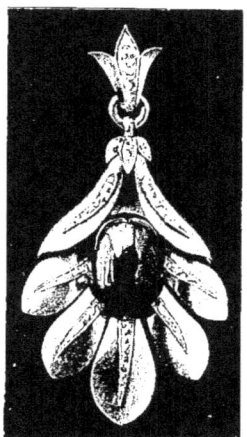

PENDANT DE COU OR MAT
ET GRENAT CABOCHON
par Soulens.

rares. Il s'ensuivit une baisse générale du diamant, dont les joailliers eurent à souffrir, mais qui eut pour résultat de rendre la merveilleuse gemme plus accessible au public, et les acquisitions augmentèrent de jour en jour. C'est ce qui hâta la transformation des montures. En effet, les pierres étant plus grosses et moins chères, on ne chercha plus à augmenter leur apparence, leurs dimensions réelles étant bien suffisantes. De sorte que l'évolution commencée par les maîtres dont nous avons parlé précédemment, entre autres par Massin dès 1861, et à laquelle l'Exposition de 1867 avait donné une grande impulsion, s'accentua encore et parvint, pour ainsi dire, à un épanouissement complet. Les montures plus légères en argent, les chatons à griffes de platine, remplacèrent avantageusement les montures lourdes et banales qui existaient jusqu'alors ; de jolis bouquets dans lesquels on s'appliquait à imiter la nature, des colliers et des bracelets souples à emmaillements invisibles, sortirent des magasins de la rue de la Paix, du boulevard des Italiens, et de ce Palais-Royal, aujourd'hui abandonné et désert, et dont la vogue avait été si considérable sous Napoléon III[1].

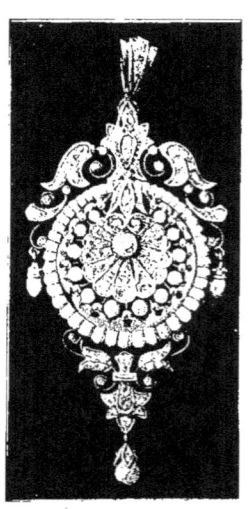

PENDANT DE COU COQUILLE
Brillants, perles
et turquoises calibrées (vers 1875).

1. Lorsque la Reine d'Angleterre vint à Paris en 1855, elle fut vivement impressionnée

Les réceptions qui eurent lieu à l'Élysée par les différents Présidents de la République[1] ne pouvaient évidemment pas se comparer à celles que permettait l'importante liste civile impériale; elles ne furent cependant, ni sans utilité, ni même sans éclat, sous le Maréchal de Mac-Mahon. Les fêtes données au profit des Alsaciens-Lorrains et, en 1875, l'inauguration du nouvel Opéra, furent en quelque sorte des événements semi-officiels et semi-mondains, qui réunirent momentanément des éléments de la société séparés d'ordinaire par la politique. Les dames tinrent naturellement à y figurer dans tous leurs atours, et beaucoup d'entre elles, s'apercevant alors qu'un grand nombre de leurs bijoux, restés jusque-là dans les coffres-forts, étaient démodés, s'empressèrent de les faire remonter. Il serait toutefois très exagéré d'attribuer à ces fêtes les progrès sensibles réalisés à cette époque par les industries de luxe et par la bijouterie.

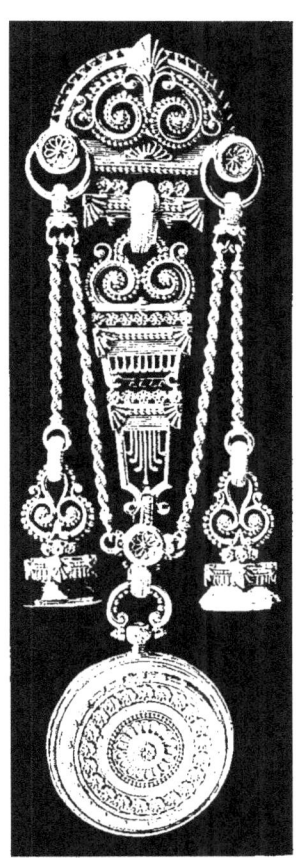

CHATELAINE
par Fontenay (vers 1874).

par le Palais-Royal; aussi la Ville de Paris en fit-t-elle faire une exacte réduction en relief et le lui offrit en souvenir de sa visite.

1. Un des joyaux les plus célèbres admirés à l'Élysée fut le collier de Mme Thiers, actuellement au musée du Louvre. En voici la composition :

```
1er rang :  41 perles,   567 grains (perle du centre, 30 gr. 1/2).
2e    —     49    —      690    —  (  —              30  —   ).
3e    —     55    —      840    —  (  —              51  —   ).
           145 perles, 2.097 grains.
```

Suivant nous, ces progrès incontestables sont dus en partie aux Expositions de Vienne en 1873, de Philadelphie en

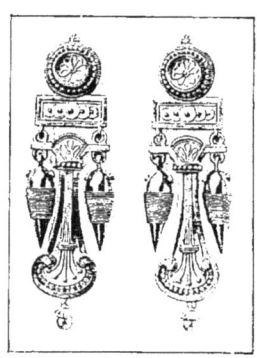

BOUCLES D'OREILLES
ÉTRUSQUES
par E. Fontenay.

1876, qui facilitèrent les comparaisons et stimulèrent les producteurs mais aussi, et principalement, aux réformes profondes apportées alors, sous l'inspiration et la direction de M. Eugène Guillaume, l'éminent sculpteur, à l'Enseignement des Beaux-Arts, ainsi qu'à l'action efficace et féconde de l'Union centrale des Arts décoratifs, réorganisée en 1872 et considérablement développée en 1877.

Nous nous excusons d'avoir peut-être donné un peu trop de développement à ces considérations générales, et nous reprenons notre étude spéciale en continuant, comme nous l'avons fait jusqu'ici, de passer en revue les principales maisons de bijouterie, parmi lesquelles la maison Marret a sa place tout indiquée. Sa réputation datait déjà de loin ; nous avons signalé dans notre premier volume qu'en 1810, Bénier et Riondelet avaient fondé, cour des Fontaines, n° 1, une fabrique de bijouterie que Bénier transféra, en 1822, 10, rue Vivienne. Quelques années plus tard, en 1826, Bénier s'associa les deux frères Hippolyte et Charles Marret, et la maison prit alors le nom de

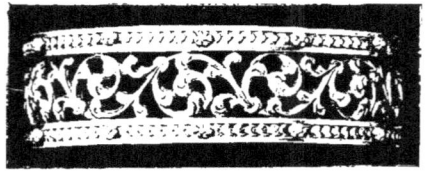

BRACELET
par Émile Froment-Meurice. Modèle de H. Cameré (1875).

Bénier et Marret frères, jusqu'en 1829, époque à laquelle Bénier se retira complètement.

Les deux frères Marret restèrent, sous la raison sociale

Marret frères, puis, en 1834, transportèrent leur maison dans l'ancien hôtel de Colbert, au n° 16, rue Vivienne. C'est

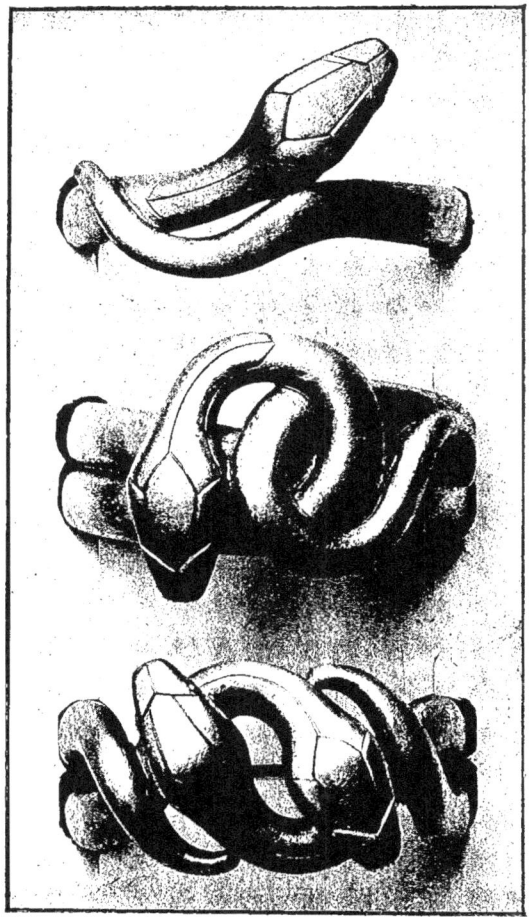

BRACELETS SERPENTS
par Paul Robin. (Grandeur d'exécution.)

alors que Charles Marret se sépara de son frère Hippolyte (qui continua avec Bénier comme commanditaire), pour se rendre acquéreur de la maison Gloria, rue de la Paix, 19, qui prit le nom de son nouveau propriétaire.

Un autre frère, Justin Marret, fabricant d'ordres au Palais-Royal, étant mort en 1844, Hippolyte, tout en conservant l'établissement de la rue Vivienne, racheta son fonds et, quelques années plus tard, en 1849, s'associa les frères Jarry (Eugène et Gustave), dont il avait épousé la sœur en 1832. La raison sociale devint alors Marret et Jarry frères, qui subsista jusqu'en 1858 [1].

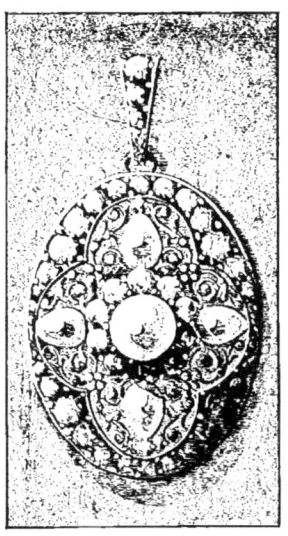

MÉDAILLON
BRILLANTS ET PERLES.
(Maison Marret frères et Jarry.)

A la suite de la Révolution de 1848, une succursale fut fondée à New-York ; mais après des débuts assez brillants, elle fut liquidée au cours des années 1856-1857 sans avoir eu de successeur.

L'historique de la maison Marret est assez compliqué et difficile à établir, à cause du grand nombre de frères, neveux, beaux-frères, qui y furent associés. De plus, les enfants portaient parfois les prénoms de leur père ou de leur oncle, ce qui prête à confusion. Aussi, pour l'intelligence de ces notes, il nous paraît nécessaire de donner ici, malgré leur aridité, des indications généalogiques précises, ainsi que les raisons sociales successives de cette importante maison, qui tint une si belle place dans la bijouterie et la joaillerie du XIXe siècle.

1. Il existait un Jarry aîné, fabricant bijoutier, rue des Deux-Portes-Saint-Sauveur, dont la spécialité était les face-à-main, les boucles de ceinture, les pommes de cannes et les articles de fumeurs genre riche et soigné. Il exposa avec succès en 1855 et en 1862, mais il n'était pas allié aux frères Jarry de la maison Marret, et on l'appelait parfois Jarry-Calle, du nom de son prédécesseur.

Le chef de la famille, on pourrait presque dire le fondateur de la dynastie, fut Pierre Marret (1764-1857). Il eut cinq enfants, dont quatre fils, qui, tous, furent orfèvres ou joailliers.

1° L'aîné, Auguste Marret, dirigeait une maison d'orfèvrerie quai des Orfèvres; malheureusement, aucune trace n'en subsiste : ni archives, ni tradition, ni documents, ni

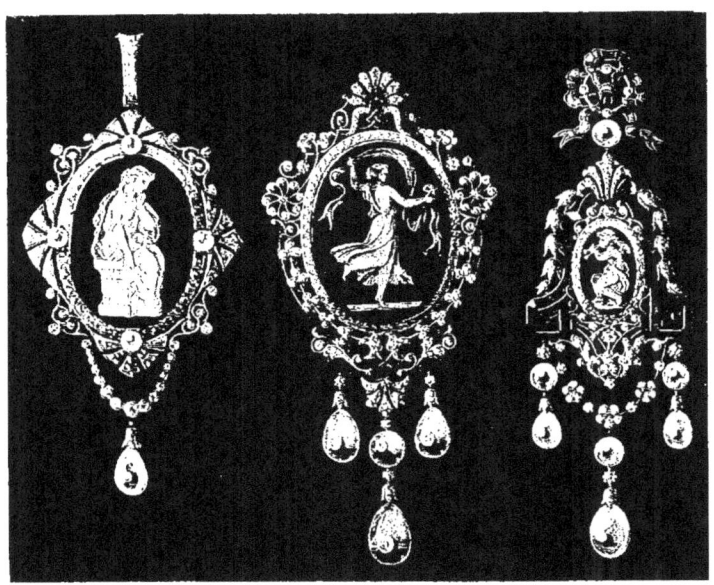

PENDANTS DE COU CAMÉES ET PERLES.
(Maison Marret frères et Jarry.)

renseignements d'aucune sorte. Nous savons seulement que Auguste Marret eut un fils unique, Paul Marret († 1853), qui, après lui avoir succédé comme orfèvre d'abord, entra, au moment du décès de son oncle Charles Marret, en 1847, dans la maison que celui-ci avait reprise, en 1834, à Gloria, rue de la Paix, 19. Il fut associé avec sa tante, restée veuve, et devint ensuite son successeur[1].

[1]. Cette maison donna lieu plus tard à l'association Marret et Baugrand.

2° Justin Marret (1802-1844), qui succéda comme bijoutier fabricant d'ordres à Peck-Olivier, 119, Palais-Royal.

Il fut le père de MM. Ernest (né en 1835) et Hippolyte (1841) Marret, 2e du nom.

M. Ernest Marret eut trois fils dont les deux propriétaires actuels de la maison : MM. Charles (1861) et Paul Marret (1863).

3° Ch.-Hippolyte Marret, 1er du nom (1804-1883), qui épousa Mlle Jarry en 1832.

4° Charles Marret (1807-1846), qui eut un fils bijoutier, Alfred (1836-1876). Ces deux frères, Hippolyte et Charles Marret, furent les associés et successeurs de Bénier.

Par ce qui précède, on voit que de Pierre Marret sont issus tous les bijoutiers du nom de Marret. Il s'en trouve dix, auxquels il convient d'ajouter les deux veuves, qui exercèrent aussi la profession ; il y eut, en outre, divers associés[1].

1. Voici les raisons sociales de la maison Marret depuis 1810 jusqu'à 1907.
1810-1826. Bénier et Riondelet, cour des Fontaines, 1. En 1822, rue Vivienne, 10.

1826-1829.
Bénier
et Marret frères
{ Bénier,
Hippolyte Ier Marret,
Charles Marret.

1829-1834.
Marret frères
{ Hippolyte Ier Marret,
Charles Marret.

1834-1846. Hippolyte Marret seul. Transfert de la maison au n° 16, rue Vivienne.

1846-1850.
Marret, Jarry
et Gaime
{ Hippolyte Ier Marret,
Eugène Jarry, son beau-frère,
Gaime, parent de Pierre Marret, l'ancêtre.

1851-1858.
Marret
et Jarry frères
{ Hippolyte Ier Marret,
Eugène Jarry,
Gustave Jarry, } ses deux beaux-frères.

1858-1872.
Marret,
Jarry frères
et Marret neveux
{ Hippolyte Ier Marret,
Eugène et Gustave Jarry,
Ernest Marret, fils aîné de Justin,
Alfred Marret, fils unique de Charles.

1872-1879.
Marret frères
et Jarry
{ Ernest Marret,
Hippolyte II Marret, } fils de Justin.
Gustave Jarry, neveu de Eugène et de Gustave Jarry, précédemment associés, de 1851 à 1872.

1879-1889.
Marret frères
{ Ernest Marret,
Hippolyte II Marret.

1889-1894.
Marret frères
{ Charles Marret, } fils d'Ernest, qui se retire,
Paul Marret,
Hippolyte II Marret, leur oncle.

1894-19..
Marret frères
{ Charles Marret, } leur oncle Hippolyte II Marret s'étant retiré
Paul Marret, } les deux frères continuent seuls. En 1901, le siège social est transféré 352, rue Saint-Honoré.

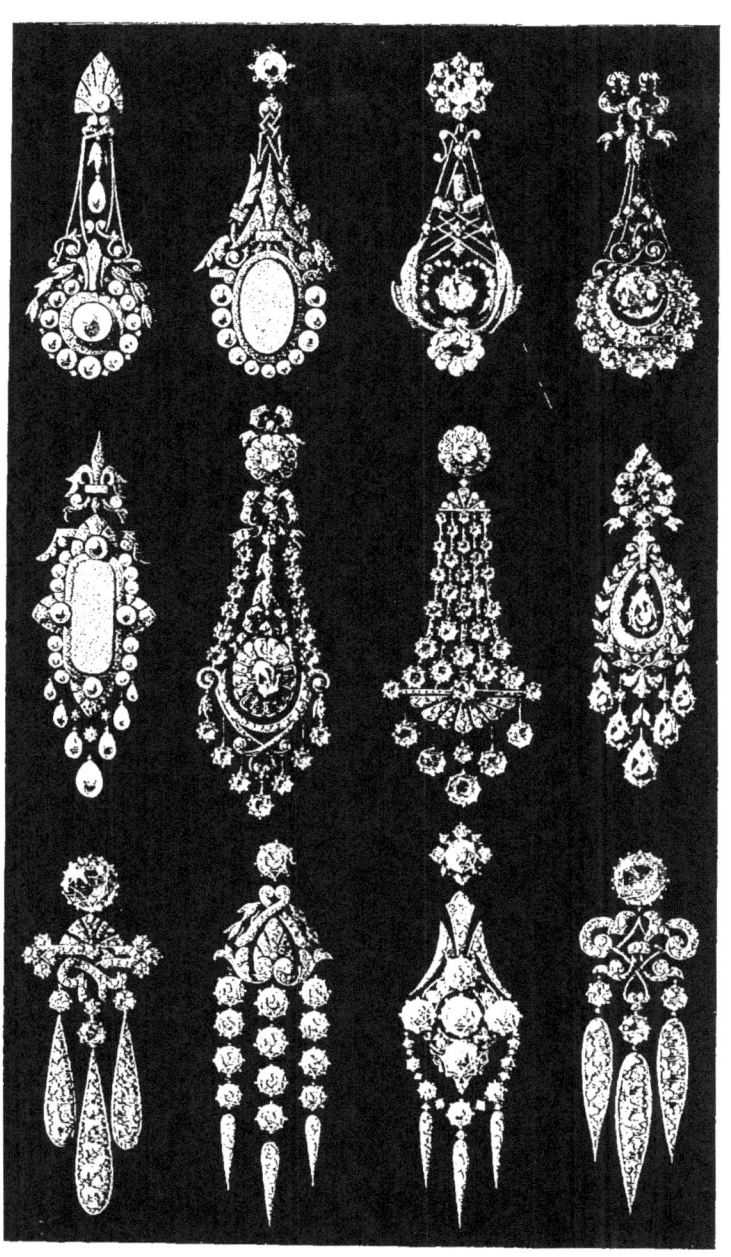

PENDANTS D'OREILLES EN JOAILLERIE.
(Maison Marret frères et Jarry.)

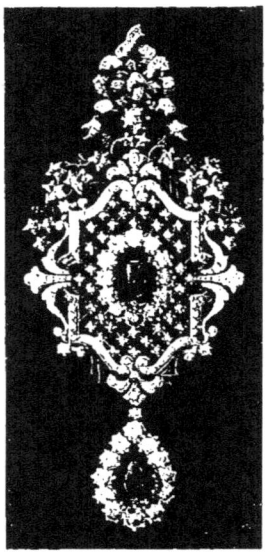

PENDANT DE COU
SAPHIRS ET BRILLANTS.
(Maison Marret frères et Jarry.)

Les Marret ont toujours fait de la belle joaillerie ; ils ne cherchaient pas à innover, mais s'appliquaient plutôt à suivre les goûts d'une clientèle sérieuse et riche, qui n'aurait pas admis qu'on changeât ses habitudes. C'était du bijou essentiellement classique et soigné. Un grand nombre d'élèves habiles se formèrent dans leur atelier, tels que : Baucheron, Menu, Auger, Granjean, Hippolyte Martel, qui devinrent à leur tour bijoutiers ou joailliers connus, et Paul Legrand, l'excellent dessinateur de Boucheron, dont nous parlerons plus loin.

Les frères Marret ont su maintenir d'une manière constante leur belle réputation. En 1855, la maison obtenait une médaille d'honneur, la plus haute récompense accordée à cette époque. Pour des raisons particulières, elle ne participa pas à l'Exposition de 1867, mais en 1878 elle obtenait une médaille d'or. En 1889, M. Ernest Marret, notre aimable confrère, qui fut président de la Chambre syndicale de la Bijouterie de 1883 à 1887, était nommé membre du

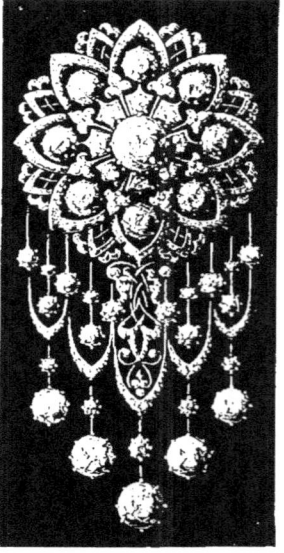

BROCHE JOAILLERIE.
(Maison Marret frères et Jarry.)

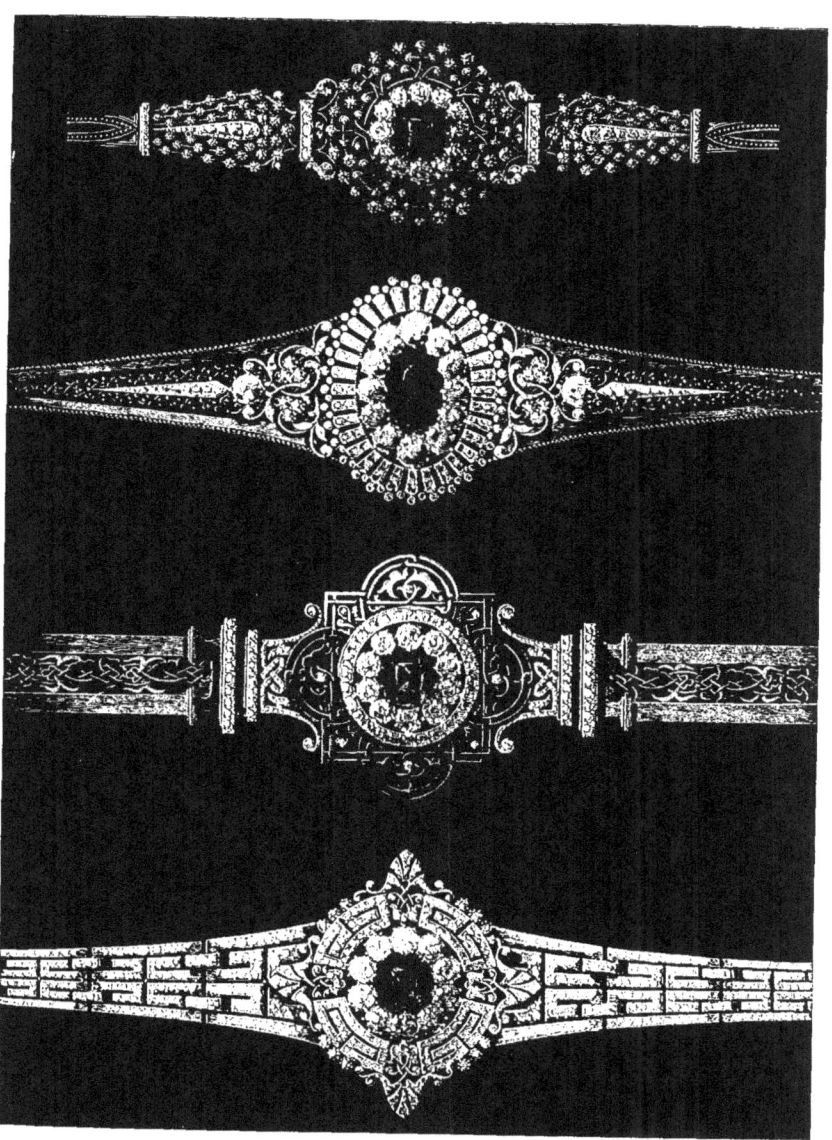

BRACELETS JOAILLERIE ET OR.
(Maison Marret frères et Jarry.)

Jury des récompenses et rapporteur de la classe, et recevait bientôt la croix de chevalier de la Légion d'honneur. Enfin, en 1900, la belle exposition de MM. Charles et Paul Marret leur valut un des grands prix de la section.

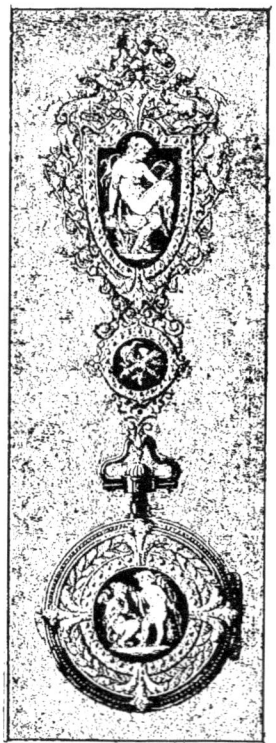

CHATELAINE JOAILLERIE
AVEC ÉMAUX.
(Maison Marret frères)

Le rapporteur de la classe, M. Paul Soufflot, s'exprime ainsi à leur sujet : « MM. Marret frères ont exposé une collection de bijoux en joaillerie, dont le jury a su apprécier les mérites. En 1889, l'exposition de la maison Marret avait été très admirée; mais, depuis cette époque, des progrès très importants, que l'Exposition actuelle a permis de constater, ont été réalisés.

« MM. Marret se sont affirmés par d'heureuses innovations comme genre et forme de bijoux; la légèreté de leurs montures, l'heureuse présentation des pierres au moyen de fils d'acier, qui dissimulent les attaches, sont d'un très bon effet. Une collection de brillants de taille fantaisie, quelques colliers de perles et une série de bijoux moins importants, en art moderne, ciselés et émaillés, ont complété cette exposition.

» Nous citerons aussi une très belle pièce de corsage et de jolis colliers en brillants, qui permettent de juger de la recherche apportée par MM. Marret dans la composition de leurs modèles et des soins donnés à leur exécution. »

Un autre nom, bien connu dans la bijouterie, est celui d'Alphonse Fouquet, qui vit aujourd'hui à l'écart, en philo-

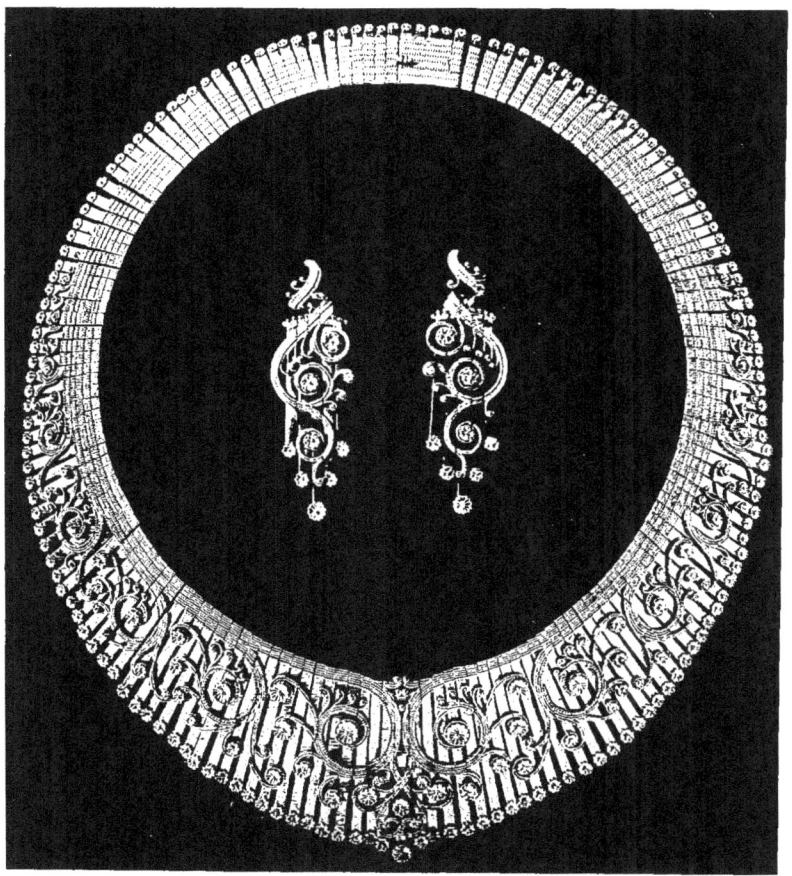

COLLIER DRAPERIE OR ET FILIGRANE
par E. Fontenay (1875).

sophe, après avoir fourni une longue et brillante carrière.
Dans un opuscule très intéressant, Alphonse Fouquet a raconté l'histoire de sa vie industrielle. On y voit la

différence entre la vie d'autrefois et celle d'aujourd'hui, le travail persévérant, opiniâtre, qui était nécessaire pour n'obtenir parfois qu'un modeste résultat. Les journées étaient longues et dures, les salaires faibles, et il fallait un réel courage pour arriver à sortir de la médiocrité. Nous croyons devoir donner quelque développement aux emprunts faits à ce petit livre, non seulement parce qu'ils nous renseigneront sur leur auteur, mais surtout parce qu'ils nous initieront aussi à l'existence que l'on menait dans les ateliers de son temps. Nous laissons la parole au narrateur ; il nous semble que, racontés par lui-même, les faits auront encore plus de saveur.

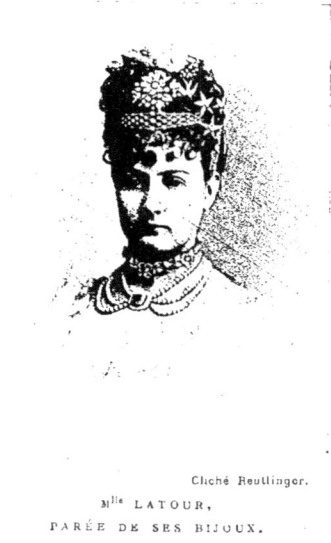

Cliché Reutlinger.
Mlle LATOUR,
PARÉE DE SES BIJOUX.

« Né de petits commerçants (le cinquième sur sept enfants), à Alençon, le 22 juin 1828, je vins à l'âge de dix ans à Paris, avec toute ma famille. » L'année suivante, ses parents décidèrent de le placer chez un patron, « parce qu'il serait une bouche de moins à nourrir », et le jeune bambin de onze ans fut accepté par M. Henri Meusnier, bijoutier, 119, rue Saint-Martin, dont la spécialité était la monture du camée coquille, genre napolitain, et la demi-parure estampée. On y faisait aussi quelque peu le genre filigrane et cannetille.

« J'entrai donc chez ce patron le 1er juillet 1839, afin d'y faire mon apprentissage, avec la convention de donner *cinq années et demie* de mon temps [1].

---

[1]. L'apprentissage a été réduit, actuellement, à trois ans ; mais, en Angleterre, il est encore de sept années.

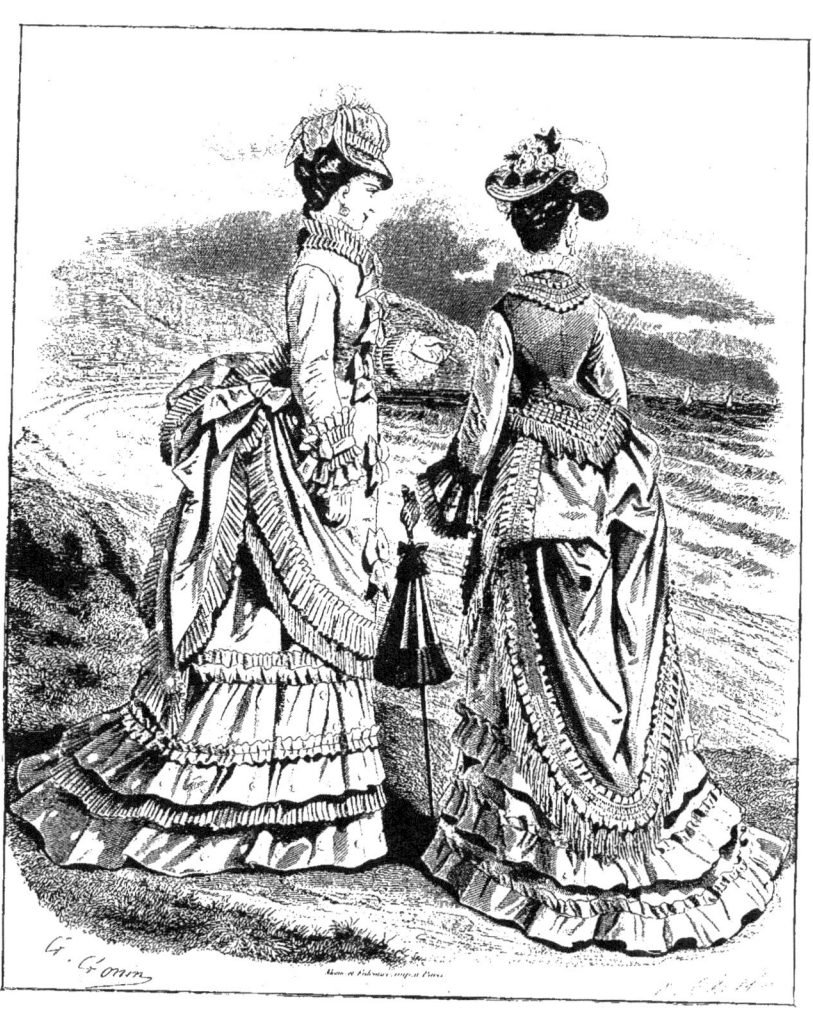

MODES DE 1874.
Boucles d'oreilles, bracelets.

CHATELAINE EN OR
par E. Fontenay (1876).

« Mon patron, homme rude, petit, trapu, fort comme un lutteur, d'une instruction et d'une éducation des plus rudimentaires, menait ses élèves comme les hôtes d'un chenil. Les gifles, les taloches, les coups de pied ne leur étaient pas ménagés; les ouvriers imitaient le patron : c'était dans les mœurs d'alors. La durée de la journée d'un apprenti était, l'été, de quatorze à quinze heures ; l'hiver, de dix-sept à dix-huit heures, et quelquefois vingt heures (quand l'ouvrage abondait), ce qui eut lieu tous les deux jours, d'octobre à fin décembre 1839, dans les conditions suivantes :

» La petite journée était de sept heures du matin à une heure après minuit; le lendemain, la grande était de huit heures du matin à quatre heures après minuit. Les ouvriers couchaient : les uns avec les apprentis dans leur lit de sangle, les autres par terre, sur des matelas ou des paillasses ; c'était inouï !

» La nourriture consistait : 1° le matin, à neuf heures, en un morceau de pain dur (quelquefois rassis de plusieurs jours) et un, deux ou trois

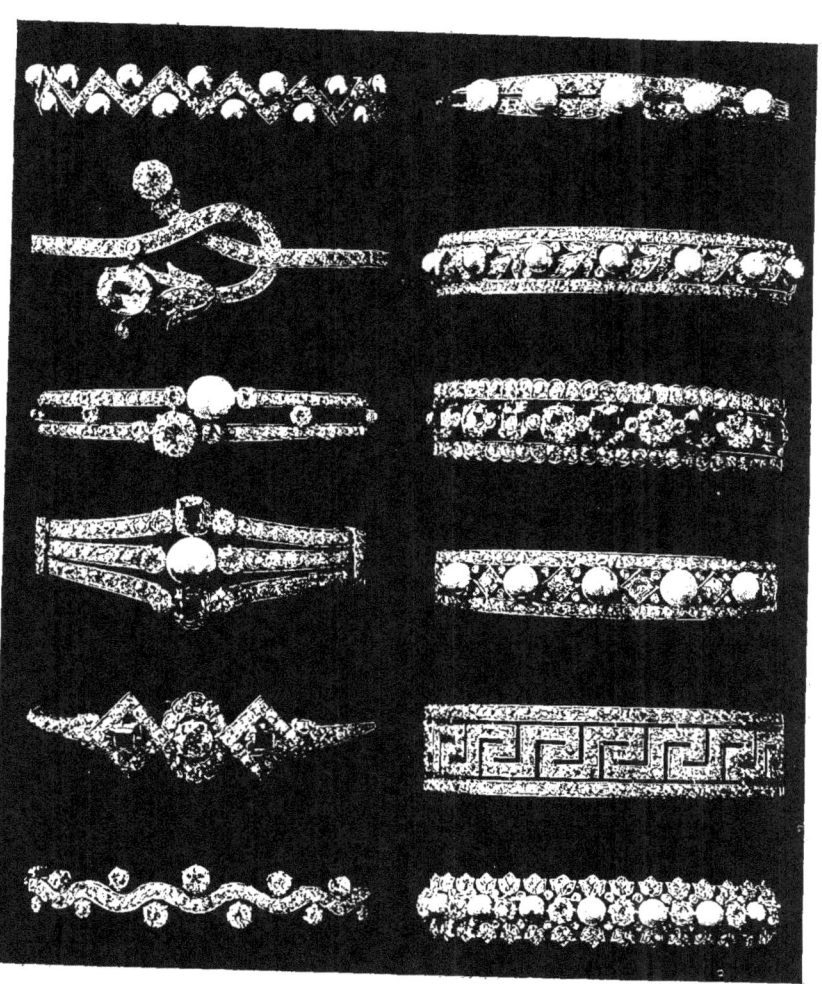

BRACELETS DE JOAILLERIE ANTÉRIEURS A 1880.
(Maison Vever.)

sous, suivant l'âge, pour acheter du fromage, des pommes de terre frites, des confitures, une saucisse, etc., selon le pourboire accordé le dimanche ; 2° au goûter de deux heures, un morceau de pain sec « pour dégraisser les dents », disait le patron ; 3° le soir, à sept heures, au dîner : soupe, viande, légumes et un peu de vin d'abondance ; jamais de dessert.

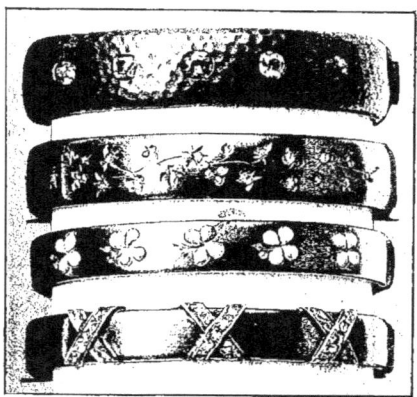

BRACELETS RIGIDES, OR MAT ET PIERRES.

« Le pourboire dominical, qui servait à rendre le pain moins sec, était ainsi distribué : la première année, l'apprenti touchait 0 fr. 50 ; la seconde année, 0 fr. 75 ; la troisième, 1 franc ; la quatrième, 1 fr. 50 ; la cinquième, 2 francs ; jamais plus.

» C'était avec ce pourboire qu'il devait, durant toute la semaine, *graisser* le pain du déjeuner et du goûter. Mais, pour la moindre peccadille, il était retranché et ce, pendant une, deux, trois, quatre semaines et quelquefois davantage, selon le caprice et le mouvement de colère du patron.

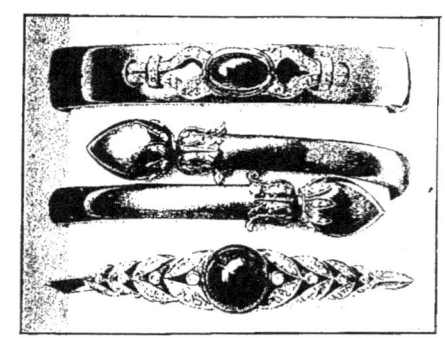

BRACELETS AVEC GRENATS CABOCHONS.

» Lorsque, le 31 décembre 1845, mon apprentissage prit fin, mon patron me donna 2 fr. 50 par journée de douze

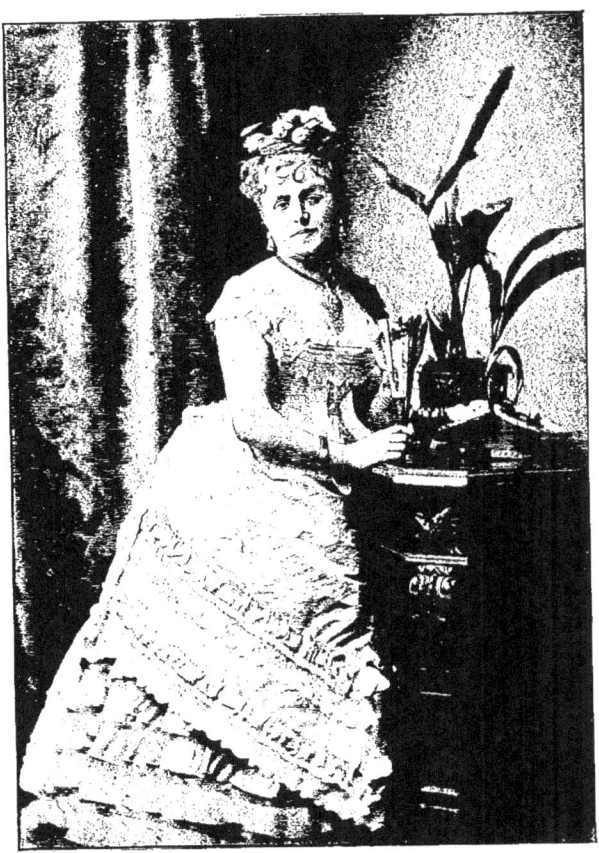

Mme BILLY, EN 1874.
Pendant de cou en joaillerie à pampilles, boucles d'oreilles, bracelets.

heures. Mais comme à ce moment de l'année (janvier 1846) on travaillait deux heures de moins, mon gain n'était plus que de 2 francs pour dix heures de travail. »

Après avoir été successivement ouvrier chez différents patrons, avec des gains de 3 à 4 francs par journée de douze heures, le jeune Fouquet, par suite d'un chômage de deux mois, dut, pour vivre, entrer dans une maison de roulage où il copiait des lettres de voiture moyennant 1 fr. 50 par

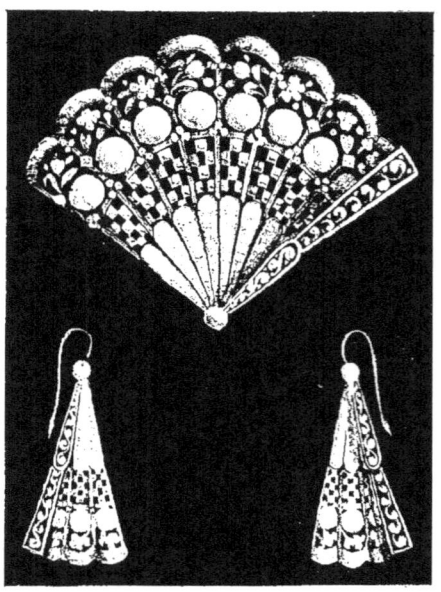

BROCHE ET PENDANTS D'OREILLES ÉVENTAIL,
JOAILLERIE ET PERLES.
(Maison Caillot, Peck et Guillemin.)

jour. C'est après ce chômage qu'il se présenta comme ouvrier chez M. Pinard, bijoutier, rue Sainte-Avoye, lequel avait la spécialité de bracelets-maillons argent enfilés sur des élastiques de caoutchouc. Ce moment est un des plus importants de sa carrière, car le hasard lui suggéra l'idée de se faire dessinateur.

Écoutons-le encore :

« Quand je me présentai à M. Pinard, le colloque sui-

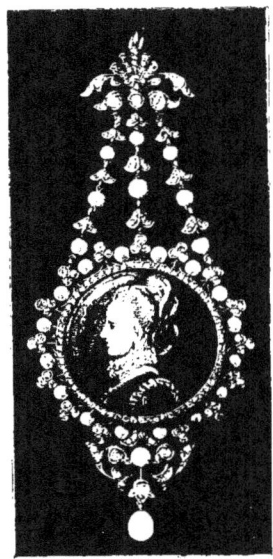

PENDANT DE COU,
émail d'Alfred Meyer. (Maison Vever)

vant s'engagea entre nous : — Jeune homme, je n'ai point besoin d'ouvriers, j'ai besoin d'un dessinateur ou de quelqu'un qui m'apporte des idées ; dessinez-vous ? — Non, répondis-je. En effet, je n'avais jamais touché un crayon de dessinateur. — Eh bien ! reprit-il, je n'ai pas de place pour vous. A ce moment, il se fit une lueur rapide dans mon cerveau et je me demandai, dans mon for intérieur, si je ne pourrais pas essayer de dessiner un peu. Je le questionnai sur le genre qu'il désirait :

— Je ne sais, me dit-il. Je le quittai et me proposai de dessiner quelques petits trophées ou attributs pour épingles de cravates. Le jour même je me rendis aux Musées de marine et d'artillerie et là, croquant tant bien que mal ce que j'y voyais, je me fis une provision de documents susceptibles de me servir. Je rentrai chez moi et dessinai une vingtaine de trophées, composés de trois ou quatre objets : casque romain ou grec avec bouclier ; enseigne romaine avec couronne de laurier ; casque Moyen-Age avec armes *ad hoc ;* trophées ou attributs tenant aux armes de guerre, de chasse, de pêche, de

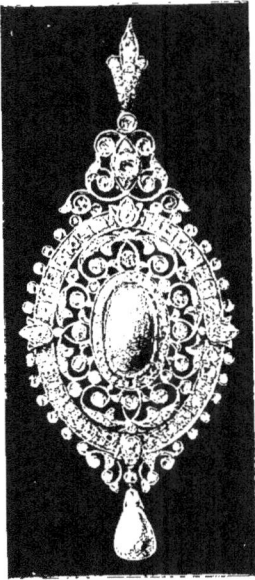

PENDANT DE COU
JOAILLERIE
ET TURQUOISE
par Gif.

marine, etc. Ces compositions avaient 20 millimètres de hauteur. Quand je présentai mes dessins, M. Pinard me dit :

— Ce n'est pas mal ça, jeune homme ; mais sauriez-vous les exécuter ? — J'essaierai, dis-je. J'entrai donc dans son atelier, et j'y réussis si bien, qu'au bout de trois mois je gagnais 5 francs par jour ; c'était au delà de mes espérances. »

Voilà donc dans quelles conditions Fouquet devint dessinateur. Cela se passait vers le milieu de 1847. Malheureusement, les événements de 1848 survinrent et firent de lui un garde mobile. Pendant une année, il fut obligé de cesser tout travail de bijoutier et toutes études de dessin. Il les reprit en 1849, le soir, chez lui, après de longues journées passées dans une fabrique de doublé où il avait dû entrer, la fabrication d'or chômant beaucoup à ce moment-là.

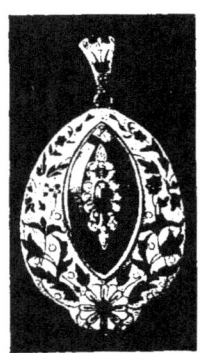

MÉDAILLON
EN
ÉMAUX CLOISONNÉS
par Lucien Falize.

Après maints essais dans le modelage pour bijoux estampés, restés improductifs, pécuniairement parlant, il entra chez M. Charles Murat. Pendant le séjour qu'il y fit, il continua à s'exercer au modelage tous les soirs, et, finalement, parvint à acquérir une habileté qui lui permit de s'affranchir de l'atelier vers mai 1852. Dès ce moment il vendit ses modèles en cire, cela jusqu'à la fin de 1857, où il commença à les présenter sous forme de dessin.

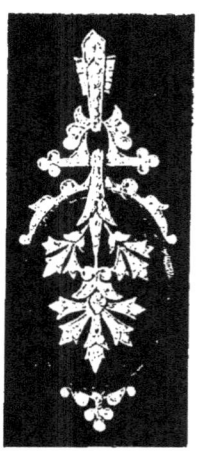

MÉDAILLON ONYX
ET JOAILLERIE.
(Maison Vever.)

« En 1854, dit-il, je suis entré chez M. Jules Chaise, 10, rue de Richelieu, qui avait alors une grande réputation de fabricant. Duron père y avait été graveur-dessinateur. Je succédai dans cette maison à Hector Giacomelli, qui devint plus tard le célèbre peintre des oiseaux, et qui a si artistement illustré l'*Insecte* et les *Oiseaux* de Michelet, et des œuvres exquises de François Coppée et d'André Theuriet. » Mais étant à ce moment-là plus modeleur que dessinateur, contrairement à ce que voulait M. Chaise, Fouquet entra, en 1855, chez M. Léon Rouvenat, afin d'y apprendre la joaillerie dont il n'avait alors qu'une faible

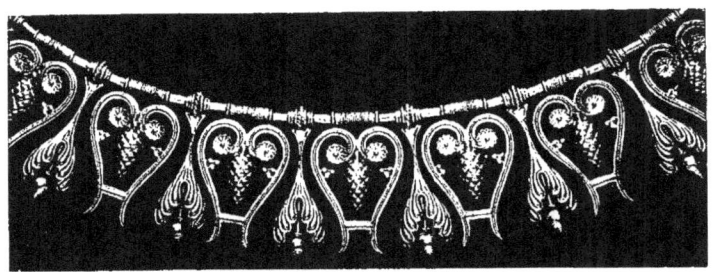

COLLIER D'OR
par E. Fontenay.

connaissance et aussi pour voir exécuter des pièces d'art comme il s'en faisait dans cette maison.

« Jusqu'alors, dit-il, je n'avais jamais modelé de figure humaine quand, vers la fin de juillet, l'occasion se présenta d'en tenter l'essai.

» Un samedi, à quatre heures après midi, M. Rouvenat me fit monter dans son bureau. Là, je vis assemblés MM. Jules Peyre, dessinateur émérite de la manufacture de Sèvres; Julienne, célèbre dessinateur-décorateur industriel; Félix Closson, dessinateur et chef d'atelier.

» Il nous exposa que, appelé à concourir avec ses principaux confrères de la place à la fourniture de la corbeille de mariage d'Ismaïl-Pacha, il devait présenter, le surlendemain, à neuf heures du matin, des dessins pour pièces de coiffure en joaillerie, comportant une quantité déterminée de brillants pour une somme très importante. Il commanda ces dessins à ces messieurs sans s'adresser à moi, modeleur, pensant sans doute que je n'aurais pas le temps d'exécuter en cire un projet présentable en moins de cinq ou six jours.

» Au moment où il prenait congé de nous pour partir à sa campagne, qui était à Saint-Michel (Seine-et-Oise), je lui demandai si je devais m'en occuper. « Si vous voulez », me répondit-il d'un ton délibéré, qui voulait dire qu'il ne faisait pas fond sur moi.

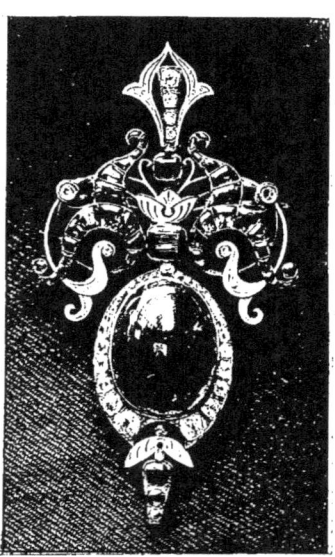

PENDANT DE COU ÉMERAUDES,
BRILLANTS ET OR ÉMAILLÉ
par les frères Fannière (1878).

» Piqué au vif, je descendis dans mon cabinet et méditai sur ce que je pourrais exécuter. Je conçus immédiatement mon projet ; le voici : modeler grandeur nature un profil de tête de femme, haut relief, et grouper dans la chevelure, depuis le côté droit de la nuque jusqu'au haut du front, en le contournant entièrement, une gerbe de fleurs des champs, de grandeur naturelle également. Cette gerbe se composait de deux épis de blé barbu, de liserons, de marguerites, de boutons d'or et d'avoines folles : les fleurs et les feuilles à différents degrés d'éclosion. Il y avait des guirlandes, des grappes de chatons, qui s'enchevêtraient comme des lianes et retombaient dans la direction de l'épaule. Étant à mon premier modelage de tête, ainsi que je l'ai déjà dit, je pris pour modèle, en le modifiant, le profil de l'Impératrice Eugénie, dont j'avais un

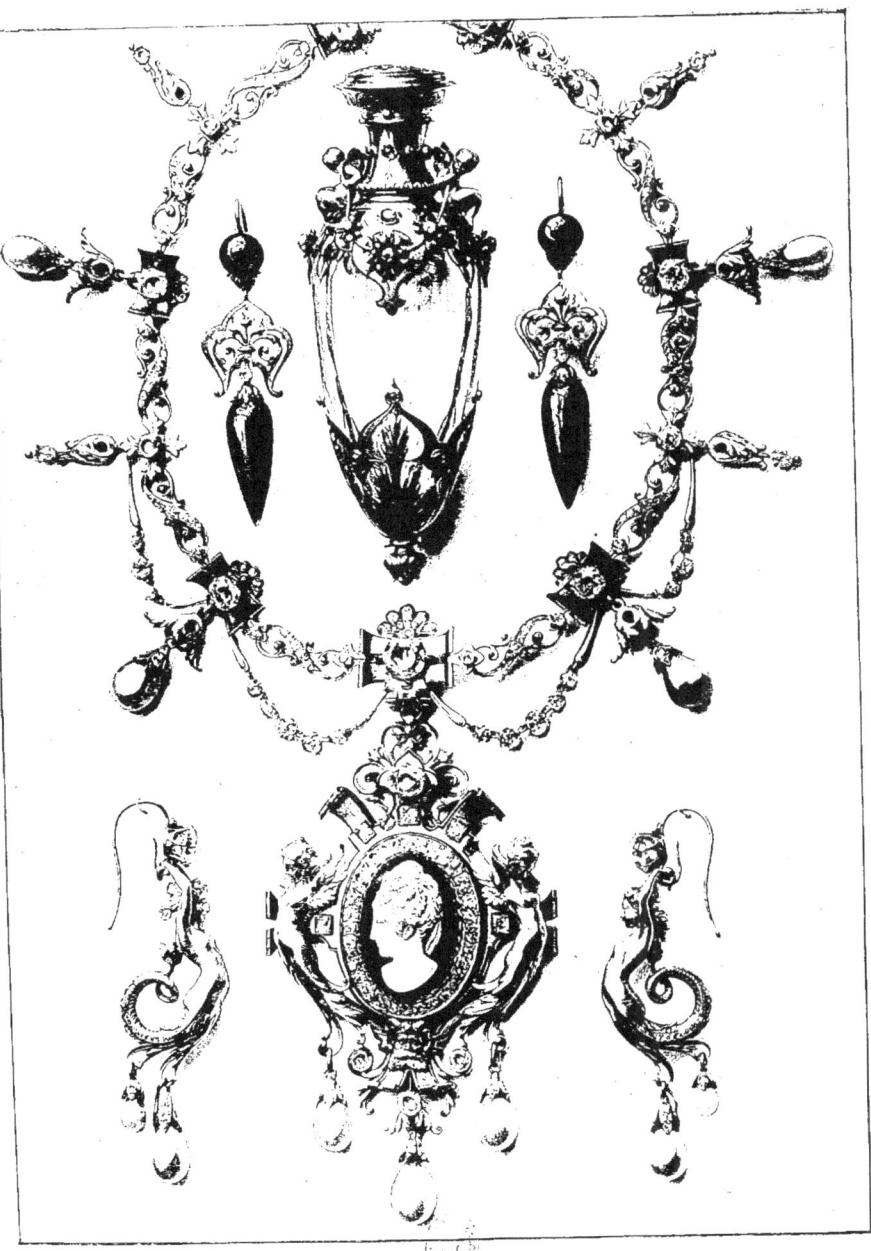

BIJOUX
par les frères Fannière. (Réduction d'un dixième.)

petit médaillon dans mon cabinet. Dès quatre heures et demie, j'attaquai ma tâche; j'allai dîner de six à sept heures, et travaillai ardemment jusqu'à minuit et demi. Le lendemain, dimanche, j'étais à mon poste à six heures du matin; je déjeunai et dînai à mon cabinet, ayant prié le concierge de me faire apporter mes repas du restaurant, afin de ne pas perdre de temps, et le soir, à minuit et demi, je partis, ma tâche presque entièrement achevée, mais aussi courbaturé de partout : des jambes, du dos, de la poitrine et des mains. J'avais accompli, en vingt-six heures de travail, la besogne de quatre-vingt-dix à cent heures de ma production ordinaire; je

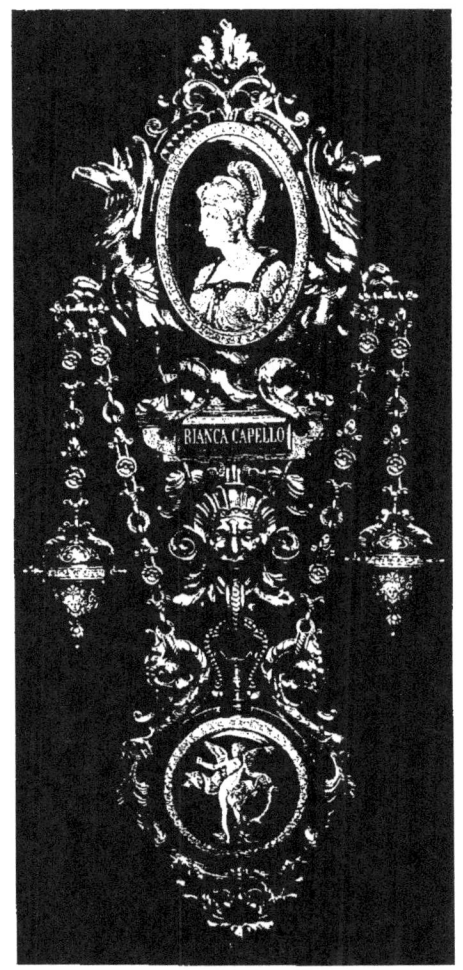

GRANDE CHATELAINE « BIANCA CAPELLO »
par Alphonse Fouquet (1878).
Émaux de Béranger (de Sèvres).
Hauteur, 80 millimètres; largeur, 185 millimètres.

n'avais pas perdu une seconde. Cinq minutes après mon départ, M. Rouvenat, rentrant pour son rendez-vous du matin, apprit du concierge, qui me le répéta, que je venais de partir et dans quelles conditions j'avais travaillé le samedi soir et toute la journée du dimanche ; il en parut étonné, n'ayant pas compté sur ma coopération dans le concours en question.

» Le lendemain matin, à six heures, j'arrivai terminer mon travail, n'ayant, comme la veille et l'avant-veille, dormi que quatre heures à peine chacun des jours consacrés à ma

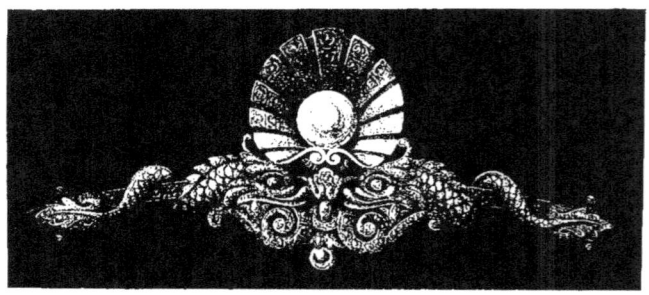

BRACELET COQUILLE ET DAUPHINS EN JOAILLERIE
par Alphonse Fouquet (1878).

tâche. J'achevai d'emmailler tous mes chatons en cire au moyen de petits fils de fer passés au minium, et fixai les guirlandes là où elles devaient être placées. Puis, avec un blaireau, je fouettai de poudre de bronze la tête et de poudre d'argent la gerbe, de manière à bien faire ressortir l'une sur l'autre.

» A huit heures du matin, M. Rouvenat vint me voir et savoir ce que j'avais bien pu faire depuis son départ. « Eh bien, notre artiste, me dit-il, vous avez, paraît-il, beaucoup travaillé hier ?... » Puis, jetant un coup d'œil sur mon chevalet, qui était recouvert de lustrine, il ajouta : « Voilà l'œuvre ? Peut-on voir ? » Je me levai pour lui éviter d'enlever la lustrine qui aurait pu accrocher quelques aspérités, et découvris mon travail. Un rayon de joie illumina son visage, et il me dit dans un élan d'enthousiasme : « Nous serons les vainqueurs ! Il n'y aura rien de comparable à cela ! » Il voulut emporter de suite mon modelage pour le faire voir au magasin ; mais, ayant encore trois quarts d'heure à passer dessus, je le gardai jusqu'au moment du départ, qui eut lieu à huit heures quarante-cinq. Une heure après, il

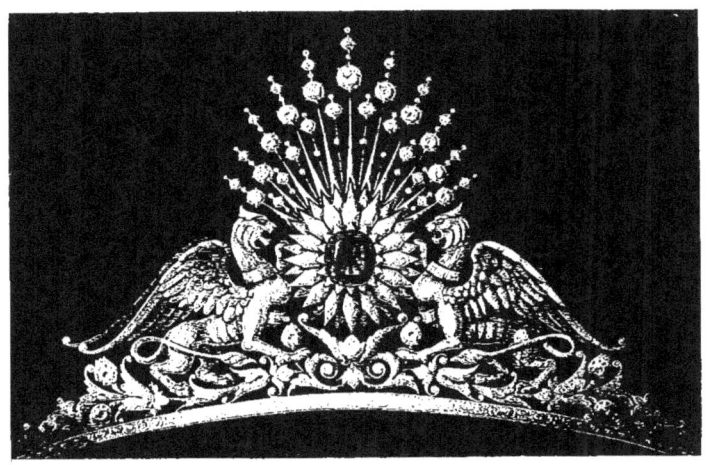

DIADÈME CHIMÈRES EN JOAILLERIE
par Alphonse Fouquet (1878). — Dimensions : largeur, 160 millim.; hauteur, 88 millim.

était de retour avec la commande de cette pièce et d'autres de moins d'importance, formant ensemble un total d'une centaine de mille francs, m'a-t-on dit.

» Mon cher patron, que j'aimais beaucoup, me remercia par un sourire, une bonne poignée de main, et ce fut tout. Il ne tint pas autrement compte de l'effort suprême que j'avais fait pour obtenir ce résultat, ni du temps que j'y avais consacré au détriment de mes heures de repos dominical.

» Cette pièce de coiffure fut exécutée sous la direction de mon éminent collègue Janin, chef spécial des joailliers, avec toute l'exactitude de forme et de galbe donnée par la nature. Cette exécution lui fit le plus grand honneur.

» En 1857, la plupart de mes travaux pour la joaillerie-bijouterie se composaient de dessins ; j'avais presque abandonné le modelage de bijoux, comme étant plus long d'exécution, moins productif, moins rémunérateur que le dessin, et ne modelais plus que pour mes études de figures. Voici comment j'employais mon temps :

» En toutes saisons, je me levais avec le jour et me couchais tard, ainsi que je l'ai dit. Lorsque j'avais des dessins de commande, je les exécutais de suite ; quand je n'en avais pas, je faisais du modelage de figure, des médaillons et des bustes d'après nature, quelques compositions de statuettes et des études d'après les écorchés de Michel-Ange et de Houdon. Je n'arrêtais mes travaux de modelage qu'avec la fin du jour. Quand les jours étaient courts, j'allumais ma lampe et dessinais jusqu'à l'heure du dîner, qui avait lieu de sept à huit heures. Puis je rentrais

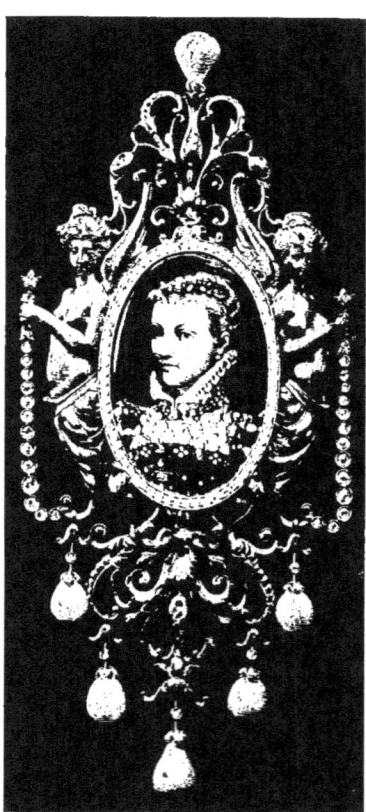

GRANDE BROCHE RENAISSANCE
OR CISELÉ, PERLES ET BRILLANTS.
Composition d'Alphonse Fouquet (1878).
Émail de Grandhomme, sculpture de Carrier-Belleuse,
ciselure de Michaut.
(Musée des Arts décoratifs.)

et redessinais jusqu'à minuit, une heure ou deux du matin, selon que j'étais entraîné par ma besogne de composition ou d'exécution. C'était le soir enfin que je travaillais pour mon stock. Je variais le genre de mes dessins, afin que l'œil de l'acheteur ne fût pas lassé, rassasié par le même mode d'exécution.

» Pendant une saison, je faisais de la mine de plomb sur papier végétal avec des rehauts de gouache blanche. Pendant une autre, c'était de l'aquarelle seule. D'autres fois, enfin, de la gouache seule ou mêlée à de l'aquarelle. Ce à quoi je m'attachais, c'était, je le répète, de ne pas être uniforme ni dans mes compositions, ni dans mon papier, ni dans mon exécution : « L'ennui naquit un jour de l'uniformité », a dit Boileau ; c'est ce que je voulais éviter.

» Je faisais présenter mes dessins par un placier à qui je donnais 20 % de remise. Leurs prix variaient de 3 à 20 francs, selon leur importance et leur valeur artistique. Les acheteurs du

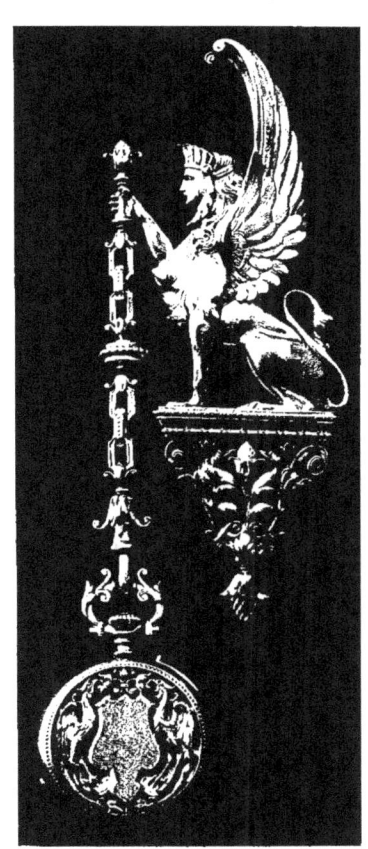

BRELOQUE SPHINX EN OR CISELÉ
par Alphonse Fouquet (1878).
Ciselure de Brard.
(Musée des Arts décoratifs.)

quartier du Palais-Royal et dans son rayon, qui en avaient la fleur, payaient plus cher que ceux du Marais. Ceux qui choisissaient les premiers dans une série de broches, payaient

10, 9, 8 francs; les seconds, 7, 6, 5 francs; les troisièmes, 4, 3 francs. L'important pour moi était de garder le moins possible de mes productions.

» Pendant les mois de juin et de juillet 1858, j'ai étudié les grands carnassiers au Jardin des Plantes. Voici à quelle occasion : M. Fromont, boutiquier, rue des Petits-Champs, en face du passage Choiseul, m'ayant apporté une perle *baroque* qu'il voulait faire monter en épingle, me demanda comment on pourrait l'utiliser. Lui trouvant l'aspect d'une roche, je lui donnai le conseil de faire modeler dessus un lion aux aguets. Il accepta mon idée, mon prix (30 ou 40 francs), et m'en donna la commande.

» N'ayant jamais modelé d'animaux et ne voulant pas m'en tenir aux documents que j'avais : un lion de Barye, un de Mène, un de Rouillard, dans des attitudes différentes de celle dont j'avais besoin, je résolus d'étudier d'après la nature même ; et pour ce faire, j'allai demander au Jardin zoologique une carte d'artiste en vue d'étudier le matin, de six à onze heures, avant l'arrivée du public, devant les cages, quand le temps le permettrait, ou, les jours de pluie, au Muséum, devant les squelettes, afin de connaître l'ostéologie de ces fauves et les mouvements qu'ils pouvaient accomplir.

» Ces études me permirent de faire un lion et non un caniche, voulant toujours me rapprocher autant que possible de la nature et de la vérité, dût-il m'en coûter cher. Et ce fut mon cas, puisque, pour une commande de 30 ou 40 francs, j'avais, pendant près de deux mois, consacré six heures par jour (mes courses comprises) pour en faire l'étude. »

A cette époque, Fouquet était insouciant de la valeur du temps, ce n'était pas le *time is money* des Anglais. C'est ainsi qu'il modela, sans profit pécuniaire, mais à titre d'étude, des statuettes, des médaillons, de grands bustes, entre autres celui de Weber, qui a figuré pendant vingt ans à l'ancien Théâtre Lyrique ; sculptures dont nous avons vu quelques-unes lors d'une visite que nous fîmes à ce vénérable et sympathique confrère et qui nous laissèrent l'impression qu'il y

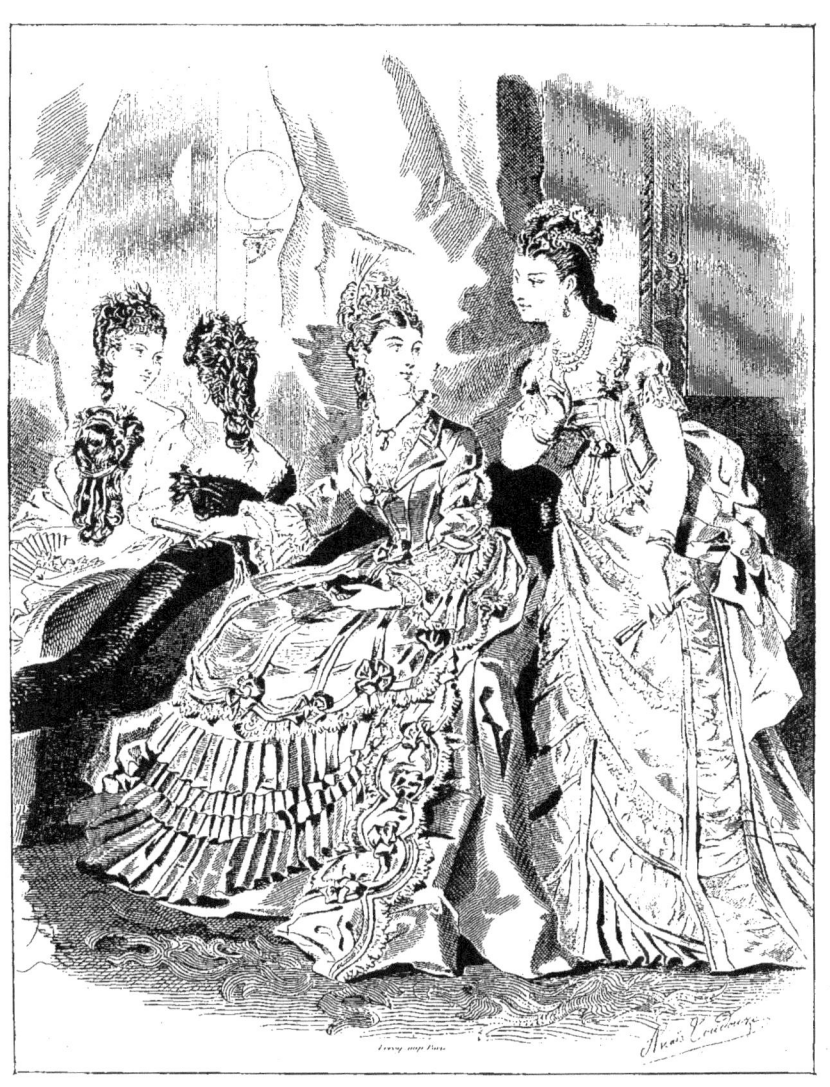

MODES DE 1875.
Ornements de coiffure en joaillerie, colliers, bracelets, pendants d'oreilles.

avait en lui l'étoffe d'un statuaire de valeur. S'il avait suivi cette voie, nul doute qu'il n'eût conquis dans cet art la place qu'il a occupée dans la bijouterie ; c'était aussi l'opinion de son ami Fontenay.

C'est en 1860, après avoir été ouvrier, puis dessinateur et modeleur industriel, que Fouquet s'établit pour son propre compte, 176, rue du Temple, et prit pour associé Eugène Deshayes, alors commis chez M. Lefebvre aîné, rue des Archives.

« J'avais alors trente-deux ans, écrit-il ; mon associé en avait vingt-six. Mon apport social était de 7.000 francs espèces et 3.000 francs de dessins, de modelures et de matériaux divers. Lui n'avait que 3.000 francs, dont 500 francs lui étaient prêtés. C'est donc avec 10.000 francs espèces que nous commençâmes notre maison. Sur cette somme, nous dûmes payer six mois de loyer d'avance, 650 francs environ, et, d'autre part, 850 francs de matériel, plus nos frais de contrat et d'installation. Ce fut, en réalité, avec 7.500 francs que nous nous présentâmes chez Mme veuve Lyon-Alemand, à qui j'avais été recommandé par M. Hugot, son préposé aux matières précieuses.

» Nos débuts furent des plus modestes. Nos prélèvements mensuels étaient de 150 francs, sur lesquels j'en donnais 25 à ma mère, afin d'augmenter ses petites ressources et en attendant que je fisse mieux dans l'avenir. Je n'avais donc que 125 francs par mois pour ma nourriture, mon entretien et mes autres dépenses, aussi trouvait-on que je n'étais pas habillé à la dernière mode. Pendant la durée de l'association, je n'eus pas d'autres prélèvements.

» Le budget mensuel de ma nourriture, que je ne dépassais jamais, ou dans de très rares exceptions, était de 60 à 65 francs. Mes repas étaient pris dans le premier établissement que Duval avait fondé, boulevard du Temple, à côté de l'ancien Théâtre Lyrique. Je dépensais régulièrement, pour mon déjeuner 0 fr. 80, et pour mon dîner 0 fr. 95 ; ensemble 1 fr. 75, y compris 0 fr. 10 de pourboire à chaque repas. Le matin, comme premier déjeuner, 0 fr. 25 de café au lait et de pain, soit 2 francs par jour, sauf les extras les jours d'invitations.

» Ma condition de dessinateur m'ayant mis en rapport d'affaires avec quelques commissionnaires en bijouterie et

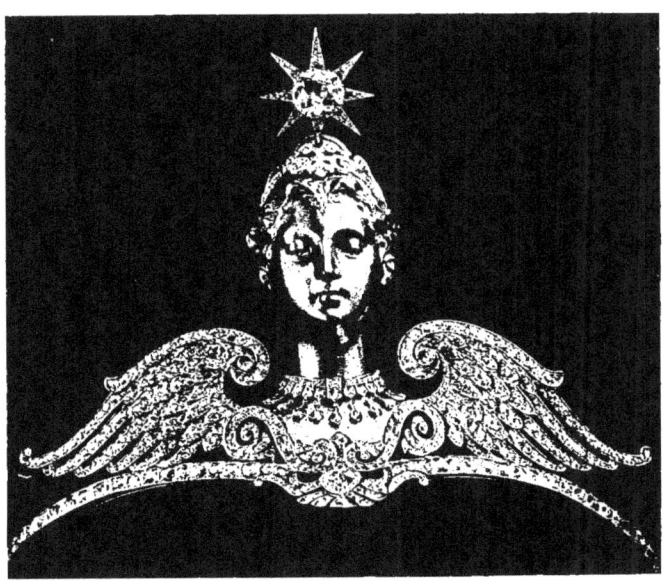

DIADÈME
par Alphonse Fouquet (1883).
Dimensions : largeur, 160 millim.; hauteur, 115 millim.

quelques bijoutiers de province, ces messieurs devinrent des clients de notre maison. Mon associé, lui, étant également connu par d'autres commissionnaires, il s'ensuivit que nous eûmes de suite des commandes et ce, dans de telles proportions, qu'après six mois d'établissement nous avions cinquante ouvriers; et quelques mois plus tard notre personnel s'élevait à soixante-quinze, dont douze graveurs, quinze polisseuses et cinq apprentis. Nous avions dû louer d'autres logements dans la maison pour installer tout ce monde. Cet énorme succès s'explique ainsi : c'est que nous travaillions sans bénéfice ; nous ne savions pas établir nos prix coûtants. Mon associé, qui en était chargé, ne comptait rien pour les déchets de fabrication et rien pour les frais généraux. Aussi, après avoir fait un chiffre assez considérable (250.000 francs), n'avions-nous gagné chacun que *onze cents francs*, pendant notre exercice semestriel.

» Surpris d'un si mince résultat, des amis nous en firent connaître la cause et nous apprirent à établir nos prix. »

Ensuite, Fouquet alla rue aux Ours, n° 36.

« C'est dans ce local, occupé de 1862 à 1868, où j'avais en permanence de trente à trente-cinq ouvriers et apprentis, que je fis les genres fantaisie avec l'emploi des améthystes, des grenats, des topazes et des lapis incrustés, sur lesquels je dessinais personnellement les motifs à graver, afin que le caractère en fût bien conservé ; où je fis le genre découpé et ramolayé très apparent, quoique léger d'or ; puis, enfin, le genre Campana. »

Par suite des exigences excessives de son propriétaire, il se transporta au n° 53 de la même rue.

« C'est en entrant dans ce nouveau local, où j'occupais le deuxième et le troisième étage, que je fis, d'une part, des fantaisies onyx incrustées et appliquées de roses, et, d'autre part, le genre turquoises taillées, avec diamants et perles, et enfin des croix onyx avec applications, ou tout en joaillerie, genres dans lesquels j'eus également assez de réussite. C'est vers cette époque que j'exécutai le premier, et dans la perfection — sans succès, hélas ! — les lézards qui eurent plus tard tant de succès pour d'autres.

» La cause de mon insuccès fut que je créai ce genre deux ou trois ans trop tôt. En effet, voici ce qui se passa. La première demi-parure que je fis était en or ciselé. La ciselure, une merveille, avait été exécutée par Lachaussée (maître de Cosson et de Prévateau). Elle fut livrée à Hippolyte Martel, place de l'Opéra. La seconde demi-parure fut livrée à MM. Fabre frères, de Buenos-Ayres. Une troisième fut exécutée pour mon stock.

» Six mois après, Martel, qui l'avait encore, demanda à mon commis Descartes de l'échanger contre d'autres marchandises, parce que sa clientèle n'en voulait pas, alléguant qu'on ne pouvait se mettre des reptiles sur la poitrine et aux oreilles. Quelques mois plus tard, M. Fabre aîné, de retour en France, demandait à échanger la sienne pour la même

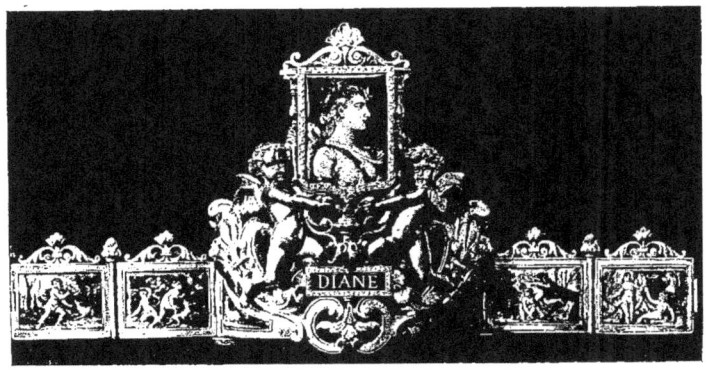

BRACELET DIANE
par Alphonse Fouquet (1885).
Émaux limousins par Grandhomme, sculpture de Carrier-Belleuse, ciselure d'Honoré.
Largeur 170 millim.; hauteur, 85 millim.
(Musée des Arts décoratifs.)

cause. De notre côté, nous n'avions pu vendre que très difficilement celle du stock.

» Je repris donc ces lézards, persuadé que j'avais commis une erreur, une hérésie, lorsqu'au contraire je n'avais que devancé l'heure de l'apparition de ce bijou. Dix-huit mois après, mon commis Descartes me quittait, et le fabricant chez lequel il entrait reprenait mon idée et obtenait un succès inouï[1].

» Lors de la réapparition de ces lézards, ne croyant pas à leur succès, je n'en refis point; puis après, lorsqu'il

1. Ce fabricant était Vaubourzeix, beau-frère du commis qui m'avait quitté.

s'accusa, je crus qu'il serait éphémère. Finalement, déçu dans mes premières tentatives, j'abandonnai ce genre à son heureux sort, sans avoir pu en profiter, quoique j'en eusse été le créateur[1]. »

Alphonse Fouquet prit part avec succès à l'Exposition de 1878; sa joaillerie avait un caractère très personnel : les formes en étaient généralement découpées de façon nette et lisible, soit qu'il s'agît de guipures et de dentelles endiamantées, soit qu'il eût serti en diamants des sphinx, des dragons, des sirènes, des chimères; sa vitrine offrait de nom-

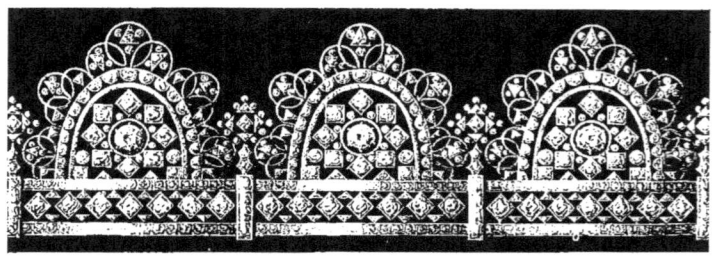

BRACELET MANCHETTE, GUIPURE DE VENISE TOUT EN JOAILLERIE
par Alphonse Fouquet (1878).

breux et intéressants spécimens de son art, « art qui est bien à lui, dit Falize; on peut le discuter, mais non le blâmer, car l'exécution en est absolument parfaite ». D'autres joyaux et des bijoux, dans lesquels dominait le style de la Renaissance, furent également remarqués. Le jury attribua à Fouquet, à l'unanimité et par ordre de mérite, une des premières médailles d'or de la classe.

Ajoutons que, avec une générosité qui l'honore, Alphonse Fouquet a offert tout récemment au Musée des Arts déco-

1. Dans l'*Histoire de ma vie industrielle*, Fouquet nous apprend aussi qu'il est l'inventeur d'un perce-oreille ingénieux, qui permet de percer le lobe de cet organe auditif sans répandre de sang. Voici ce qu'il dit : « J'eus l'idée de ce perce-oreille en lisant une page de Quinte-Curce, où l'auteur relate, dans son histoire d'Alexandre, qu'à la suite d'un combat, lorsqu'on retira d'une blessure le javelot que le héros avait reçu, une hémorragie se produisit et amena une

ratifs quelques-unes de ses plus belles œuvres de cette époque.

En 1879, Fouquet s'installa avenue de l'Opéra, n° 35, continuant sa fabrication de joaillerie et de belle bijouterie ciselée avec mélange de camées, d'émaux, de miniatures et de pierres de fantaisie. En 1883, ses envois à l'Exposition d'Amsterdam furent très remarqués. Depuis longtemps déjà il avait, ainsi que les Fannière, Froment-Meurice et quelques autres, utilisé la figure humaine dans ses bijoux. Certains confrères le critiquèrent et, se rangeant à l'opinion vraiment trop exclusive de Charles Blanc, déclarèrent que c'était là une hérésie et que les règles de l'esthétique n'admettaient pas qu'une femme pût porter sur sa tête, son cou et sa poitrine, la reproduction quelconque d'une figure humaine. Et, cependant, la Renaissance nous a laissé des exemples concluants de bijoux où les figures et les têtes sont de pures merveilles. Lalique a

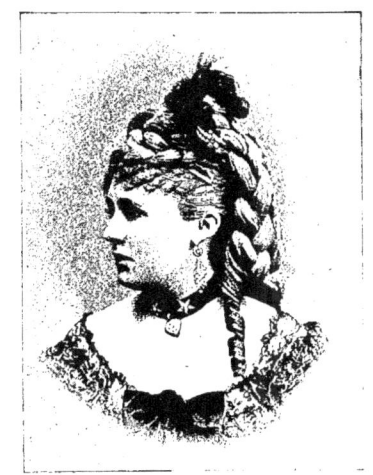

Cliché Reutlinger.
Mlle DOINEL.
Longs pendants d'oreilles, étoiles en diamants.

montré victorieusement depuis cette époque qu'on pouvait ne pas partager cette manière de voir.

Nommé chevalier de la Légion d'honneur en 1888, Fouquet prit une part des plus honorables à l'Exposition de 1889. Enfin, dit-il, « en 1891, je m'associai mon fils aîné et mon gendre. En 1895, je prenais définitivement ma

---

syncope. D'où je conclus qu'en ne retirant pas le perforateur (en or ou en platine) d'un lobe d'oreille, en l'y maintenant comme obturateur jusqu'à cicatrisation, soit vingt-quatre heures, il n'y avait aucun saignement possible : ce qui est tranquillisant pour l'opéré, l'opérateur et les assistants. »

retraite à soixante-sept ans d'âge et cinquante-six ans de carrière, fatigué par un labeur qui m'avait passionné et pour lequel j'avais consacré chaque jour dix-sept et dix-huit heures, sans en excepter les dimanches et les fêtes. »

Voilà, en omettant bien des détails, quelle a été la vie de travail de notre estimable confrère. Il est absolument l'homme de ses œuvres. Mis en apprentissage dans des conditions déplorables, tant au point de vue des traitements

DIADÈME POMPÉIEN EN JOAILLERIE
par Alphonse Fouquet (1883).

physiques qu'à celui de l'enseignement professionnel, il a su, par son énergie, son ordre, son économie, sortir de la condition infime où le destin l'avait placé. Seul, sans guide, sans conseil, il s'est fait d'abord excellent ouvrier, puis dessinateur, modeleur, sculpteur, et cela sans avoir reçu les enseignements de l'école ou ceux d'un professeur, travaillant avec la foi, la conviction que, quel que soit le travail entrepris, on le mène à bonne fin, lorsqu'on en a la passion, lorsque la volonté guide et que la persévérance soutient...

Ces trois facteurs l'ont assisté dans toute sa carrière et lui ont fait surmonter toutes les difficultés inhérentes à la

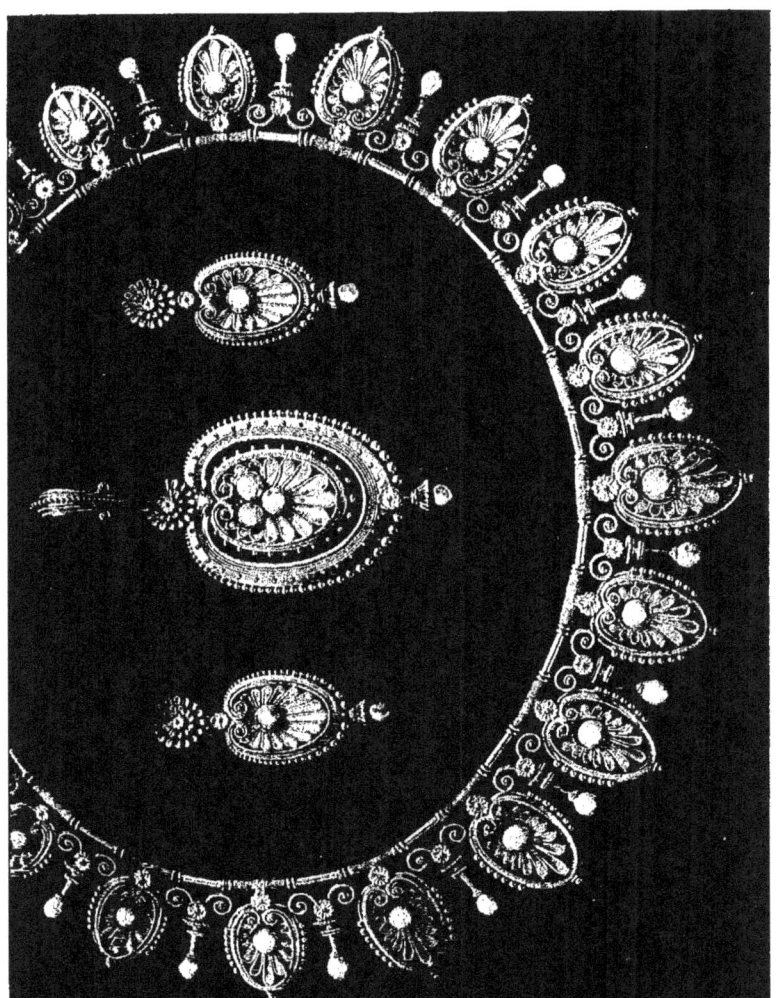

COLLIER ET DEMI-PARURE OR ET PERLES
par E. Fontenay (1878).

triple condition d'artiste, de fabricant et de marchand.

Complétons ces notes biographiques en révélant qu'Alphonse Fouquet manie la plume aussi bien que le crayon et l'ébauchoir. Aussi amoureux de la Muse que de son métier, il a, sous le pseudonyme de Jules Dagron (l'un de ses prénoms et le nom de sa mère), et sous celui de Teuquof (son nom renversé), ciselé de fort jolis vers, dont nous sommes heureux de donner ici un spécimen.

SOUVENIRS D'APPRENTISSAGE (1839)

LES FRITES

Joseph, un beau gaillard de Saverne, en Alsace,
Mon aîné de trois ans, plein d'astuce et d'audace,
Vers la fin de novembre entrait à l'atelier.
Je n'allais donc plus être, enfin ! le tout *dernier*,
C'est-à-dire chargé des plus humbles corvées,
Des courses, notamment, au *dernier* réservées.

Or, le premier matin qu'il sortit avec moi
(Je devais le guider dans son nouvel emploi),
Il m'offrit, ô bonheur !... ô délices licites !...
Il m'offrit... un sou de pommes de terre frites.

Sans un denier en poche et me fiant à lui,
J'entrai sans hésiter dans le petit réduit
Où le marchand dorait, en sa chaude friture,
Le tubercule blond, béni dans la nature.

Alors j'en demandai pour deux sous en deux parts...
Il me servit d'abord, non sans quelques égards
(Car il faut cajoler la jeune clientèle ;
L'amadouer, afin qu'elle reste fidèle
Et ne s'en aille pas vers quelques concurrents
Qui semblent du quartier les nouveaux conquérants).

J'avais dans chaque main un cornet de ces frites.
Je regardais Joseph du fond de mes orbites,
Anxieux de ne point voir sortir son *quibus*,
Car je le supposais riche comme Crésus.

Il était demeuré sur le seuil de la porte,
Prêt à fuir, ce qu'il fit, me laissant de la sorte
Aux prises avec le friturier berné.

Cet ex-vieux soldat, triplement chevronné,
Fit un pas à l'écart pour me barrer la route
(Persuadé de ma complicité sans doute);
Prestement de mes mains il reprit les cornets,
Les vida,... vexé,... puis, m'appliquant deux soufflets,
Deux soufflets vigoureux sur ma petite face :
« Voilà pour te payer, dit-il, de ton audace. »

Quand je revis Joseph, ironique et gausseur,
Il me plaisanta fort sur ma mésaventure.
Mais sachant pardonner à l'humaine nature,
Je n'ai point conservé rancune à ce farceur.

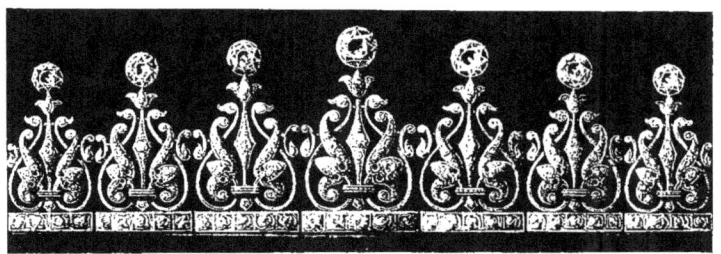

BRACELET EN JOAILLERIE
par Alphonse Fouquet (1889).

Une des personnalités les plus considérables de la corporation fut, sans contredit, Frédéric Boucheron (1830-1902). A quatorze ans, il fut mis en apprentissage chez Jules Chaise, l'excellent bijoutier dont nous avons parlé précédemment [1] et avec lequel son père, marchand drapier, était en relations suivies. Ils étaient d'ailleurs cousins. Boucheron conserva toute sa vie un souvenir très vivace de son séjour dans cet atelier réputé. Il y apprit son métier à fond, car Chaise dessinait bien, avait des connaissances professionnelles très complètes et, de plus, était un homme de goût.

Le petit apprenti, qui devait franchir tous les échelons de la fortune et des honneurs à force de travail, de loyauté,

1. Voir tome Ier, p. 304 et suiv.

d'intelligence et de goût, rappelait souvent, avec une bonhomie sous laquelle perçait une nuance d'orgueil, ses débuts à l'atelier, les courses et les achats qu'il faisait alors pour les ouvriers (deux sous de pommes de terre frites ou un peu de charcuterie !). Il s'y prêtait d'ailleurs de la meilleure grâce du monde, tout en travaillant avec ardeur.

Mais ses aptitudes le portaient vers une autre direction. A vingt-trois ans, Boucheron quitta la cheville pour entrer

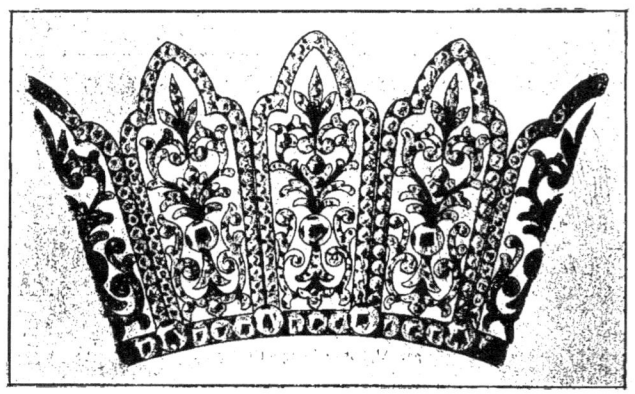

BRACELET MANCHETTE EN JOAILLERIE.
(Maison Boucheron.)

comme commis chez Tixier-Deschamps au Palais-Royal, où ses qualités furent très appréciées. La maison Tixier était fort honorablement connue, sans avoir cependant une place prépondérante. Deschamps la reprit et lui donna un grand essor. Aidé par sa femme, très intelligente, active, et qui avait de grandes capacités pour le commerce, il vit ses affaires prospérer, et dut bientôt faire des agrandissements. Il fut le premier bijoutier ayant deux arcades[1] et une devanture en glaces, ce qui fit sensation, car à cette époque on ne songeait guère au luxe déployé depuis dans l'installation des

1. Daux à son tour eut deux arcades et fut le second bijoutier dans ce cas.

magasins. Les bijoutiers du Palais-Royal avaient des boutiques généralement très simples, avec un plafond blanc et des vitrines intérieures en bois noir ; elles ne dépassaient pas une arcade et, dans les autres professions, il était rare qu'on en eût plusieurs : l'*Escalier de cristal* était célèbre par ses trois arcades.

Deschamps donna beaucoup d'extension à sa maison, toujours connue sous le nom de Tixier-Deschamps, et qui devint la plus importante du Palais-Royal. Sa vogue fut très grande, surtout entre 1850 et 1868. On y trouvait des bijoux soignés et de bon goût et des pierres d'une qualité peu commune. Les camées avec tête de négresse, incrustés de petites roses, qu'exécutait Petitot, furent une des spécialités à succès de la maison.

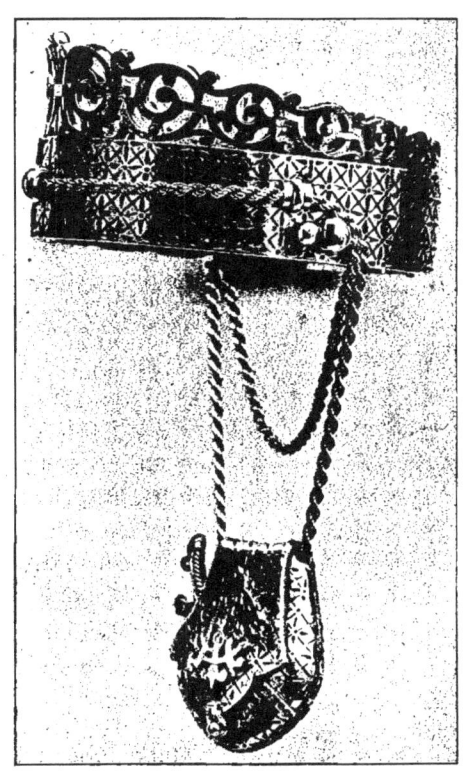

BRACELET AVEC MÉDAILLON
OR ROUGE POLI REPERCÉ
par Menu. (Maison Boucheron.)

En 1858, Deschamps céda sa maison à André[1] ; à ce

1. M. Des Fontaines succéda à André en 1873.

moment Boucheron, dont la nature ardente et active s'était beaucoup dépensée dans cette maison depuis cinq ans, déçu peut-être dans le secret espoir qu'il avait nourri de voir son patron la lui céder, résolut de s'établir. Mais il lui manquait pour cela une chose essentielle : l'argent. S'en étant ouvert à sa famille et à quelques amis, il plaida si éloquemment sa cause, qu'il parvint à réunir la somme de cent mille francs. C'était peu ; néanmoins, c'est avec ce capital relativement restreint, qu'en 1858 il fonda, galerie de Valois, la maison qu'il devait illustrer plus tard, réfutant par ses actes le pronostic pessimiste de M. Deschamps son patron, qui avait dit : « M. Frédéric est un excellent commis, mais il n'a pas l'étoffe nécessaire pour faire un patron. »

Boucheron commença modestement et ne prit d'abord qu'une petite boutique d'une seule arcade. Il s'était rendu compte qu'avec les fonds prêtés par sa famille, il ne pouvait songer à avoir un assortiment de pierres de grande valeur, qui absorberait immédiatement ses ressources avec peu de pièces ; il se limita, au contraire, dans un assortiment judicieux d'objets de haute fantaisie, puis, comme il était plein de confiance dans l'avenir, il se mit courageusement à l'œuvre et se lança, tête baissée, dans la lutte pour la vie.

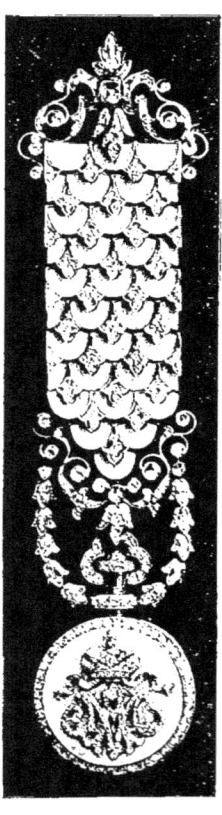

CHATELAINE.
Composition
de Jules Debut (1875),
pour S. M. l'Empereur de Russie.
(Maison Boucheron.)

Son intelligence et son activité amenèrent le succès qui s'affirma, ainsi que nous l'avons vu, dès l'Exposition de 1867, où il obtint une médaille d'or. Pourtant, les débuts furent assez difficiles et l'on peut dire que Boucheron fut maintes fois favorisé par les circonstances. Il en convenait d'ailleurs volontiers et déclarait même que sa réussite, sa veine exceptionnelles, étaient un « mauvais exemple » pour les autres. Ne nous racontait-il pas que certain jour d'échéance, n'ayant en portefeuille que quelques centaines de francs et devant payer une traite importante, son caissier,

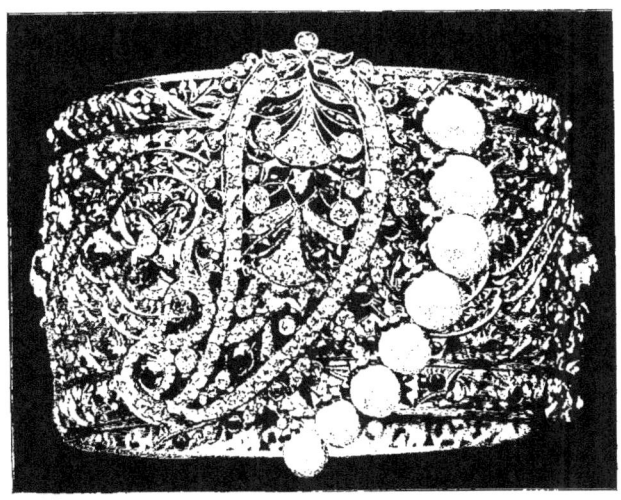

BRACELET, JOAILLERIE, PERLES ET PIERRES DE COULEURS.
Genre de Crouzet. (Maison Boucheron.)

fort inquiet, ne cessait de le harceler pour avoir les fonds nécessaires et levait les bras au ciel en se lamentant. Boucheron, imperturbable et souriant, lui disait de ne pas se tourmenter. Cependant un garçon de banque se présenta au guichet pour l'encaissement et le malheureux caissier affolé accourut demander ce qu'il fallait faire. « Donnez-lui une chaise et qu'il attende », fut la réponse. Or, au même instant, paraît-il, un client entrait dans la boutique et achetait un collier de trente mille francs, qu'il payait séance tenante. Boucheron, le plus tranquillement du monde, vint poser sous les yeux ébahis de son caissier les liasses de billets bleus en disant d'un air détaché : « C'est, je crois, vingt mille qu'il vous faut ? En voici trente. »

On voit, par cet exemple, que Boucheron était en effet né sous une bonne étoile, comme il se plaisait à le dire lui-même à toute occasion, et ce n'est pas sans raison qu'on l'appelait souvent « un veinard ».

On affirme d'ailleurs que ce ne fut pas la seule fois que les échéances se firent à point par l'effet d'un hasard heureux, et qu'il fallait avoir une solide confiance en soi pour rester impassible et plein d'assurance en présence de certains cas dont la solution paraissait inextricable.

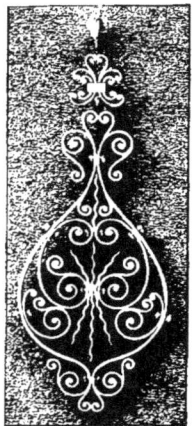

BOUCLE D'OREILLE
EN OR.
Genre ferrure.
Travail à la pince par Chalvet.
(Maison Boucheron.)

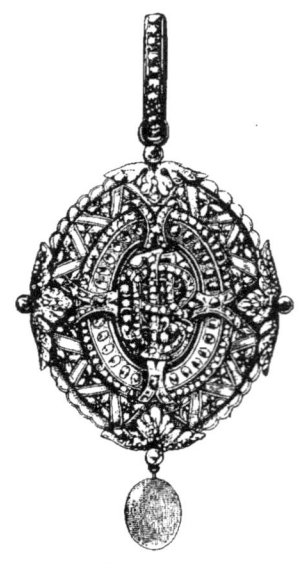

MÉDAILLON
par Jules Debut.
(Maison Boucheron, 1878.)

De plus, comme il était très entreprenant et qu'il paraissait bien réussir dans ses affaires, les fabricants venaient de toutes parts lui apporter leurs nouveautés. Ils les lui confiaient même sans qu'il eût besoin de les acheter, et comme il les plaçait presque toujours assez vite dans sa clientèle, on continuait à lui en donner d'autres, avec empressement. Il ne les réglait que par à-comptes très espacés, afin de ménager ses capitaux, tout en se procurant le plus possible de marchandises.

Cette confiance absolue des fabricants dans « l'étoile » de Boucheron lui fut, surtout dans les premières années, un appoint énorme.

D'ailleurs, Boucheron était, comme on dit, un « enfant de la balle ». Ayant fréquenté les ateliers, il connaissait pour ainsi dire tous les fabricants et les considéra toute sa vie comme d'anciens camarades. Son caractère gai et bon enfant, ses qualités d'homme d'affaires aux vues larges, sa nature généreuse et loyale, sa réussite constante dans tout ce qu'il entreprenait, lui attiraient toutes les sympathies. Ses fournisseurs et ses collaborateurs ne cherchaient qu'à le satisfaire ; toutes les demandes qu'il faisait étaient réalisées : il suffisait de faire quelque chose de joli, d'original et d'inédit, même un peu excentrique ou tapageur, pour être à peu près sûr que Boucheron le vendrait.

C'est ainsi que Mme Vve Hippolyte Nattan travailla beaucoup pour Boucheron lorsqu'il fut établi. Nous l'avons vu précédemment, son atelier occupait plus de cent ouvriers. Cette maison exécutait toutes les commandes qu'il plaisait à Bou-

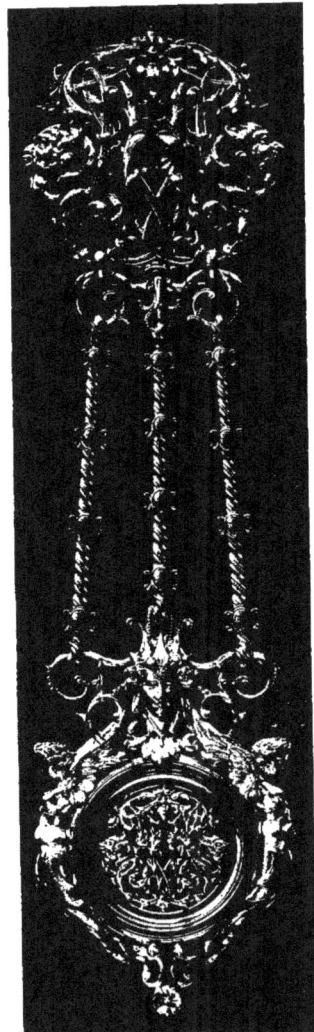

CHATELAINE OR CISELÉ.
Dessin de Jules Debut.
Tous les monogrammes sont pris sur pièce et ciselés par Giraudon.
Les cariatides sont de Rault.
Hauteur : 17 cent.
(Maison Boucheron, 1870-1886.)

cheron de donner, d'après les dessins qu'il fournissait, et il n'avait d'autre charge que de prendre ferme de 50 à 80 pour cent, selon les modèles, des pièces exécutées spécialement pour lui.

C'étaient là des conditions extrêmement avantageuses pour un débutant.

Nous avons dit que Boucheron s'était en quelque sorte spécialisé, tout d'abord, dans les articles de riche fantaisie. Il en avait un choix considérable et, comme c'était un homme de goût, ses modèles furent très appréciés. Il osait faire des bijoux que bien peu de ses confrères eussent risqués à cette époque, mais, malgré leur prix élevé, ces pièces trouvaient alors facilement des acquéreurs, ce qui était un encouragement indiscutable à persévérer dans cette voie. Une certaine clientèle élégante, celle qui lance les modes et qui est toujours à l'affût des nouveautés, savait qu'un genre particulier de bijoux ne se trouvait alors que chez Boucheron ; cette clientèle devint très nombreuse et fit la réputation du bijoutier qui dut bientôt augmenter son capital et agrandir son magasin. Il prit avec lui, en 1865, son neveu Georges Radius[1], alors âgé de 24 ans et, tout en continuant à faire fabriquer au dehors, il installa, en 1866, un atelier où furent exécutés en partie les

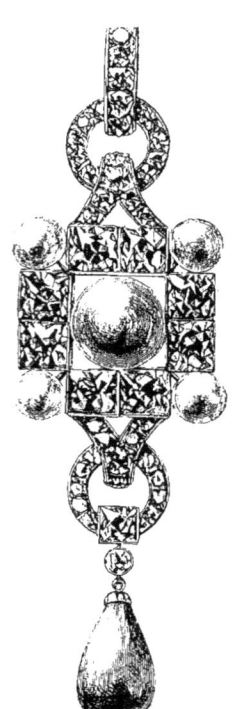

PENDANT DE COU
PERLES ET BRILLANTS
par Jules Debut.
(Maison Boucheron, 1878.)

---

1. Georges Radius fit vaillamment son devoir pendant le siège de Paris en 1871. Blessé à Buzenval en rapportant son capitaine tué à côté de lui, il reçut la médaille militaire. Il fut fait chevalier de la Légion d'honneur en 1895, à la suite de l'Exposition de Chicago.

objets qu'il exposa en 1867[1]. Il ajoutait en même temps une deuxième arcade à son magasin, qu'il voulut le plus beau du « Palais », et s'adressa à cet effet à Penon, le tapis-

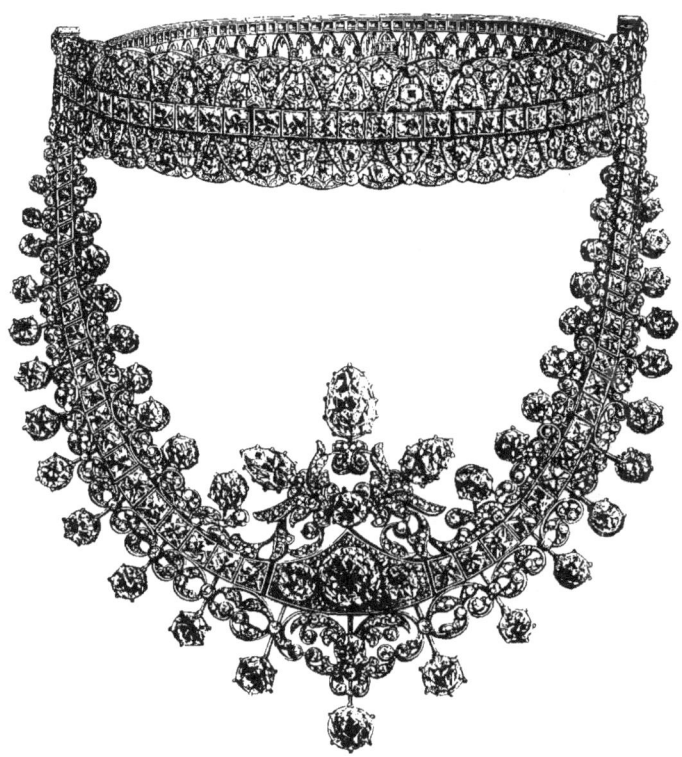

COLLIER AVEC PARTIE RETOMBANTE
par Jules Debut. (Maison Boucheron, 1877.)

sier le plus réputé d'alors, en lui donnant carte blanche. Les lustres et les lampadaires furent faits sur les modèles de ceux que le Prince Napoléon avait commandés à Lerolle

---

1. Voir au chapitre sur le Second Empire ce que nous disions de cette Exposition.

pour sa maison pompéienne, d'après les dessins de Ch. Rossigneux; toute la décoration fut particulièrement soignée[1].

Les affaires de Boucheron devinrent de plus en plus prospères; il serait impossible de citer, je ne dirai pas toutes les belles pièces qui sortirent de sa maison, mais même d'énumérer les principaux types de fabrication, dus souvent à son initiative ou à son influence : bijoux repercés, bijoux facetés, acier incrusté, émaux lapidés, émaux translucides, etc. On peut dire que tout a été entrepris et réalisé de la façon la plus heureuse dans cette maison.

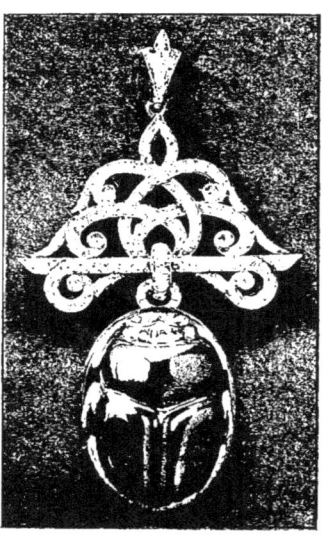

PENDANT DE COU
SCARABÉE EN GRENAT.
(Maison Boucheron.)

Les rapports de Boucheron avec tous ses fabricants, fournisseurs, employés ou courtiers, étaient des plus cordiaux; il ne cessa de les regarder comme de vrais collaborateurs ayant contribué à sa fortune. Chaque année il les réunissait, au nombre d'une cinquantaine, dans une grande partie de campagne, une « ballade » aux environs de Paris, où l'on faisait bombance toute la journée. Tous étaient heureux de se retrouver ensemble, « causant *manique* », c'est-à-dire parlant des hommes et des choses du métier, racontant des histoires d'atelier, des anecdotes vingt fois répétées, ainsi qu'on le faisait au moment du « pâté de veille », dont la tradition

[1]. En 1899, lorsque Boucheron fonda une succursale à Moscou, on y transporta les boiseries de l'ancien magasin du Palais-Royal, et elles contribuèrent à la décoration de la nouvelle installation, une des plus belles de la ville.

s'était conservée chez Boucheron; ils s'amusaient comme de

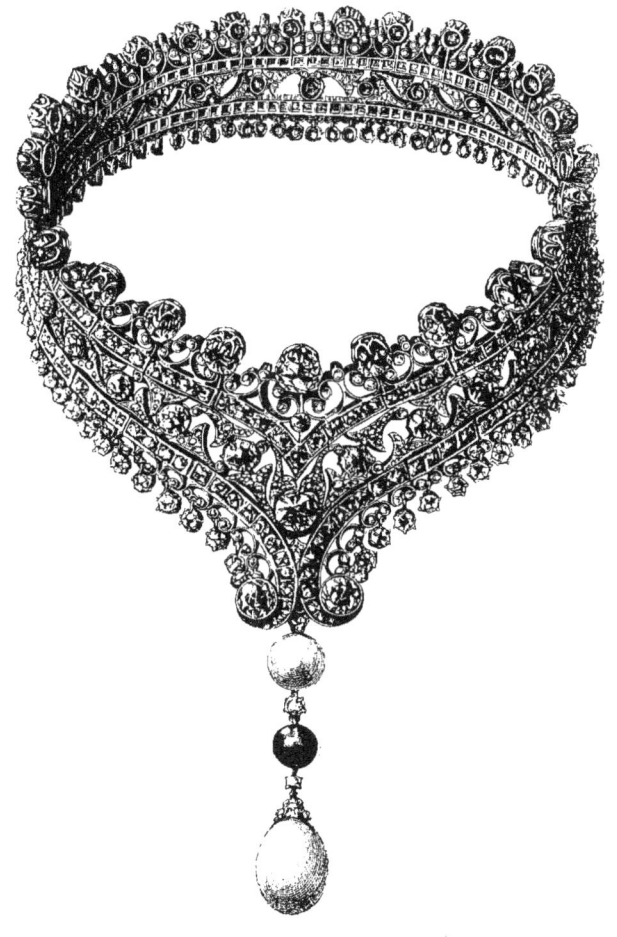

COLLIER
par Jules Debut. (Maison Boucheron.)

grands enfants en vacances. Dans ces réunions, Boucheron donnait l'exemple de la gaieté. Souvent il faisait apporter

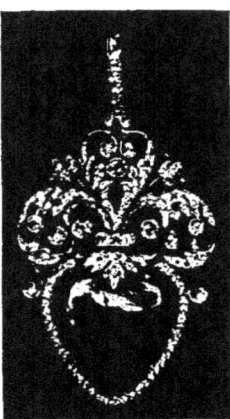

PENDANT DE COU
GRENAT CABOCHON.
(Maison Boucheron.)

un billard sur l'herbe ; on riait, on jouait, on chantait, chacun montrait ses talents de société. Tout distrayait et réjouissait, on s'amusait d'un rien. On trouvait tout à fait extraordinaire de voir un certain Lhomme, bijoutier, lancer avec son pouce une boulette de mie de pain par-dessus l'aqueduc de Marly. Bref, la fête était complète, grâce à l'entrain et à la générosité de l'amphytrion, qui pourvoyait à tout. Les liens de camaraderie se resserraient chaque fois plus étroitement, tous se sentant unis par une amitié presque familiale. On s'entretenait de cette journée longtemps à l'avance ; on en parlait longtemps après.

Nous avons dit que Boucheron avait été favorisé par les circonstances. En effet, c'est au moment où des fortunes se créaient colossales et rapides de l'autre côté de l'Atlantique, qu'il fit la connaissance de M. Reed, représentant à Paris de la maison Tiffany & C°, de New-York. Cette maison, d'une importance exceptionnelle[1], était en relations constantes avec les plus riches familles américaines, avec les principaux brasseurs d'affaires des États-Unis.

[1]. Voir le *Rapport officiel de l'Exposition internationale de Chicago en 1893. Comité 24. Bijouterie-Joaillerie,* par H. Vever. Paris, Imprimerie nationale, 1894.

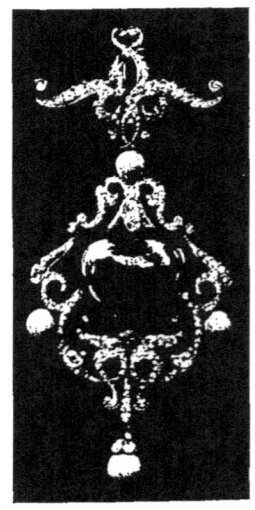

PENDANT DE COU
JOAILLERIE, PERLES
ET GRENAT CABOCHON.
(Maison Boucheron.)

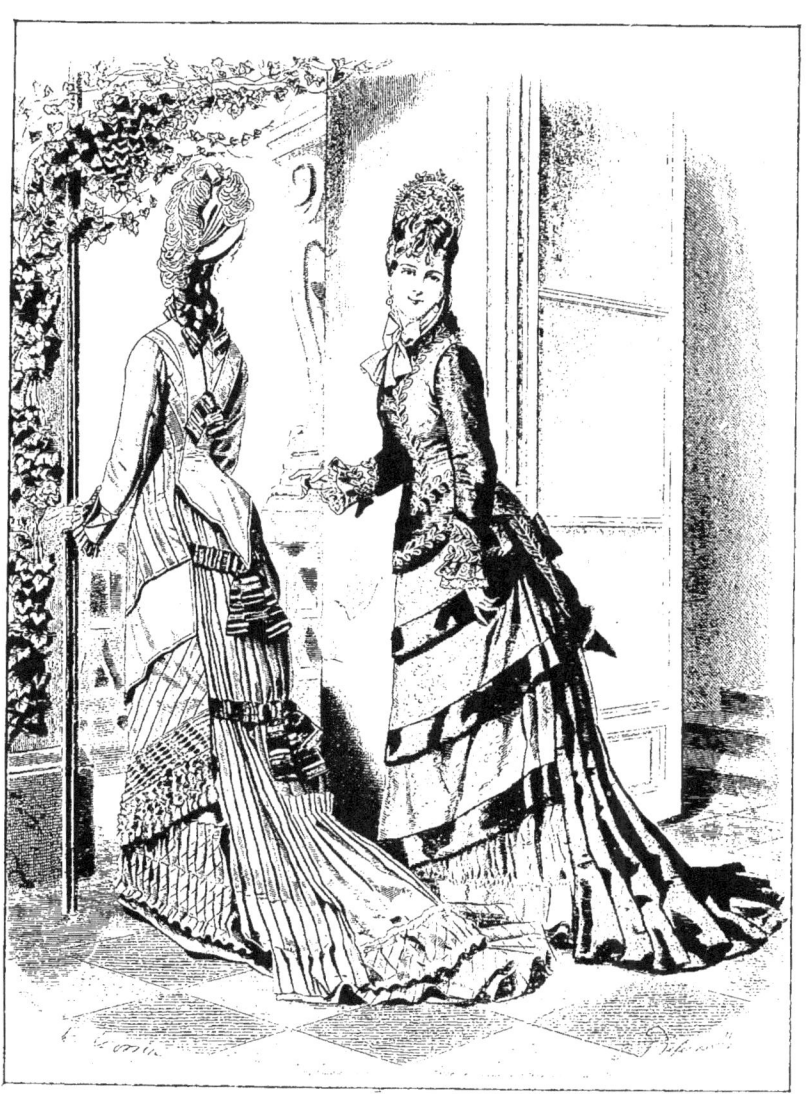

MODES DE 1876.
Boucles d'oreilles.

En dehors de ses affaires de New-York, elle faisait pour sa clientèle américaine, dont les besoins augmentaient de jour en jour, des achats considérables d'objets de toute nature, en Europe et principalement à Paris ; tous se traitaient par l'entremise de M. Reed, qui était un homme charmant, sachant faire les honneurs de la capitale à ses compatriotes avec une bonne grâce parfaite. Connaissant

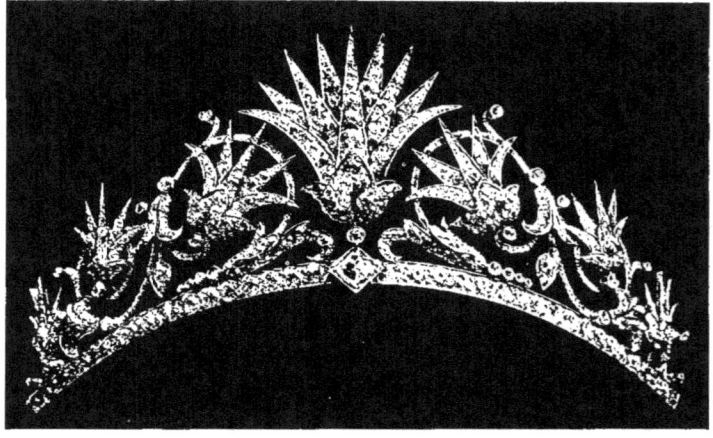

DIADÈME LOTUS.
Composition de Destapes. (Maison Boucheron, vers 1876.)

à fond « la place », en sa qualité de commissionnaire, il les dirigeait pour leurs acquisitions, et, lorsqu'il s'agissait de bijoux, il les conduisait invariablement chez Boucheron. On voit l'appoint que ce fut pour lui. Il dut bientôt s'agrandir encore et ajouta une troisième, puis une quatrième arcade à sa maison en 1873.

Ces nouveaux millionnaires, fils d'anciens émigrants, de ces conquérants du Far-West, au caractère aventureux et énergique, éprouvaient le besoin bien naturel de dépenser leurs dollars et de jouir de leur fortune. Ils avaient des appétits de luxe qu'il eût été impossible de satisfaire dans leur pays, encore trop neuf, trop absorbé par les affaires industrielles et qui ne s'intéressait qu'aux choses pratiques.

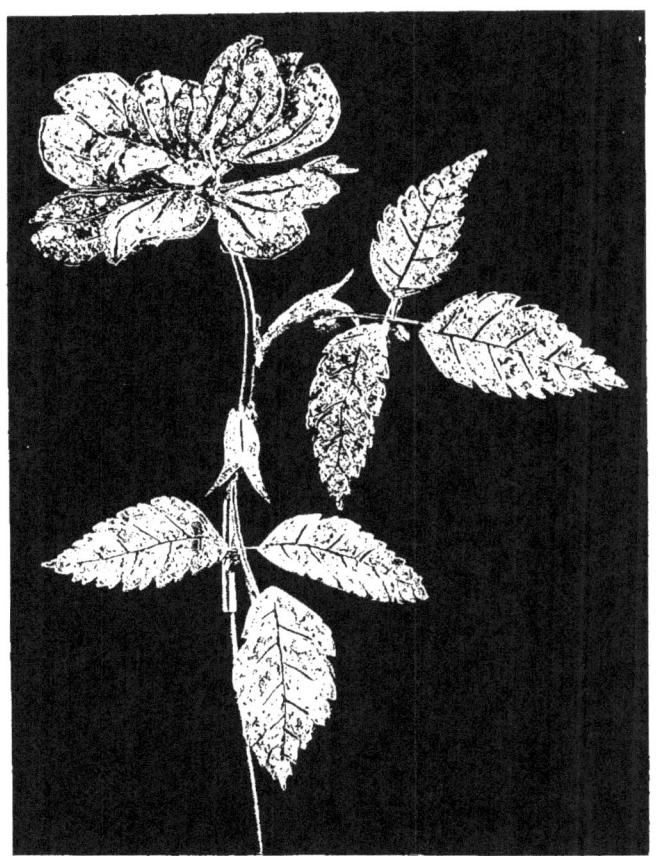

ROSE ÉPANOUIE
par Lœulliard. (Maison Boucheron.)

La chose artistique, ou même simplement la chose de goût, n'y existait pas. Lorsque ces parvenus venaient sur le continent pour la première fois et qu'ils se trouvaient en contact avec notre vieille civilisation, avec le raffinement des races latines, avec notre amour et notre admiration pour les œuvres d'art, c'était pour eux comme une révélation. Si Paris a été nommé, avec quelque raison, la Capitale de l'Art, on lui reconnaît aussi la suprématie du luxe, du vrai, de celui qui n'est pas fait d'extravagances, mais qui, de bon aloi, révèle le goût et la distinction, et est, en somme, le résultat d'un atavisme de plusieurs siècles. On comprend donc que le rêve des citoyens du Nouveau-Monde fût de connaître la seule chose peut-être qui n'existât pas chez eux, le pays privilégié où ils pouvaient trouver, sans effort, tout ce qui était susceptible de flatter leur vanité et de donner

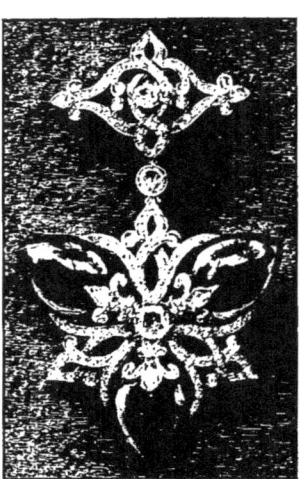

PENDANT DE COU JOAILLERIE
ET GRENATS CABOCHONS.
(Maison Boucheron.)

satisfaction aux moindres comme aux plus extravagants de leurs caprices. Les premiers qui firent le voyage retournèrent chez eux pleins d'enthousiasme et provoquèrent ainsi de nouveaux départs; si bien que, la rivalité aidant, les différents « rois » de l'or, de l'acier, des chemins de fer, du blé

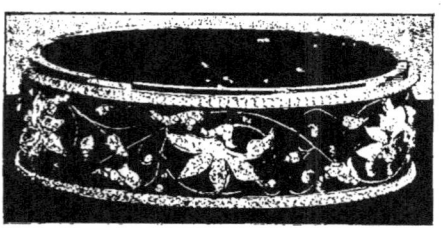

BRACELET EN ÉMAIL ROUGE TRANSLUCIDE
AVEC ORNEMENTS
EN BRILLANTS SERTIS DANS L'ÉMAIL
(VERS 1875-1880).
(Maison Boucheron.)

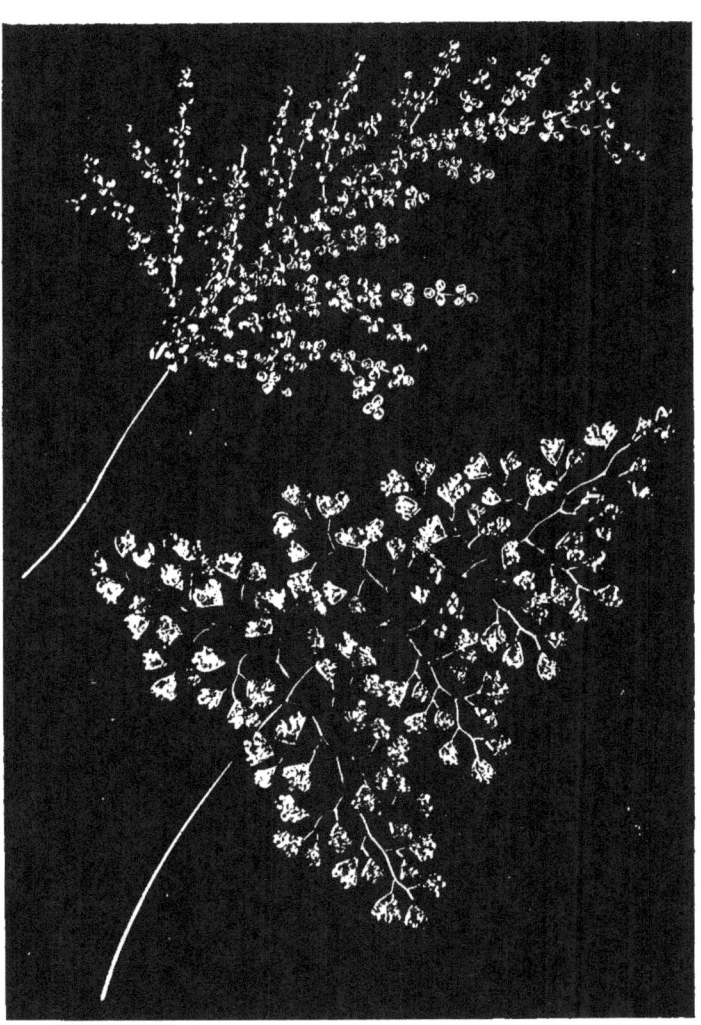

BRANCHES DE CAPILLAIRE EN JOAILLERIE
par Octave Lœulliard. (Maison Boucheron.)

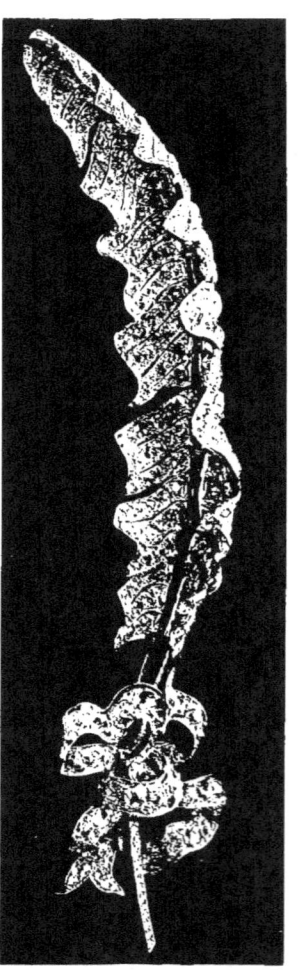

FEUILLE DE BANANIER
par Lœuilliard. (Maison Boucheron.)

ou des boîtes de conserves, etc., vinrent successivement à Paris. Certains même s'y fixèrent par la suite. Ayant des sommes énormes à leur disposition, conseillés par un de leurs compatriotes en qui ils avaient toute confiance, tous ces Yankees firent des achats considérables.

C'était l'époque où l'emploi du diamant trouvé en abondance dans les mines du Cap, récemment découvertes, avait donné à la joaillerie un nouvel essor. L'utilisation des gros diamants avait amené la mode des parures comportant des pierres de grandes dimensions; les Américains appréciaient ces parures d'une extrême richesse, mais comme ils avaient la sagesse de rechercher en même temps la qualité des pierres, ils ne pouvaient faire leurs acquisitions que dans des maisons de premier ordre.

La participation de Boucheron à l'Exposition de Philadelphie en 1875, qui lui valut la croix de chevalier de la Légion d'honneur, ne fit qu'augmenter sa clientèle américaine. Les grosses commandes affluèrent. C'est ainsi que l'on put voir à l'Exposition de 1878, à Paris, des objets très importants, exécutés pour des Américains, entre autres la fameuse parure de Mme Mackay, avec des

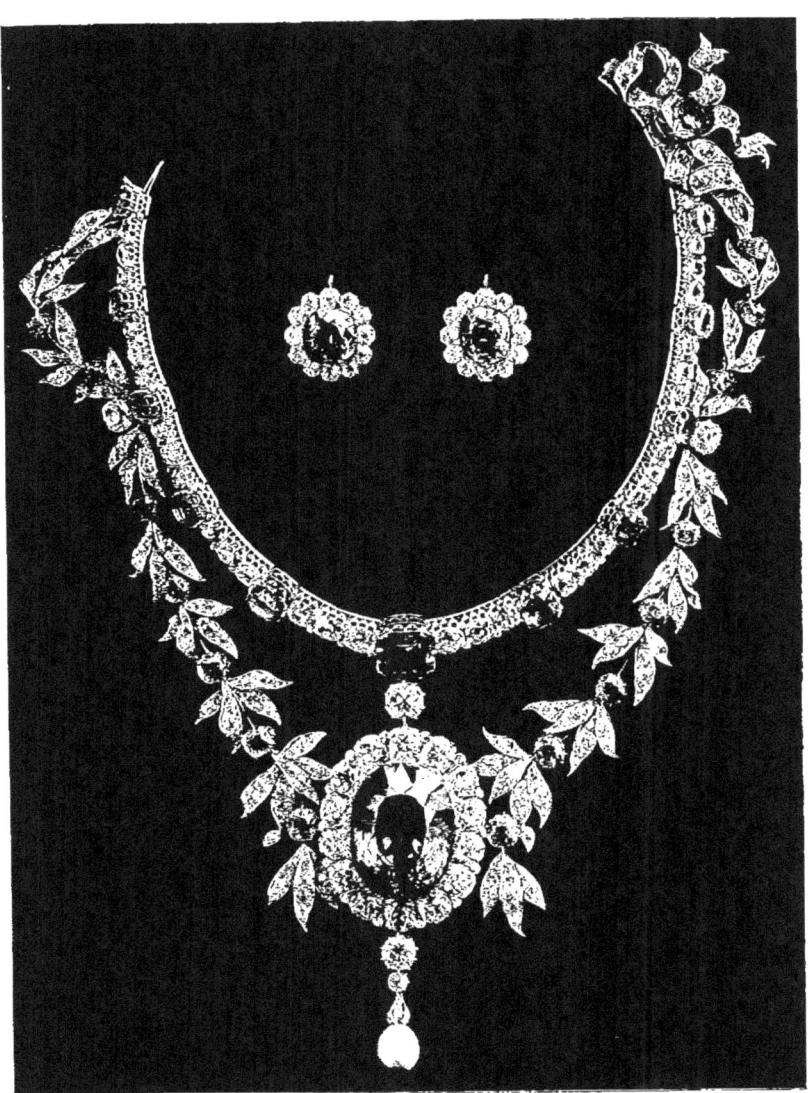

GRAND COLLIER SAPHIRS ET BRILLANTS.
Composition de Jules Debut.
Le saphir du centre pèse 160 carats et mesure 52 millimètres de hauteur.
(Maison Boucheron, Exposition de 1878.)

saphirs énormes [1] de très belle couleur, enchâssés dans des rubans et des feuillages de diamant et qui valait plus d'un million. Toute l'exposition de Boucheron était splendide et

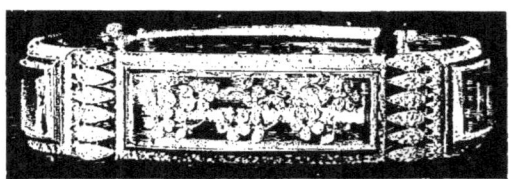

BRACELET JOAILLERIE ET CRISTAL DE ROCHE.
(Maison Boucheron.)

fit sensation; la vogue du joaillier s'en accrut encore. Le rapporteur, M. Martial Bernard, en parle en ces termes : « ... C'est un véritable éblouissement de diamants étincelants, de saphirs énormes, de perles et de pierres de couleur d'une beauté remarquable, enchâssées dans les montures les plus variées, qui toutes se distinguent par l'élégance et la grâce du dessin. On se trouve devant l'œuvre d'un homme de goût, habile à s'associer des collaborateurs de mérite,

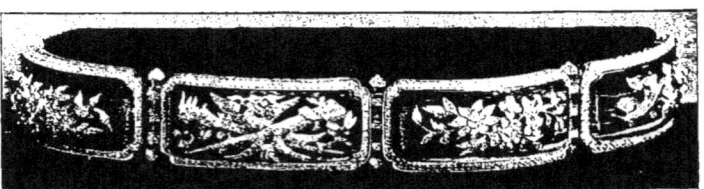

BRACELET A MOTIFS DE JOAILLERIE SUR ÉMAIL BLEU.
(Maison Boucheron.)

auxquels il communique ses idées : soigneux des détails, il arrive à produire des joyaux, des bijoux, des objets d'art, des pièces d'orfèvrerie même, qui, pleins de fantaisie et parfois de hardiesse, tendent à attirer au commerce français une nouvelle clientèle de riches acheteurs.

1. Le saphir du centre pesait 159 carats 1/8.

» ... L'œil est séduit par la variété des couleurs des pierres précieuses d'un juste-au-cou en fleurs des champs, et par l'éclat des émaux translucides dans des bijoux d'une

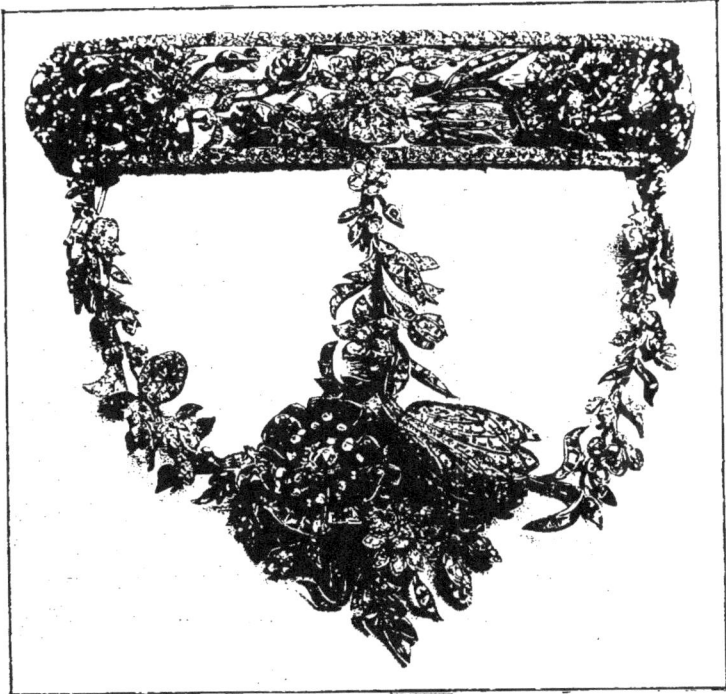

COLLIER DE Mme SARAH BERNHARDT
EN JOAILLERIE, ÉMAUX TRANSLUCIDES, RUBIS ÉMERAUDES
ET SAPHIRS CALIBRÉS.
Composition de Jules Debut. (Maison Boucheron, 1878.)

grande légèreté[1]. L'amateur découvre un travail très fin dans une montre en acier damasquiné et ciselé, dans des flambeaux en argent avec ornements repercés et ciselés, et

[1]. Ce « juste-au-cou » en émaux translucides et pierres précieuses était une merveille de fabrication. Il avait été exécuté pour Sarah Bernhardt. Le dessin était de Jules Debut.

un grand effet dans un riche service à bière du genre persan, orné d'émaux translucides. »

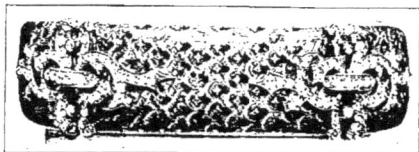

BRACELET EN ÉMAIL « QUEUE DE PAON ».
(Maison Boucheron.)

Le Jury des récompenses lui décerna un des trois

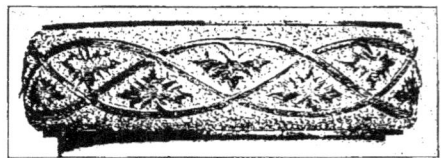

BRACELET
PAVÉ DE DIAMANTS, AVEC DÉCOR D'ÉMAIL.
(Maison Boucheron.)

grands prix dont il disposait. Les deux autres avaient été

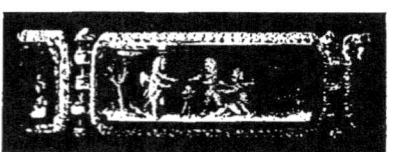

BRACELET A PLAQUES ARTICULÉES,
CRISTAL DE ROCHE ET ROSES.
Les Quatre Saisons, miniatures sur ivoire de Paillet.
(Maison Boucheron, vers 1875-1880.)

attribués à Massin en première ligne et à Lucien Falize[1].

---

[1]. Pour couper court aux réclamations des exposants, ce ne fut pas l'ordre de mérite qui fut adopté pour le palmarès, mais l'ordre alphabétique. Cette mesure regrettable fut continuée par la suite.

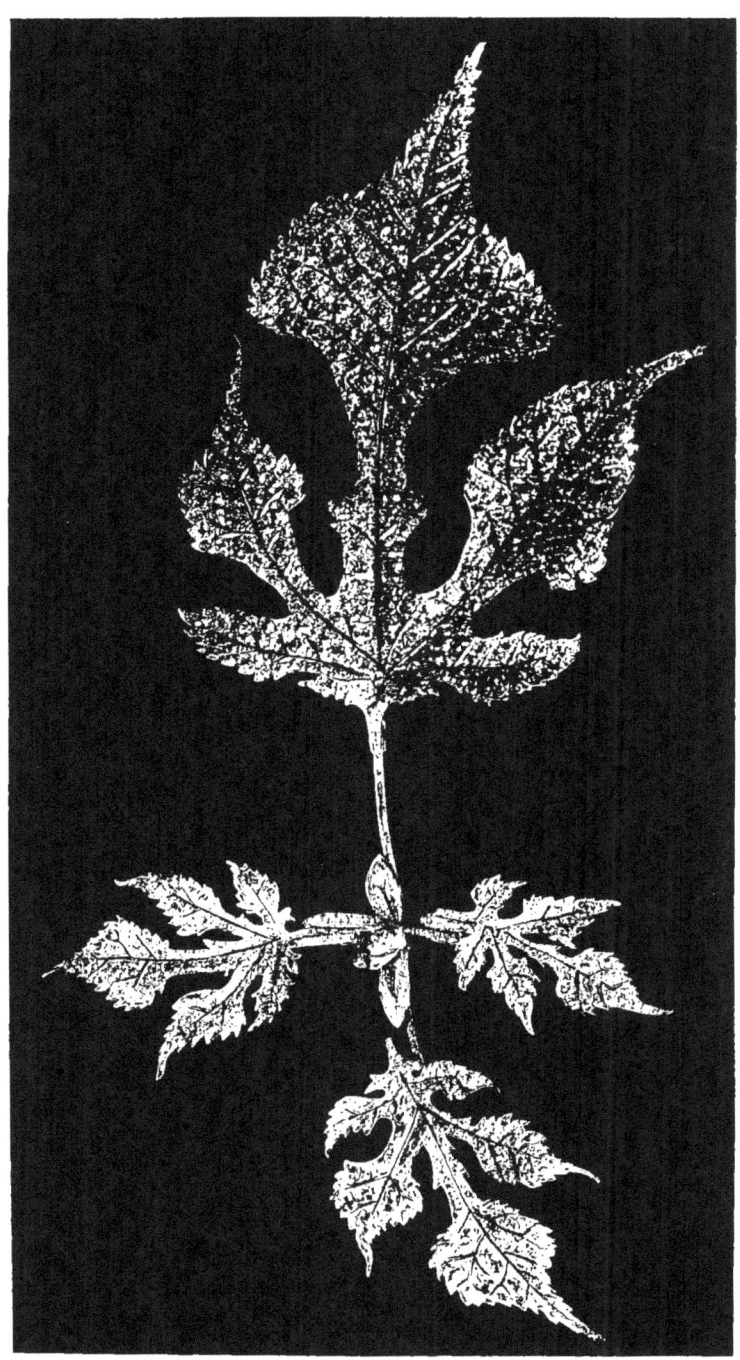

FEUILLES EN JOAILLERIE
par Lœulliard. (Maison Boucheron.) — Hauteur : 0,22 centimètres.

Nous avons déjà parlé (p. 166 et suivantes) de ces émaux à jour, dénommés depuis émaux translucides. Rappelons que, depuis longtemps, on avait essayé de les refaire tels qu'ils existaient à l'époque de la Renaissance. Mollard, bijoutier distingué, doublé d'un chercheur, ayant lu dans les mémoires de Cellini les explications que le célèbre orfèvre donna à François Ier au sujet d'une coupe décorée d'émaux

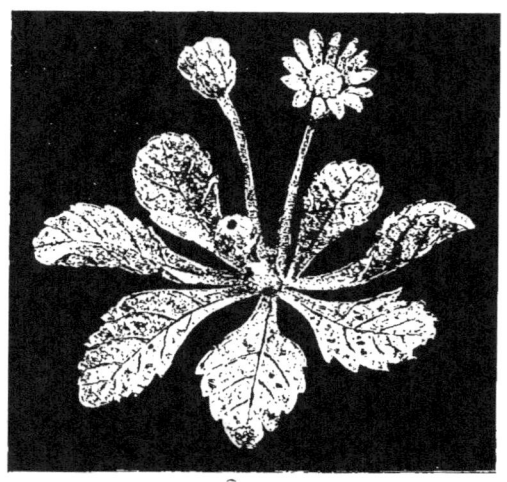

BROCHE PAQUERETTE EN JOAILLERIE,
par Octave Lœuillard. (Maison Boucheron.)

à jour, résolut à son tour d'en faire. Il y réussit vers 1855, et même avant cette date, si nous en croyons M. L. Houillon, l'émailleur de grand talent de qui nous tenons ces détails et qui pratique son art depuis plus de cinquante années. Mollard fit le dépôt légal du résultat de ses recherches, dont il négligea de tirer parti. Plus tard, Briet, puis Riffault, s'occupèrent de cette question, et ce dernier exécuta un certain nombre de bijoux décorés d'émaux à jour, pour la maison Samper, qui n'en vendit d'ailleurs presque pas. Après entente avec Mollard, qui réservait ses droits, Riffault prit un brevet qu'il céda ensuite à Boucheron.

C'est à dater de ce moment, vers 1864, que les émaux translucides commencèrent à avoir un certain succès ; plu-

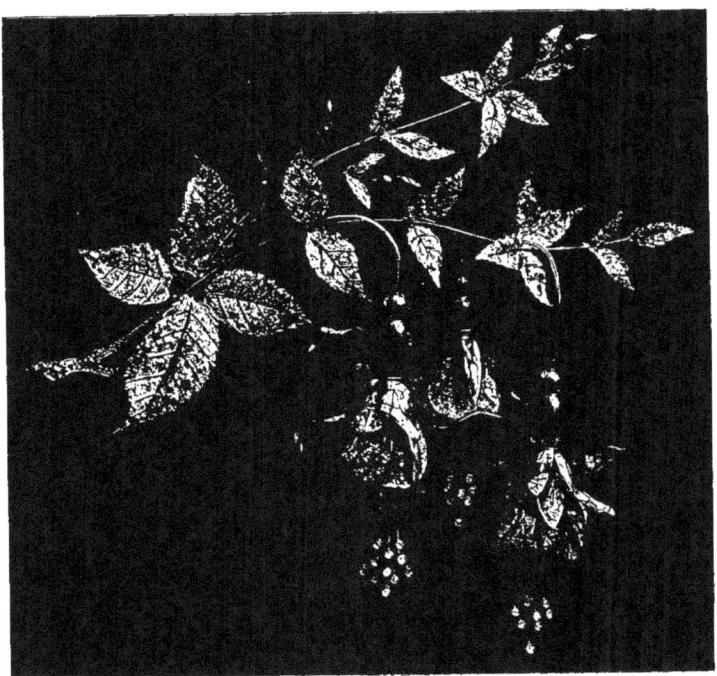

BRANCHE DE FUCHSIAS, JOAILLERIE ET ÉMAUX TRANSLUCIDES.
(Maison Boucheron.) -- Largeur du bijou : 0,16 cent.

sieurs figurèrent dans la vitrine de Boucheron à l'Exposition de 1867. Leur vogue s'accentua et ne cessa de s'accroître ; elle fut très grande aux environs de 1878, et, à partir de cette époque, les principaux émailleurs en firent couramment, sans d'ailleurs se préoccuper de la question de brevet, très discutable du reste, puisque ce travail était déjà connu du temps de Cellini.

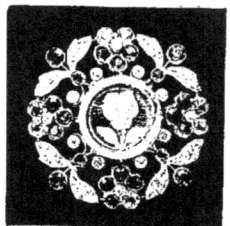

BROCHE
AVEC DIAMANTS GRAVÉS
par M. Bordinkx.
(Maison Boucheron.)

A l'Exposition de 1889, Boucheron remporta un nouveau succès et obtint encore un grand prix ; de plus, il reçut la rosette d'officier de la Légion d'honneur. Les gravures qui ornent cette étude nous dispenseront de décrire les pièces de joaillerie qui furent le plus admirées. Signalons toutefois une innovation : des rondelles enfilées ou, pour mieux dire, de petits disques en diamant, percés d'un trou au centre et taillés à facettes sur la tranche, s'intercalaient dans un merveilleux rang de perles et les isolaient entre elles. L'éclat discret de ces diamants, allié à la douceur de la perle, produisait un effet charmant. Cette très jolie fantaisie, dont Paul Legrand, le dessinateur de Boucheron, avait eu l'idée, obtint beaucoup de succès. D'ailleurs, le caprice se donnait libre

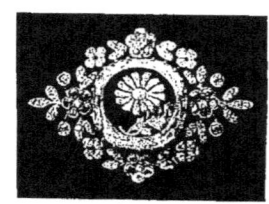

BROCHE AVEC DIAMANTS GRAVÉS
par M. Bordinckx.
(Maison Boucheron.)

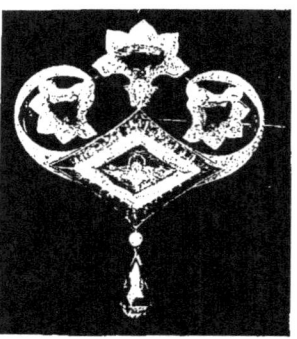

BROCHE AVEC DIAMANTS GRAVÉS
par M. Bordinckx.
(Maison Boucheron.)

cours dans cette vitrine où se trouvaient des diamants qui, en dépit des difficultés d'exécution, étaient taillés de toutes façons et en toutes formes, pour figurer des ailes de mouches, des tortues, etc. M. Boucheron avait encouragé dans cette voie son lapidaire-diamantaire M. Bordinckx, et celui-ci était parvenu même à graver quelques-uns de ces diamants. Il perfectionna encore son travail par la suite et, à l'Exposition de 1900, on vit chez Boucheron des broches, des bagues et d'autres bijoux présentant, au centre, un diamant sur lequel des ornements ou des fleurs avaient été gravés. S'il ne faut pas voir là un emploi très judicieux du diamant, du moins ces tentatives montraient-elles une grande difficulté vaincue.

L'ambition des joailliers, surtout depuis une vingtaine d'années, avait été de faire, en diamants, des fleurs dont la forme et le modelé se rapprochassent le plus possible de la

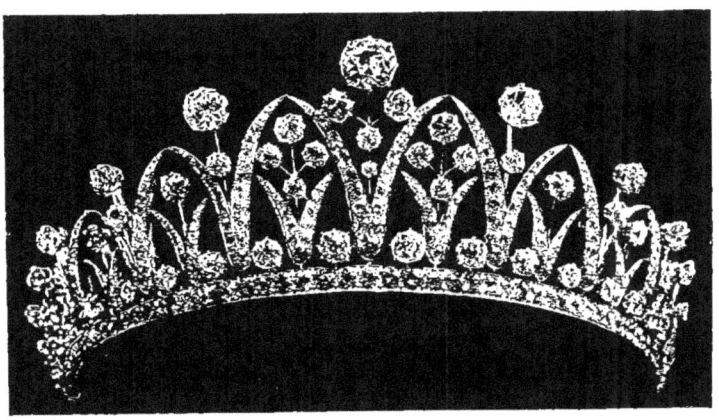

DIADÈME EN JOAILLERIE.
(Maison Boucheron.)

nature. Ils étaient parvenus, dans cet ordre d'idées, à une grande perfection, mais en oubliant que l'art du bijoutier et du joaillier ne consiste pas à faire des reproductions purement botaniques. Il ne faut pas perdre de vue, en effet, que la destination d'un joyau étant de servir de parure à la femme, il doit par conséquent, une fois porté, conserver un caractère décoratif et être d'un dessin facilement lisible. Ce n'est pas l'imitation servile de la nature qui est artistique ou même simplement intéressante, mais la manière dont elle est interprétée. La copie fidèle d'une plante ne nécessite aucun effort d'imagination ni d'invention ; elle ne demande qu'un ouvrier habile, soigneux et patient. On peut obtenir ainsi un objet curieux, agréable à voir, mais peu propre dans sa forme à l'ornementation d'un corsage. Il y a là un tour de force, un « chef-d'œuvre » au sens ancien du mot, mais dans lequel, à notre avis, le goût n'entre pour rien.

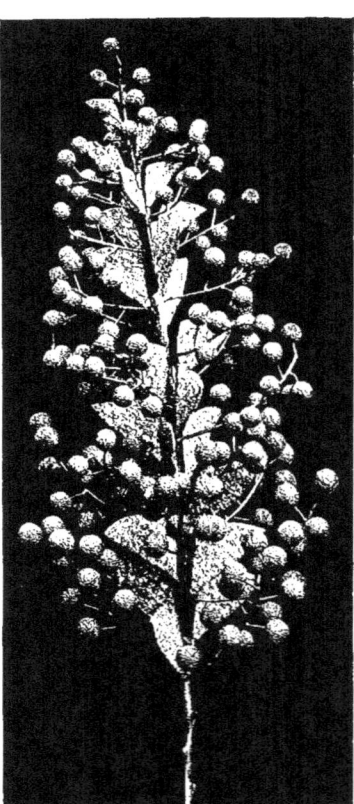

BRANCHE DE MIMOSA.
(Maison Boucheron.)

Le maître-joaillier Massin, dans sa remarquable étude technique sur la joaillerie à l'Exposition de 1889, bien qu'il se fût lui-même inspiré abondamment de la flore, critique cette manière de faire et signale dans la vitrine de Boucheron des pièces pleines de qualités, mais ayant aussi ces défauts : entre autres, un pied de cyclamen avec ses feuilles, ses fleurs et ses tiges grandeur naturelle ; une très jolie branche de mimosa, enfin et surtout une œuvre importante, remarquable d'exécution[1], une grappe de raisin avec feuille de vigne, qui pèchent précisément par l'excès d'imitation de la nature, sans préoccupation suffisante de l'emploi et de la destination du joyau.

[1]. Cette pièce de joaillerie présentait de grandes difficultés ; elle fut exécutée par Gallois, un des meilleurs ouvriers de Boucheron, qui resta plus de trente ans dans ses ateliers.

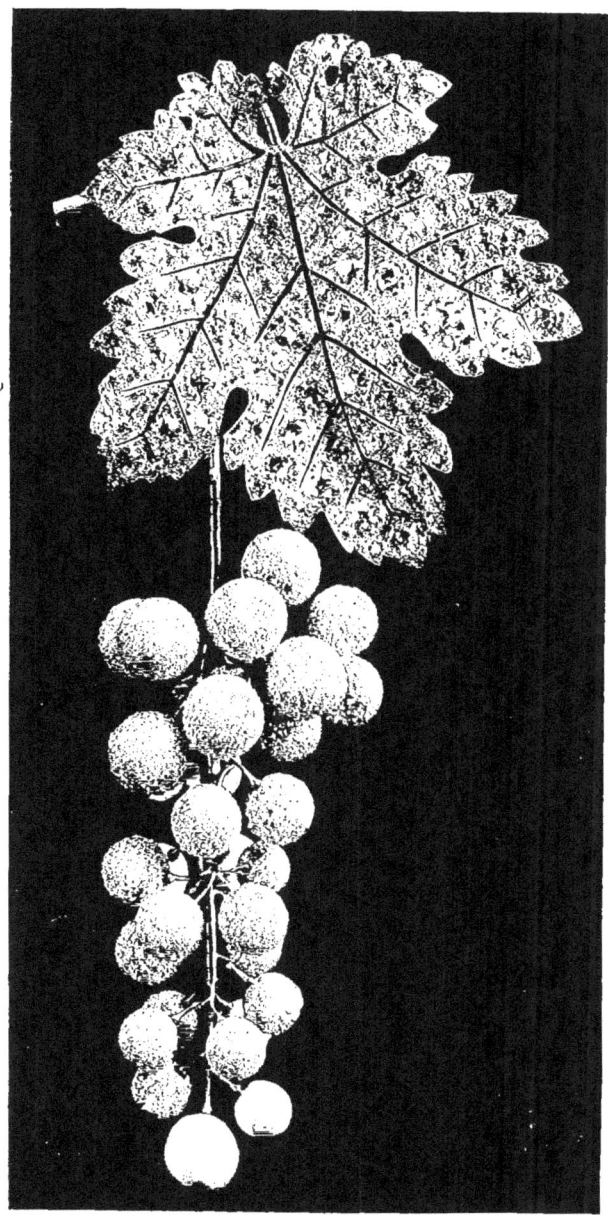

GRAPPE DE RAISIN EN JOAILLERIE
par Gallois. (Maison Boucheron. — Exposition de 1889.) — Hauteur : 0,;3 cent.

« La recherche de l'originalité peut-elle excuser l'excentricité ? dit Massin, je ne le crois pas. Dépasser le but, c'est manquer la chose et, avant d'étonner le public à la façon d'Alcibiade, il m'a toujours semblé préférable de lui plaire. Je n'apprendrai rien aux audacieux qui ont eu l'idée, l'un, de faire un amour aux formes rebondies et aux ailes diamantées[1], « sujet d'une bien grande effronterie pour se poser au corsage d'une femme » ; l'autre, l'idée aussi risquée d'une immense feuille de vigne ornée de sa grappe, en leur disant comment les visiteurs ont souligné

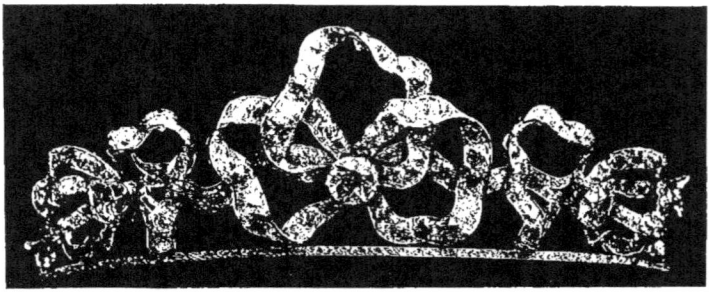

DIADÈME BUBANS.
(Maison Boucheron.)

ces exhibitions. Le public a bien vu où l'on voulait poser l'amour, il en a souri, mais pour la feuille de vigne il s'est fâché tout en s'amusant, car les réflexions allaient leur train. Le mieux eût été de cacher l'espiègle callipyge derrière la feuille, tout le monde aurait ri et eût été désarmé... »

Mais Massin loue sans réserves les autres œuvres en joaillerie de Boucheron : «... Une autre feuille, de platane celle-là, avec ses fruits tombants, admirablement réussie à tous les points de vue, est à mes yeux la critique en œuvre de la première. Celle-ci a tenu tout ce qu'une belle exécution, luxueuse en diamants, pouvait promettre de charme et d'effet.

[1]. Cette œuvre, dont la composition était due à Lalique, figurait dans la vitrine de Th. Bourdier.

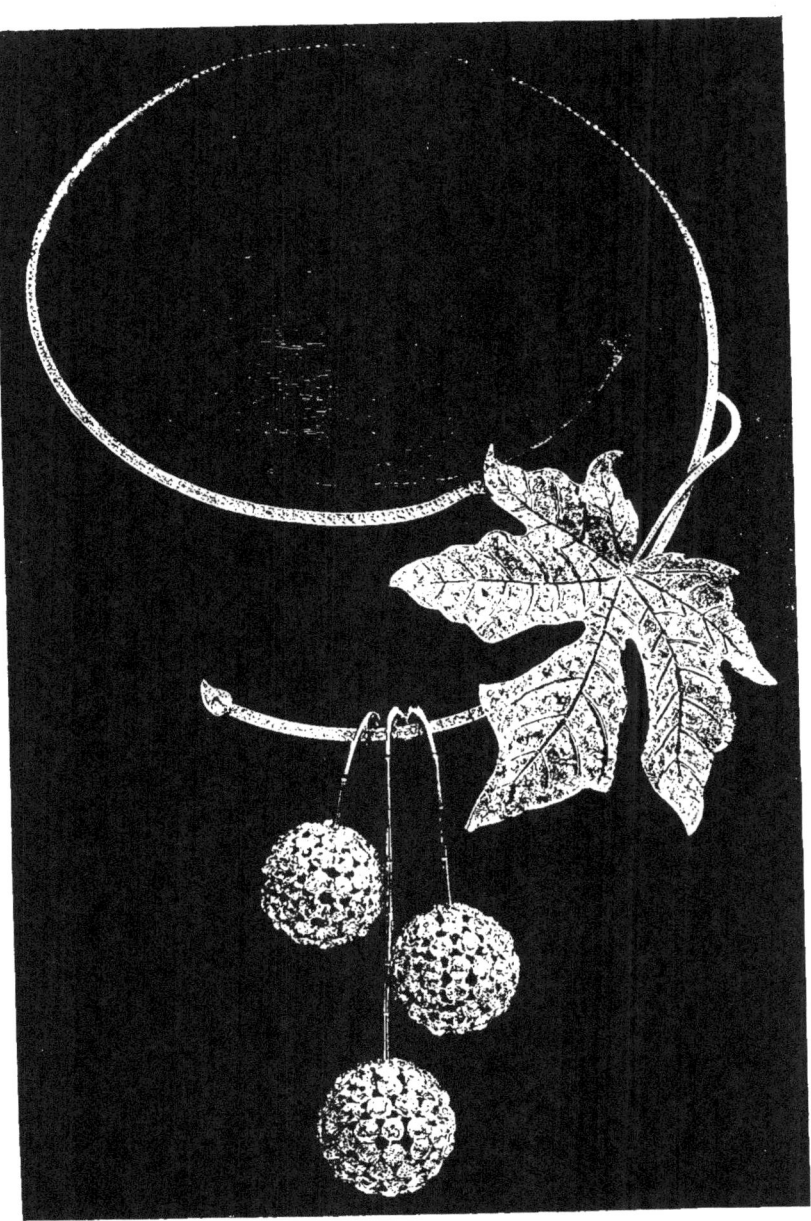

COLLIER PLATANE EN JOAILLERIE, AVEC TOUR DE COU A RESSORT.
(Maison Boucheron, 1885.)

» L'expression artistique dans la joaillerie se rencontre entière dans deux belles couronnettes. Si la forme de ces beaux joyaux est connue, elle n'a fait que servir de cadre à deux genres essentiellement différents, admirablement réussis tous les deux. L'une aux ornements enroulés, empruntés ou tout au moins inspirés de l'art du serrurier, terminés par des trèfles qui s'affrontent et se répètent, est d'un beau dessin, net, distingué, facile à lire.

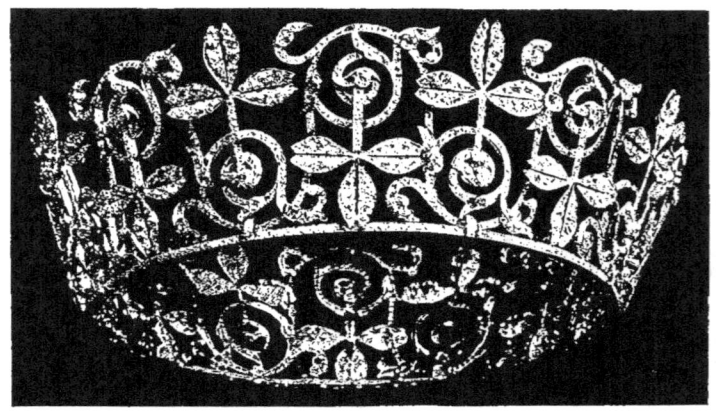

COURONNETTE A DÉCOR DE TRÈFLES, EN JOAILLERIE.
Composition de Basset. (Maison Boucheron. — Exposition de 1889.)

» Minutieusement exécutée dans tous ses détails, cette pièce m'offre le double régal de l'appropriation d'un style et de l'exécution, dans le genre sérieux [1].

» L'autre est composée de rubans brillants et torsades perles, d'une légèreté aérienne; c'est une œuvre de pure imagination, d'un tour de main d'une rare adresse; c'est l'art et le métier dans la fantaisie. Le contraste de ces ouvrages contribue à faire ressortir les mérites particuliers qui les distinguent entre eux, et témoignent ainsi d'une

1. La composition de cette couronnette était de Basset. C'est Leclerc, ouvrier chez Boucheron depuis 1878, qui l'avait exécutée.

LA TROISIÈME RÉPUBLIQUE

diversité d'aptitudes bien remarquable chez le dessinateur et les exécutants. C'est très beau et c'est très bien[1]. »

La renommée de Boucheron allait toujours grandissant; l'extension de ses affaires et le désir qu'il caressait depuis longtemps de venir rue de la Paix, l'amena, en 1893, à quitter le Palais-Royal pour s'installer somptueusement place Vendôme. Son départ fut comme un signal pour un grand nombre de ses confrères; ils abandonnèrent à leur tour le

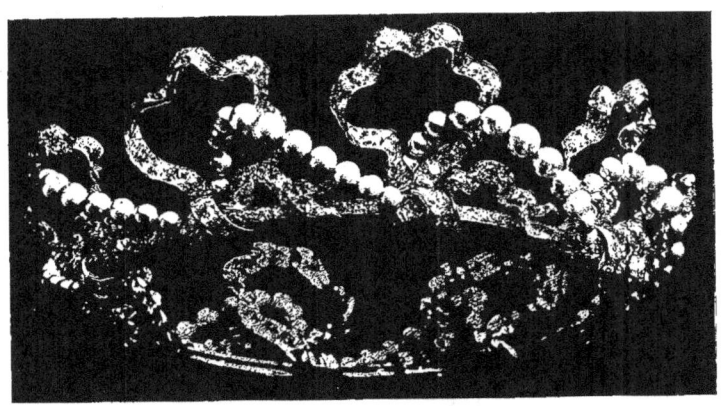

COURONNETTE EN JOAILLERIE, RUBANS ET PERLES.
Composition de Paul Legrand. (Maison Boucheron. — Exposition de 1889.)

vieux « Palais » témoin de leur fortune et qui, autrefois si florissant, ne tarda pas à devenir désert comme une nécropole. Aujourd'hui, on ne peut plus y retrouver les vestiges mêmes du magasin de Boucheron!

Boucheron, qui déjà s'était fait construire un magnifique hôtel particulier avenue du Bois-de-Boulogne, installa luxueusement sa maison de la place Vendôme. Mais il n'était pas dans son caractère de jouir en égoïste de la grande fortune qu'il avait acquise en cinquante années de travail; toujours,

1. Cette couronnette avait été dessinée par Paul Legrand, un des meilleurs collaborateurs de Boucheron, sur lequel nous reviendrons plus loin.

au contraire, il s'était occupé activement des intérêts généraux de la corporation ; il n'oubliait pas ses anciens camarades, ses anciens compagnons de cheville, les vieux ouvriers pour lesquels il avait une affection sincère et profonde.

Pendant trente-six ans, il fit partie de la Chambre syndicale, dont il fut vice-président et président dix-sept

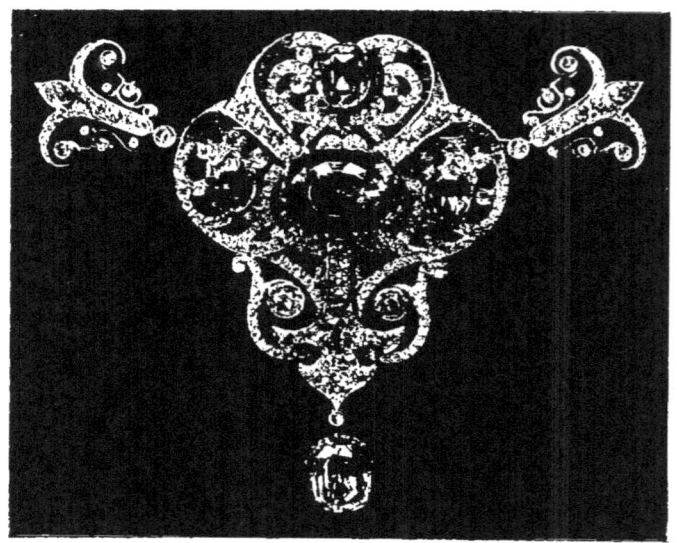

BIJOU DE COU.
Composition de J. Debut.

années durant ; il fut nommé à l'unanimité président honoraire, lorsqu'il se retira en 1890. Là aussi, ses rares qualités personnelles, son caractère plein de franchise et de bienveillance, lui avaient attiré les sympathies de tous. Recherchant sans cesse les occasions de faire le bien, d'encourager le travail et la solidarité sous toutes ses formes, Boucheron fut l'infatigable bienfaiteur de toutes les œuvres philanthropiques de la corporation.

Président de la caisse de retraites « La Fraternelle »

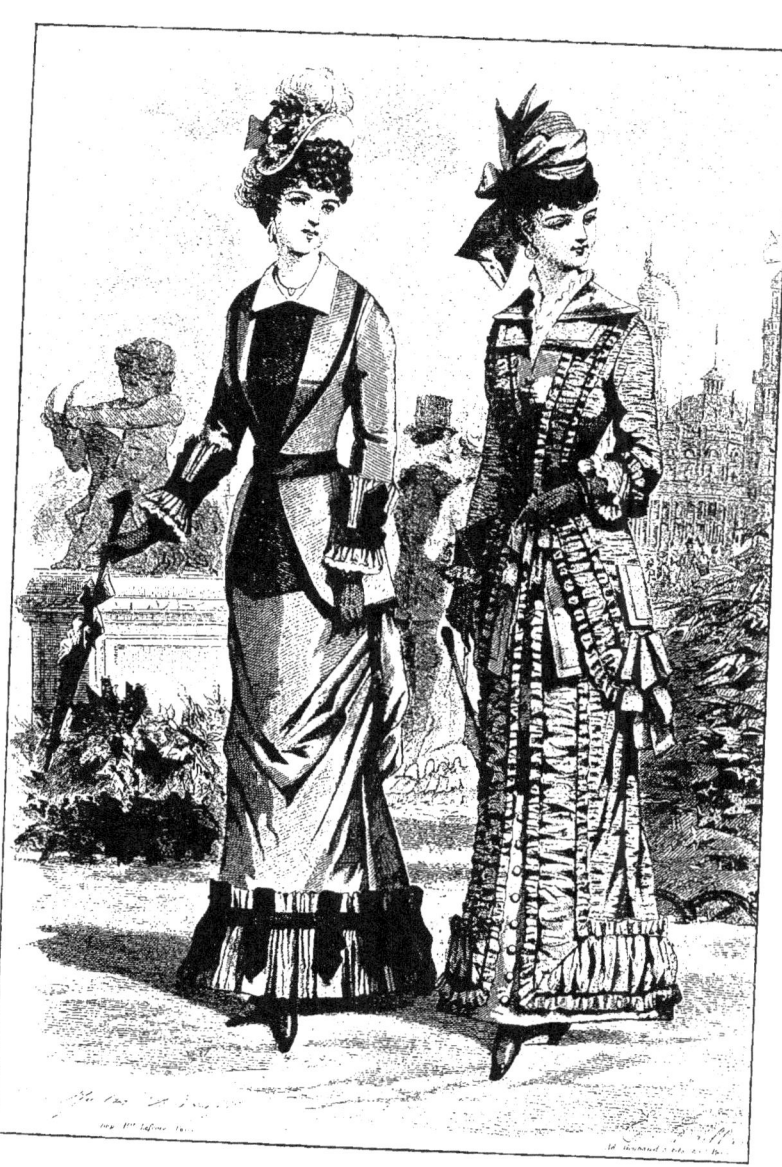

MODES DE 1878.
L'inauguration du Trocadéro.

pendant vingt-sept ans, c'est-à-dire depuis l'année même de sa fondation, il était l'âme de cette société. L'Orphelinat, la Société d'encouragement, l'École professionnelle et bien d'autres le comptèrent parmi leurs plus généreux souscripteurs. Il fonda une bourse annelle de voyage, destinée à faciliter à un jeune ouvrier les moyens d'aller à l'étranger étudier les langues et les procédés de fabrication. Enfin, admirable couronnement de cette carrière entièrement consacrée au bien, il fit, en 1900, un don de cent mille francs pour participer à la fondation d'une maison de retraite pour les vieux ouvriers ; de tout temps, il s'était préoccupé des conditions parfois pénibles dans lesquelles se trouve la vieillesse laborieuse, et il cherchait avec sollicitude les moyens de lui venir en aide.

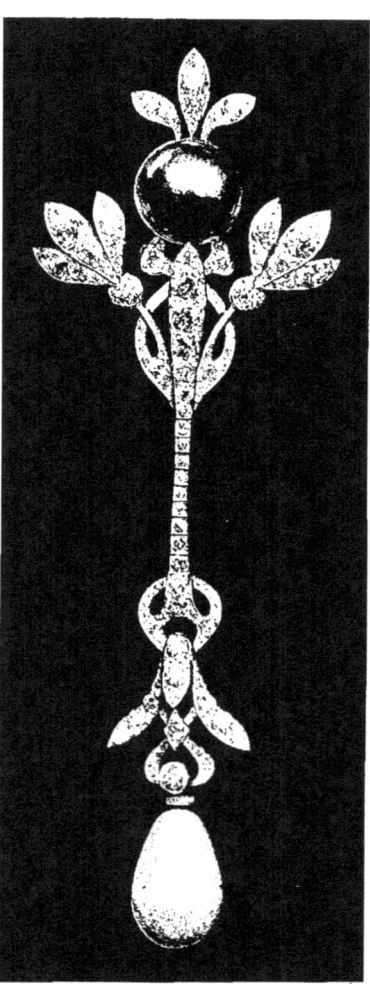

GRAND PENDANT JOAILLERIE ET PERLES.
(Maison Boucheron. — Exposition de 1900.)

Boucheron prit une part brillante à l'Exposition de 1900, à la suite de laquelle il fut promu au grade de commandeur de la Légion d'honneur. Cette haute distinction, si rarement accordée à un commerçant, reçut l'approbation unanime de la corporation ; elle était la récompense de toute une vie de travail et de loyauté, dont le grand objectif avait été l'incessante recherche du

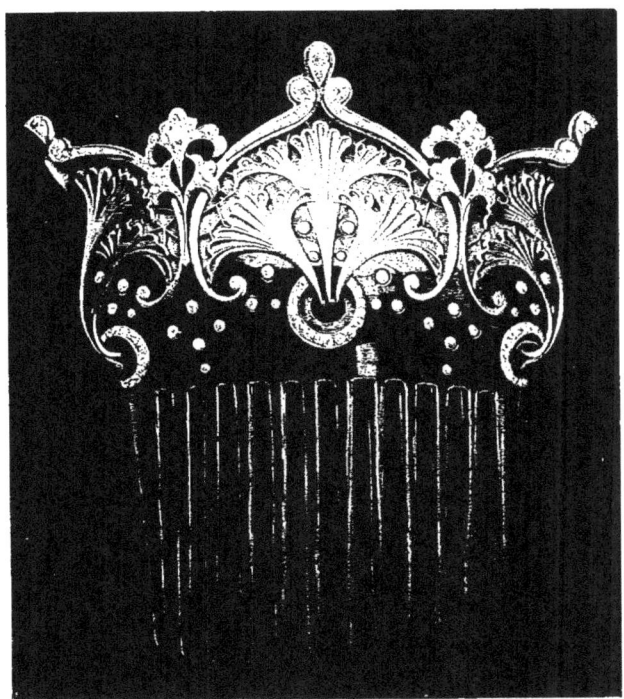

PEIGNE EN OR CISELÉ, ÉMAUX ET BRILLANTS.
(Maison Boucheron. — Exposition de 1900.)

beau dans le bijou français, pour l'extension de son prestige.

Le rapporteur, M. Paul Soufflot, s'exprime ainsi à son sujet : « M. Boucheron est l'un des vétérans de notre industrie, et alors qu'il était permis de supposer qu'il avait donné son maximum de production, il a exposé une remarquable série de bijoux et d'objets d'art. La variété en est telle que l'on peut dire de M. Boucheron qu'il semble avoir voulu donner une preuve nouvelle de ce qui peut être réalisé, lorsqu'on a pour objectif le maintien de la suprématie d'une industrie aux progrès de laquelle on n'a cessé de participer.

» Sa vitrine charme les yeux, justement en raison de cette variété dont nous venons de parler; nous y trouvons des joyaux de la plus grande richesse, des pierres d'une valeur exceptionnelle, tant en raison de leur qualité que de leur importance; des bijoux plus modestes, mais d'un travail

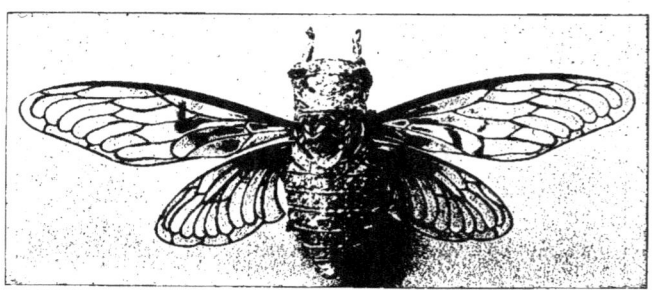

INSECTE A AILES D'ÉMAIL TRANSLUCIDE.
(Maison Boucheron.)

achevé, pour l'exécution desquels la gravure, la ciselure, l'émail, ont été mis à contribution, et tous d'une exécution si soignée qu'il semble que l'on ait atteint les limites de la perfection.

» Parmi les objets exposés par la maison Boucheron, en dehors de ceux en or et en argent, il en est en acier, en ivoire, en marbre, en bois, en diamant même; tous ont subi sa volonté; ils ont dû se prêter à ses exigences, à ses fantaisies même, et le résultat de cette soumission, due aussi à d'artistiques collaborations, a été de réunir une série d'objets d'art uniques en leur genre et faisant le plus grand honneur à la tête qui a dirigé comme aux mains qui ont exécuté... »

De tout temps, Boucheron avait su s'entourer d'une

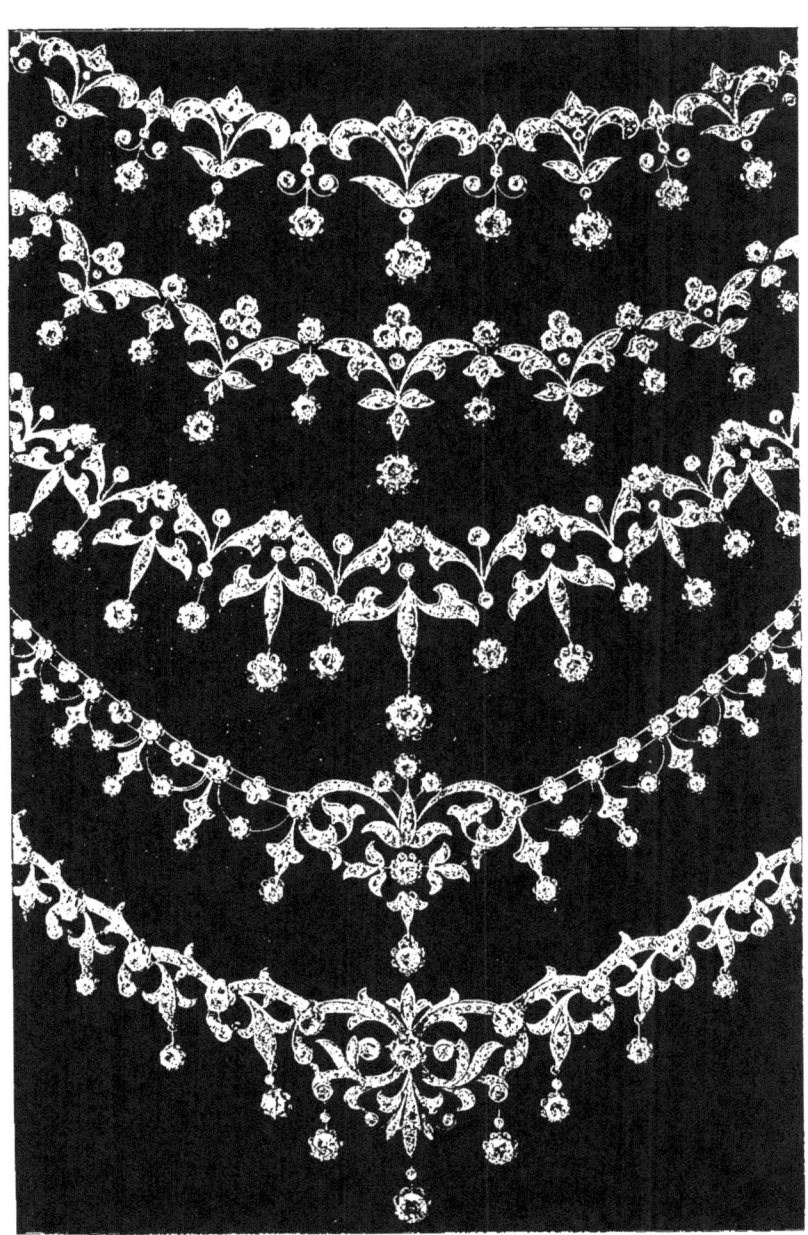

COLLIERS EN JOAILLERIE.
(Maison Deshayes.)

pléiade d'artistes et de praticiens émérites; indépendamment de ceux que nous avons cités çà et là, au cours de ce travail, nous nommerons ceux qui avaient exécuté tant de belles choses.

Ce fut pour les ivoires, en 1900, Alexandre Caron, qui exécuta de charmantes compositions, auxquelles l'or et l'émail donnaient un complément d'harmonie : des lorgnettes, des bonbonnières, des boîtes d'allumettes, en ivoire finement travaillé et incrusté d'émaux et de pierreries. On se souvient d'un Éros en embuscade, ayant quitté pour un instant ses flèches et son arc, pour faire scintiller un miroir à alouettes endiamanté et attirer de nouvelles victimes; un autre groupe, fort gracieux, représentait une jeune et jolie almée sortant du bain et à laquelle une négresse présente un peignoir ; une druidesse, une esclave, etc.

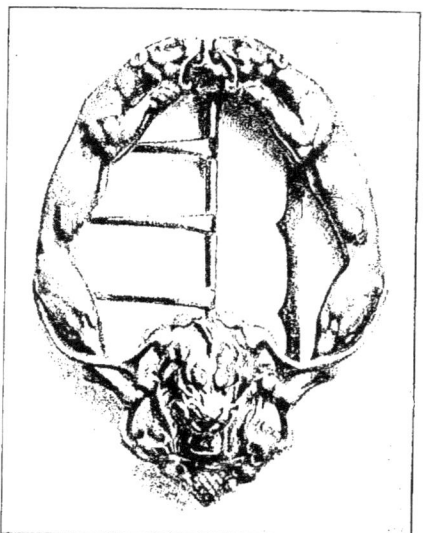

BOUCLE DE CEINTURE.
La tête de lion est sculptée dans une émeraude, par Burdy.
(Maison Boucheron. — Exposition de 1900.)

Ce fut Edmond Becker, dont l'élégant ciseau sculpta, dans des bois aux essences variées, de ravissants bibelots : manches d'ombrelles, cachets, coupe-papier, boîtes diverses, encriers, délicieux objets aussi agréables à la vue qu'au toucher ; manifestation toute nouvelle comme interprétation et fort intéressante, montrant que pour faire une œuvre d'art ou même un bijou, il n'est pas absolument indispensable d'employer une matière précieuse. On en avait d'ailleurs fait jadis, au XVIᵉ siècle, dans un style bien différent, et l'on peut voir, à Nuremberg et au Louvre dans la collection Sauvageot, des spécimens merveilleux de bijoux de ce genre, sculptés dans du buis ; ils sont inspirés des œuvres des grands maîtres d'alors, tels qu'Albert Dürer, Aldegrave, Étienne Delaune, etc.

Mais nous nous sommes laissé entraîner ; il est juste et logique de retourner en arrière pour retrouver quelques-uns des plus anciens collaborateurs de Boucheron. Parmi ceux auxquels on doit le plus s'intéresser, il faut placer en première ligne les dessinateurs, qui ont créé toutes ces belles œuvres et ont su les mettre au point, et aussi les chefs d'atelier qui en ont assuré la parfaite exécution.

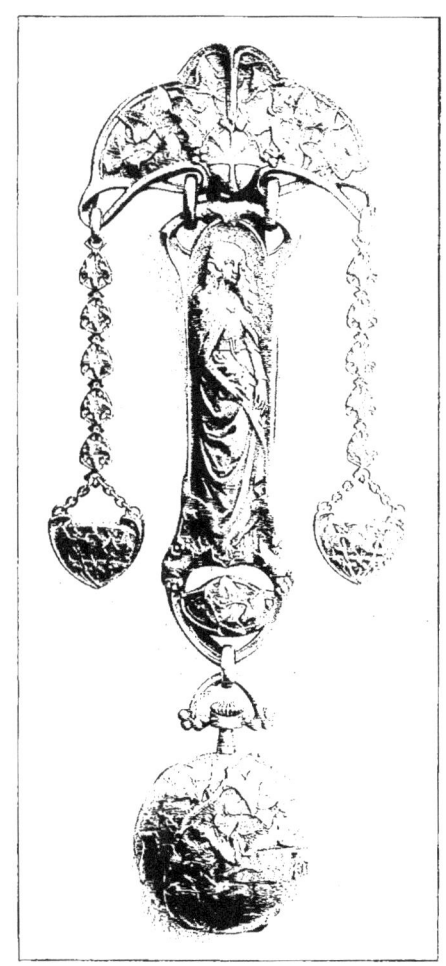

CHATELAINE « LE LIERRE »
par E. Becker. — Ciselure de P. Richard.

Parmi les dessinateurs de Boucheron, Jules Debut (1838-1900) fut un des plus remarquables. Apprenti pendant trois ans chez Hippolyte Téterger, puis commis chez son oncle Louis Rouzé, joaillier, boulevard des Italiens, il avait les connaissances professionnelles suffisantes pour réussir ; mais il possédait au plus haut point la passion du dessin, qu'il apprit tout jeune et sans maître. Guidé par son instinct naturel, il se perfectionna sans cesse, produisant des œuvres d'une composition originale et d'un goût charmant : son crayon alerte traçait chaque jour des motifs nouveaux.

Entré en 1858 chez Boucheron, Jules Debut y resta plus de vingt ans (sauf l'année 1863 passée chez Daux). Pendant ces longues années, Boucheron sut apprécier ses qualités et lui confia le soin d'organiser son atelier en 1866. Plusieurs des plus jolies pièces exposées par Boucheron en 1867 étaient dessinées par Debut, qui obtint une médaille de coopérateur à la suite de cette exposition et contribua également aux Expositions de Vienne et de Philadelphie. Désirant l'attacher à sa maison, il lui donna non seulement des appointements fabuleux, mais encore une part d'intérêt sur les affaires. Lors de l'Exposition de 1878, Boucheron, qui était grand admirateur de son talent, le présenta en tête de la liste de ses collaborateurs, demanda pour lui la croix de la Légion d'honneur [1], disant de lui, dans la notice qu'il remit aux membres du Jury : « Bijoutier, dessinateur chez moi depuis quinze ans. Il est depuis longtemps intéressé dans ma maison ; il y gagne 28.000 francs

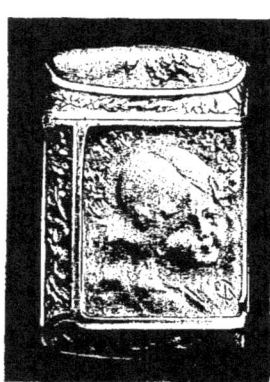

BOITE D'ALLUMETTES
EN BOIS SCULPTÉ ET OR
par E. Becker.
(Maison Boucheron. — Exp de 1900.)

[1]. Ce fut Honoré qui l'obtint, comme étant plus âgé que Debut qui, d'ailleurs, s'était effacé devant lui.

par an. Il doit cette position importante essentiellement à son goût, à ses idées nouvelles, à son dessin ; c'est un chercheur : il est bijoutier dans l'âme, il ne pense qu'aux bijoux et aux pièces d'art. Son genre de talent et son goût sont des dons naturels; il sait se livrer résolument à la fantaisie sans craindre l'originalité, et son savoir l'a toujours mis à l'abri de créations hasardées, soit au point de vue du goût, soit à celui de la vente.

» Pour motiver la haute récompense que j'ai l'honneur de solliciter de vous, il me faut le sentiment profond que Jules Debut est pour une très grande part dans le progrès que la bijouterie a fait depuis vingt ans. Il est l'auteur d'une quantité de beaux bijoux qui resteront..... Sans vouloir énumérer les modèles qu'il a faits chez moi, je puis cependant dire qu'une grande partie de ses idées s'est

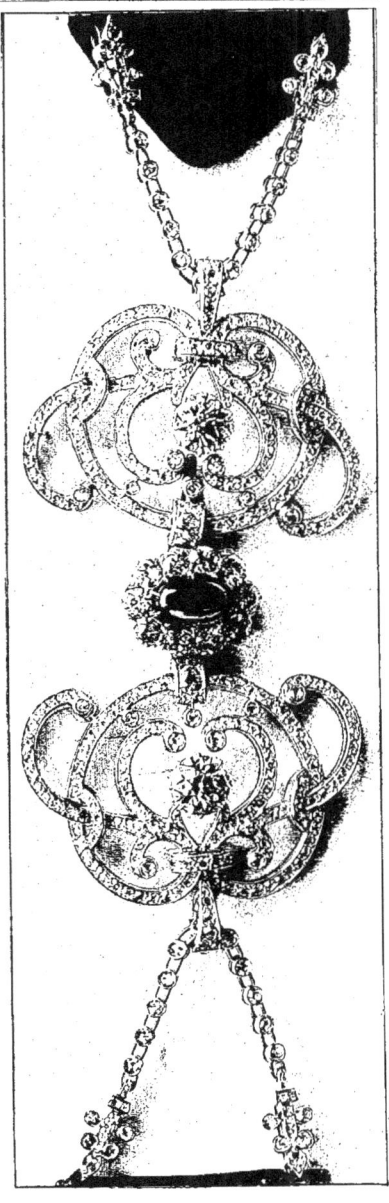

ORNEMENT DE COU.
Composition de Jules Debut.

répandue, a été et est exploitée actuellement, telle, par exemple, que l'or repercé, l'or rouge plat poli, certains types de châtelaines d'un genre spécial, en dehors de tout ce qui s'est fait jusqu'à présent.

» Nous nous complétons, Jules Debut et moi, l'un par l'autre ; c'est mon bras droit dans toutes les créations de la maison... »

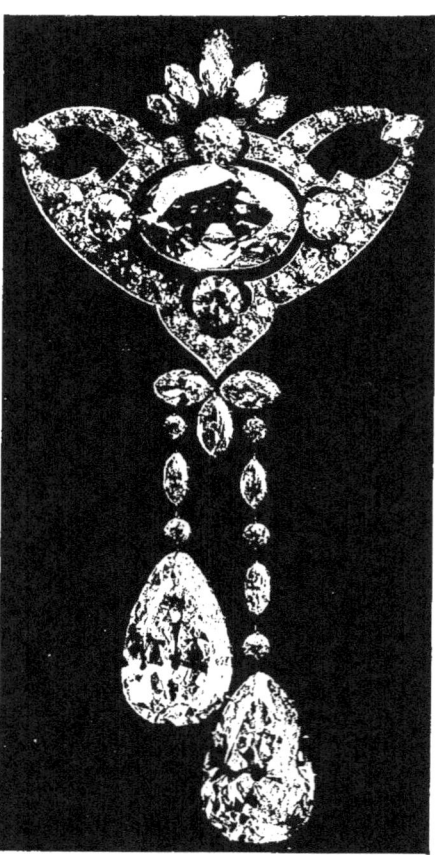

BROCHE AVEC DIAMANT BLEU DE 22 CARATS 1/8
ET DEUX POIRES BRILLANTS BLANCS DE 59 CARATS 1/2
VALANT 950.000 FRANCS.
(Maison Boucheron. — Exposition de 1900.)

La presque totalité des pièces qui figuraient dans la vitrine de Boucheron en 1878 étaient de Jules Debut : bijoux, parures, pièces de style, objets d'art, orfèvrerie, qu'il traitait avec un égal talent.

Malgré la situation enviable que Boucheron lui avait faite chez lui, Debut le quitta à la fin de 1879, pour s'établir avec Coulon, également commis de Boucheron. Mais leurs caractères s'accordaient mal et, en 1890, Debut ouvrit, rue de la Paix, n° 1, un magasin de joaillerie alors très

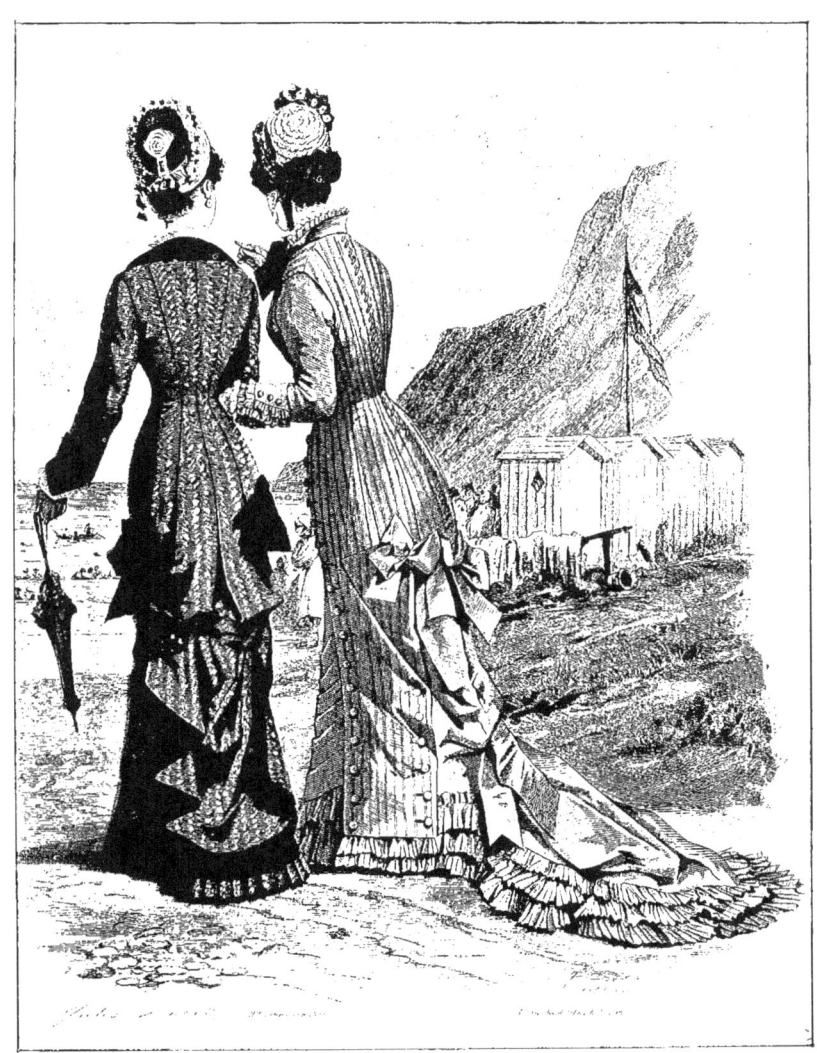

MODES DE 1878.

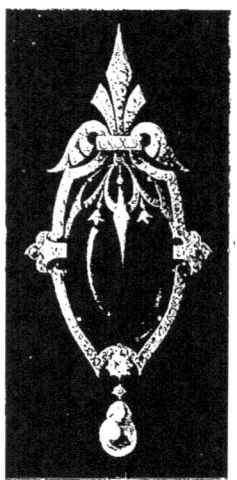

PENDANT DE COU,
GRENAT CABOCHON
ET JOAILLERIE.
(Maison Marret frères.)

remarqué, grâce à sa décoration extérieure toute en fer forgé. Mais, plus artiste que commerçant, Debut ne réussit pas et, ayant dû vendre son fonds, il entra en 1893 chez Froment-Meurice, où il resta jusqu'à sa mort (janvier 1900).

Il fut remplacé comme dessinateur chez Boucheron par Paul Legrand qui, précédemment, avait fait déjà un séjour assez long dans la maison.

Paul Legrand, né en 1840, était un fanatique du métier. Son père, Joseph Legrand (1810-1874), graveur-ciseleur et dessinateur de talent, travaillait sous Louis-Philippe pour les principales maisons de Paris et, entre autres, pour un fabricant de bijoux ciselés, Papegay, qui demeurait sur le même palier que lui et dont il épousa la fille. Paul Legrand vécut, dès sa plus tendre enfance, dans un milieu essentiellement professionnel (son oncle, Auguste Legrand, sculpteur-dessinateur, travaillait pour l'armurier Lepage) ; il fréquentait assidûment Royer, ce bijoutier original, propriétaire de l'ancien théâtre Séraphin, et qui promenait ses marionnettes dans les foires ; tous les amis de ses parents étaient bijoutiers. La belle-sœur de Papegay avait épousé « le nègre » du boulevard Saint-

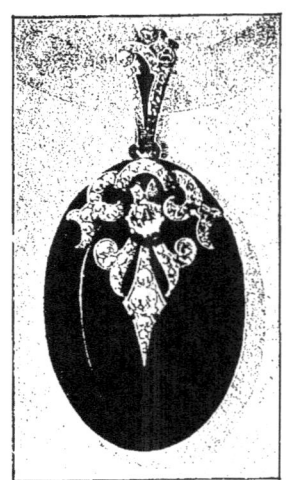

MÉDAILLON
ONYX ET BRILLANTS
(Maison Marret frères.)

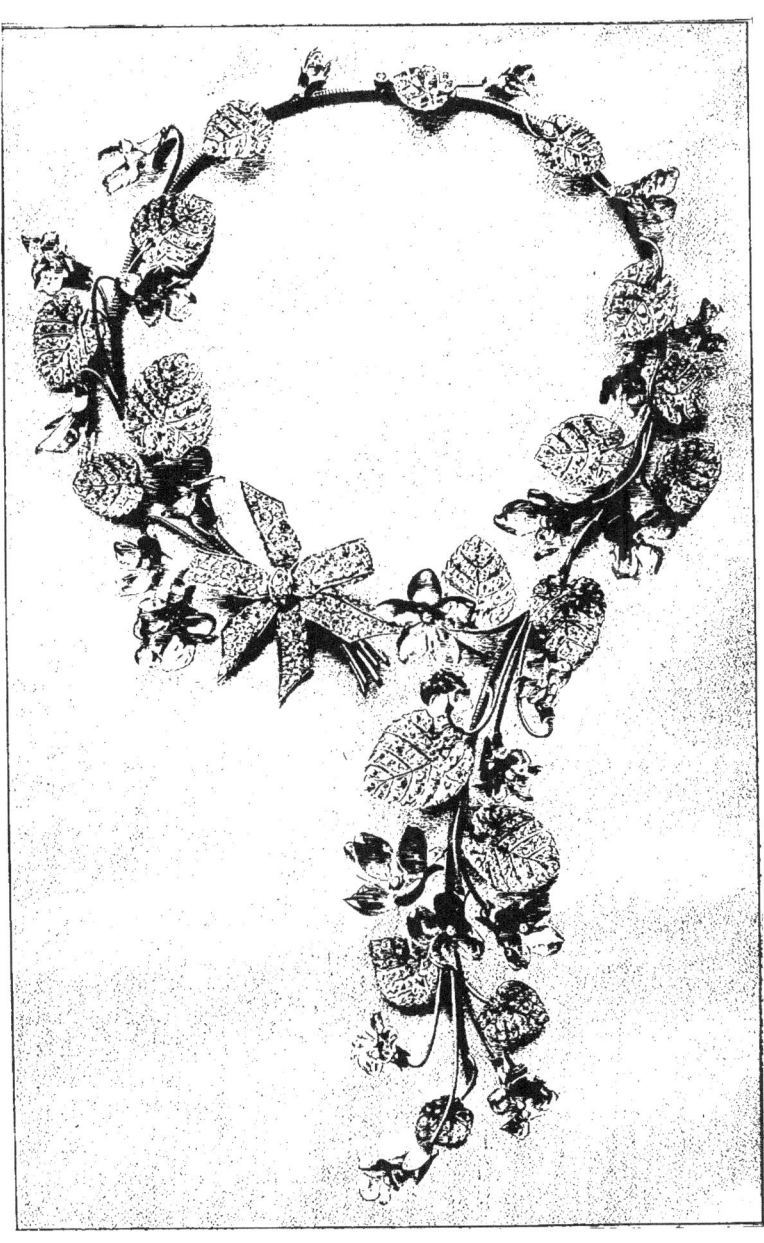

COLLIER DE VIOLETTES EN AMÉTHYSTES ET JOAILLERIE,
MONTÉ SUR TIGES FLEXIBLES.
Composition de J. Debut. (Réduit aux deux tiers.)

Denis, comme on appelait couramment alors M. Dutroy, d'ailleurs parfaitement blanc, à qui appartenait la maison où l'on peut voir encore aujourd'hui la fameuse enseigne ; le petit Paul racontait que son père avait encore vu dans cette maison des pierres précieuses provenant vraisemblablement des pillages commis par les Cosaques lors de l'invasion de 1815 et dont ceux-ci avaient imposé l'achat par leurs

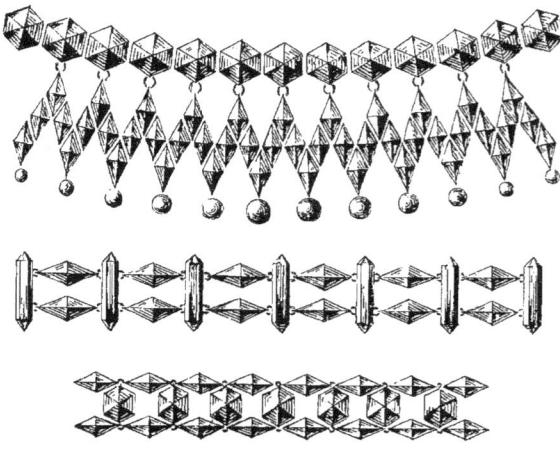

COLLIER ET BRACELETS A FACETTES EN OR LAPIDÉ,
exécutés par Menu, pour Boucheron (de 1870 à 1880).

menaces ; il se rappelait surtout une superbe émeraude qui fut vendue plus tard pour orner, paraît-il, la tiare du Pape.

Un ami des Legrand, M. Calmus, alors employé chez Lapar, 2, rue de la Paix, s'intéressait au jeune Paul qu'il avait vu naître, et le fit entrer comme apprenti, en 1855, chez MM. Marret et Jarry, qui le gardèrent pendant trois ans, c'est-à-dire jusqu'à la dissolution de leur Société en 1858. Calmus, qui venait d'acheter la maison Lefranc, 86, galerie de Beaujolais, le prit alors dans son nouvel établissement comme commis-dessinateur.

A cette époque, et depuis longtemps d'ailleurs, les écrins,

recouverts invariablement d'un cuir noir ordinaire, avaient des formes tout à fait dépourvues d'élégance. Ceux des parures notamment (broches superposées sous le bracelet

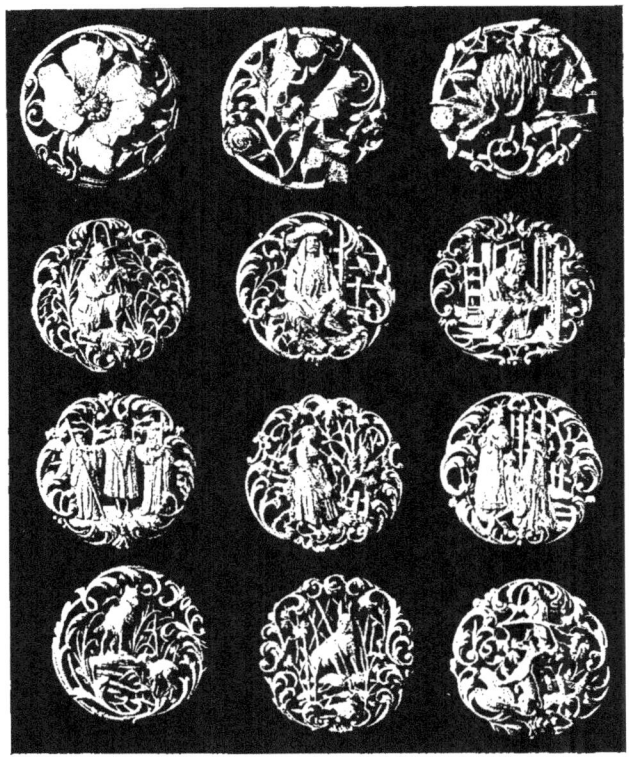

BROCHES EN OR CISELÉ.
Sujets tirés des Fables de La Fontaine de Gustave Doré. (Maison Menu.)

avec pendants d'oreilles assortis), ressemblaient véritablement à des bottines; lorsqu'on les ouvrait, il semblait qu'un crocodile ou qu'un monstre étrange eût ouvert la gueule. Le jeune Paul se trouvait un jour chez une cliente de Calmus et là, pendant qu'il attendait, il déballa d'un grand sac de lustrine noire une série de longs écrins qu'il posa sur la table. Trompée par les apparences, et sans en demander davantage, la bonne, qui était novice, alla prévenir sa maîtresse que le « cordonnier » était au salon. Intriguée et peu satisfaite, elle vint et trouva le bijoutier qu'elle connaissait d'ailleurs fort bien ; le quiproquo finit dans un éclat de rire.

Le jeune homme avait un goût très vif pour le dessin et

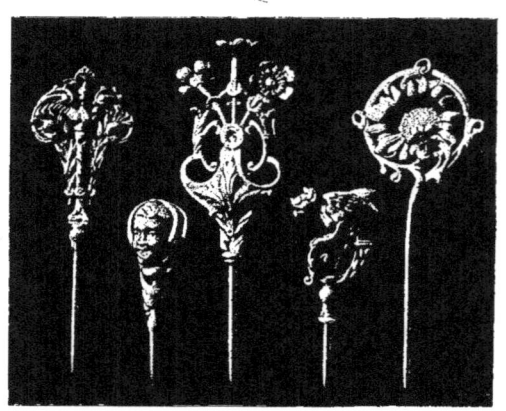

ÉPINGLES DE CHAPEAU EN OR CISELÉ.
(Maison Menu.)

le modelage, et voulait absolument être artiste décorateur ; il suivait les cours du fameux Julienne qui, nous l'avons vu, compta tant de bijoutiers parmi ses élèves. M. Charles Robin[1] (le fabricant de bijoux avec camées, de la rue

---

[1]. Il n'était pas de la famille de Paul Robin ; on l'appelait aussi Robin-Gueudet. Il s'est confiné dans la monture des bijoux avec camées à deux ou trois couches, qu'il encadrait soit d'un simple jonc en or poli, soit d'un entourage de demi-perles ou de roses et brillants. Son fils Alfred Robin, dit Robin-Chabannais, en raison de la rue où il demeurait, faisait de jolies demi-parures fantaisie. Après la guerre de 1870, il eut un certain succès avec des bijoux en onyx rehaussé de quelques brillants : bracelets, croix, médaillons, pendants d'oreilles, etc.

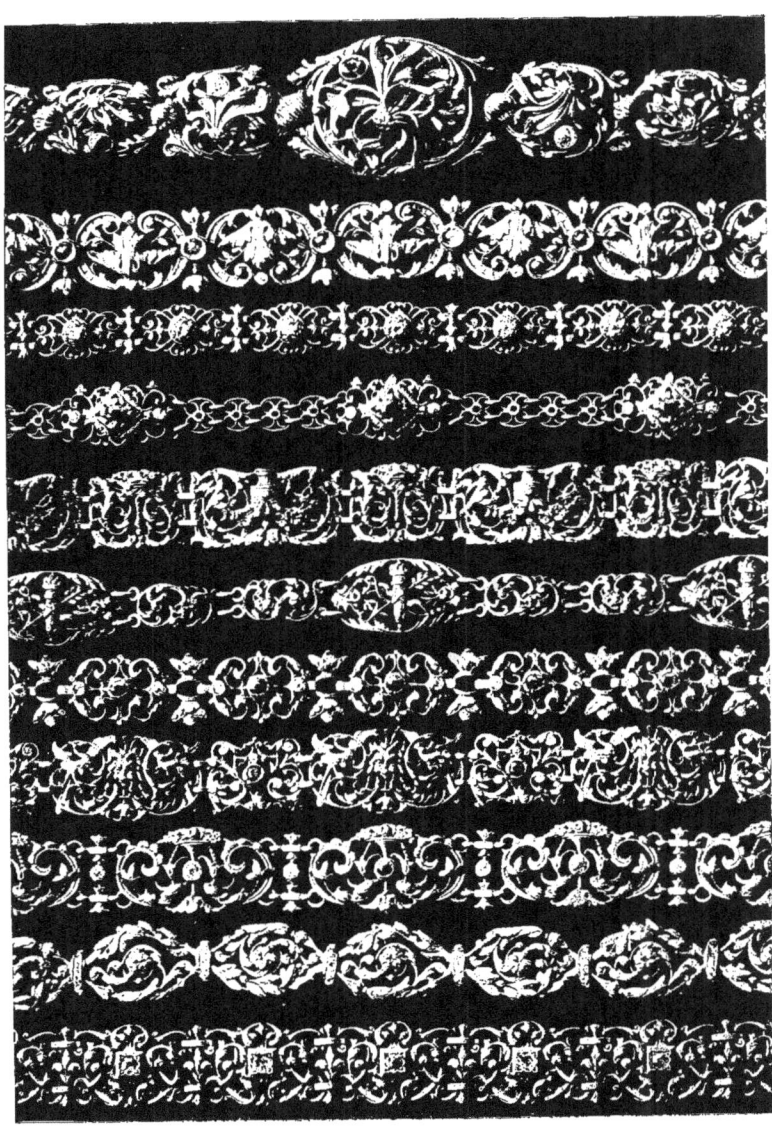

BRACELETS SOUPLES EN OR CISELÉ.
(Maison Menu.)

Croix-des-Petits-Champs, que l'on désignait couramment dans la « partie » sous le nom de Robin-Camée, pour le distinguer de ses homonymes), était persuadé qu'avec de si grandes dispositions le jeune Legrand devait arriver à une belle situation; il insista pour le faire entrer dans une maison plus importante, chez Daux, d'où il passa en 1863 chez Boucheron, pour prendre la place de Debut, qui venait d'être vacante. Il dessina différents objets qui figurèrent à l'Exposition de 1867 : un important service à thé émaillé, genre étrusque, un collier Renaissance avec mascarons émaillés, etc. Mais, en 1867, Boucheron ayant repris Debut, Paul Legrand ne voulut pas rester. Après un court passage dans plusieurs maisons, entre autres chez Baugrand, d'où le mauvais vouloir du personnel le fit partir, il entra chez Froment-Meurice, où il ne devait tout d'abord rester que pour la durée de l'Exposition de 1867. Mais comme rien, paraît-il, n'est plus durable que le provisoire, ce ne fut qu'en 1871 que Paul Legrand quitta cette maison pour revenir, définitivement cette fois, chez Boucheron, jusqu'en 1892, époque à laquelle il put prendre enfin un repos bien mérité.

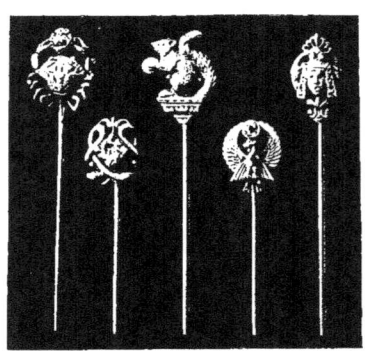

ÉPINGLES DE CRAVATE.
(Maison Menu.)

Il serait impossible de rappeler, tant elles sont nombreuses, les œuvres de joaillerie, d'orfèvrerie, de bijouterie, dues à l'imagination féconde de Paul Legrand. Nous en signalerons quelques-unes seulement. Parmi les pièces d'art, la veilleuse japonaise avec émaux transparents, d'une composition vraiment heureuse et nouvelle, figurant un groupe de femmes et d'enfants attentifs à une représentation d'un guignol nippon (Exposition de 1878). Le grand vase au dragon d'émail (Exposition de 1889) ; l'enfant japonais peignant sur un écran ; des coffrets, des services d'orfèvrerie persans, égyptiens, japonais, néo-grecs, etc., d'une extrême

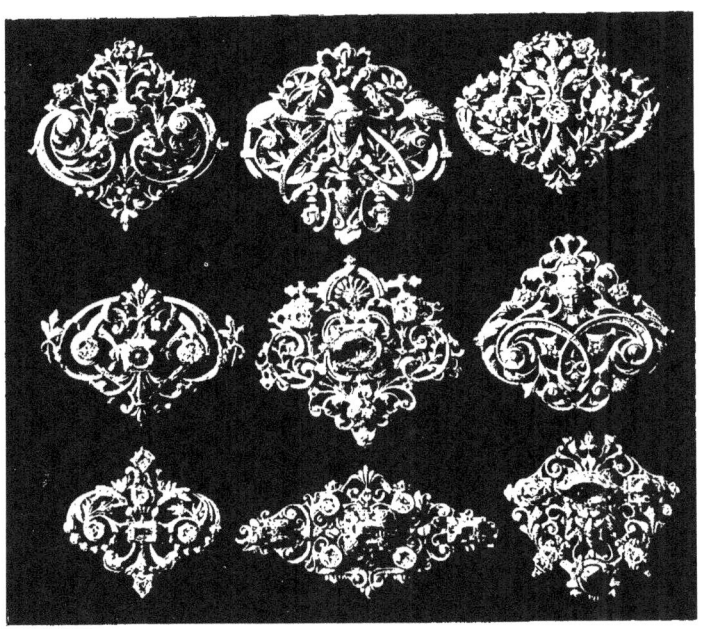

BROCHES RENAISSANCE EN OR CISELÉ, AVEC PIERRERIES.
(Maison Menu.)

variété ; d'innombrables bijoux et joyaux, des diadèmes, des guirlandes, des parures en tous genres, en or, en pierreries, somptueuses ou discrètes ; bijoux facetés, bijoux repercés sur cuir ou étoffes, bracelets et colliers de joaillerie sur velours, châtelaines, porte-monnaies, porte-cigarettes, etc.; il employa avec beaucoup de goût les émaux transparents et avait souvent des idées ingénieuses : c'est lui qui inventa les colliers de joaillerie sans fermoirs à ressort, dénommés points d'interrogation, que Boucheron utilisa si souvent avec des fleurs, des feuillages ou des plumes de paon en joaillerie; il eut aussi l'idée de séparer les perles d'un collier par des rondelles de diamant. Enfin, et d'une manière générale, ce fut un artiste de talent et un producteur incomparable.

Nous ne citerons que pour mémoire Gabriel Joly, dessinateur ardent et fécond, qui quitta Boucheron en 1887, et

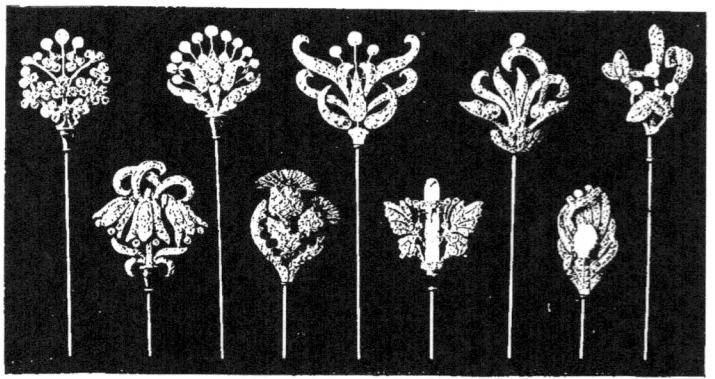

ÉPINGLES A CHAPEAUX EN JOAILLERIE.
(Réduit d'un quart.) (Maison Durbec.)

nous arrivons maintenant à ceux, plus récents, qui, en dehors des artistes n'appartenant pas spécialement à la maison Boucheron, ont fourni les principaux dessins des objets fabriqués dans l'atelier.

Nous avons déjà parlé de Basset, qui composa de très jolis motifs de joaillerie[1]; Auguste Bugniot (né en 1873), entré chez Boucheron en 1890, s'appliqua à chercher des formes nouvelles et originales pour les grandes parures de joaillerie. On lui doit, ainsi qu'à Lucien Hirtz (1864), les pièces les plus importantes de 1900, qui furent très appré-

1. Il quitta Boucheron pour s'établir avec M. Moreau.

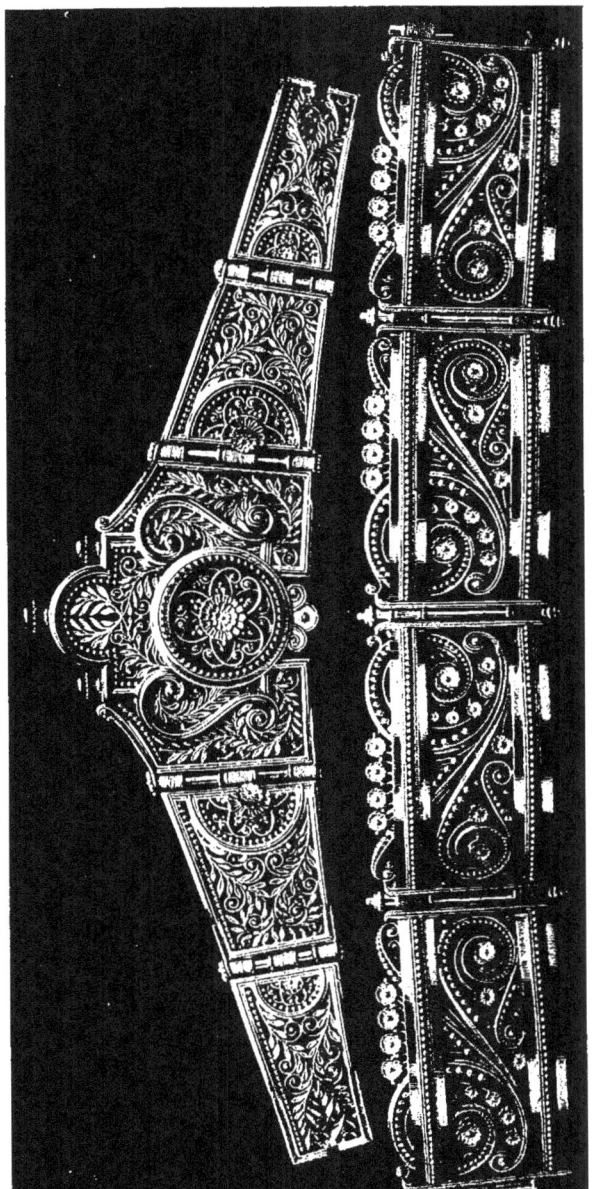

BRACELETS ARTICULÉS EN OR
par E. Fontenay (1880).

ciées[1]. Les préférences de Lucien Hirtz, entré en 1893, furent d'abord pour la recherche de bijoux de toutes sortes : coiffures, peignes, colliers, broches et bracelets en or, émail et pierreries. Il composa aussi de nombreuses pièces d'orfèvrerie et objets d'art : vases, gobelets, pendules, etc. Hirtz est un artiste de valeur et un émailleur de grand talent. Ancien collaborateur de Lucien Falize, il ne se contente pas de créer sur le papier des modèles d'une extrême variété et

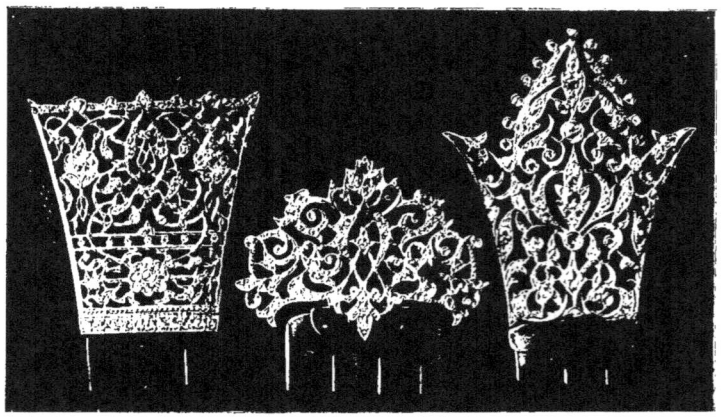

ÉPINGLES DE COIFFURE
par Desplantes.

d'un goût parfait, il exécute dans une gamme toute personnelle des émaux remarquables, dont il expose chaque année de fort beaux spécimens au Salon de la Société Nationale des Beaux-Arts. Le musée du Luxembourg, le musée de Limoges, le musée des Arts décoratifs possèdent de ses œuvres.

Mais la composition n'est pas tout dans un bijou ou un joyau ; l'exécution tient une place importante et une part de

---

1. M. Bugniot, tout en créant des dessins de joaillerie, s'occupe d'impressions artistiques et d'applications décoratives nouvelles pour les cuirs, velours, étoffes, etc.; c'est un travailleur et un chercheur infatigable.

mérite doit revenir légitimement aux chefs d'atelier qui dirigent la fabrication, conseillent les ouvriers, mènent à bien jusqu'à leur complet achèvement tant de pièces délicates, souvent difficiles, et sont ainsi des collaborateurs précieux. Boucheron en eut deux, surtout, dont les noms doivent être retenus. Le premier, Octave Lœulliart, fut chef d'atelier de 1865 à 1875. C'était un joaillier parfait et un

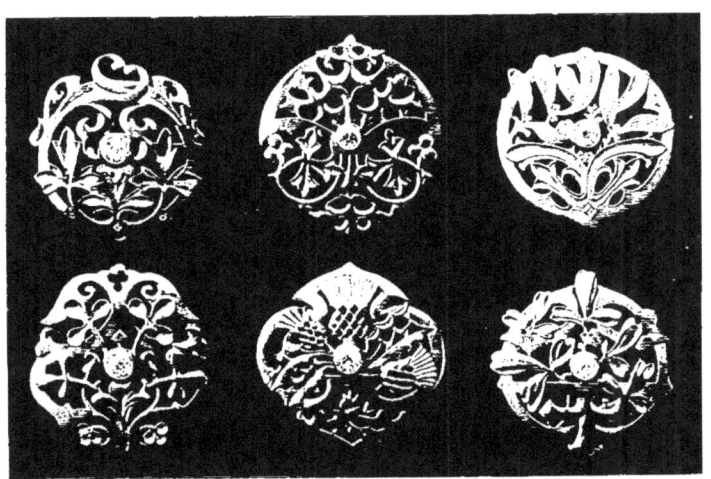

BROCHES EN OR.
(Maison Durbec.)

modeste. Il excellait dans les fleurs, qu'il prenait sur le vif d'après nature, et dont il étudiait avec amour et conscience les formes, les attitudes, les feuillages, pour les traduire ensuite dans le métal avec beaucoup d'habileté. Peut-être la reproduction de ces plantes et fleurs était-elle un peu trop textuelle, mais toutes, fougères, chardons, graminées, étaient exécutées avec une légèreté de main extraordinaire. Chalvet, qui était un des meilleurs ouvriers de Boucheron depuis 1867, devint son chef d'atelier en 1878. Il ne quitta la cheville qu'en 1907. Sachant rechercher les mains les plus habiles,

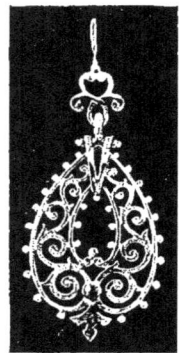

BOUCLE
D'OREILLE
OR POLI REPERCÉ
par Kuyl.
(Maison Boucheron.)

il conduisait à bien les pièces les plus difficiles et montrait beaucoup d'ingéniosité pour combiner et agencer les parties d'un même bijou pouvant s'employer dans des applications différentes. Excellent bijoutier, il maniait la pince comme personne. Il exécuta un grand nombre de bijoux traités de main de maître, des pièces artistiques et, en particulier, pour l'Exposition de 1878, d'après un dessin de Debut, le bougeoir en ferronnerie d'or poli, qui y fut remarqué comme travail de bijouterie parfait.

Quant aux ouvriers qui, successivement, firent partie de l'atelier Boucheron, il nous est bien difficile de les citer tous. Un certain nombre d'entre eux s'établirent et devinrent des collaborateurs indépendants dont les noms se retrouveront sous notre plume au cours de ce travail.

Kuyl était ouvrier chez Jules Chaise lorsque Boucheron y fit son apprentissage ; c'est là qu'ils se connurent. Devenu patron, Boucheron, nous l'avons dit, n'oublia pas ses anciens compagnons d'atelier, il se souvint de Kuyl, dont il estimait tout particulièrement le travail et le caractère, et qui s'était établi rue de l'Arbre-Sec. C'était un très bon fabricant, consciencieux et exact, de relations agréables ; il réussissait particulièrement bien le bijou très simple, tout en or rouge repercé et poli, et savait varier ses modèles, toujours de bonne vente. Il exécuta dans ce genre spécial de jolies châte-

PENDANT DE COU
OR REPERCÉ POLI
par Kuyl.
(Maison Boucheron,
1870 à 1880.)

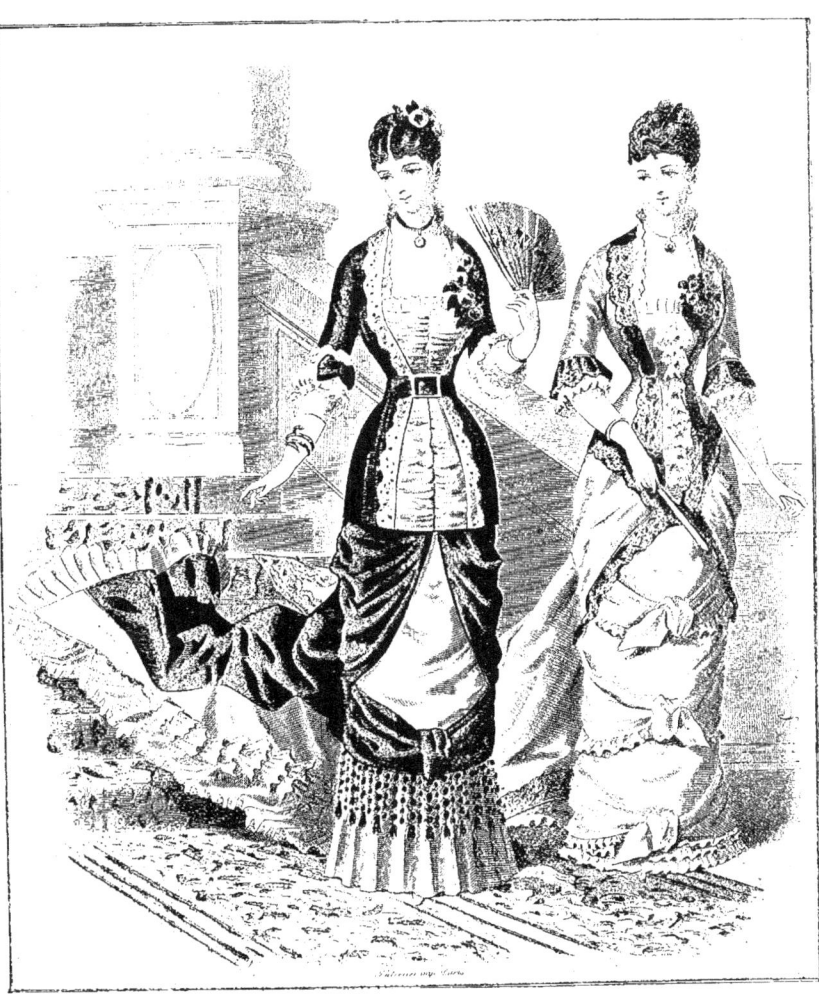

MODES DE 1879.
Médaillons, bracelets, boutons d'oreilles.

laines, des bracelets, des boutons de manchettes, etc. Vacherot et Loussel, ainsi que Menu, firent aussi un grand nombre de ces bijoux repercés en or rouge poli, de fabrication très soignée.

Alfred Menu, né en 1828, entra comme apprenti chez Louis Benoist en 1840. Après être resté dix ans dans cet atelier, il passa huit ans chez Marret et Jarry ; puis, en 1862, il fonda rue du Chaume une maison réputée pour son beau travail. Excellent praticien lui-même, Menu recevait des commandes de Marret, Calmus, Baucheron, Daux et d'autres maisons importantes. Boucheron l'employait constamment ; il lui fit faire vers 1870, d'après les dessins de Paul Legrand, ces bijoux en or rouge poli à facettes lapidées, broches, pendants d'oreilles, châtelaines souples et mobiles, qui étaient des pièces remarquables comme fini et dont le succès de vente fut énorme ; aussi s'empressa-t-on de les copier, mais ces imitations, obtenues par l'estampage, n'avaient plus ni intérêt ni caractère.

Menu a beaucoup produit ; son exécution très soignée a toujours fait rechercher les pièces de sa fabrication ; il excellait dans le bijou tout or, qu'il a traité de toutes façons et dans tous les styles : étrusque, Renaissance, Louis XV, Louis XVI, etc., en repercé, en ciselure,

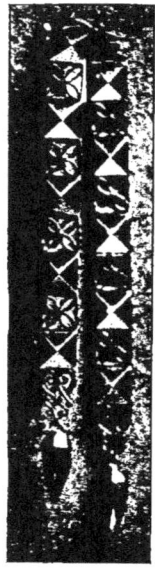

BOUCLE D'OREILLE
OR ROUGE POLI
A MAILLONS SOUPLES
par Menu
(de 1870 à 1880).

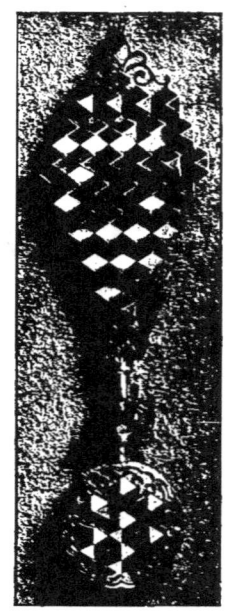

CHATELAINE
OR POLI A FACETTES
par Menu.
(Maison Boucheron,
de 1870 à 1880.)

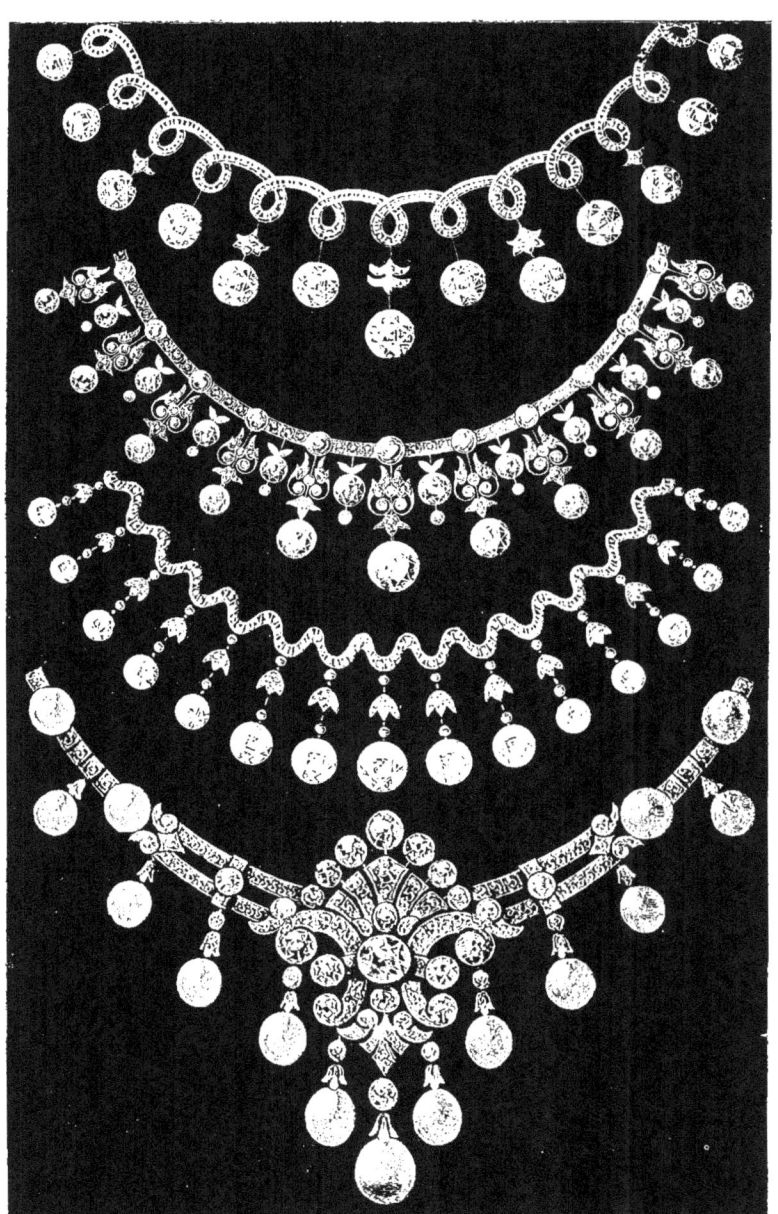

COLLIERS EN JOAILLERIE (VERS 1880).

qu'il s'agît de bonbonnières, de broches, de pendants de cou, de bracelets, de peignes et même d'objets d'art importants. Lors de l'Exposition de 1889, il travailla pour Boucheron à la veilleuse japonaise et aussi au vase avec dragon, pièce sur laquelle on avait volontairement accumulé les difficultés d'exécution afin d'avoir le mérite de les vaincre ; virtuosité bien inutile à notre avis, car un objet d'art n'est pas un problème à résoudre ; seul, le résultat obtenu est intéressant, et non les moyens plus ou moins compliqués mis en œuvre pour y parvenir. Menu sut diriger ce travail considérable et donner satisfaction à ses nombreux collaborateurs ciseleurs, émailleurs, etc., en conciliant leurs exigences parfois contradictoires. Pour donner une idée du soin avec lequel fut élaboré ce vase, nous signalerons que Paul Legrand, qui était l'auteur du projet, fit sept ou huit maquettes successives. La dernière fut fondue en cuivre et, précaution peut-être superflue, on y peignit très exactement toutes les colorations, toutes les nuances, tous les détails que les émailleurs devaient obtenir. Cette œuvre, dont Menu père fit la bijouterie, fut ciselée par Honoré et émaillée par Tard et Houillon.

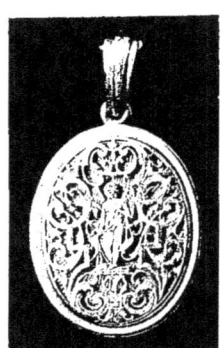

MÉDAILLON
EN PLATINE REPERCÉ
SUR ÉMAIL BLEU
par Tissot.

Michel Menu, fils du précédent, né en 1857, a fait son apprentissage dans l'atelier paternel ; entré aux affaires à l'âge de dix-huit ans, il s'associa plus tard avec son père sous la raison sociale Menu et fils. Bijoutier remarquable pour sa bonne fabrication, il a exécuté un grand nombre des pièces qui figurèrent en 1900 dans la vitrine de Boucheron ; il a monté, entre autres, la jolie pendule en bois sculptée par Becker.

Il faut aussi signaler, parmi les artisans les plus particulièrement habiles de cette époque, Théophile Picot qui,

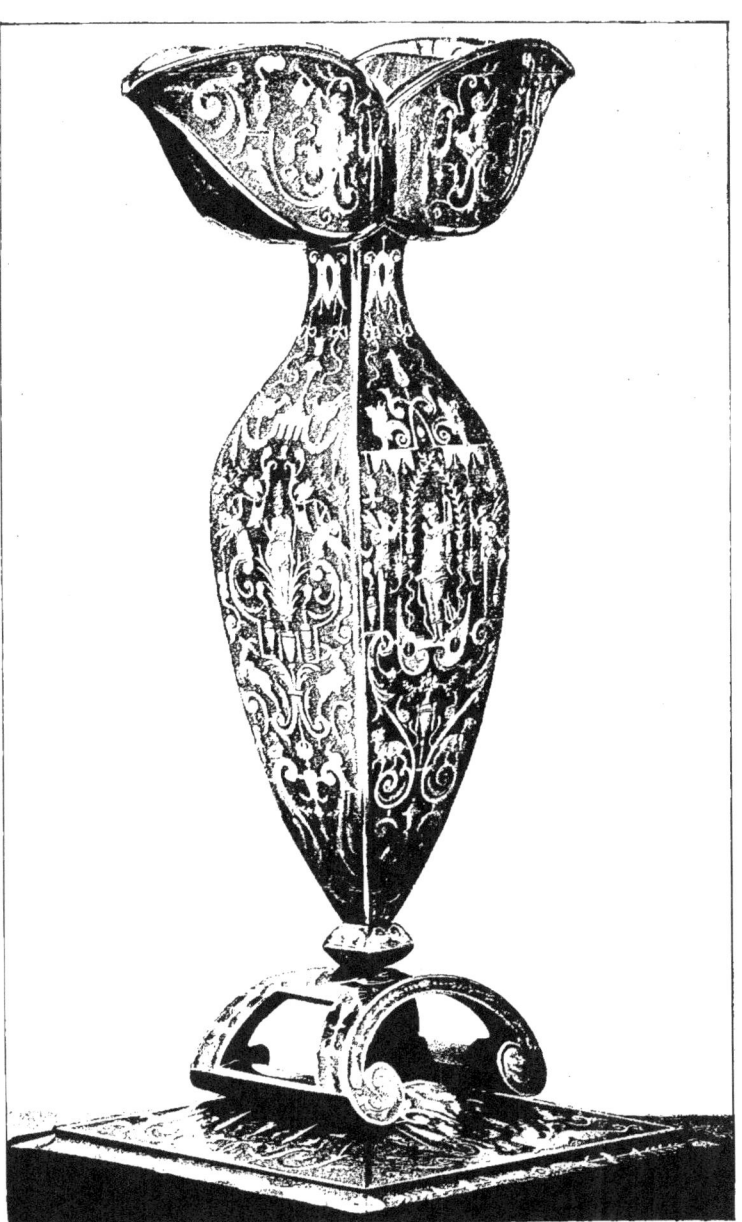

VASE EN ACIER INCRUSTÉ D'OR
par Tissot. (Maison Boucheron.)

apprenti d'Édouard Meyer en 1852, le quitta en 1860 pour entrer chez Baucheron et Guillain, fabricants très justement réputés. En 1862, il s'établit avec Combier ; les nouveaux associés eurent dès le début pour principal client Boucheron, qui leur faisait exécuter, d'après les dessins de Paul Legrand ou d'autres, les objets d'une finesse extrême, exigeant une grande habileté de main. Ces petites merveilles de précision et de fini étaient traitées avec goût et talent : c'étaient des épingles de cravate, des casques de tous styles, des insectes aux détails microscopiques, et surtout des accessoires de harnachement en platine : étriers, mors, très appréciés par le peintre Meissonier, dont les explications minutieuses étaient appuyées par des croquis enlevés avec une verve incroyable dans le magasin même de Boucheron, en présence de

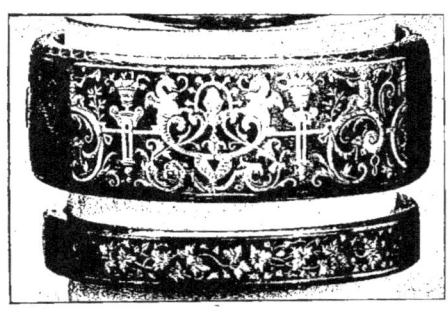

BRACELET EN ACIER INCRUSTÉ D'OR
par Tissot. (Maison Boucheron.)

l'ouvrier et des employés également attentifs. Mais toujours avant de partir, le maître, après avoir froissé ses dessins, les mettait dans sa poche au grand désappointement des assistants. Picot n'avait pas seulement une très grande habileté manuelle, il était aussi un ouvrier ingénieux, un chercheur patient, un mécanicien adroit ; ce qui lui permettait de réussir admirablement les bijoux à secret, à compartiments et fermetures invisibles.

Dans un autre genre, citons aussi Tissot (1815-1887) qui, graveur habile, faisait des incrustations rasées d'or sur acier, d'une finesse et d'une sûreté de main remarquables. Les armuriers s'adressaient à lui pour les armes de grand luxe, mais ses principaux clients étaient les bijoutiers.

Ancien combattant de 1848, il vit en 1870 un grand nombre de ses amis politiques arriver au pouvoir, et il eût pu alors, comme beaucoup d'autres, obtenir quelque situation profitable si, artiste modeste et convaincu, il n'eût préféré rester volontairement à l'écart pour se consacrer tout entier au travail qu'il aimait. C'est surtout entre 1865 et 1880 qu'il exécuta, principalement pour la maison Boucheron, un grand nombre d'objets en acier incrusté d'or, avec motifs

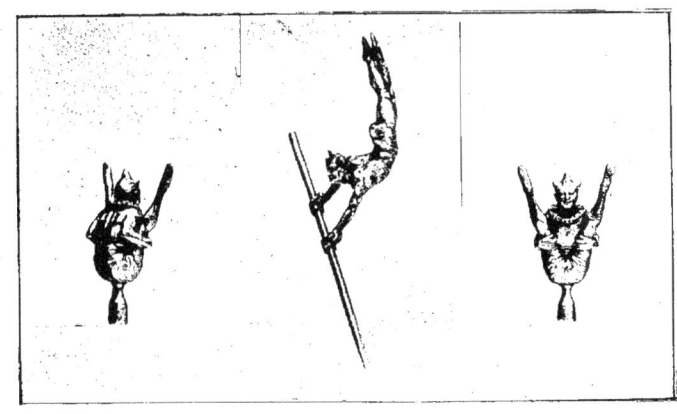

CLOWNS EN ACIER CISELÉ
par L. Rault. (Maison Boucheron.) (A la dimension des originaux.)

Renaissance ou sujets de chasse : châtelaines, bracelets, bonbonnières, liseuses, cadres, coffrets, boutons de manchettes, etc. Le vase dont nous donnons la reproduction est peut-être son chef-d'œuvre; l'exécution en est irréprochable, le travail délicat : l'ornementation, gravée d'abord assez profondément dans l'acier, est ensuite recouverte d'or fin, refoulé au marteau dans les creux, puis repris par de la gravure en taille-douce qui complète les détails de la composition.

Ce vase fut dessiné par Paul Legrand, qui en avait trouvé la forme, d'ailleurs originale, dans un ancien tableau de

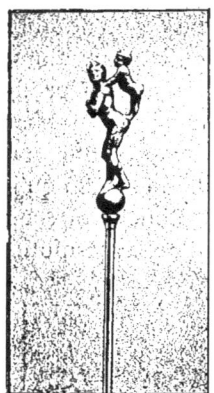

ÉPINGLE DE CRAVATE
par L. Rault.
(Maison Boucheron.)

l'école hollandaise, tandis que, pour l'ornementation, il s'était inspiré de Stephanus et de Michel Blondus. Ces sortes de vases servaient, paraît-il, sous Louis XIII, à mettre les plumes dont les cavaliers ornaient leurs chapeaux.

Tissot est mort à Saint-Étienne, sa ville natale, qui conserve dans son musée quelques œuvres de l'artiste dont elle a, croyons-nous, donné le nom à une de ses rues.

Un émule de Tissot fut Boussard, qui incrustait aussi sur acier, mais en laissant en relief l'or qu'il reprenait ensuite par la ciselure. Il décora ainsi de très jolis poignards de style oriental. Malheureusement, cet artiste si bien doué, qui aurait pu gagner beaucoup d'argent, ne travaillait que lorsqu'il lui en prenait fantaisie et finit par mourir de misère : c'était un bohème.

Nous avons vu quelle place a tenu le camée dans la bijouterie pendant de longues années ; Lechevrel, élève de Salmson. Hue, Burdy, gravaient les pierres dures avec un réel talent. Les camées et les intailles de Hue étaient exécutés avec une si réelle maîtrise qu'on aurait pu les prendre pour des antiques. Quant à Burdy, qui, du reste, était second prix de Rome, il exécuta de petites merveilles ; il fit, entre autres, pour Boucheron, après la guerre, un camée ovale à deux couches, mesurant à peine deux centimètres et

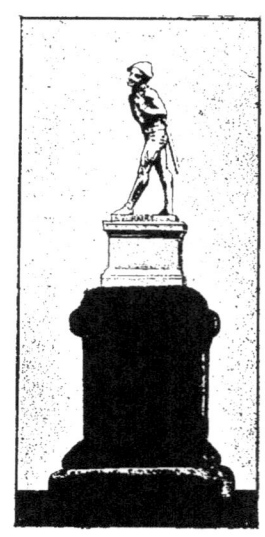

ARLEQUIN
EN ACIER CISELÉ
par L. Rault. (Maison Boucheron.)

demi de long, sur lequel il avait représenté la célèbre charge des cuirassiers de Reischoffen. Telle était la finesse du travail, qu'à l'aide d'une loupe on parvenait à lire le numéro du régiment sur le tapis de selle d'un des chevaux.

Un des plus grands ciseleurs de notre époque, le plus grand peut-être, bien qu'il ne soit connu que d'un public

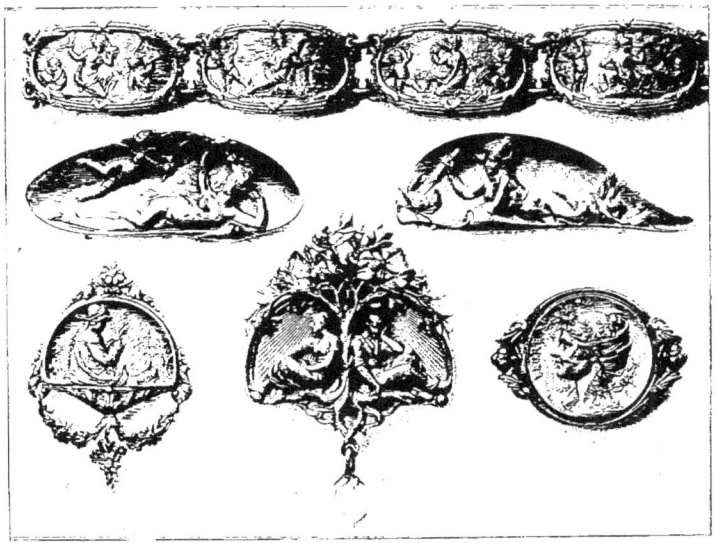

BIJOUX EN OR CISELÉ
par L. Rault.

restreint, fut Louis Rault (1847-1903). Cet artiste admirable, fils d'un cordonnier de Saint-Calais, avait reçu une éducation artistique à peu près nulle, mais il sut se former lui-même. Arrivé à Paris à l'âge de huit ans, il manifestait dès cette époque sa vocation et son goût pour les arts en exécutant, à l'aide d'un vieux tranchet et d'un tronçon d'alêne, outils de rebut de l'atelier paternel, une naïve sculpture en bois, représentant une grappe de raisin et deux feuilles de vigne. Il avait quatorze ans lorsqu'il fut mis en apprentissage chez un graveur sans talent qui l'employait à nettoyer l'atelier et à faire des courses et ne lui enseignait rien. Le jeune Rault, déçu dans son très vif désir d'apprendre, fut bientôt découragé, au point d'abandonner sa profession. Il suivit cependant des cours de dessin et de modelage chez Lequien père, travaillant avec une ardeur extraordinaire. Après deux années d'études, reprenant le burin et le ciselet, il entra en 1868 comme ciseleur dans l'atelier de Boucheron, où il resta jusqu'en 1875. L'année suivante, il obtint une mention honorable au concours Crozatier. Ce premier succès raffermit le cœur de l'artiste et lui redonna confiance en lui-même. En 1877, il remportait le prix Willemsens, en 1878 le prix Crozatier, d'une valeur de cinq cents francs, et une médaille d'argent à l'Exposition de l'Union centrale des Arts décoratifs. Enfin, en 1884, une mention honorable au Salon venait récompenser la persévérance de ses efforts. La rapidité de ses progrès fut telle qu'il se vit bientôt hors de pair et considéré par ses confrères[1] comme leur maître à tous. A une exposition de ses œuvres, organisée en 1893 par la Réunion des fabricants de bronzes, les principaux ciseleurs vinrent longuement visiter les merveilles sorties de ses mains, ne se lassant pas de les admirer et même de les étudier.

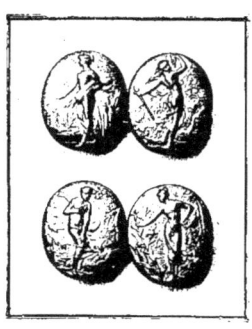

BOUTONS DE MANCHETTES
« LES QUATRE SAISONS »
par L. Rault.
(Maison Paul Robin.)

C'est que ce maître charmant et délicat, non seulement maniait l'outil comme personne, mais aussi composait lui-même les motifs délicieux de ses œuvres : c'était un artiste complet. Tantôt il caressait le métal avec amour, d'un ciselet à la fois savoureux et savant, et faisait naître de souples figures féminines dans l'or fin malléable comme si

1. Rault travailla souvent pour Honoré, le maître ciseleur.

c'eût été dans une cire vierge. Tantôt, au contraire, s'attaquant au dur acier, il sculptait à même, en plein bloc, avec une sûreté de main extraordinaire, de petites figurines hautes de quelques centimètres à peine et qui, malgré leurs proportions minuscules, restent des merveilles de savoir et de goût. Le clown que Boucheron avait dans sa vitrine en 1893, à l'exposition des Arts de la Femme, en est un spécimen,

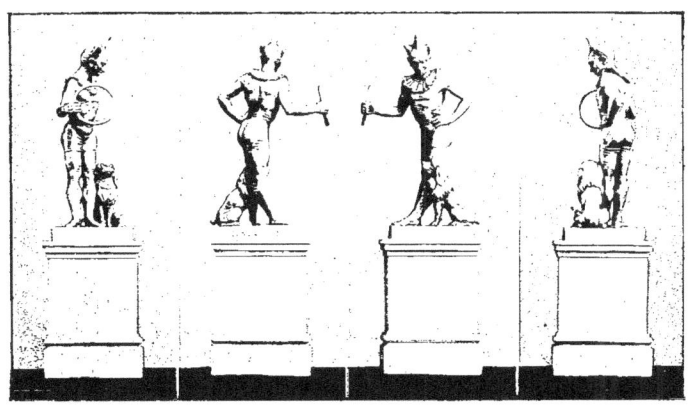

LE CLOWN AU CANICHE (ACIER PRIS SUR PIÈCE)
par L. Rault. (Maison Boucheron.) (A la dimension de l'original.)

et combien d'œuvres équivalentes et exquises exécutées depuis !

« Il a fait revivre le poinçon », nous a dit Brateau, et, de fait, il a su exécuter d'une façon personnelle et avec une maîtrise incontestable le travail ingrat et difficile de la gravure en matrices. C'est ainsi qu'après avoir mis d'abord son talent au service de l'estampeur Louvet, il créa, de 1882 jusqu'à sa mort, pour la maison Jaquet, un grand nombre de modèles, des plus simples jusqu'aux plus compliqués, parmi lesquels de remarquables séries d'animaux, des ornements, des figures, un charmant coffret avec scènes de chasse, des médailles, des sujets d'une grande variété. Après avoir débuté par des journées de deux francs cinquante, il gagna par la suite comme ouvrier jusqu'à trente francs par jour, et même au-delà, ce qui ne s'était jamais vu.

Le Musée des Arts décoratifs possède, entre autres œuvres de Rault, une branche d'éventail en or repoussé par lui ; le Musée du Luxembourg lui acheta, en 1892, au Salon, une coquille d'or dans laquelle une sirène lutine un crabe ; nous en connaissons une autre analogue, sculptée dans un lingot massif d'or forgé, où Vénus, nonchalamment couchée, joue avec un amour. Toutes ces pièces sont de véritables chefs-d'œuvre. Plusieurs sont allées enrichir les belles collections de M. Corroyer, membre de l'Institut, qui les prisait à l'égal de ses meilleures pièces anciennes. M. Corroyer s'intéressait d'ailleurs vivement à toutes les manifestations de l'art moderne ; architecte éminent, il ne dédaignait pas de mettre son talent et son expérience à la disposition des orfèvres ou des bijoutiers à qui il fournissait même parfois des dessins, et dont il n'accepta de construire l'Hôtel syndical, rue de la Jussienne, qu'à titre gracieux. Il se plaisait aussi à encourager, par ses achats et par ses commandes, un grand nombre d'artistes contemporains peu connus et peu fortunés. Bel exemple d'initiative à donner à tant d'amateurs qui ne veulent rien connaître en dehors de l'« ancien ».

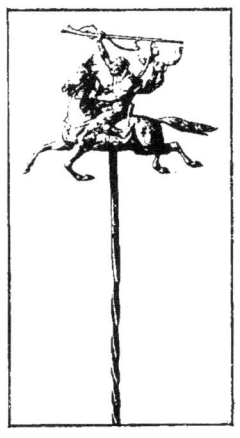

« FANTASIA »
par L. Rault.
Sculpté dans l'or fin (1893).

A la suite de l'Exposition des Arts de la Femme, les meilleurs ciseleurs de Paris, voulant rendre au talent de Rault un hommage spontané, adressèrent une pétition au ministre de l'Instruction publique pour lui faire décerner la croix de la Légion d'honneur. Cette distinction lui fut donnée l'année suivante, après l'Exposition de Chicago.

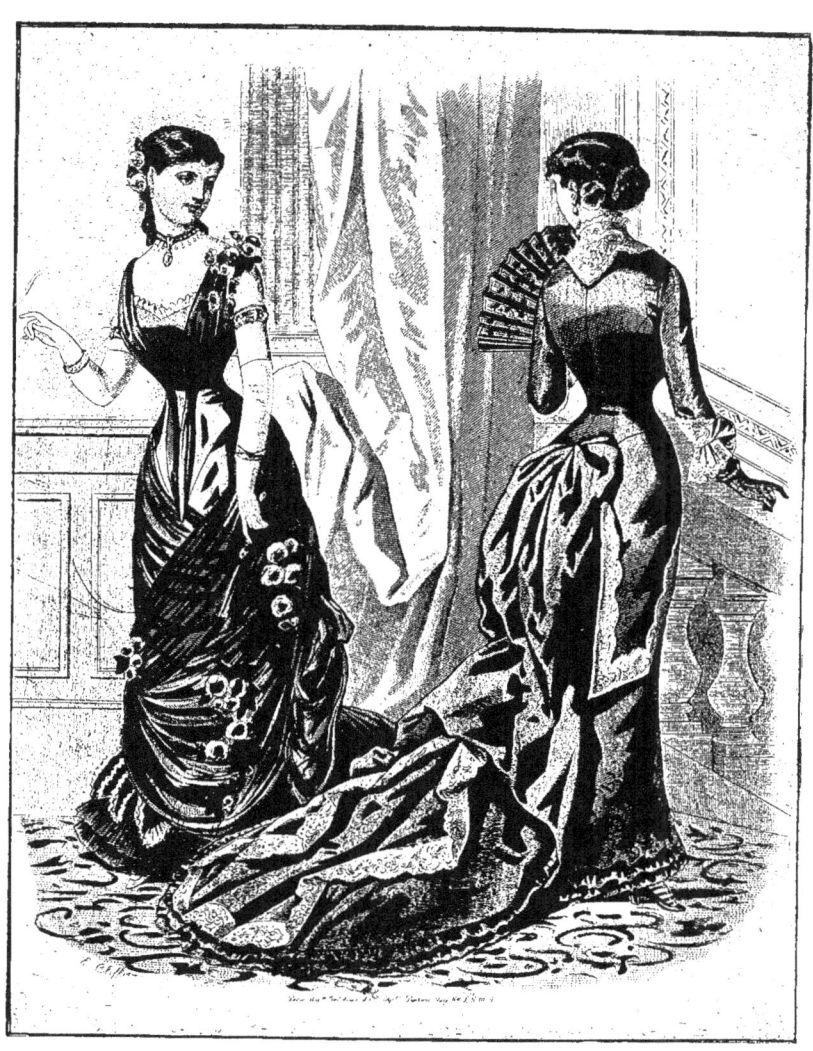

MODES DE 1882.
Bracelet, colliers, médaillons, boucles d'oreilles.

La maladie vint frapper l'artiste en plein succès, au moment où il voyait arriver la célébrité, et peut-être aussi la fortune. Il se retira à Marlotte et continua à travailler avec la même ardeur et la même modestie, vivant dans son atelier, au milieu de ses œuvres qu'il aimait et ne parvenait à vendre que difficilement. C'est là qu'il mourut, dédaigneux de la célébrité tapageuse et de la réclame bruyante, qui aident quelquefois à la gloire, mais n'accompagnent pas toujours le talent.

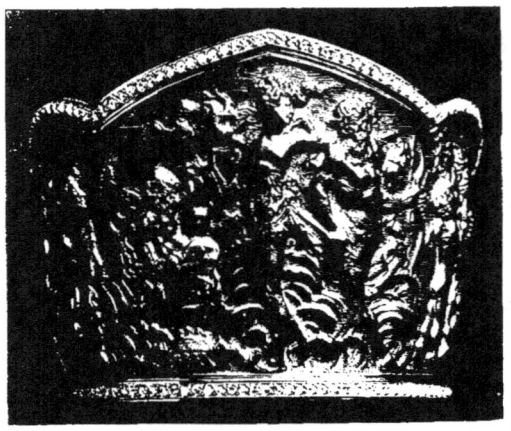

BRACELET MANCHETTE, OR REPOUSSÉ ET CISELÉ
par J. Brateau (Maison Boucheron. — Exposition de 1878.)

Un autre ciseleur de grand talent, ami intime de Rault, mérite également une mention toute spéciale. C'est Jules Brateau, né à Bourges en 1844. Son père voulait qu'il fût boulanger, comme il l'était lui-même, comme l'avaient été ses parents, ses frères, ses oncles et tous les membres de sa famille ; mais le jeune homme, ayant pu voir de près combien ce métier était pénible, manifesta le désir de suivre une autre voie. Aussi, lorsqu'il eut 14 ans, ses parents, qui s'étaient fixés à Paris, décidèrent-ils de lui faire apprendre un état. Il entra chez Honoré, le maître ciseleur, un peu au hasard, « aussi bien, dit-il, qu'il fût entré chez un cordonnier ou chez un tailleur ».

Après ses trois années d'apprentissage, Brateau cisela successivement dans différents ateliers réputés, entre autres chez Diomède [1], qui travaillait beaucoup pour Odiot. Il retourna ensuite chez Honoré, dont il devint l'ami et en quelque sorte l'associé.

Brateau, qui avait suivi avec succès les cours de l'École

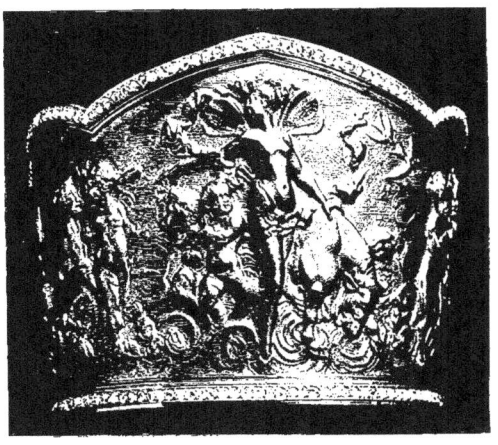

BRACELET MANCHETTE, OR REPOUSSÉ ET CISELÉ
par J. Brateau. (Maison Boucheron. — Exposition de 1878.)

des Arts décoratifs et fréquenté l'atelier du sculpteur Nadaud, second prix de Rome, exécuta en 1869 le buste en bronze, très ressemblant, de son patron Honoré Bourdoncle. Établi en 1874, il ne tarda pas à voir affluer chez lui les commandes que lui confiaient les principales maisons de Paris. Son talent souple et délicat a toujours été fort apprécié. Artiste consciencieux et modeste, Jules Brateau aime passionnément son métier. Durant sa carrière déjà longue, entièrement consacrée à l'art, il a exécuté d'innombrables

1. Cet excellent ciseleur se nommait Dioméde Guillemin.

bijoux et objets artistiques, non seulement d'après des dessins qui lui ont été fournis, mais ordinairement d'après ses propres compositions. Bien qu'il se soit inspiré souvent des maîtres de la Renaissance, il a su cependant conserver une grande liberté d'interprétation et produire des œuvres personnelles et d'une distinction parfaite, qui l'ont fait

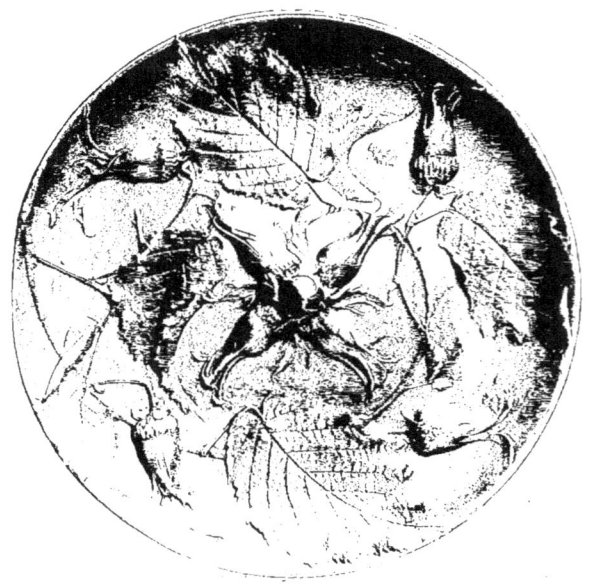

PLAT D'ÉTAIN, AVEC DÉCOR DE NOISETTES
par Jules Brateau.

rechercher comme un collaborateur précieux. Aujourd'hui encore, il continue, avec une ferveur recueillie, à créer des pièces charmantes qu'il caresse d'un ciselet savant et adroit.

Bien que l'orfèvrerie ne soit pas du domaine de cette étude, rappelons cependant que Brateau fut le rénovateur de l'orfèvrerie d'étain. C'est vers 1878 ou 1879 qu'il tenta de reprendre la tradition de François Briot, dont il admirait depuis longtemps les œuvres et étudiait patiemment les

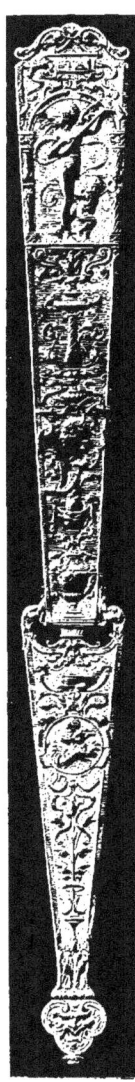

ÉVENTAIL
EN OR REPOUSSÉ
par Jules Brateau.
(Maison Vever. 1889.)
Haut., 0m30.

procédés. Sa première pièce d'étain fut une assiette Renaissance, d'après une gravure de Théodore de Bry, qui fut exposée à l'occasion d'un concours organisé par l'Union centrale des Arts décoratifs, en 1881 ou 1882. Dès lors, perfectionnant sans cesse sa fabrication, il parvint à une maîtrise absolue. Son succès à l'Exposition de 1889 fut considérable et très légitime; une foule d'objets charmants, aiguières, gobelets, plateaux, salières, etc., sortirent de ses mains et conquirent immédiatement les suffrages des artistes et des amateurs.

Brateau, chevalier de la Légion d'honneur en 1894, à la suite de l'Exposition de Chicago, fut membre du Jury pour l'orfèvrerie en 1900.

Son poinçon de maître représente un gibet, façon plaisante de rappeler ses deux initiales : J. B.

A côté de Rault et de Brateau, artistes hors pair, d'autres noms intéressants seraient à ajouter à ceux qui se rencontrent au cours de ce travail; les principaux sont : Michaut, Giraudon, Brard,

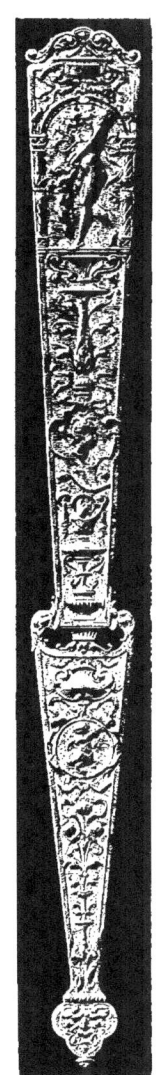

ÉVENTAIL
EN OR REPOUSSÉ
par Jules Brateau.
(Maison Vever, 1889.)
Haut., 0m30.

virtuoses du ciselet; Deraisme; Claudius Marioton, sculpteur de talent en même temps que ciseleur habile, puisqu'en 1876 il était lauréat du concours Willemsens, et en 1879 du concours Crozatier; il forma des élèves remarquables, tels que :

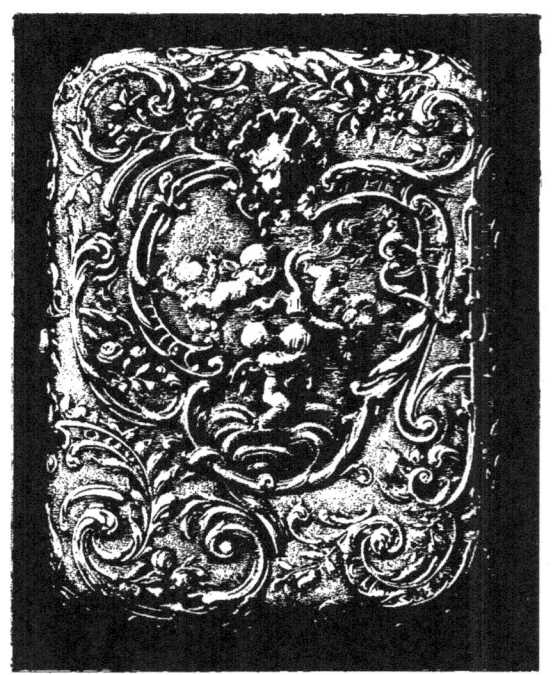

ÉTUI A CIGARETTES
par J. Brateau. (Maison Vever. — Exposition de 1889.)

Dupré, ciseleur et médailleur, qui remporta le Prix de Rome; Herlemont et Ferlet. Citons encore Jean Garnier; Peureux; Cosson, collaborateur de Louis Wièse; Nodiot, qui excellait dans le repoussé sur acier et les bracelets à sujets de chasse Renaissance; Lantéron, Joë Descomps, Vernier, à qui fut décerné, l'an dernier, la médaille d'honneur du Salon, et bien d'autres encore.

Nous avons parlé à plusieurs reprises de O. Massin et de la place prépondérante qu'il tint dans la joaillerie et nous y revenons, puisque l'ordre chronologique, que nous désirons

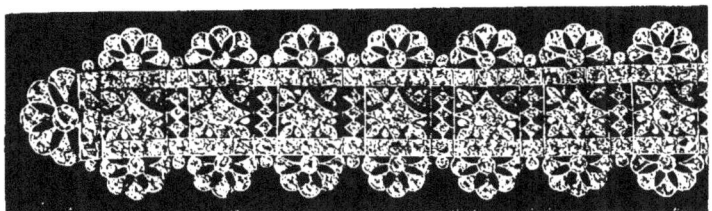

BRACELET EN JOAILLERIE SOUPLE
dans le goût des broderies anglaises, par O. Massin (1878).

respecter autant que possible, nous oblige à scinder l'examen de sa longue et brillante carrière. Après avoir vu de quelle façon magistrale et féconde il rénova l'art du joaillier sous le Second Empire, nous le retrouvons, sous la troisième République, toujours au travail, toujours soucieux de

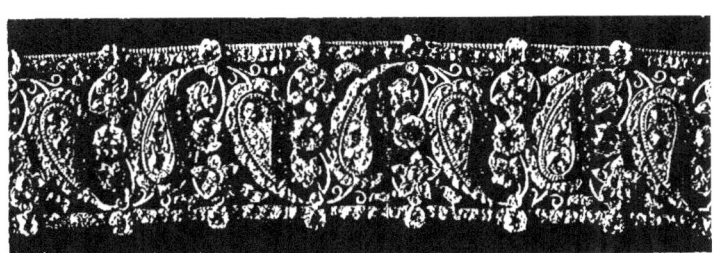

BRACELET ARTICULÉ A PALMES, GENRE PERSAN
travail filigrané, par O. Massin (1878).

perfectionner son métier, ne cessant de créer des œuvres bien personnelles pour lesquelles il n'avait d'autres collaborateurs que ses ouvriers, et présentant à l'Exposition de 1878 un ensemble de pièces remarquables, dont un certain nombre sont reproduites par nos gravures. Bien qu'il eût encore beaucoup travaillé pour plusieurs de ses confrères, tant parisiens qu'étrangers, Massin avait réalisé de nouveaux progrès, notamment dans la légèreté visible et matérielle des

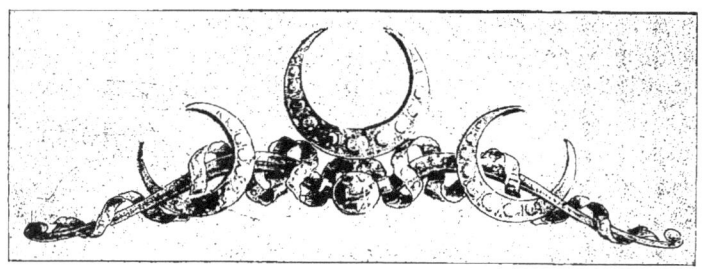

CROISSANTS ET ARC, DIADÈME EN JOAILLERIE
par O. Massin.

montures Déjà, en 1867, il était arrivé à en abaisser le poids bien au-dessous de celui des pierres employées, parvenant parfois à une moyenne de trois milligrammes de métal par pierre, en comptant toutes celles, petites ou grosses, qui entraient dans la composition d'une pièce de joaillerie. Ce

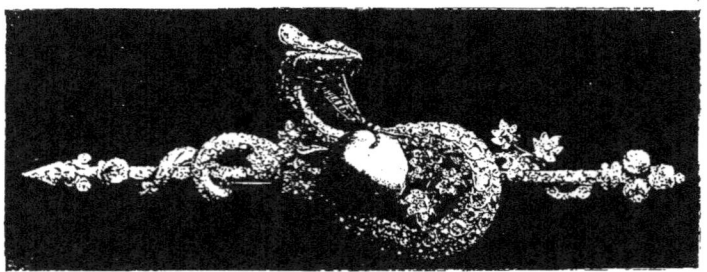

BROCHE SERPENT ET PERLE GRISE DE 143 GRAINS
par O. Massin (1878). — Longueur, 0ᵐ15.

tour de force fut réalisé, notamment dans un groupe de deux plumes ; il était vraiment impossible de faire mieux au point de vue technique, aussi Massin consacra-t-il tous ses

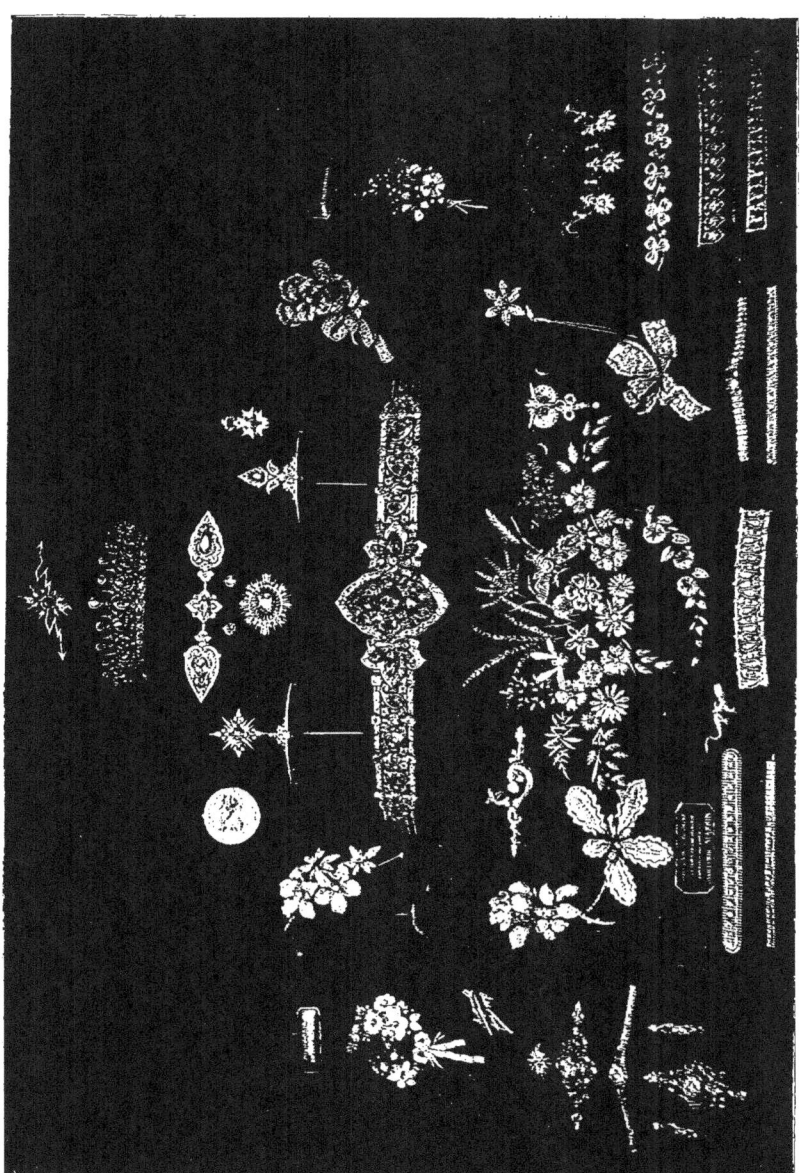

LA VITRINE DE O. MASSIN A L'EXPOSITION DE 1878.

efforts à la recherche de l'élégance des formes et de l'ornementation.

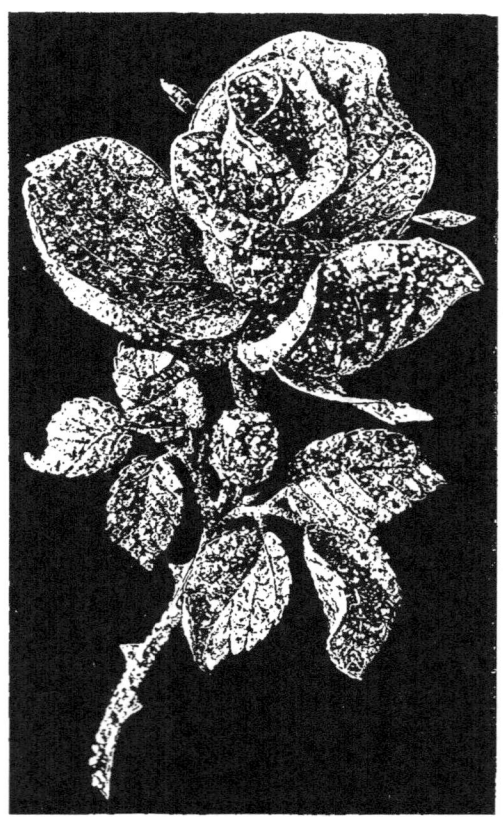

ROSE THÉ EN JOAILLERIE
par O. Massin (1878).

C'est à cette même Exposition de 1878 que figurait une très belle rose en ronde-bosse, entièrement pavée en diamants. Certes, on avait bien essayé avant lui de faire des roses en joaillerie, mais avec plus ou moins de succès;

généralement, on voulait y mettre un trop grand nombre
de pétales, ce qui rendait l'objet lourd et confus. Massin, au
contraire, après avoir choisi comme point de départ une
rose thé, variété déjà simple en elle-même, l'observa, l'étudia
très attentivement et imagina de supprimer les pétales qui

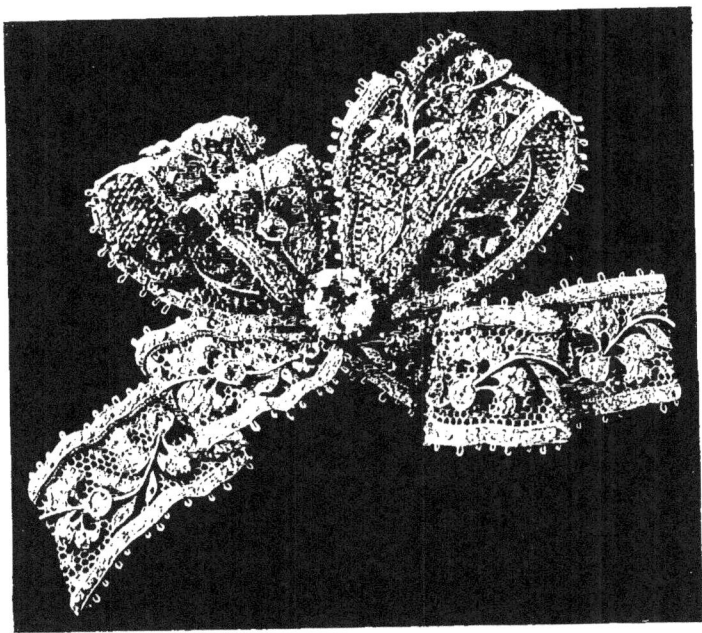

NŒUD DE DENTELLE SUR TULLE EN JOAILLERIE
par O. Massin (1878).

restaient invisibles lorsqu'on regardait la rose dans un certain sens. Il parvint ainsi à produire une véritable merveille, irréprochable d'exécution, d'un dessin net, facilement
lisible et d'une grande légèreté. Ce beau travail de joaillerie
employait 150 carats de brillants. Ce fut Mme Boucicaut qui
l'acheta pour la somme d'environ 30.000 francs; c'était, à
peu de chose près, le prix coûtant. Elle eut l'attention délicate d'inviter Massin à la première soirée qu'elle donna au

Bon Marché après son acquisition, afin que l'artiste pût l'admirer sur elle.

C'est également pour l'Exposition de 1878 que Massin tenta de faire participer directement la joaillerie à l'ornementation du costume, en exécutant des dentelles souples avec motifs en diamants appliqués sur un tulle d'or; elles revenaient de 10.000 à 20.000 francs le mètre courant. En raison peut-être de l'exagération que cette nouveauté apportait dans le luxe du costume féminin, elle n'eut pas tout le succès qu'elle méritait, bien que le Shah de Perse, Nasser ed Dine, eût voulu en emporter, séance tenante, lors de sa visite au Salon de la Bijouterie. Massin refusa cette proposition, afin de pouvoir soumettre au Jury sa nouvelle et heureuse tentative.

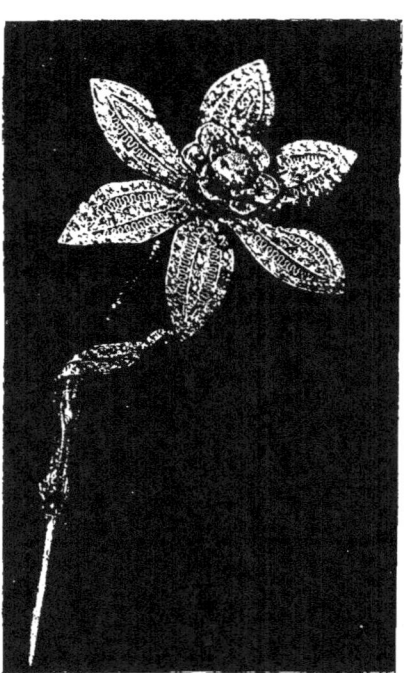

FLEUR DE NARCISSE, JOAILLERIE FILIGRANÉE
par O. Massin (1878).

Indépendamment de ces dentelles souples et de belles pièces de joaillerie, fleurs, serpents, bouquets, etc., d'un pur dessin et d'une main-d'œuvre parfaite, dont quelques-unes avaient été exécutées par lui personnellement, il avait présenté, dans sa vitrine, nombre de pièces dont les motifs étaient cernés ou bordés de filigrane. C'est dans cet ordre d'idées que l'on vit toute une corbeille de fleurs, un narcisse

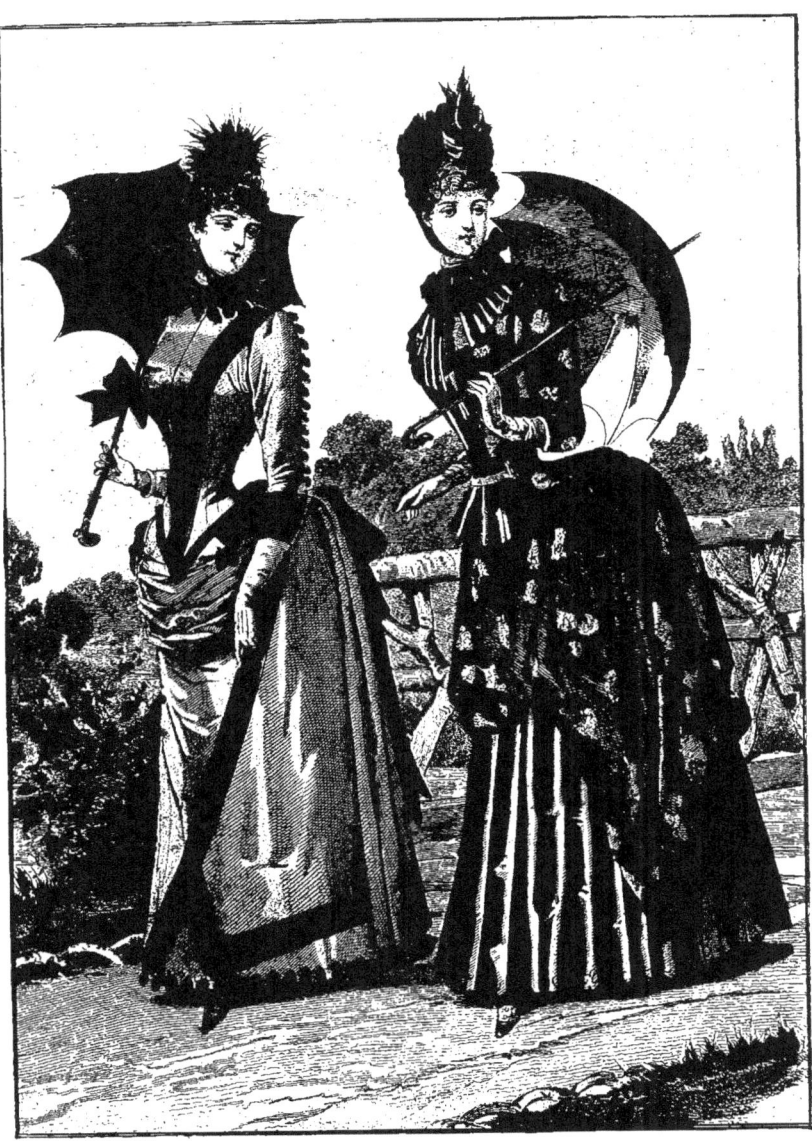

MODES DE 1884.

fort élégant, la branche de chêne que nous reproduisons, ainsi qu'une riche ceinture indienne, tout en or filigrané, qui employa 822 carats de diamants. La difficulté d'une pièce aussi considérable était très grande; elle se trouva augmentée, en ce qui concerne la composition, par ce fait

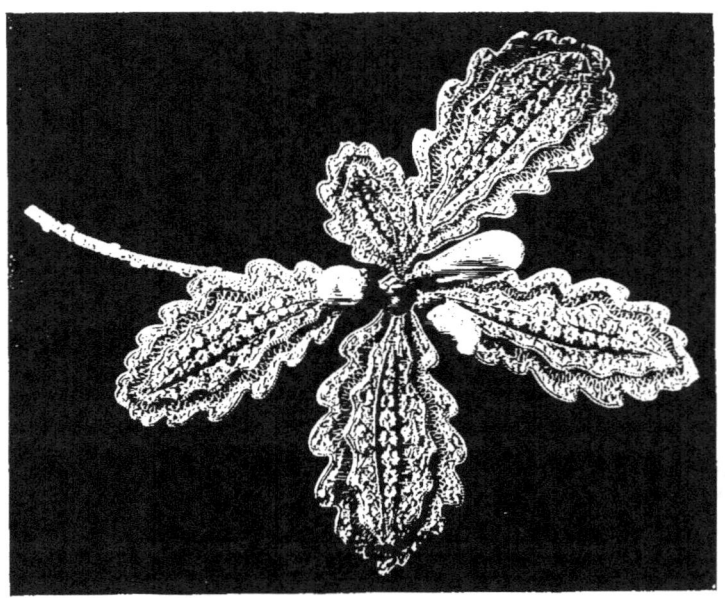

FEUILLES DE CHÊNE ET GLANDS PERLÉS
APPLICATION DU FILIGRANE A LA MONTURE DU DIAMANT
par O. Massin (1878). — Longueur, 0^m15.

qu'on apporta à Massin une sébille pleine de gros brillants, la plupart taillés en poires, en lui disant : « Voici des pierres, arrangez-vous pour les employer toutes, sans en laisser ni en ajouter une seule et faites-en une belle pièce de joaillerie à destination de l'Inde. » Cette ceinture de rajah fut entièrement faite par le même ouvrier, qui avait été auparavant ouvrier orfèvre et dont Massin avait fait un parfait joaillier[1]. Il avait mis sept ou huit mois pour mener à bien ce travail et y avait apporté autant d'attention et de

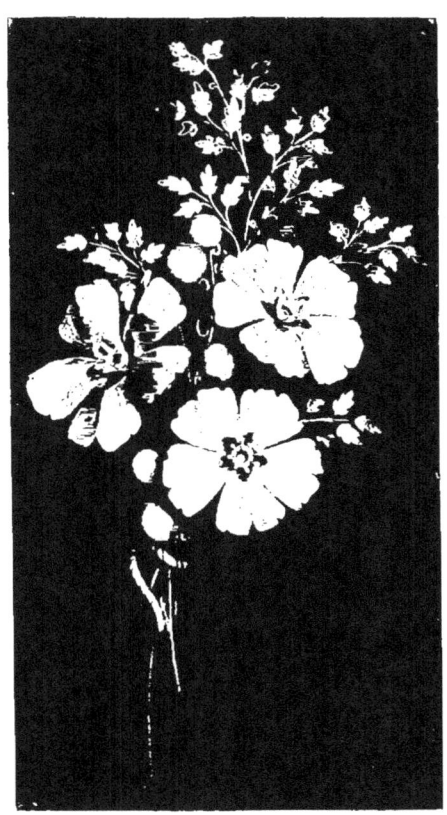

BOUQUET DE PRIMEVÈRES
Joaillerie en préparation Travail en blanc, par O. Massin (1878).

soin le dernier jour que le premier. Indépendamment d'un Grand Prix, décerné en première ligne dans l'ordre de

[1]. Il se nommait Osterberg et obtint une médaille d'argent comme collaborateur.

mérite, Massin reçut, en 1878, la croix de la Légion d'honneur.

Bien qu'il eût pris deux brevets d'invention pour les dentelles en diamants et l'application du filigrane à la monture des pierres, Massin ne s'en servit jamais contre les imitateurs de ses ouvrages, s'estimant plus heureux d'être copié que d'en être réduit à copier les autres. Il donna même toute liberté à ses confrères de continuer leurs efforts dans cette nouvelle manifestation de l'art du joaillier.

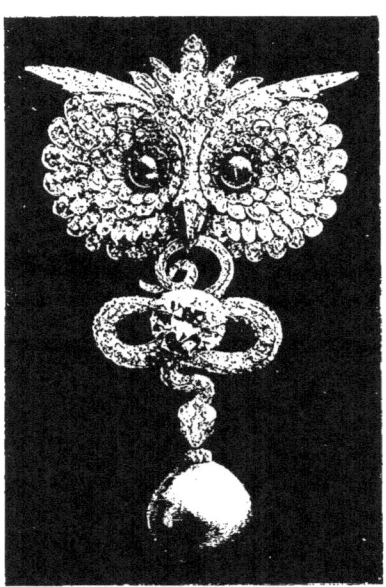

BROCHE HIBOU
par O. Massin (1878).
(Perle noire de 145 grains.)

En 1889, Massin n'exposa pas personnellement, mais son talent fut encore utilisé par plusieurs de ses confrères pour leurs expositions. Un grand nombre de pièces importantes, branches fleuries ou parures dans le goût plus classique, bien que ne figurant pas officiellement sous son nom, montrèrent que, pendant trente ans, cet artiste infatigable n'avait pas cessé de progresser. Il avait repris, en particulier, son idée de l'ornementation du costume et exécuté une pièce de joaillerie de très grande dimension, inspirée d'une passementerie ancienne, dont le dessin, très élégant, se composait de grandes palmes souples, les unes serties en brillants blancs, les autres en brillants bruns et jaunes. Cette parure, destinée à être appliquée en bordure d'un corsage

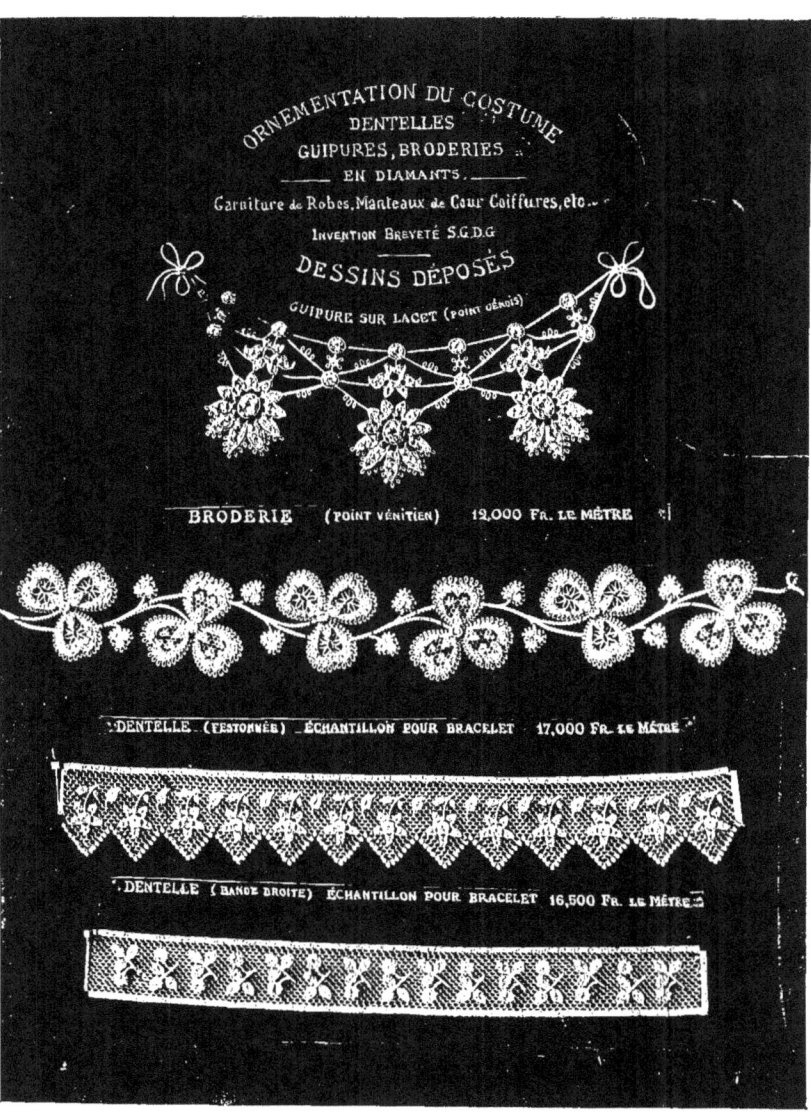

LES DENTELLES DE O. MASSIN A L'EXPOSITION DE 1878.

1. Collier (point génois).
2. Galon brodé de trèfles (point vénitien).
3 et 4. Tours de bras, point d'application sur tulle souple.
(Aux trois quarts de l'exécution.)

décolleté, avait près de cinquante centimètres de développement.

Massin avait réuni dans son atelier les meilleurs ouvriers joailliers, qui se perfectionnaient d'ailleurs sous sa direction, et considéraient comme un honneur de travailler chez un tel maître. Il serait superflu de citer les principaux d'entre eux ; nommons seulement ses chefs d'atelier : Hippolyte Touet, excellente main, ancien compagnon de Massin chez Tottis qui, vers 1869, s'établit et prit la suite des affaires

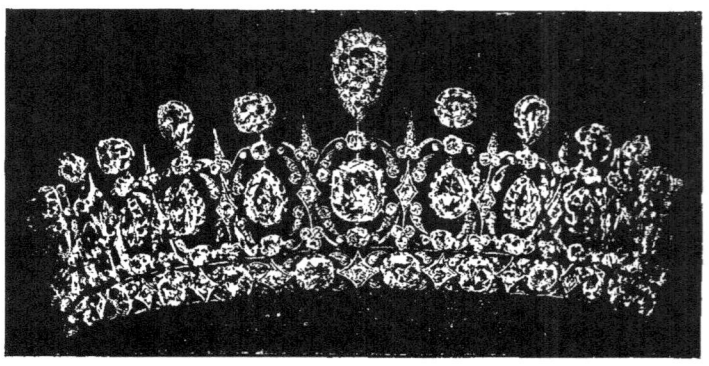

DIADÈME EN JOAILLERIE AVEC BRILLANTS POIRES MOBILES.
par O. Massin. (Exposition de 1878.)

de Janin. Ensuite, Wolk, de 1865 à 1876 ; enfin, Osterberg, celui qui exécuta la grande ceinture orientale et resta chez Massin jusqu'au licenciement de son atelier, en 1891.

Nous avons dit que Massin se retira des affaires en 1892 ; cet excellent maître joaillier, qui, selon sa propre expression, « trouvait plus de joie dans son métier que dans son commerce », ne cessa pas pour cela d'étudier les principales questions intéressant la corporation et pour lesquelles il est d'une compétence absolue. Il rendit de grands services à la Chambre syndicale, dont il avait été nommé vice-président honoraire en 1884, s'occupa de l'École de Dessin, des concours professionnels, ainsi que de tout ce qui avait rapport à l'amélioration du sort des ouvriers. Rappeler ses états de service, dans cet ordre d'idée, nous entraînerait en dehors de notre programme. Il est le président très actif et très dévoué de la Société d'Encouragement de la Bijouterie[1]. Si nous nous sommes arrêté spécialement sur la personnalité de Massin,

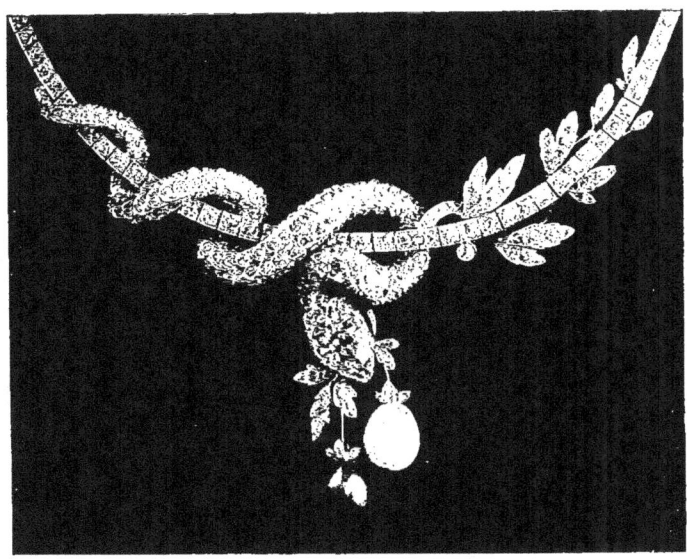

COLLIER SERPENT, PERLES NOIRE ET BLANCHE
par O. Massin (1889).

ce n'est pas seulement parce qu'il est un des plus illustres joailliers du XIXe siècle, mais surtout parce qu'il a créé un genre spécial, en empruntant à la nature tout ce qui présentait une forme, un motif quelconque pouvant se traduire

1. Massin avait été, en 1868, un des membres fondateurs de l'École de Dessin. Nommé secrétaire de la Commission, qui fut alors instituée à cet effet, il en devint quelques années après le président et conserva ces fonctions jusqu'en 1884. Il fut aussi chargé d'organiser, à la Chambre syndicale, les concours professionnels d'apprentis, en 1887; puis, en 1882, ceux, plus

et se cristalliser en diamants, pourvu que cet emprunt fût fait avec le sentiment du beau et que cette forme, ce motif, fussent agréables à voir et d'un heureux effet dans la parure. Par la sûreté de son goût et les perfectionnements successifs qu'il apporta à la main-d'œuvre, il peut être considéré comme le principal réformateur de la joaillerie contemporaine, dont il résume l'histoire.

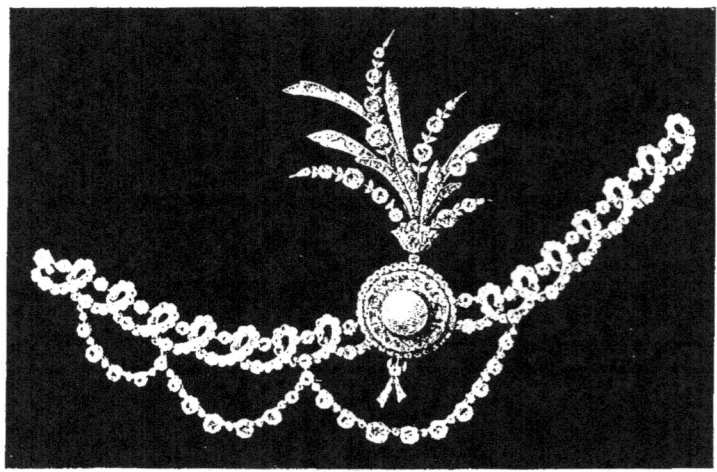

ORNEMENT DE COIFFURE
par O. Massin (1889). — Longueur : 18 cent.

Un des compatriotes de Massin, qui fut aussi son ami, Lucien Falize (1839-1897) a tenu comme lui une place considérable dans l'histoire de la bijouterie et de l'orfèvrerie

intéressants, des ouvriers, dont il fut le promoteur à la Société d'Encouragement de la Bijouterie, lorsque M. Émile Froment-Meurice fonda un prix de 400 francs à la mémoire de son père, prix que Massin proposa de consacrer à ces concours d'ouvriers, qu'il organisa et fit réussir.

A l'Exposition de 1889, Massin reçut une médaille d'or à titre exceptionnel, décernée par le jury, classe V du groupe Ier (Beaux-Arts), pour application de l'art à l'industrie.

BRANCHE DE LISERONS
par O. Massin. — Préparation d'une pièce de joaillerie.

contemporaines. Fils d'Alexis Falize qui, nous l'avons vu [1], était un dessinateur hors ligne et un fabricant de premier ordre, il eut la noble ambition de faire mieux encore que son père.

Les événements politiques qui agitèrent la France, de 1848 à 1852, eurent leur contre-coup sur les études des jeunes collégiens d'alors; Lucien Falize dut interrompre et

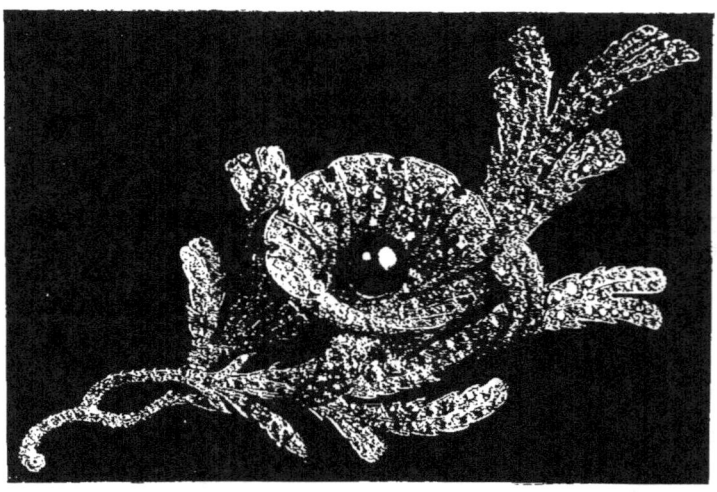

BROCHE COQUILLE ET ALGUE EN JOAILLERIE, AVEC PERLE NOIRE
par O. Massin (1889). — Longueur : 18 cent.

reprendre bien des fois le cours des siennes; élève studieux cependant, désireux de s'instruire, il compléta lui-même ses connaissances et s'adonna avec passion à la littérature et à l'histoire. Il voulait aussi se présenter à l'École Centrale, mais son père, fidèle aux traditions en honneur à cette époque et voyant en lui un futur associé et successeur, lui fit abandonner ses études dès 1856 et le prit avec lui, pour l'initier aux affaires.

Le jeune Falize commença par un apprentissage à

1. Voir chapitre Ier, p. 60 et suiv.

l'atelier, ce qui fut pour lui une excellente école, mais il n'en resta pas moins assidu aux cours de dessin et de modelage si nécessaires à tout homme de notre profession. Peu à peu,

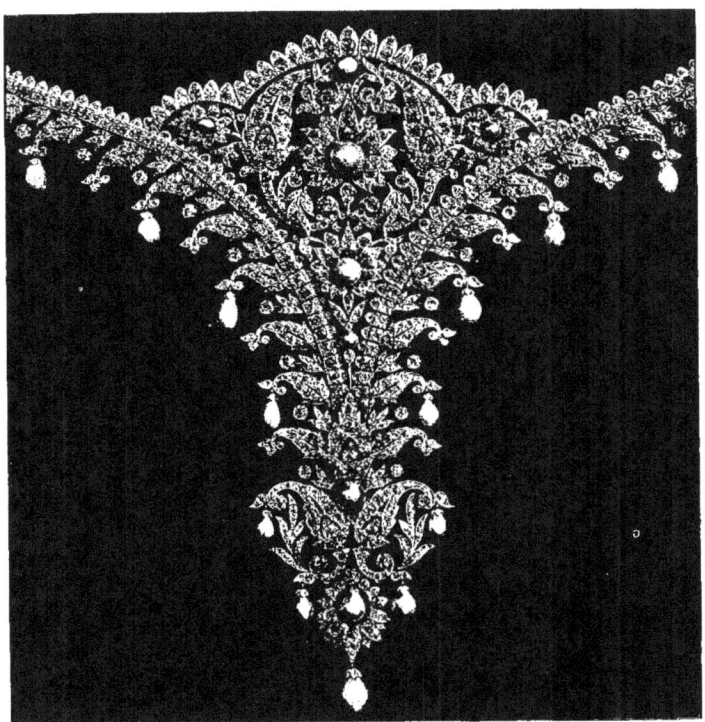

DEVANT DE CORSAGE, PERLES ET BRILLANTS
par O. Massin. — Hauteur : 26 cent.

aidé des précieux conseils et de l'expérience de son père, il s'initia à tous les détails de la maison, surveillant l'atelier, dessinant, s'occupant de la comptabilité, de la fabrication et de la clientèle. « Mes parents étaient gens de bon sens et d'ordre, écrit-il dans une lettre, et nous formions la famille la plus étroitement unie, pensant de même, travaillant du même effort, et allant sans grande ambition vers un avenir qu'on espérait plus heureux, mais dont les coups de fortune ne s'annonçaient guère. Mon père était très estimé, on avait recours à lui pour les choses difficiles,

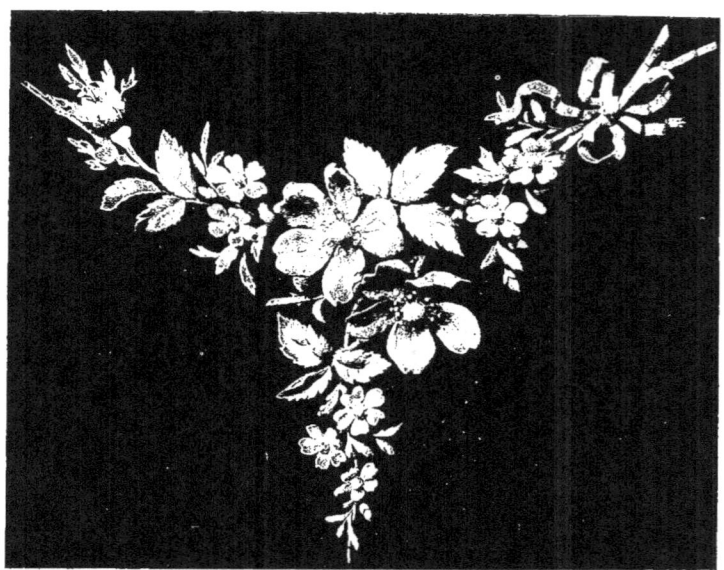

ORNEMENT DE CORSAGE
par O. Massin (1889). — Largeur : 31 cent.

mais son genre d'affaires ne donnait que de minces profits et les satisfactions d'amour-propre étaient infimes. Bien des années se passèrent ainsi, de 1856 à 1870, pendant lesquelles nous fîmes, mon père et moi, l'ordinaire et monotone besogne du fabricant-bijoutier qui cherche des commandes, invente des modèles, exécute des travaux ingénieux et difficiles, et a peine à recevoir son argent et à réaliser un bénéfice. »

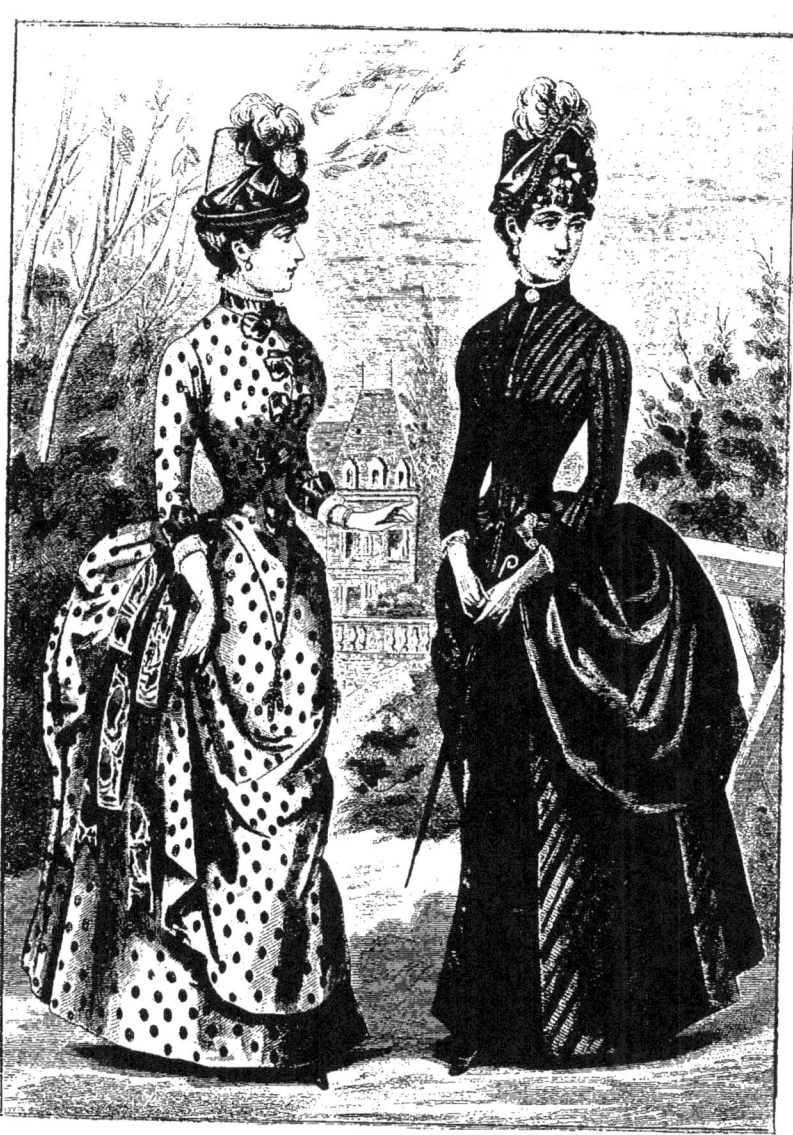

MODES DE 1885.
Boucles d'oreilles, broche, châtelaine, bracelets.

En 1867, le jeune orfèvre fit ses premiers efforts d'invention et sentit naître en lui des aspirations vers un art plus élevé.

Ses idées s'étaient formées, avaient pris une orientation nouvelle. C'était le temps où commençait cette passion pour « la curiosité » qui, depuis, prit une telle extension. Un voyage que Lucien Falize fit à Londres, lors de l'Exposition de 1862, avait préparé cette évolution de son esprit, et il en était revenu impressionné, non seulement par les œuvres

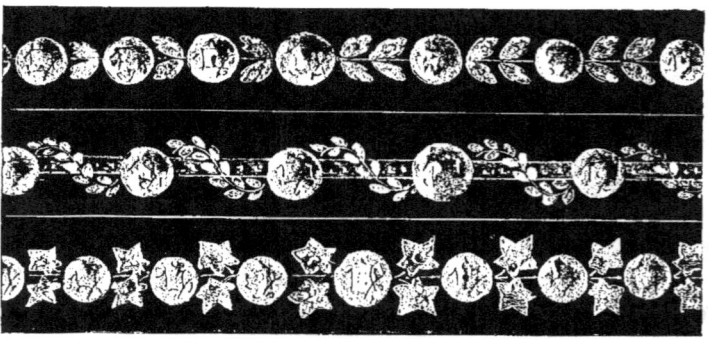

BRACELETS SOUPLES EN JOAILLERIE
par O. Massin.

d'orfèvrerie et de bijouterie qu'il avait étudiées au Crystal Palace, mais surtout par les visites révélatrices qu'il avait faites au musée de Kensington où nos très pratiques voisins appliquaient déjà les théories du Comte Léon de Laborde.

De retour en France, il éprouva une autre émotion en présence des bijoux antiques de la collection Campana, que Napoléon III venait d'acheter et de faire installer au Louvre. Enfin, les publications successives et rapprochées de trois ouvrages importants : la *Grammaire de l'ornement*, de Owen Jones ; *les Arts Industriels*, de Labarte ; le *Dictionnaire d'Architecture*, de Viollet-le-Duc, continuèrent ce qu'avaient commencé les visites fréquentes que Falize, toujours avide d'augmenter ses connaissances, faisait dans les musées et les bibliothèques. C'était le début d'une ère nouvelle pour l'éducation artistique, et nos jeunes dessinateurs d'aujourd'hui, qui ont à leur disposition un enseignement si bien fait et tant de documents si bien choisis et classés, ne peuvent s'imaginer au prix de quels tâtonnements et de quels efforts on parvenait à acquérir quelques notions un

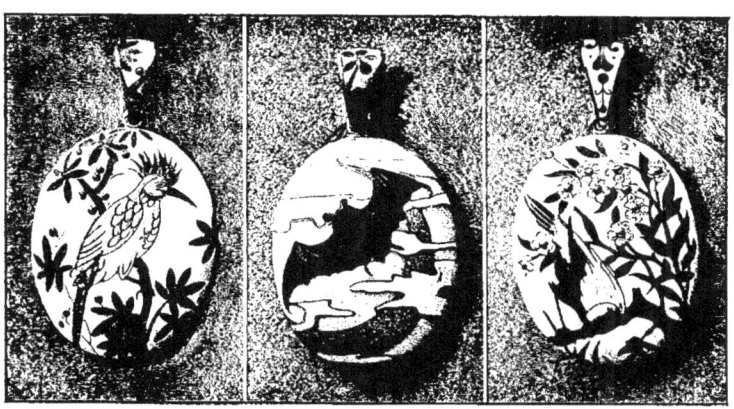

MÉDAILLONS EN ÉMAUX CLOISONNÉS D'OR, GENRE JAPONAIS.
par Lucien Falize (1876), émaillés par Tard.

peu précises sur l'histoire ou les règles de l'art, aux environs de 1865.

L'Union centrale des Beaux-Arts appliqués à l'Industrie avait commencé en 1863 des expositions périodiques ; elle fit, en 1865 et en 1869, deux séries rétrospectives qui montrèrent aux artistes et aux ouvriers les trésors ignorés des collections particulières. Lucien Falize y apprit beaucoup et, en 1867, à l'Exposition du Travail, le très savant M. Alfred Darcel devint son ami ; s'il ne fit pas de l'orfèvre un archéologue au sens strict du mot, il lui communiqua du moins son goût des choses du passé et sa grande science du discernement.

Vers la même époque aussi, à la suite de la révolution du Japon et de l'ouverture de ses ports aux étrangers, arrivèrent en Europe des spécimens jusqu'alors inconnus de l'art nippon, qui produisirent une impression profonde et eurent par la suite une influence très considérable sur l'évolution de l'ornementation décorative.

Lucien Falize, séduit par les merveilles de cet art à la fois si délicat et si puissant, voulut partir pour étudier les procédés techniques de l'émail, de la ciselure et des alliages si variés de ces « Grecs de l'Extrême-Orient »; il projetait

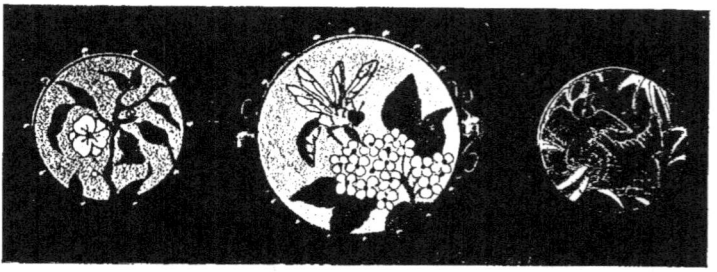

BIJOUX EN ÉMAUX CLOISONNÉS D'OR, GENRE JAPONAIS
par Lucien Falize (1874).

même de ramener des ouvriers japonais! Mais ses parents s'opposèrent à un si lointain voyage, et, respectueux de leur volonté, il renonça à la réalisation de son rêve, malgré la déception qu'il en put avoir.

Il se mit néanmoins à étudier avec passion les émaux cloisonnés, dont il fit, avec le concours de l'émailleur Tard, un très judicieux emploi dans le bijou : il traduisit en cloisonné d'or, et avec beaucoup de goût, les ornementations si variées des artistes japonais, pour en décorer des médaillons, des flacons, des bonbonnières, des châtelaines. Ce fut pour lui une belle année de travail et d'enthousiasme. Christofle et Barbedienne, également saisis par le charme élégant et imprévu de la décoration japonaise, en firent,

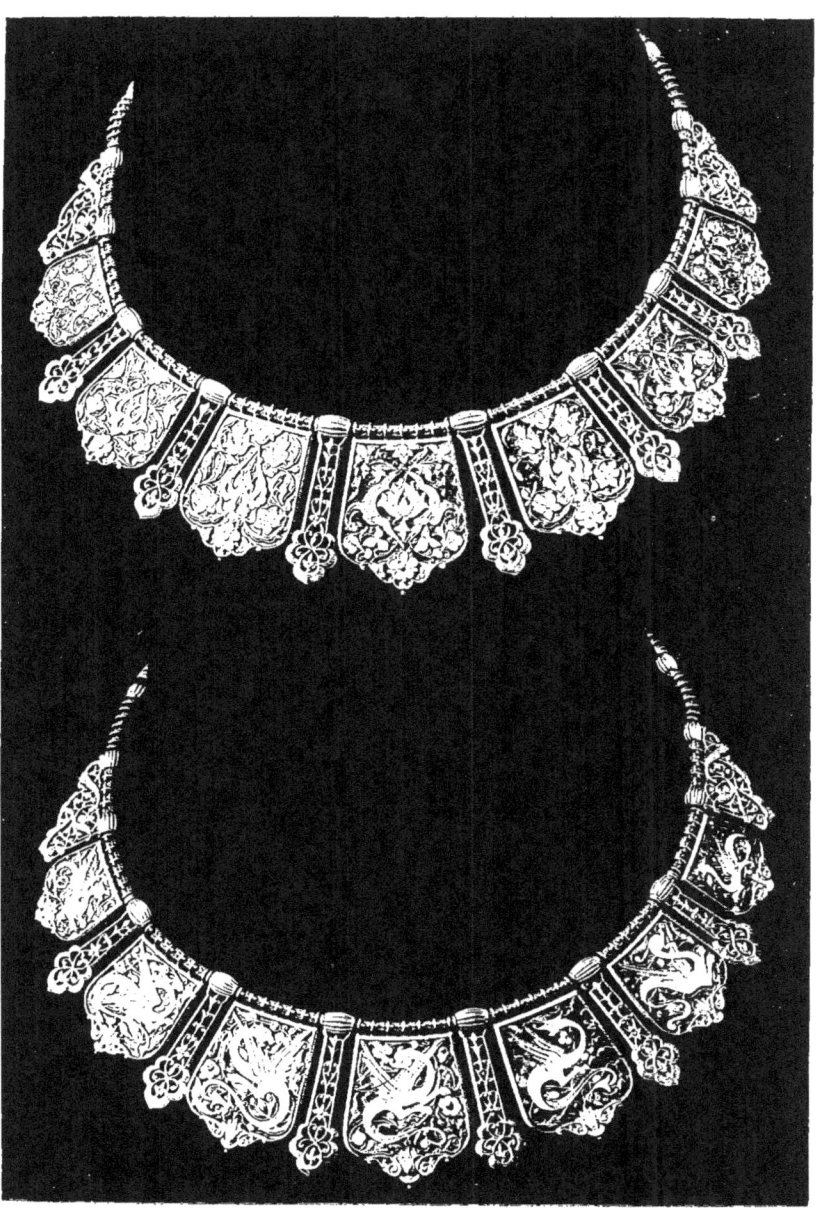

COLLIER A DOUBLE FACE, ÉMAUX CLOISONNÉS SUR PAILLONS
par Lucien Falize 1880.

chacun de leur côté, de très intéressantes applications sur des meubles, des vases, etc. Ils obtinrent des patines remarquables.

En 1871, après la guerre et la Commune, qui avaient vidé tous les ateliers et amené un chômage complet, Lucien Falize se maria et, peu après, quittant la vieille maison paternelle de la rue Montesquieu, où il était né, il s'installa avenue de l'Opéra. Mettant en pratique les connaissances qu'il n'avait cessé d'acquérir, il conquit rapidement un des premiers rangs, s'efforçant sans cesse à produire des œuvres d'un art plus complet et plus raffiné.

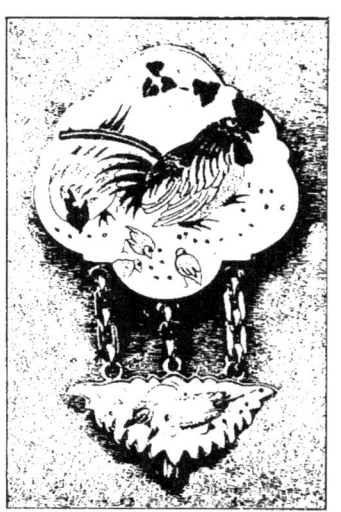

CHATELAINE,
ÉMAUX CLOISONNÉS D'OR,
STYLE JAPONAIS
par Lucien Falize (1876).

Son érudition était considérable; il publia des études critiques qui furent très remarquées et écrivit souvent, d'une plume élégante et alerte, tantôt sous son propre nom, tantôt sous le pseudonyme de « Monsieur Josse », des articles appréciés parus dans différents journaux et revues. Il fit aussi plusieurs conférences très écoutées sur le bijou, sur l'émail et sur l'orfèvrerie.

L'Exposition de 1878 fut la première à laquelle Falize prit une part importante et personnelle. Il y présenta un grand nombre d'objets d'art, de bijoux et de joyaux, disposés avec goût dans une vitrine dont l'ensemble artistique fut une véritable révélation. On y admirait les quatre cadres d'orfèvrerie exécutés pour le Prince de Béarn, tableaux dans lesquels se mêlaient harmonieusement l'or, l'argent, le bronze, le fer damasquiné, l'ivoire et l'émail, et qui figuraient Marguerite de Navarre, Gaston de Foix, Marguerite de Foix

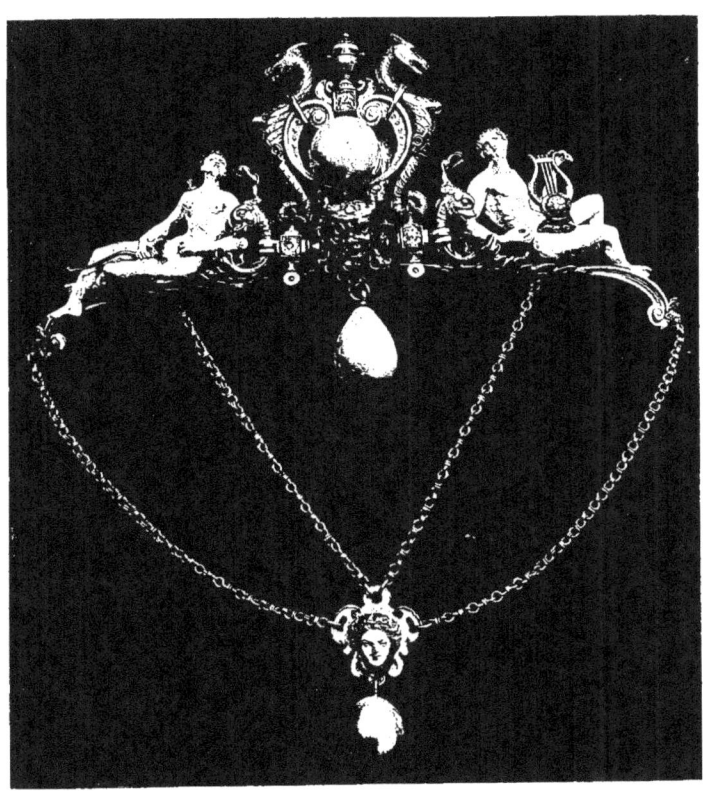

DIADÈME AVEC FERRONNIÈRE
par Lucien Falize (1880).

et Gaston de Béarn, monuments remarquables par leur belle conception, la diversité des matières étroitement mariées et l'irréprochable exécution. Puis l'*Uranie,* somptueuse horloge dans le goût du XVIe siècle, en or, argent, émaux, lapis, cristal de roche, dont Carrier-Belleuse avait sculpté la figure en ivoire ; une autre petite pendule portative, en ivoire, genre xiiiᵉ siècle, dénommée *l'Angelus*, était une œuvre véritablement exquise ; des statues d'argent et des pièces intéressantes et nombreuses, dont on trouvera la description dans les rapports de l'époque. Pour ces œuvres importantes, Falize s'était entouré de collaborateurs et de sculpteurs éminents : Frémiet, Delaplanche, Aimé Millet,

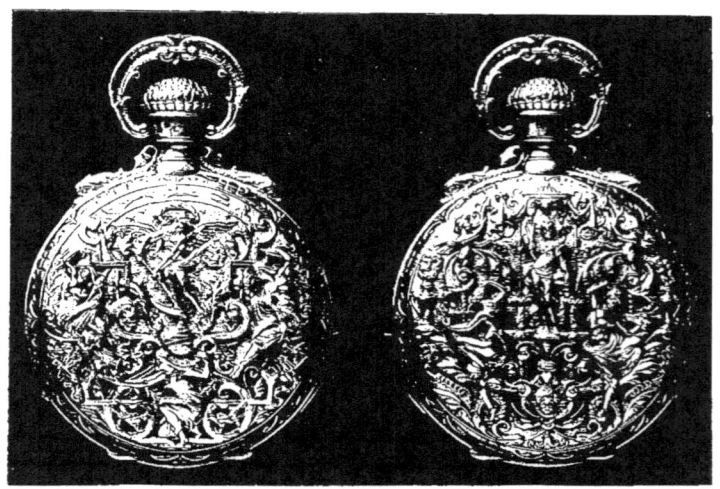

MONTRE EN OR CISELÉ :
« LES TROIS PARQUES », « APOLLON ET DIANE »
par Lucien Falize (1882), ciselure de Oms.

Claudius Popelin, que la Princesse Mathilde honorait de son amitié, Joindy, Chédeville, artistes réputés ; Honoré, Brateau, Hubert, Vernier, Brard, Mercier, Richard Désandré, Pye, Michaut, Barré, Point. ciseleurs remarquables ; les émailleurs Meyer, Houillon, Gagneré, Tard, etc., sans compter l'armée des bijoutiers, des graveurs, des lapidaires, des orfèvres, des joailliers : Glachant, Émile Carlier, Olive, Chardon, Auxenfants, Orseni, Le Saché, etc. Des bijoux complétaient cet ensemble de pièces d'art, bracelets avec

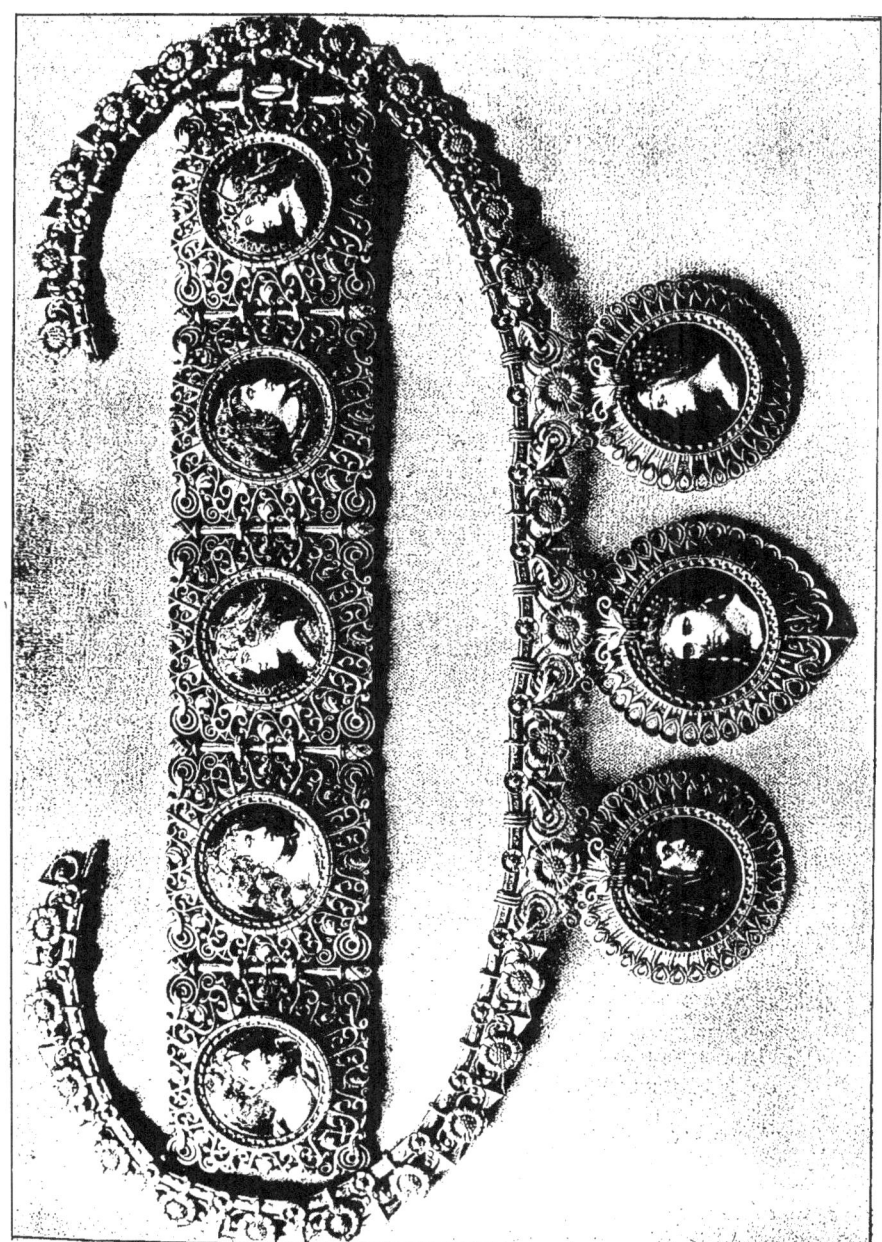

PARURE D'OR CISELÉ
par Lucien Falize (1885), émaux de Grandhomme.

noms, dates ou devises en émail cloisonné sur paillon; châtelaines d'or ciselé, telle la châtelaine aux Trois Parques; coiffures Henri II, pendants de col dans la manière d'Étienne Delaune ou de Hans Collaërt, « enseignes » et diadèmes, bonbonnières et cachets, tous ces bijoux révélaient un goût impeccable et une grande personnalité, malgré l'inspiration volontairement cherchée aux sources classiques et particulièrement dans les belles œuvres de la Renaissance, que Falize connaissait et préférait entre toutes.

Cette exposition, absolument remarquable, eut un succès

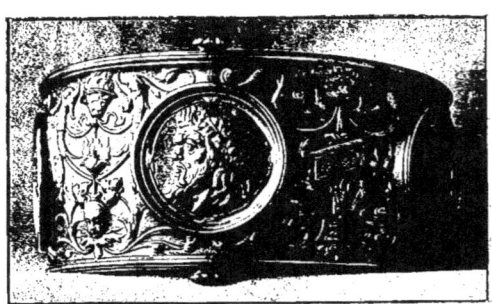

BRACELET OR CISELÉ AVEC MÉDAILLES ANTIQUES
par Lucien Falize.

très vif et très mérité, et obtint à Falize un grand prix et la croix de la Légion d'honneur. « Cela dépassait ce que j'avais rêvé! » s'écria-t-il tout heureux, et il se remit à l'ouvrage, ne songeant qu'à faire encore mieux. A cette époque, une circonstance imprévue amena la transformation de sa maison et lui permit de l'agrandir.

M. Alfred Bapst occupait alors une très belle situation dans la joaillerie et portait un nom célèbre et estimé dans la corporation; il avait apprécié Lucien Falize pendant les travaux du Jury dont il était président et, l'ayant pris en amitié, l'avait mis en rapport avec son fils aîné, Germain. Celui-ci, après la mort de son père, survenue presque subitement à la fin de 1879, proposa à Lucien Falize de réunir leurs deux maisons. C'est alors qu'ils firent construire, avec un goût parfait, leur hôtel de la rue d'Antin où, dans un

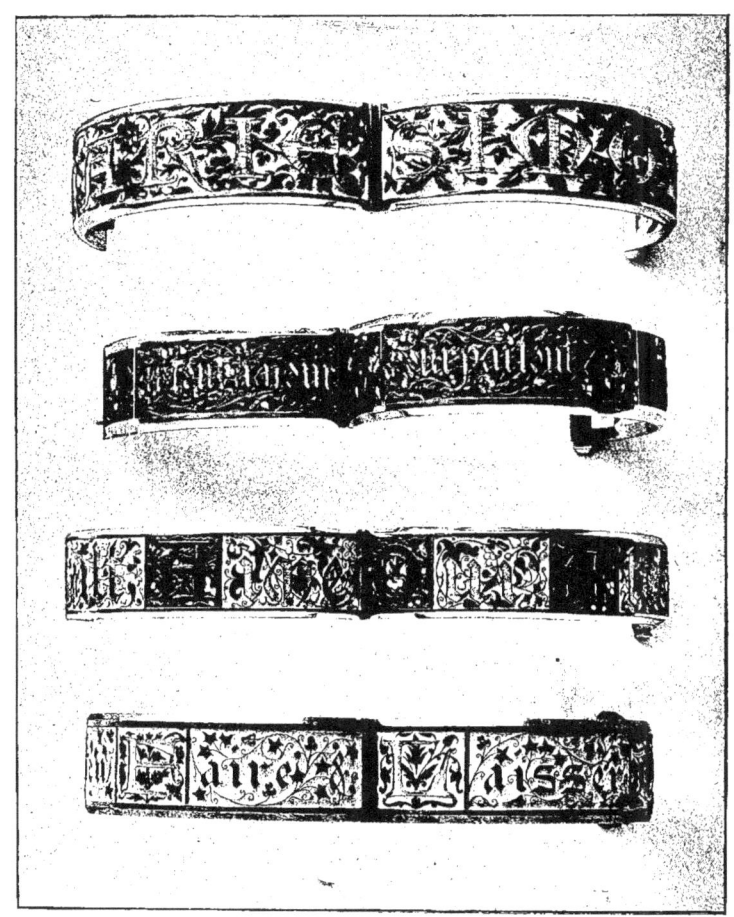

BRACELETS A DEVISES, ÉMAUX CLOISONNÉS SUR PAILLONS
par Lucien Falize (1890).

cadre archaïque propice au recueillement et à l'étude, se trouvaient réunis ateliers, magasins et bureaux.

Il y avait là une association qui s'indiquait excellente : Bapst, descendant des joailliers de la Couronne de France, à la tête d'une des plus riches et de la plus ancienne maison de bijouterie de Paris, pouvait compter sur une aristocratique et fidèle clientèle qui comprenait l'élite de la noblesse, de la finance et de la haute bourgeoisie, tandis que Falize,

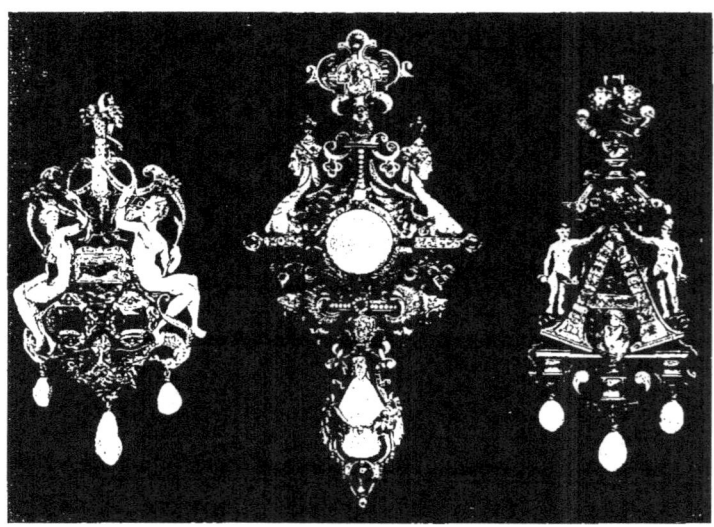

PENDANTS DE COL RENAISSANCE, OR, ÉMAUX ET PIERRERIES
par Lucien Falize (1886).

dans tout l'éclat de sa jeune réputation, apportait sa connaissance profonde de l'histoire de son art et des ressources de son métier, ainsi que sa science de composition, son imagination et son goût.

Bien qu'ils fussent de tempérament très différent et de tendances souvent opposées, ils vécurent tous deux en parfaite intelligence, et l'accord entre eux ne se démentit jamais pendant toute la durée de leur association, ce qui, en pareil cas, est moins fréquent qu'on ne pourrait le supposer.

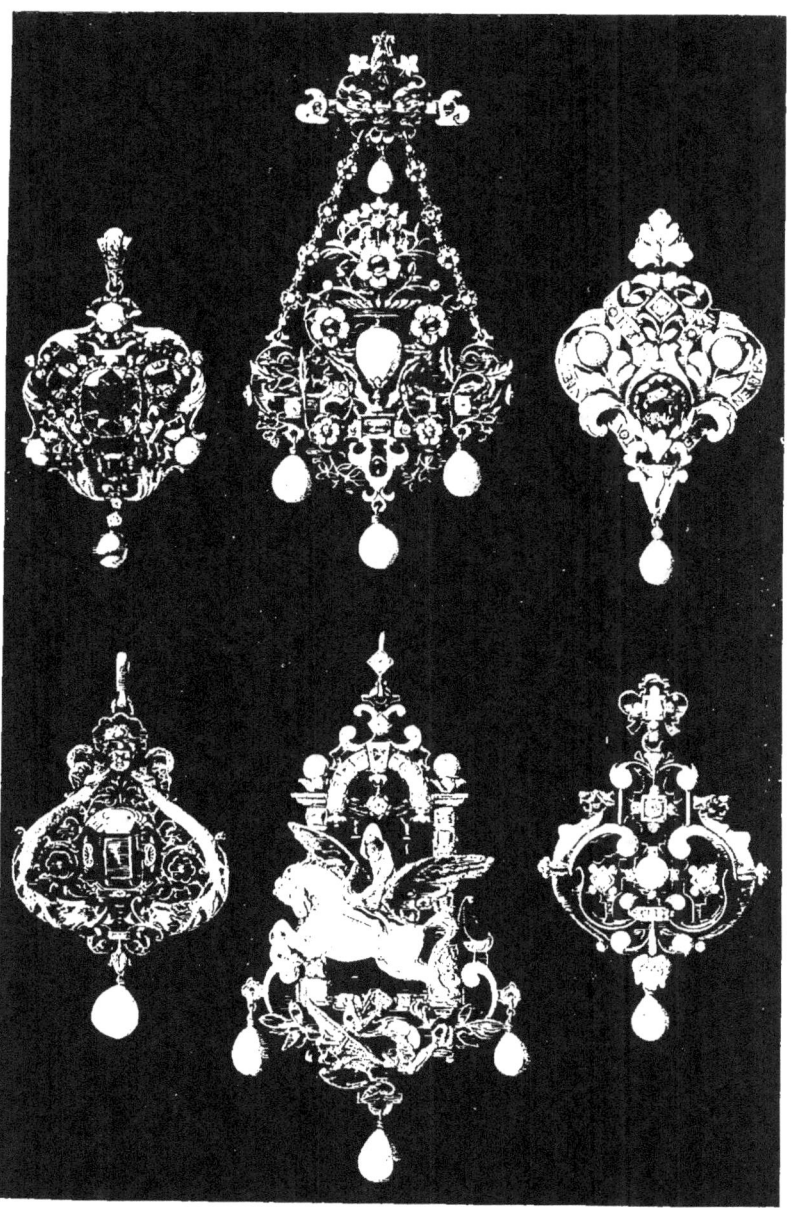

PENDANTS DE COL, OR, ÉMAUX ET PIERRERIES
par Lucien Falize. (Exposition de 1889.)

A l'Exposition de 1889, Lucien Falize montra dans ses vitrines de nombreuses pièces d'orfèvrerie, des bijoux et des objets d'art. Nous citerons, parmi les plus remarqués, la *Gallia*, figure symbolique sculptée dans l'ivoire par Moreau-Vauthier, et dont la beauté fière s'habillait d'une magnifique

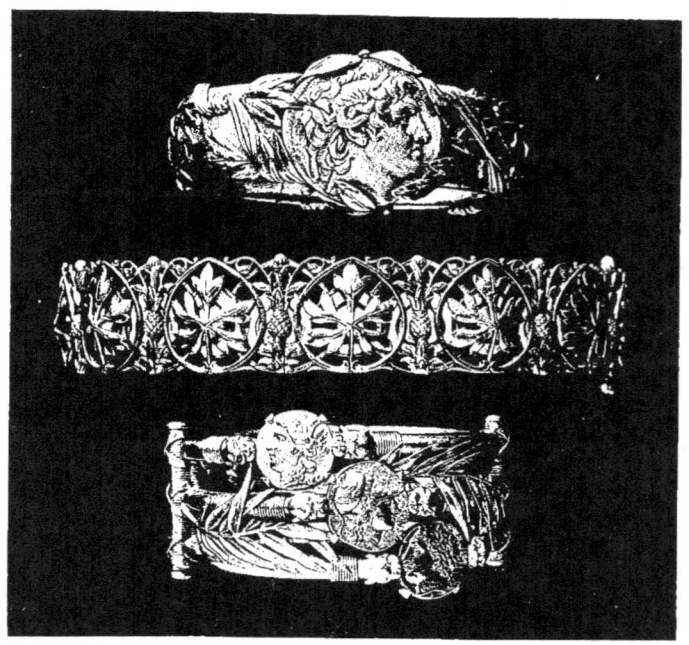

BRACELETS EN OR CISELÉ
par Lucien Falize (1890).

armure en orfèvrerie. Cette figure, dont on parla beaucoup alors, est maintenant au Musée du Luxembourg; ce fut la première acquisition faite par l'État pour les collections nationales, en dehors des œuvres de peinture et de sculpture.

Près de la *Gallia* figurait le *Vase Sassanide*, reconstitution savante de l'art des orfèvres au temps des Scythes, deux cents ans après le Christ. Il est sculpté de main de maître

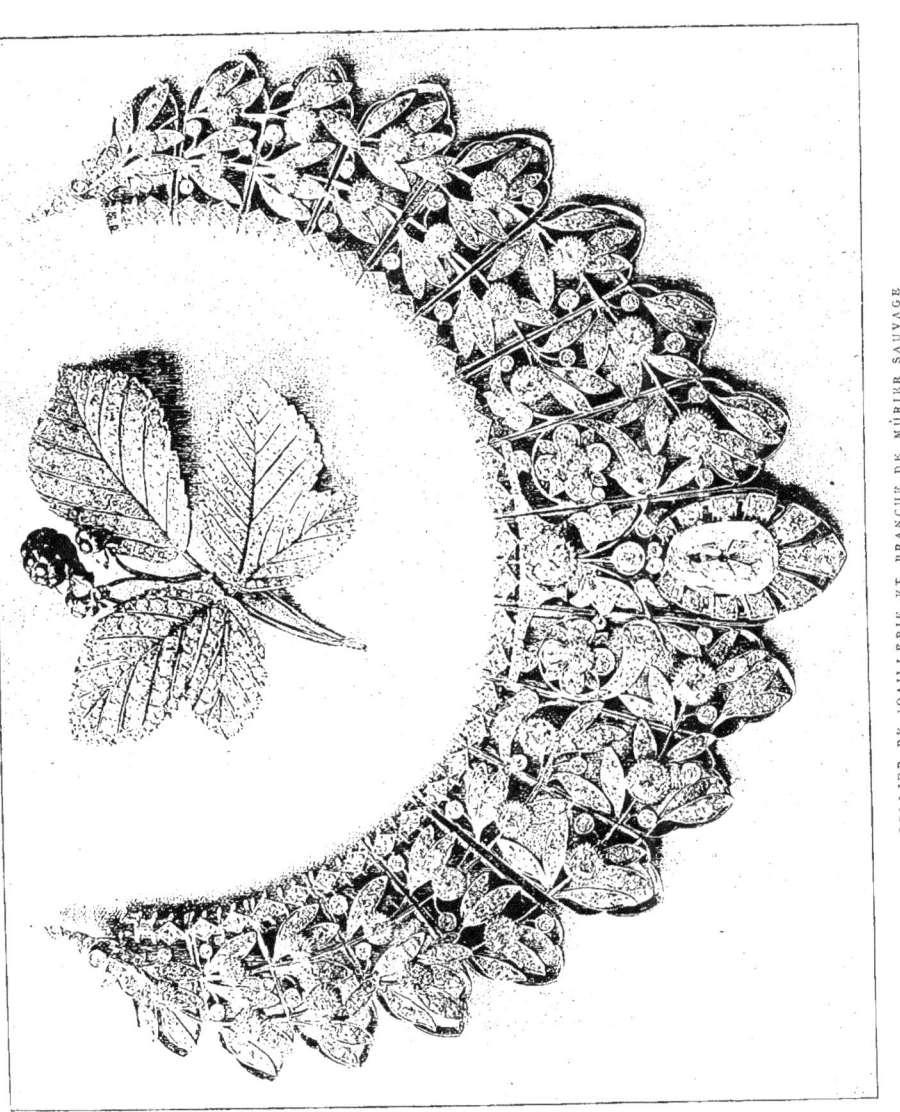

COLLIER DE JOAILLERIE ET BRANCHE DE MÛRIER SAUVAGE
par Lucien Falize (1889).

par Varangoz dans un bloc de cristal de roche et décoré d'émaux de toutes sortes. L'exécution de cette pièce avait demandé près de trois années de travail. Dans la même vitrine voisinaient des objets de sculpture, de ciselure et de grande orfèvrerie, pour lesquels Bapst et Falize avaient demandé la collaboration d'artistes et d'amis, comme Barrias, Chapu, Cordonnier, Delaplanche, Levasseur, Quinton, Hirtz et d'autres. Longue serait l'énumération des bijoux les plus variés qui s'offraient à l'admiration, et à l'exécution desquels avaient coopéré toute une pléiade d'excellents arti-

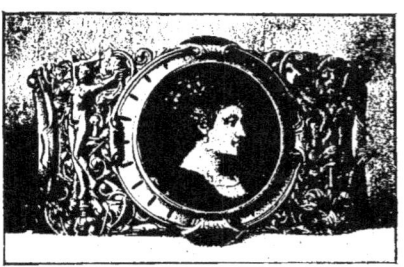

BRACELET OR CISELÉ
par Lucien Falize, émaux de Grandhomme (1890).

sans : Routhier, Houillon, Tourrette, Garnier, Grandhomme, émailleurs ; Glachant, Carlier, Bingen, Gautruche, etc., et le chef d'atelier Bouchon. Quant au triptyque représentant *les Trois Couronnements*, c'est une merveille dans laquelle, pour la première fois, Falize réalisa en émaux de basse-taille sur or fin d'une extrême richesse de tons, l'harmonieuse symphonie de couleurs d'une des plus étonnantes tapisseries du xv\ufeffe siècle conservées dans le trésor de Sens[1].

Lucien Falize n'aimait pas la joaillerie modelée telle que l'avaient comprise Massin, Boucheron, Vever et d'autres joailliers réputés ; il préférait le diamant seul ou accompagné

[1]. On a revu cette belle œuvre à l'Exposition Centennale de 1900, à côté de la tapisserie qui avait servi de modèle.

seulement de quelques ornements à plat, selon la mode ancienne.

« La pierre n'a pas besoin d'un dessin savant, disait-il ; elle trompe toutes les combinaisons du modèle. Ses feux

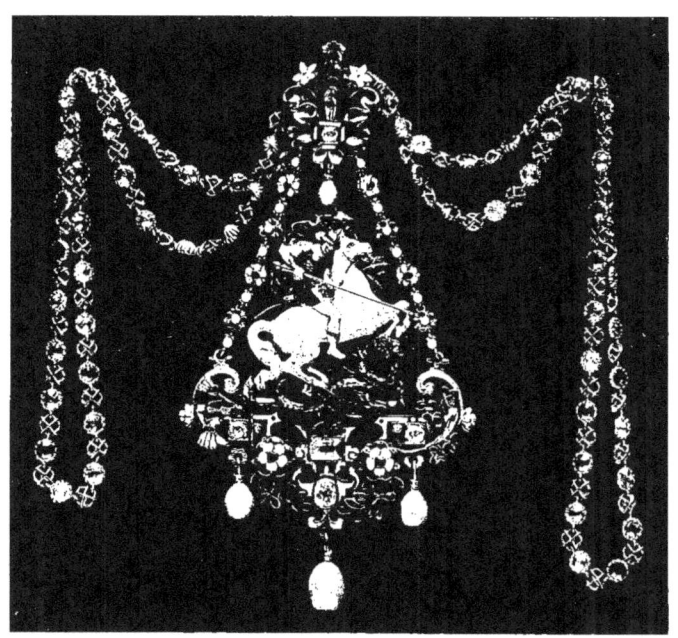

PENDANT DE COL, « SAINT GEORGES TERRASSANT LE DRAGON »,
OR, ÉMAIL ET PIERRERIES
par Lucien Falize (1890).

dérangent les ornementations; c'est une pyrotechnie qui se compose de dessins géométriques et de silhouettes, mais où les douceurs de la forme, les ciselures des détails, les modulations des plans, sont perdues comme en un gigantesque feu d'artifice, où disparaissent les dessins de l'architecture, pour ne plus laisser qu'un éblouissement et une surprise. »

Massin riposta du tac au tac à son ami dans le remarquable rapport technique sur la joaillerie qu'il écrivit la même année, et remit les choses au point.

« La joaillerie, dit-il, n'a rien perdu des mérites qui lui furent reconnus ; mais tout d'abord, et à propos du caractère de la joaillerie moderne, qui est le genre modelé, une sentence technique et esthétique ayant été prononcée, il y a lieu d'essayer de la discuter. Voici les faits : dans un très remarquable article paru sur la joaillerie à l'Exposition, l'auteur, que tout le monde reconnaît comme le maître ès-arts et ès-lettres le plus autorisé de notre corporation, et dont l'œuvre comprend des orfèvreries, des bijoux, des émaux, qui contribuent à faire l'honneur de notre temps, émet en principe que le diamant n'a pas besoin d'un dessin savant, et que quelques chatons disséminés dans la coiffure parent mieux une femme que les plus fins morceaux de joaillerie.

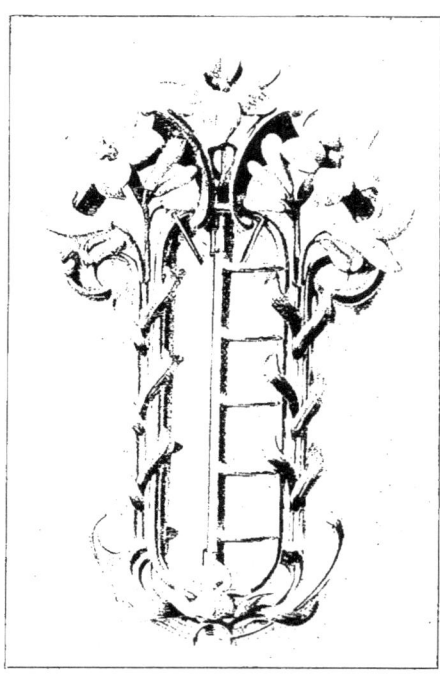

BOUCLE DE CEINTURE
A DÉCOR DE LIS ÉMAILLÉS
par Falize frères (1900).

« L'arrêt est excessif, mais n'est pas sans appel. Venant d'un artiste passionné pour l'art ancien, qu'il a fait revivre dans ce qu'il nous offre de plus pur et de plus noble, on n'en regrette pas moins de l'y voir si exclusivement consacré ;

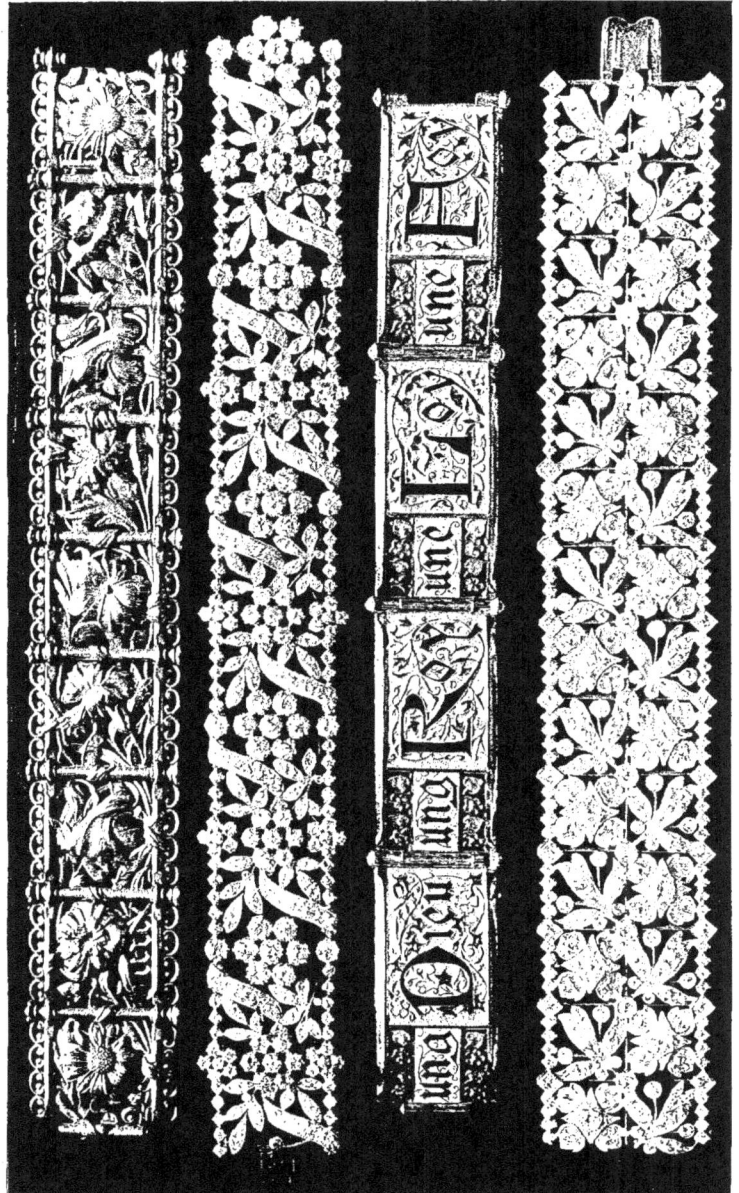

BRACELETS SOUPLES.
(Maison Falize frères. — Exposition de 1889.)

mais on comprend pourquoi il apporte le même goût dominant dans les choses de la joaillerie, goût qu'il partage avec son ami et associé.

« Cependant, ni l'un ni l'autre ne peuvent ignorer que c'est jeu d'enfant pour les joailliers modernes de refaire tout ce que le passé nous a légué.

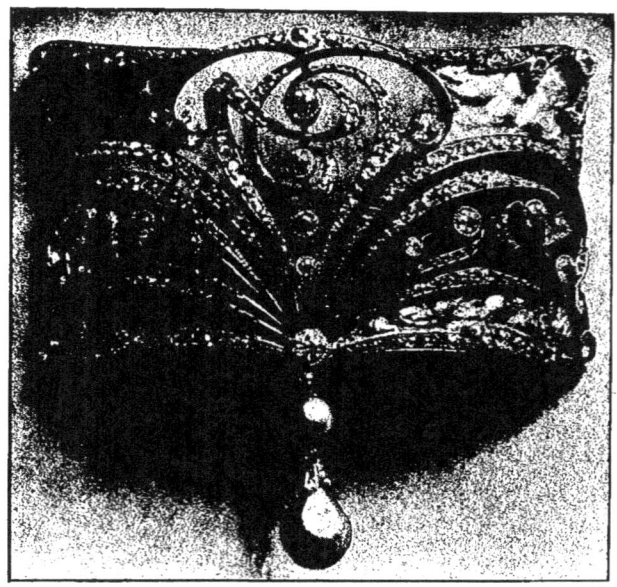

PLAQUE DE COU JOAILLERIE ET ÉMAIL BLEU.
(Maison Falize frères, 1903.)

« Ils savent aussi que la recherche d'un travail délicat n'a jamais nui au prestige et à l'éclat du diamant, et si j'avais à les en convaincre, il me suffirait de les conduire devant leur propre vitrine, remplie de chefs-d'œuvre d'or, d'argent, d'émaux, mais qui n'éclipsent pas si complètement leurs montures en diamants qu'on ne puisse y admirer toute une série de bracelets des plus finement exécutés, un collier aux découpures savamment dessinées et beaucoup d'autres

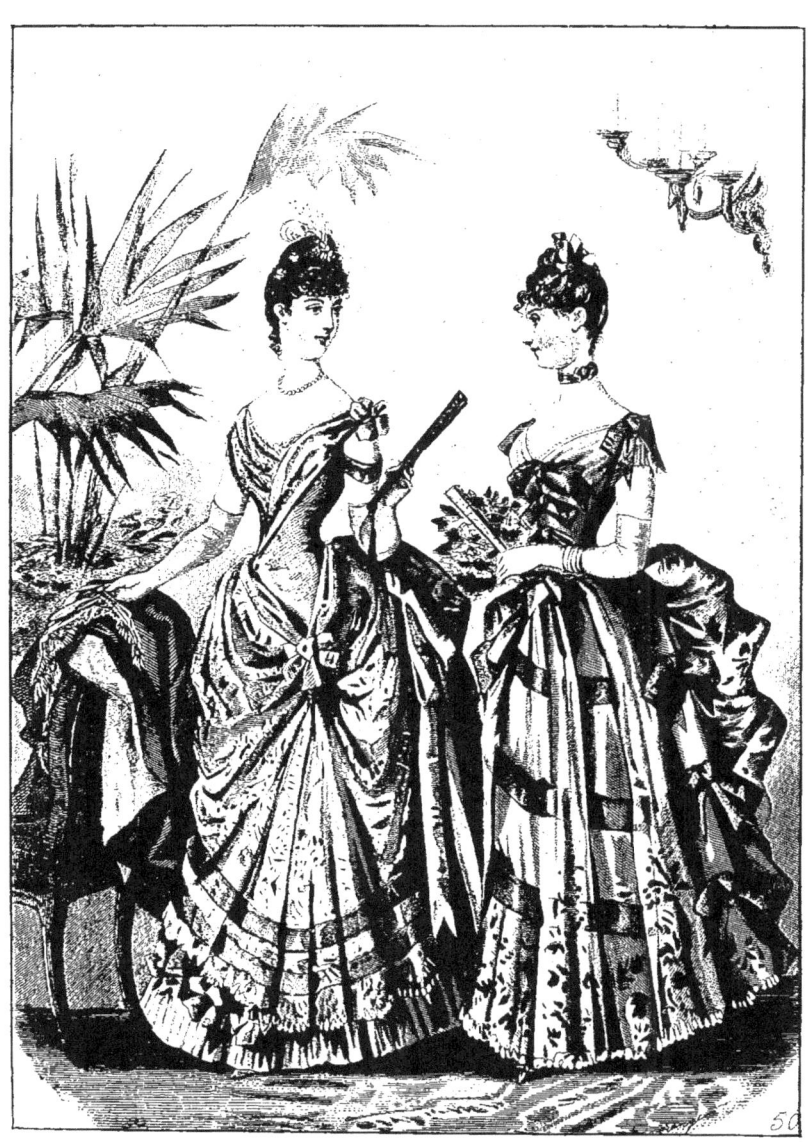

MODES DE 1886.
Aigrettes, colliers, bracelets.

pièces; concession si l'on veut au goût moderne, mais qui ont plus de mérite à mes yeux que les réminiscences de Gilles Légaré du xvıı⁰ siècle. Ces derniers objets, reproduc-

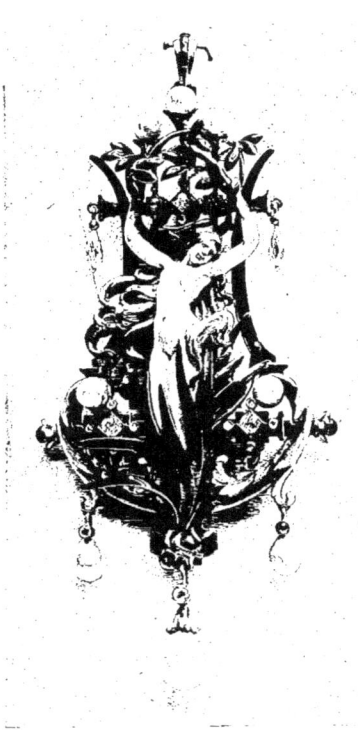

PENDENTIF « DAPHNÉ ».
(Maison Falize frères, 1900.)

tions de choses anciennes, ne sauraient remplacer les fleurs presque vivantes, les rubans noués comme par la main d'une modiste, les colliers et bracelets souples comme des galons. Mais enfin si tout cela ne suffit pas à nos confrères, qu'ils nous donnent autre chose; ils en sont bien capables et nous recevrons avec plaisir le nouveau-né. En attendant, je ne nierai pas l'effet d'un beau diamant; mais s'il n'avait pour lui que son éclat, on s'en fatiguerait assez vite. Art et effet sont deux choses nécessaires en joaillerie, une seule ne saurait suffire, et j'estime davantage l'accent décoratif d'une simple marguerite piquée dans les cheveux que les feux aveuglants du plus beau diamant.

« Souvenons-nous aussi que tous ceux qui sont épris de leur art cherchent à le glorifier, les uns en lui rendant tout ce qu'il avait pu perdre de ses belles traditions, les autres en l'enrichissant d'une expression qu'il n'avait pas, ce qui est le plus grand mérite des joailliers modernes. »

Fidèle aux principes un peu trop absolus qu'il défendait,

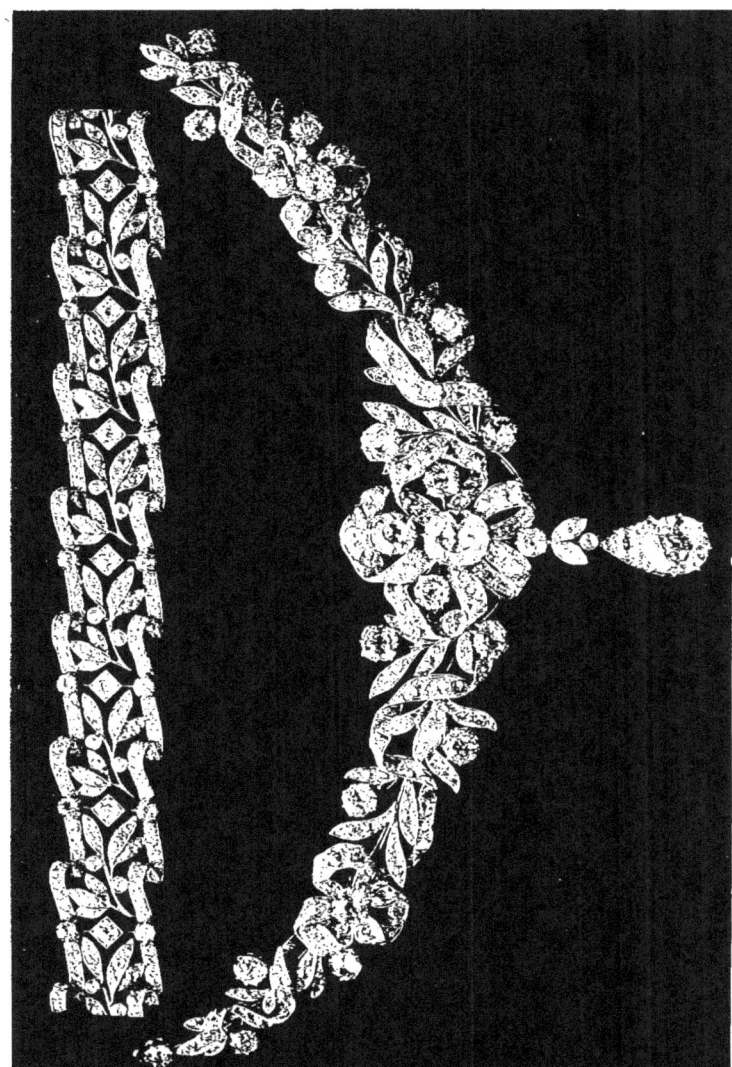

COLLIER ET BRACELET SOUPLE EN JOAILLERIE
par Lucien Falize (1892).

Falize exposa dans sa vitrine des joyaux de tradition classique, la reconstitution de nœuds en forme de papillon, d'après Gilles Légaré, des ornements de corsages copiés sur des tableaux anciens, et *le Sancy*, suspendu dans un collier, tel qu'il est représenté dans le portrait de Marie Leczinska, femme de Louis XV, par Van Loo, et que la Reine portait « dans les grandes cérémonies où elle était obligée de paraître ».

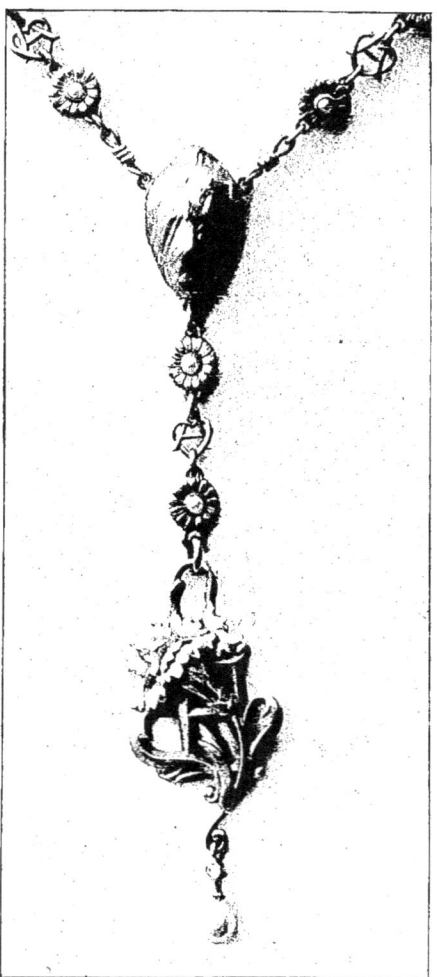

TOUR DE COU, FIGURE VOILÉE.
(Maison Falize frères, 1899.)

Lucien Falize reçut la croix d'officier de la Légion d'honneur lors de l'Exposition de 1889. Mis hors concours comme membre du Jury pour la classe de l'orfèvrerie, sa compétence indiscutable le désigna pour être rapporteur ; il écrivit à cette occasion une étude remarquable, véritable monument de critique et d'histoire, qu'on ne saurait trop

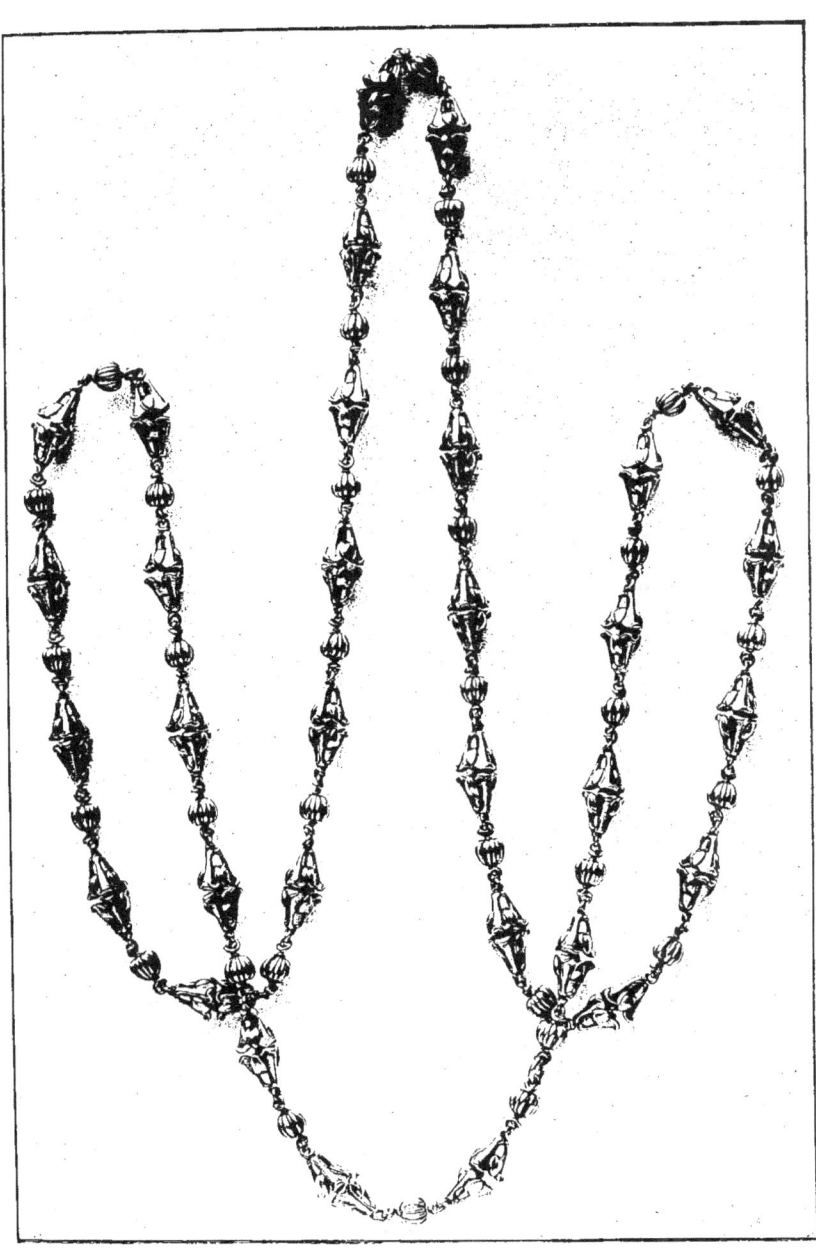

CHAINE A FLEURS D'ANCOLIE
par Lucien Falize (1895).

consulter: c'est une œuvre d'érudit, de penseur et d'artiste.

Trois ans plus tard, à l'expiration de son traité d'association avec Falize, Germain Bapst se retirait des affaires afin de se consacrer tout spécialement à des travaux littéraires et à des recherches diverses d'archéologie et d'histoire.

Falize resta par conséquent l'unique chef de la maison et le continuateur qualifié des anciens joailliers de la Cou-

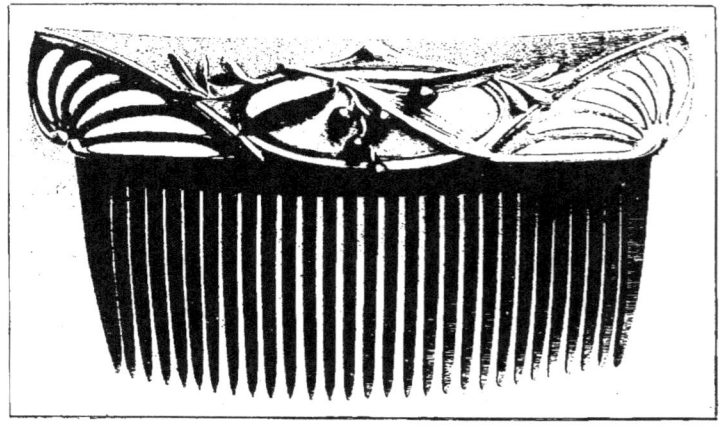

PEIGNE ÉMAIL ET OPALES.
(Maison Falize frères, Salon de 1902.)

ronne de France. Lourd fardeau pour les épaules d'un seul; l'orfèvre l'accepta cependant avec vaillance, en songeant à ses trois fils qui grandissaient et allaient venir, dans peu de temps, s'instruire auprès de lui et le seconder jusqu'au jour où ils seraient en mesure de le remplacer à leur tour. Mais Falize était très artiste et par conséquent peu fait pour les soucis d'affaires; il n'en continua pas moins à se vouer à la tâche ardue qu'il avait assumée; peut-être y laissa-t-il une partie de ses forces et de sa santé.

En dehors de ses travaux, Falize donna une grande part de son temps et de ses peines à l'Union Centrale des Arts décoratifs, qu'il aimait et qu'il voulait voir prospère et féconde comme le South Kensington de Londres. Il avait été de la période de transformation et s'était depuis lors consacré à l'œuvre de propagande, d'enseignement, de l'Union. L'estime et la confiance de ses collègues l'avaient fait entrer très

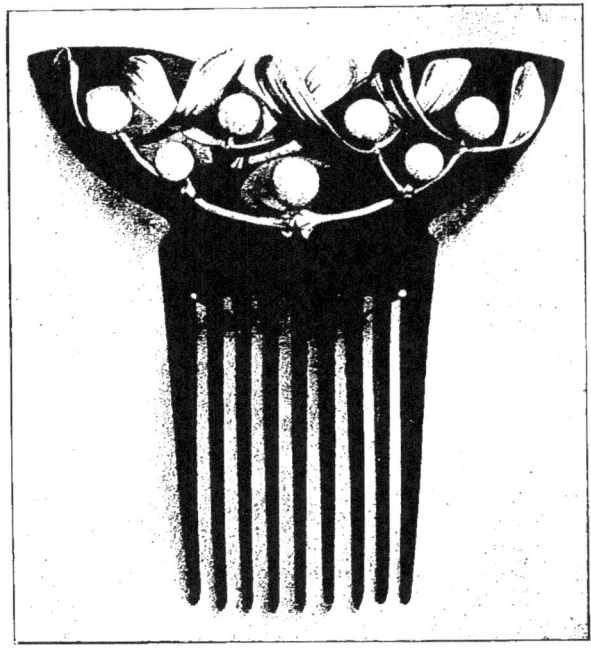

PEIGNE GUI.
(Maison Falize frères, Salon de 1902.)

vite dans le Conseil. Il s'y occupa activement des expositions technologiques réalisées avec tant de succès de 1880 à 1886, et soumit au Conseil, en 1893, le programme d'une *Exposition de la Plante* et de ses applications décoratives. Nous croyons que l'exécution de ce programme aurait eu une très appréciable influence sur les industries d'art, mais ce magnifique projet ne put malheureusement pas être réalisé.

A cette époque, l'Union Centrale fournit à Falize le thème d'un de ses plus beaux ouvrages : le Hanap, d'or et d'émail, de la Vigne et des Métiers. « Un gobelet de fête, disait le programme, qui sortirait de sa vitrine les soirs de grand banquet et que le président lèverait, empli de champagne, à la santé des maîtres de l'art. »

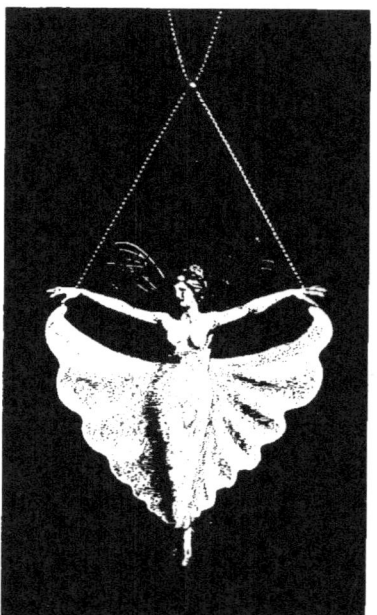

PENDENTIF, « SYLPHIDE ».
(Maison Falize frères, 1903.)

Falize se mit à l'œuvre avec joie, et produisit un vase à boire ciselé, revêtu de somptueux émaux de basse-taille, dont il avait demandé les cartons à Luc-Olivier Merson. Nous ne pouvons en entreprendre ici la description qui a été faite ailleurs; disons seulement que cette pièce admirable résume parfaitement tout l'art, un peu rétrospectif peut-être, mais toujours élégant et distingué, de Falize. Elle figure dans le salon du Musée des Arts décoratifs consacré aux œuvres contemporaines. Le peintre Merson y a introduit un excellent portrait de l'orfèvre, représenté sous la robe et le bonnet de ces vieux maîtres à qui il ressemblait tant par son visage d'une souriante gravité, et aussi par son caractère, ses idées et ses goûts. Combien il eût aimé vivre comme eux au temps des Médicis, délivré des lourds soucis commerciaux et préoccupé seulement des belles œuvres à créer!

La coupe d'or de l'Union Centrale fut exposée au Salon

des Artistes Français, en 1896, en même temps qu'une collection de trente verreries de Gallé, montées par Falize avec une ingéniosité et un goût parfaits. Hélas ! Lucien Falize était à cette époque peu éloigné de sa fin.

Le grand rapprochement de la France et de la Russie lui fournit l'occasion d'exécuter une œuvre, qui fut sa dernière création. Il avait fait déjà quelques belles orfèvreries officielles dans le cours de la précédente année : le surtout du couronnement de Nicolas II, noble composition, où le Ciel était figuré apportant la couronne de la Paix à la Terre et à la Mer ; puis le marteau et la truelle qui avaient inauguré le pont Alexandre III, à Paris ; les vases que la Ville avait offerts à l'Impératrice et la couronne que Nicolas II avait déposée au Panthéon sur la tombe de M. Carnot.

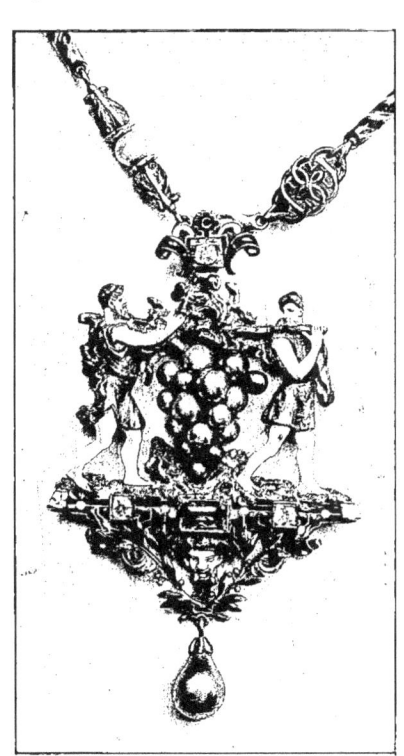

PENDENTIF ÉMAILLÉ,
par Lucien Falize (1896).

Cette fois, ce fut la palme d'olivier d'or, offerte à la Russie, et que le Président Félix Faure emporta en août 1897 à Saint-Pétersbourg, où se proclama pour la première fois devant l'Europe l'alliance avec la nation amie.

Bien que très las et déjà malade, Falize préparait de grands travaux en vue de l'Exposition de 1900 ; de plus, il était désigné pour occuper aux Arts et Métiers la chaire d'enseignement d'art industriel qui allait y être instituée.

La mort arrêta ses derniers élans et ne lui permit pas même d'apparaître à cette place où il eût certainement fait œuvre intéressante et utile.

Lucien Falize, noble figure d'artiste, mourut le 4 septembre 1897 sans avoir accompli ce qu'il souhaitait, ce qu'on attendait encore de lui, et sans avoir goûté le repos

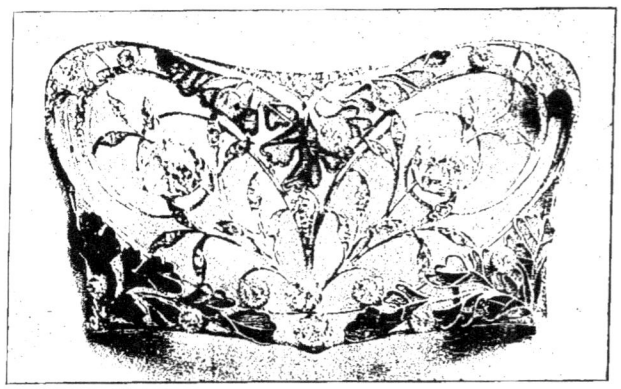

PLAQUE DE COU ÉMAIL ET JOAILLERIE.
(Maison Falize frères, 1903.)

que savourent à la fin de la vie ceux qui voient perpétuer par les leurs les traditions auxquelles ils étaient attachés.

Il s'était complu à donner à ses fils une éducation artistique très complète, il en avait fait ses élèves ; ils étaient donc aptes à suivre la voie tracée, ce qu'ils firent d'ailleurs, mais, malheureusement, sans que leur père ait eu la joie de se voir continuer par eux !

L'aîné, André Falize, né en 1872, après avoir terminé ses études classiques, fit un apprentissage de deux années à Lucerne, chez l'orfèvre Bossard, qui lui enseigna les différentes spécialités concernant l'orfèvrerie et la bijouterie. Entré en 1894 dans la maison paternelle, il y mena de front l'étude des maîtres anciens, celle de la nature et de la composition d'après la plante. Comme son père, il a le goût

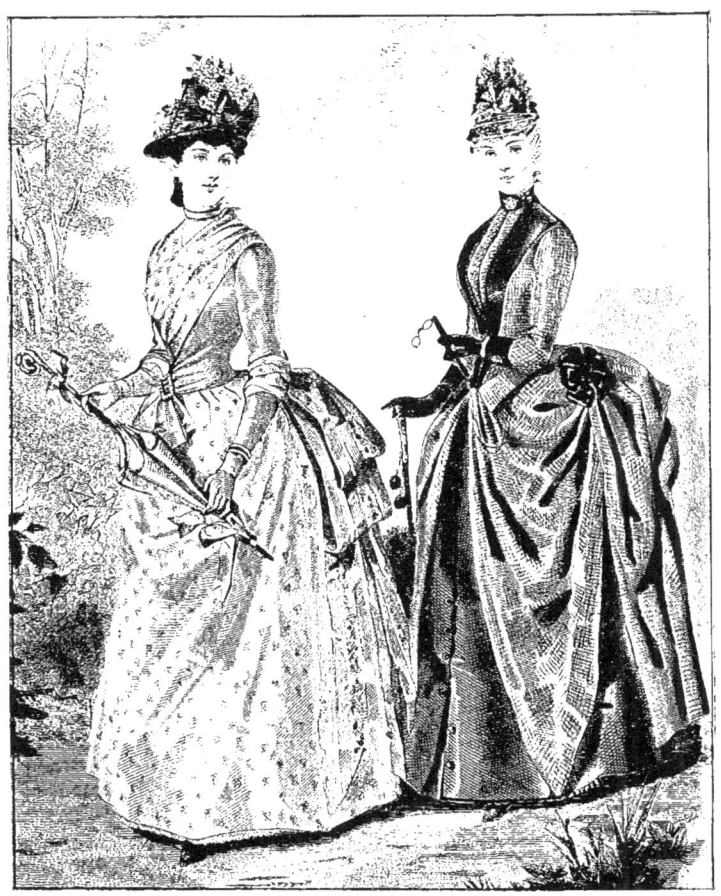

MODES DE 1887.
Bracelets, boucles, lorgnon, broche.

des lettres et fait avec succès des conférences relatives à sa profession et des études critiques pour les revues d'art.

Jean Falize, né en 1874, élève d'Edme Couty pour la composition décorative, s'occupa quelque temps de chimie industrielle et de recherches d'alliages nouveaux au Comptoir de matières précieuses Lyon-Alemand.

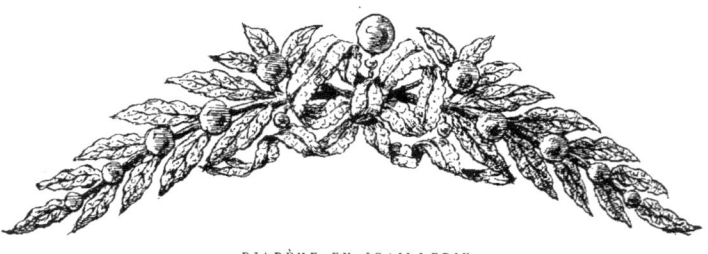

DIADÈME EN JOAILLERIE.
(Maison Mellerio dits Meller.)

Pierre Falize, né en 1875, s'adonna d'abord à la peinture. Élève de l'École des Beaux-Arts, il eut pour professeurs Jules Lefebvre et O. Merson ; s'étant pris de passion pour l'émail, il l'étudia chez Grandhomme et émaille lui-même, depuis, les pièces qu'il compose.

A la mort de Lucien Falize, les trois frères s'associèrent

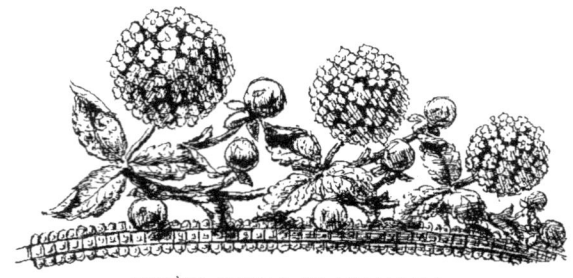

DIADÈME SOUPLE EN JOAILLERIE.
(Maison Mellerio dits Meller.)

et se consacrèrent entièrement à l'orfèvrerie et au bijou. Unissant leurs aptitudes spéciales et s'entourant, comme avait fait leur père, de collaborateurs choisis, ils ont montré par les deux grands prix qu'ils obtinrent à l'Exposition de

1900. que la maison Bapst et Falize est en bonnes mains. C'est à eux qu'est due l'épée d'or et d'ivoire enlacée d'un

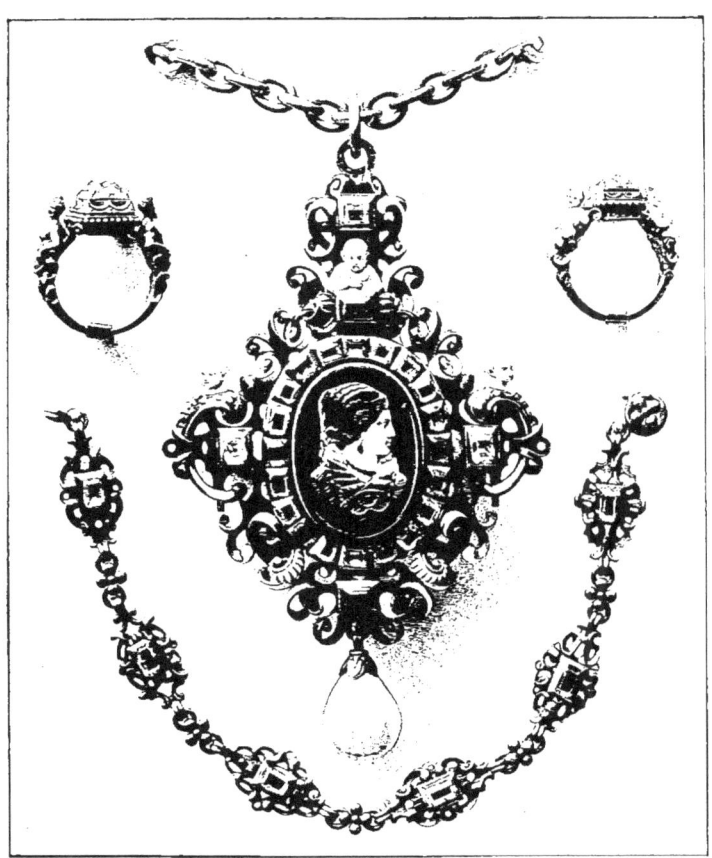

BIJOUX EN OR CISELÉ ET ÉMAILLÉ, GENRE RENAISSANCE
par Louis Wiese.

rameau d'olivier, que le Président Émile Loubet déposa en 1902 sur la tombe d'Alexandre III.

Au cours de notre étude sur Falize, nous avons cité un

grand nombre de ses collaborateurs ; il ne nous paraît pas inutile de donner quelques détails sur quelques-uns de ces intéressants artistes.

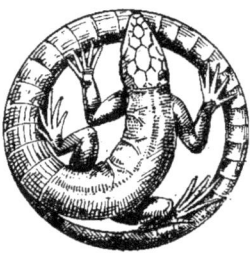

BROCHE LÉZARD
par Paul Robin.

Charles Glachant, né en 1826[1], entra en apprentissage en 1842, chez Lenglet et Turquet; associé de Crosville en 1861, il resta seul en 1867. Ce fut un orfèvre remarquable, un marteau de premier ordre, collaborateur très apprécié des principales maisons d'orfèvrerie, où son talent était requis lorsqu'il s'agissait d'œuvres artistiques importantes et difficiles. Froment-Meurice l'employa beaucoup pour son exposition de 1867 et pour le service qu'il exécuta dans ses ateliers, pour le Sultan, de 1868 à 1869. A la même époque, Glachant faisait pour Mellerio des aiguières, des coupes, des bénitiers, des prix de courses, des encriers, etc., et pour Philippe, pour Duponchel, pour Rouzé-Janin, pour Fray, des pièces d'orfèvrerie parfaites. Il collabora, de 1874 à 1880, à la plupart des pièces d'art de Falize, entre autres aux cadres du Prince de Béarn, dont nous avons parlé, et à la fameuse pendule *Uranie*, pour laquelle le Jury de 1878 lui accorda une médaille d'or de collaborateur; enfin, de 1872 à 1889, il fit pour Boucheron quantité de pièces remarquables. C'est Glachant qui exécuta, d'après le modèle du sculpteur Salmson, le cadre offert en 1874, par souscription nationale à Thiers, « Libérateur du territoire ».

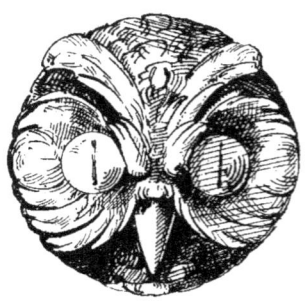

BROCHE HIBOU
par Paul Robin.

[1]. Glachant est mort il y a quelques années.

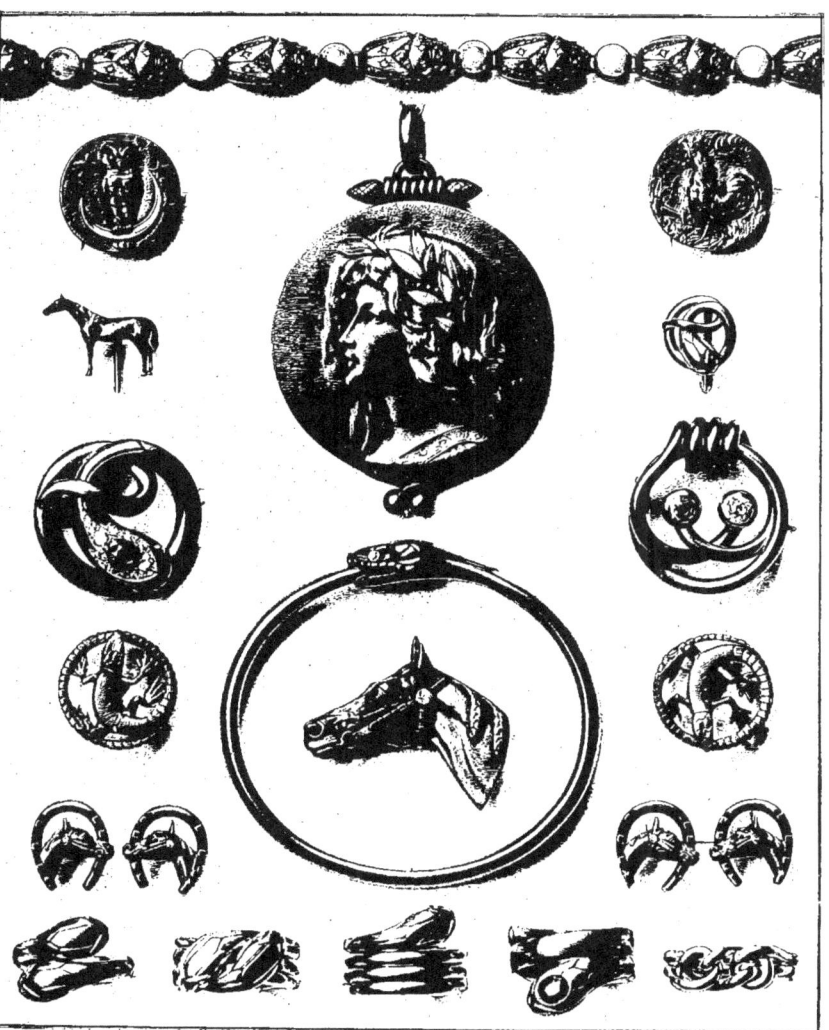

BIJOUX DIVERS.
(Maison Paul Robin.)

Le Saché fut pour Falize un précieux collaborateur bijoutier, dessinateur de goût à l'imagination féconde.

Georges Le Saché, fils et petit-fils d'artistes peintres et graveurs, montra de bonne heure les aptitudes qu'il tenait de ses ascendants.

Son grand-père était graveur en médailles à la monnaie de Paris[1]; son père, Émile Le Saché, né en 1817, élève du Baron Gros, dessinait bien, faisait de jolies aquarelles et avait un réel talent de graveur en taille-douce, avec un tempérament de véritable artiste. Son aversion pour le

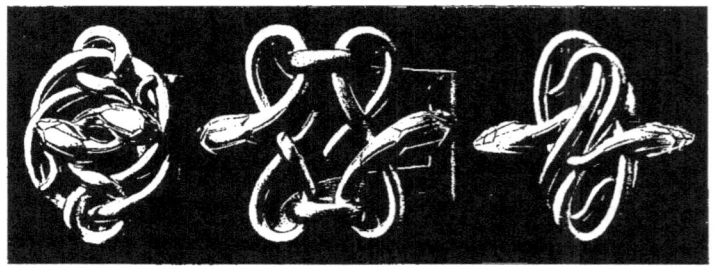

AGRAFES DE CEINTURE.
(Maison Paul Robin.)

commerce était telle qu'il ne voulut jamais s'occuper des affaires de sa femme, qui était établie au Palais-Royal à

---

1. Jean-Jacques Le Saché, né à Caen en 1789, exerçait la profession de graveur, lorsqu'il fut incorporé, en 1808, au 22e régiment de chasseurs à cheval. Il prit part aux campagnes d'Allemagne en 1809, d'Espagne de 1810 à 1812, d'Allemagne en 1813 et de France en 1814, au cours desquelles il reçut de nombreuses blessures : coups de feu, coups de lance, coups de sabre, coups de baïonnette, pieds gelés, etc. Il se fit remarquer dans différents combats et fut proposé pour la croix « pour s'être distingué par des traits de courage et de bravoure » (voir le *Carnet de la Sabretache*, n° 177, sept. 1907, p. 568).

Rentré dans la vie civile, J. Le Saché reprit sa profession de graveur. Mais en 1810, pendant qu'il était en garnison à Gand, ville faisant alors partie de l'Empire français, le maire l'avait chargé d'exécuter une médaille commémorative d'une exposition de dessin. « Ce jeune militaire qui embellit ses loisirs par la culture des arts, s'est acquitté de cette tâche honorable d'une manière qui ne laisse rien à désirer, dit *l'Oracle* de Bruxelles, quant à l'invention du sujet, à l'élégance et au fini de l'exécution. »

l'enseigne de *la Belle Ferronnière,* où elle vendait de menue bijouterie. Leur fils, Georges Le Saché, né en 1849, se destinait aux Beaux-Arts. Il passa les premières années de son adolescence dans les ateliers de peinture, entre autres dans celui de Bouguereau, et ses débuts dans une carrière qui lui plaisait faisaient déjà concevoir les plus légitimes espérances, quand ses parents, désirant pour lui un avenir plus assuré que ne semblait le promettre l'art du peintre à cette époque, l'envoyèrent en Allemagne en 1866. Il entra en qualité de dessinateur dans l'importante maison de bijouterie de Friedman, bien connue des producteurs français de ce temps, où il fit ses premières armes dans nos industries.

Revenu d'Allemagne, le jeune homme, curieux de voir et d'apprendre, passa en Angleterre où il utilisa avec succès ses connaissances déjà sérieuses du dessin, du modelage et de la composition,

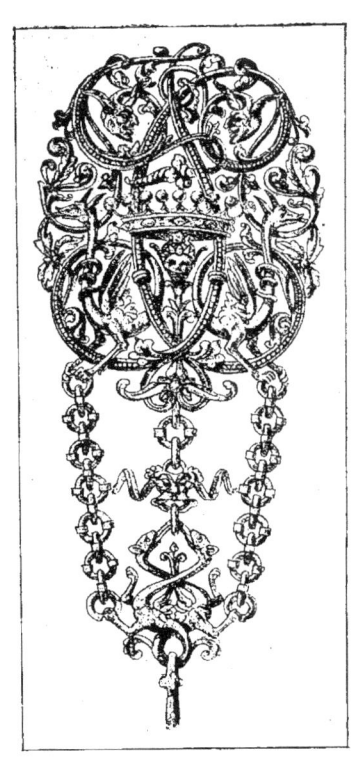

CHATELAINE EN OR CISELÉ
par G. Le Saché.

exerçant la souplesse de son talent dans les branches très diverses de l'art décoratif. C'est à Londres que vint le surprendre la déclaration de guerre de 1870. A cette nouvelle, Le Saché rentre en France où son patriotisme l'appelle et, incorporé au 1er bataillon des mobiles de la Seine, fait bravement son devoir de soldat, du 9 septembre 1870 au 7 mars 1871.

La guerre est finie, mais fuyant la Commune, Le Saché retourna en Angleterre chercher à nouveau du travail que Paris ne pouvait lui offrir dans ces moments si profondément troublés.

C'est lors de son retour à Paris, en 1872, qu'il entra comme dessinateur chez Lucien Falize, dont il devint le collaborateur et l'ami.

Il y passa cinq années — heureuses, dit Le Saché lui-même, — dans l'intimité profitable et laborieuse de ce grand artiste, qui était aussi le meilleur des hommes, s'initiant avec lui au métier d'orfèvre-joaillier par l'étude des plus belles œuvres d'orfèvrerie anciennes et modernes. Grâce à cette direction affectueuse du maître qu'il aimait aussi, Le Saché devint lui-même, non seulement un artiste de goût, mais encore un savant praticien, connaissant à fond la technique de nos arts et métiers.

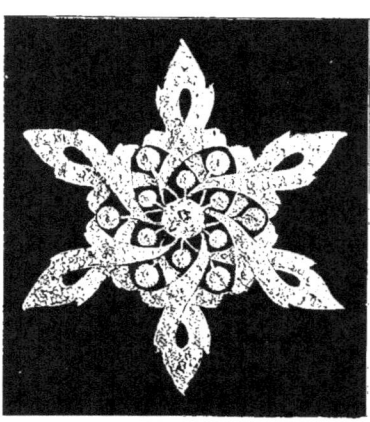

BROCHE EN JOAILLERIE
par Le Saché.

En 1877, il épousa la fille de Baucheron qui, associé avec Guillain[1], avait alors une des fabriques de bijouterie les plus réputées de l'époque, et il entra dans cette maison qu'il était destiné à reprendre.

A partir de ce moment, on ne compte plus les ouvrages

---

1. Baucheron et Guillain ont travaillé pour les principales maisons de la capitale, entre autres pour Boucheron. C'étaient d'excellents joailliers, qui formèrent un grand nombre de bons ouvriers. Louis Baucheron (1826-1905), entra en apprentissage vers 1840, chez Marret et Jarry, et ne tarda pas, sous la direction de son père, qui y était chef d'atelier, à devenir très habile. Il s'établit en 1860 et s'associa à Guillain, qui sortait de la maison Deschamps. C'est

remarquables qui sortent de ses mains. Il est l'un des fabricants favoris des grands bijoutiers parisiens, qui lui demandent ses meilleures inspirations, ses efforts les plus artistiques à l'occasion des Expositions de Paris, de Chicago, de Moscou, etc., et ses œuvres anonymes, reconnues seulement par les personnes du métier, contribuent partout à assurer le juste triomphe de nos industries d'art sur nos rivaux de l'étranger. Aujourd'hui encore, après trente années d'établissement, Le Saché reste l'un des maîtres les plus justement appréciés. Son atelier est une école du beau savoir technique, au grand avantage des nombreux apprentis et ouvriers qu'il a formés, et les parures somptueuses qui en sortent s'adressent encore, par intermédiaires, aux plus hautes personnalités d'Europe et d'Amérique, alors que lui-même, volontairement, obstinément, veut en demeurer ignoré, s'estimant heureux de sa vie d'artiste, consacrée au grand commerce et au profit du beau renom français. C'est

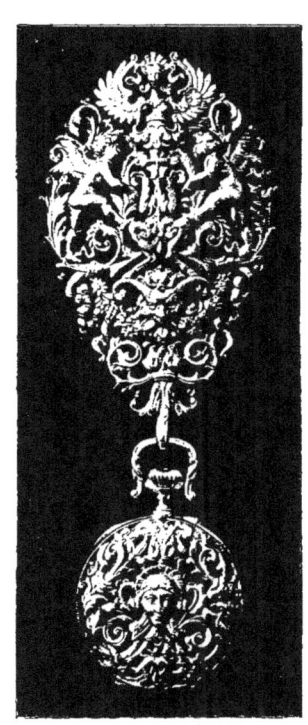

CHATELAINE
par Le Saché, ciselure de Brateau.

ainsi que s'exprimait Massin à la distribution des prix de la Chambre syndicale de la Bijouterie en 1901.

Baucheron qui inventa le système, si employé aujourd'hui, pour le montage des boutons d'oreilles « à clous » appliqués sur l'oreille et dans lequel la tige, après avoir traversé l'oreille, est introduite au centre d'un petit disque creux, où elle est maintenue par un cliquet ou ressort intérieur. Il prit, en 1868, un brevet pour ce système, que son chef d'atelier, nommé Traus, tenta de modifier pour prendre lui-même un autre brevet.

Pour reconnaître les rares mérites et l'honorabilité parfaite de l'excellent artiste-praticien qu'est M. Georges Le Saché, la Chambre syndicale de la Bijouterie et la Société d'Encouragement, à la suite d'un vote unanime, et voulant « qu'il soit fait à chacun selon ses œuvres », lui ont décerné en séance publique, le 27 juillet 1901, la grande plaquette d'honneur en vermeil. Cette plaquette, dont M. Le Saché est le premier titulaire, est destinée à rendre un hommage exceptionnel et public, au nom de la corporation, à ceux de ses membres qui, au cours de leur carrière, « se seront distingués par des efforts servant la cause du progrès », soit par leur mérite professionnel, soit autrement.

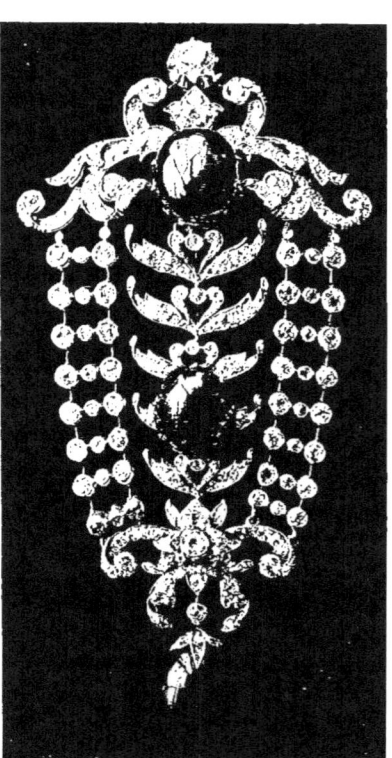

BROCHE BRILLANTS
ET ÉMERAUDES CABOCHONS
par G. Le Saché.

Cette distinction, la plus haute dont dispose la corporation, est la plus enviable qu'un confrère puisse souhaiter, puisqu'elle lui est décernée par ses pairs.

M. Georges Le Saché en est digne en tous points.

Le dessinateur qui succéda à Le Saché chez Falize fut Émile Olive (1853-1902). Artiste d'infiniment de goût, d'une

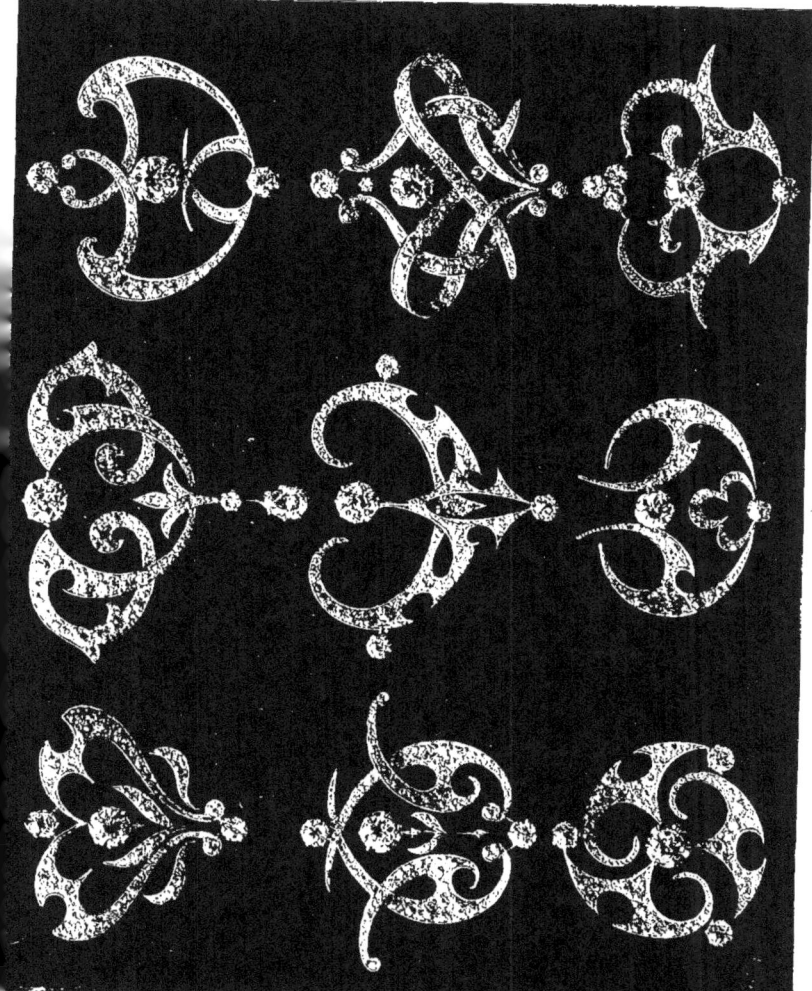

BROCHES EN JOAILLERIE.
Composition de E. Olive. (Maison Fonsque et Olive, entre 1895 et 1900.)

intelligence très vive, il mit pendant trente ans sa main et son cerveau au service de l'art que nous aimons.

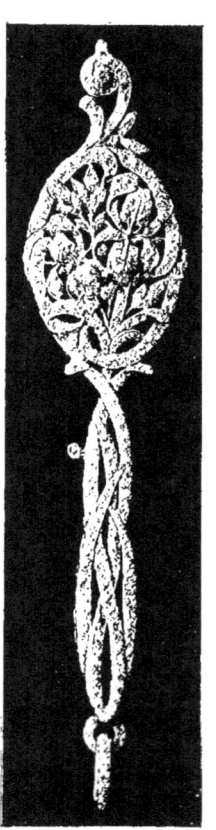

FACE A MAIN EN JOAILLERIE
par G. Le Saché.

Olive, dès son enfance, témoignait pour la géométrie des aptitudes spéciales que son père, comptable, était loin d'apprécier, car il le plaça comme employé chez un marchand de fromages et de légumes secs de la rue de la Verrerie. Bien qu'un tel milieu ne semble pas propice au développement d'une vocation artistique, le jeune homme éprouvait un tel besoin de dessiner et avait le sens décoratif si développé, qu'il trouvait des motifs de décoration fort curieux en observant les taches et les fissures des vieux murs du magasin, et même les moisissures des fromages de son patron, ce qui prouve que tout peut être un sujet d'inspiration pour un artiste bien doué.

Ces dispositions précoces lui permirent de devenir plus tard un des élèves les plus distingués de l'École des Arts décoratifs, dirigée par M. Louvrier de Lajollais, qui l'affectionnait tout particulièrement et dont il resta l'ami.

Le commerce alimentaire ne lui ayant pas convenu davantage que les opérations de banque vers lesquelles son père avait voulu le pousser, son oncle Larchevêque, fabricant de joaillerie, le prit dans sa maison, où il resta jusqu'en 1873. A cette époque, il entra chez Otterbourg, pour préparer spécialement les objets que cette maison destinait à l'Exposition de Vienne, et que le goût et l'originalité de ses compositions contribuèrent à faire remarquer, si bien que lorsqu'il se présenta chez Falize pour la place de dessinateur laissée vacante par Le Saché, il fut immédiatement agréé.

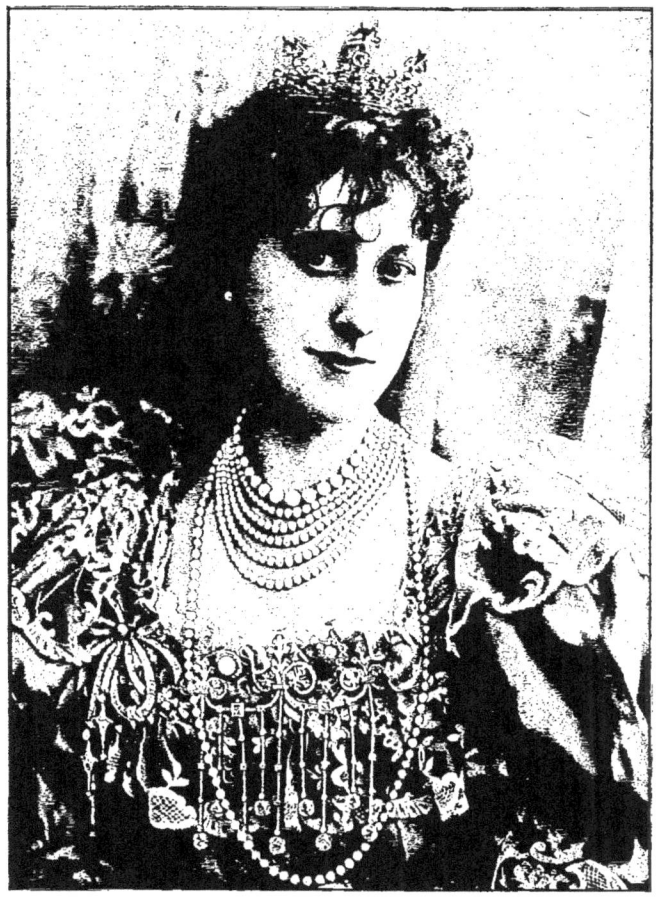

Cliché Reutlinger.
LIANE DE POUGY (1892).

Dans cette maison, où l'art tenait une si grande place, Olive put donner un libre essor à son talent, qui se développa encore avec les conseils d'un maître tel que Lucien Falize. Il prit une part des plus actives à l'exposition si justement admirée du célèbre orfèvre, en 1878. Pendant les dix ans qu'il resta avec lui, il composa un grand nombre d'objets fort intéressants, où toutefois le diamant et les pierres précieuses n'occupaient qu'une place secondaire, car ses tendances personnelles le portaient de préférence vers l'émail et la ciselure. Olive quitta la maison Falize en 1885, pour s'associer avec M. Fonsèque, son ami de longue date et excellent fabricant joaillier-bijoutier ; mais Falize appréciait à un si haut degré les qualités de son ancien collaborateur, qu'il lui fit épouser, en 1887, une amie de sa famille.

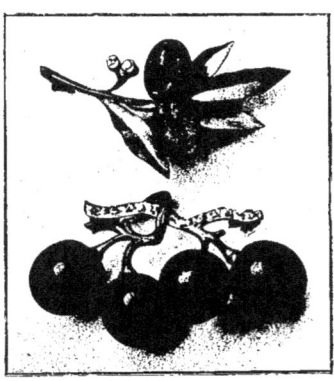

BROCHE GRAINS DE CAFÉ (1885).
BROCHE RAISIN (1889).
(Maison Fonsèque et Olive.)

A cette époque, il collabora à certaines œuvres préparées par MM. Vever pour leur exposition de 1889, en particulier à une pendule Renaissance, à un missel avec émaux de basse-taille, et à diverses pièces de ciselure.

Olive créa la plupart des modèles qui ont contribué à la prospérité de la maison Fonsèque et Olive, tels que les broches « grain de café », en 1885, dont l'écrin, complétant le bijou, représentait une balle de café et, en 1889, « le raisin », présenté dans une petite caisse de chasselas de Fontainebleau, qui eurent une si grande vogue pendant plusieurs années. Il fut également l'initiateur, en 1886, du bijou-médaille, dont la *Diane* de Vernier est le prototype, genre si largement exploité depuis et auquel est due en grande partie la renaissance de l'art du médailleur en France. On lui doit aussi un grand nombre de jolis modèles de joail-

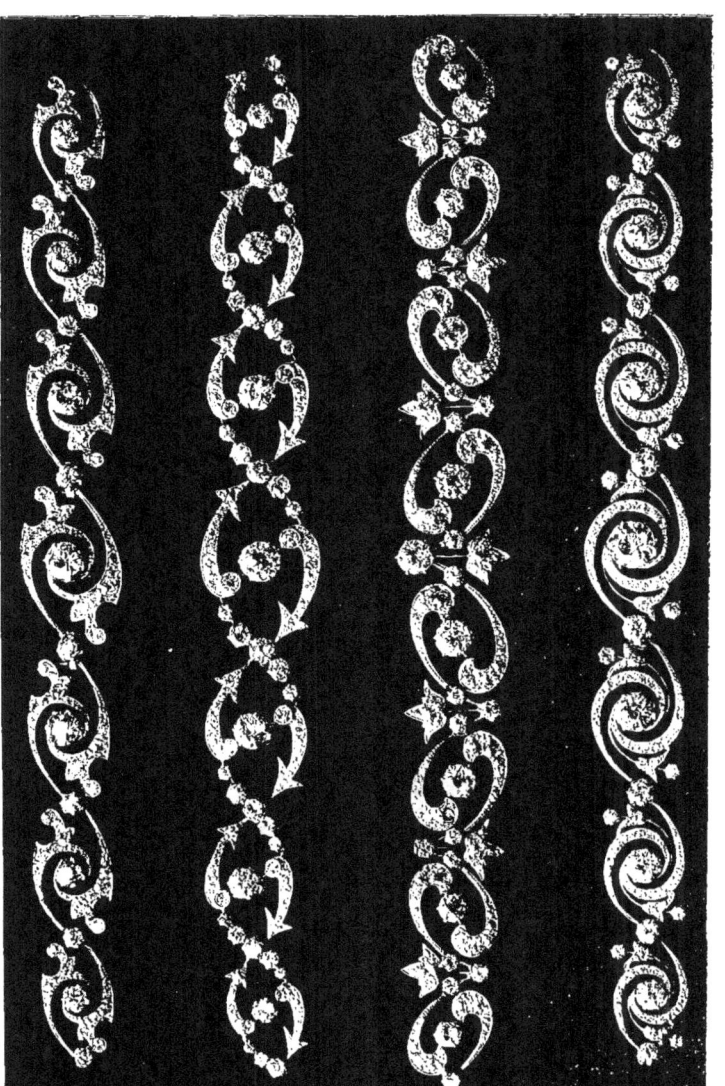

BRACELETS SOUPLES EN JOAILLERIE.
Composition d'Émile Olive. (Maison Fonsèque et Olive.)

lerie : broches, bracelets, colliers, conçus dans une note nouvelle et qui furent très appréciés.

Olive était épris de l'art dans toutes ses manifestations ;

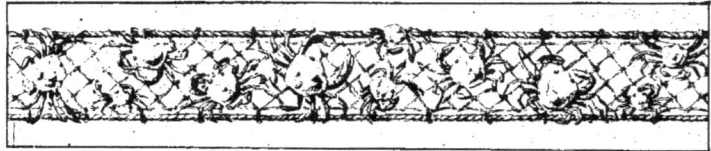

BRACELET AUX CRABES
par Lefort (1888).

il aimait les livres, les gravures, les bibelots, qu'il collectionnait dans la mesure de ses moyens. Il écrivait et causait avec esprit, et ses réparties, vives et originales, faisaient rechercher sa conversation. Artiste des mieux doués, confrère affable et spirituel, sa mort prématurée provoqua d'unanimes regrets dans la corporation.

M. Douy-Pascault, aujourd'hui professeur de composition à l'École de dessin de la Chambre syndicale de la Bijouterie, est un élève d'Émile Olive.

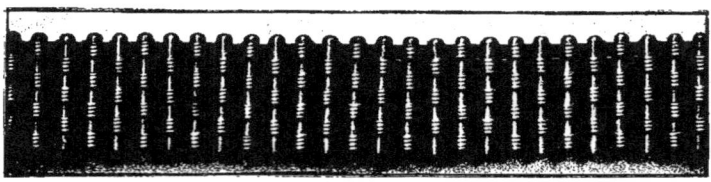

BRACELET SOUPLE « VANNERIE »
par Édouard Caen (1882).

Un excellent ouvrier, qui devint un fabricant parfait, fut Eugène Soulens (1829-1906). Entré en apprentissage à dix ans et demi chez Alexis Falize, il apprit, dans cet atelier réputé et sous la direction de ce maître, tout ce que le meilleur bijoutier doit connaître. Dans ce temps-là, l'apprentissage était dur ; il ne ressemblait guère à ce qu'il est aujourd'hui : « On avait, nous a raconté Soulens, le pain à discrétion — et l'eau — et deux sous par jour. Nous étions trois apprentis chez le père Falize ; nous prenions la semaine à tour de rôle, et ce n'était pas une petite affaire que de commander et de rapporter le déjeuner de dix-huit ouvriers, car les repas se prenaient alors à l'atelier. Gare au « clampin » qui s'attardait, on lui appliquait immédiatement un sou d'amende — la moitié de son salaire ! — Même les apprentis étaient astreints à onze heures de travail par jour ; il est vrai qu'ils avaient les courses pour prendre l'air et aller jouer aux billes ; c'était l'usage et personne ne songeait à s'en plaindre ; même, dans certains ateliers, les journées étaient encore plus longues, mais dans la journée n'était pas compris le temps nécessaire au nettoyage de l'atelier et des lampes.

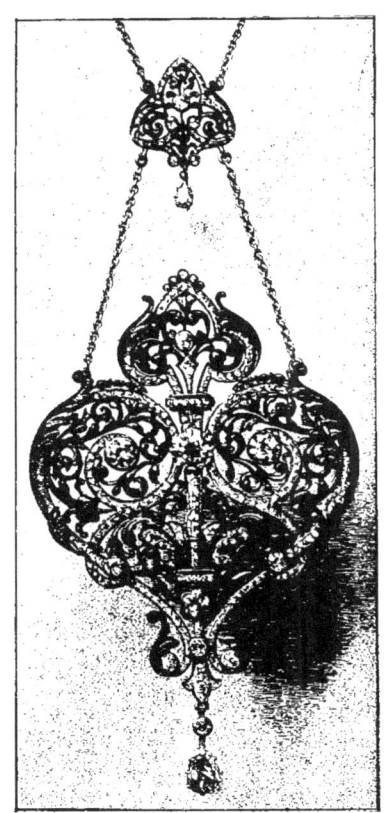

PENDANT DE COU EN ACIER BLEUI
ET BRILLANTS
(Maison Arfvidson)

lampes à huile à cette époque, minutieuses à faire et bien malpropres. Mais on était jeune — et Parisien, — c'est-à-dire dégourdi et de bonne humeur quand même, et de plus on aimait son métier.

Soulens devint un des bons ouvriers de Falize, chez qui il resta jusqu'en 1848. Se trouvant pris du désir de voyager, il pensa judicieusement que le meilleur moyen de voir du pays à peu de frais était de s'engager dans la marine, ce qu'il s'empressa de faire. Mais l'ambition de ses vingt ans fut vite déçue ! En effet, la Révolution qui éclata à ce

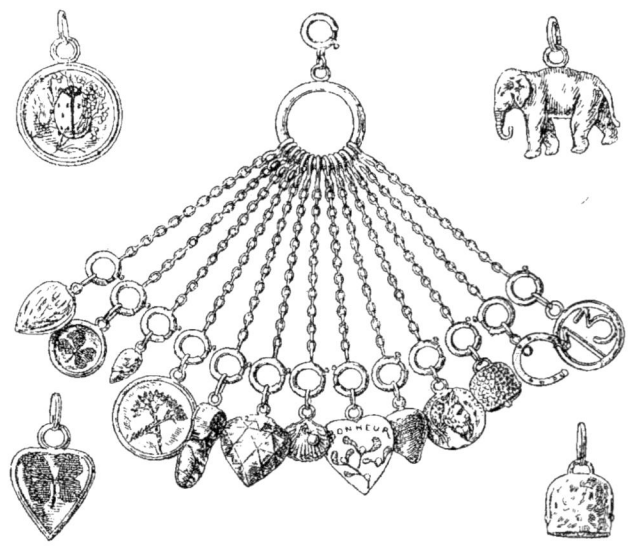

GROUPE DE TREIZE FÉTICHES, AVEC CHAINETTES

moment maintint le jeune marin à Paris, et, comme il nous le répétait encore avec sa bonne humeur coutumière quelques mois avant sa mort, la seule traversée qu'il ait jamais faite est celle de Vincennes à Saint-Cloud. On ne lui ménageait pas les plaisanteries à ce sujet, mais il en riait toujours. Le corps de marins auquel il appartenait ayant été licencié en 1849, Soulens voulut reprendre du service dans la bijouterie; mais les ateliers étant désorganisés partout, il dut entrer dans une fabrique de boutons à armoiries pour tous

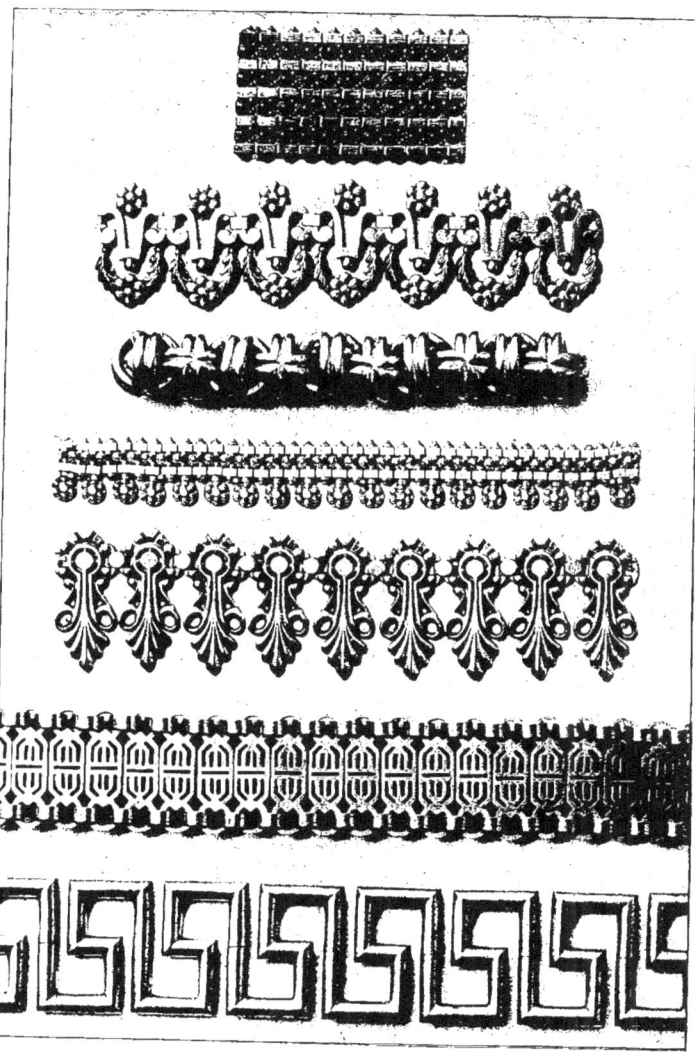

COLLIERS ET BRACELETS
par Auguste Lion.

1. Bracelet frisette, 5 rangs (1875). — 2. Collier guirlandes or vert, marguerites (1886).
3. Bracelet ballon, croix (1885). — 4. Collier (1875).
5. Collier palmes (1883). — 6. Bracelet (1885). — 7. Bracelet (1883).

pays. Ce genre de travail ne lui plaisait guère, aussi, dès que les affaires semblèrent reprendre, retourna-t-il chez Falize. Malheureusement la clientèle manquait d'entrain, la pénurie de commandes fit que l'on dut congédier successivement tout le personnel. Soulens partit donc, ainsi que

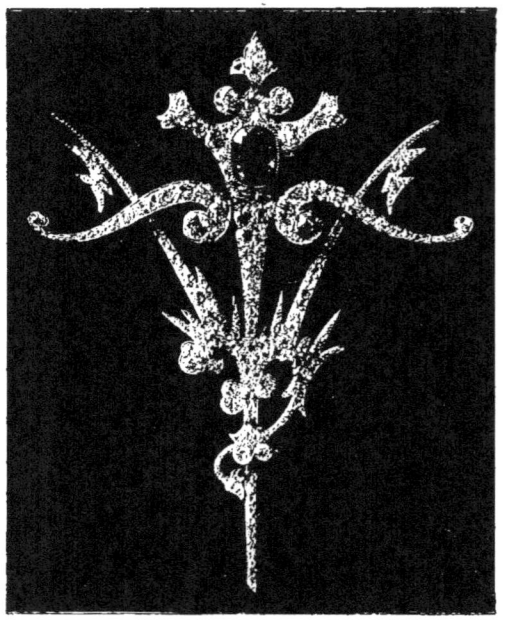

BROCHE BRILLANTS ET SAPHIRS
par Georges Bled.

Rey, le chef d'atelier, homme très intelligent, « véritable encyclopédie universelle », disait Soulens, et tous deux entrèrent chez J.-P. Robin, maison de premier ordre pour la belle bijouterie et la bague. Soulens y resta quatorze ans. Il y était souvent chargé d'aller à la Bibliothèque Impériale, au Cabinet des Antiques, pour y découvrir de « nouveaux » modèles ; et il en rapportait en effet des choses inédites ou très peu connues, et réussissait parfois à prendre avec de la cire des empreintes de camées, d'intailles et même de montures.

En 1864, Soulens quitta Robin pour s'établir. Il reprit, rue du Temple, 79, la maison de Graff, ancien chef d'atelier de Duplessis qui faisait, comme Robin, du beau bijou d'or et aussi des bracelets jonc et demi-jonc, bien soignés, pour les-

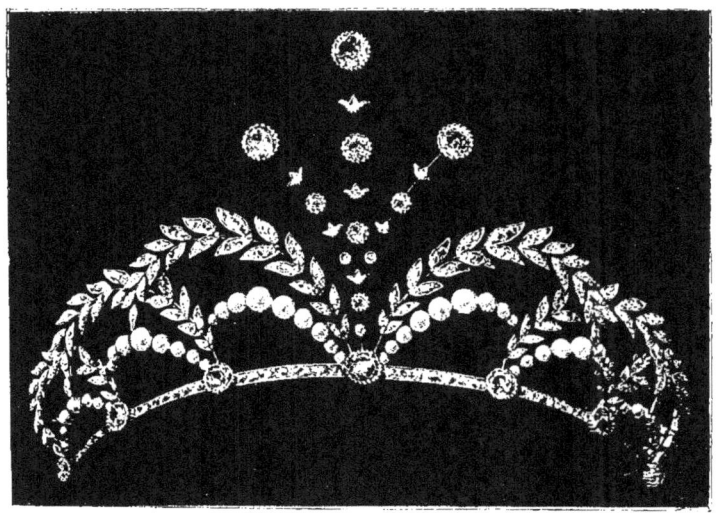

DIADÈME JOAILLERIE ET PERLES
par E Lecas (1889).

quels il fallait des mains habiles, car, à cette époque, on ne se servait pas encore d'outillage.

Les affaires de Soulens prospérèrent rapidement puisqu'il occupa jusqu'à dix-huit ouvriers. Fournisseur des principaux magasins du Palais-Royal, de la rue de la Paix et des grands boulevards, il chercha à se rapprocher de sa clientèle et se transporta, en 1866, rue Vivienne, 7, à côté de la Bibliothèque ; mais, dix-sept ans plus tard, lorsque furent décidés l'agrandissement et l'isolement de ce grand établissement national, il fut exproprié, le voisinage d'un atelier de bijouterie semblant constituer un danger permanent d'incendie.

Soulens s'installa alors 26, avenue de l'Opéra, où il resta dix ans ; il se transporta ensuite rue d'Antin, 14, qu'il quitta en 1894, époque à laquelle il se retira définitivement des affaires.

Élève de Falize père et de Paul Robin père, Soulens

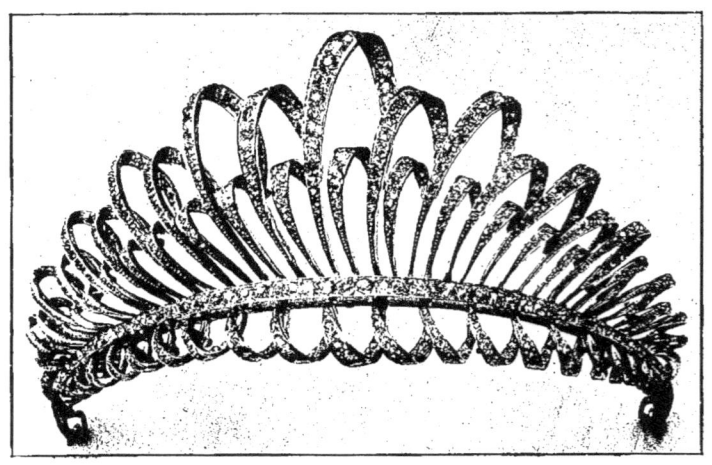

DIADÈME RUBANS EN JOAILLERIE
par Edmond Lecas.

avait bien profité des leçons et des conseils de ces deux maîtres, car il fut un fabricant de valeur et de goût, dont les œuvres de bijouterie et de joaillerie furent toujours irréprochables. Il avait la passion de son métier, si fort que, devenu rentier, il fit installer chez lui un petit établi à une place, qu'il garnit de tous les outils et accessoires dont il s'était servi pendant de si longues années : limes, pinces, bouterolles, marteaux, etc. Il fallait voir avec quel soin méticuleux cet alerte vieillard entretenait dans un état de propreté reluisante les fidèles instruments de travail de toute

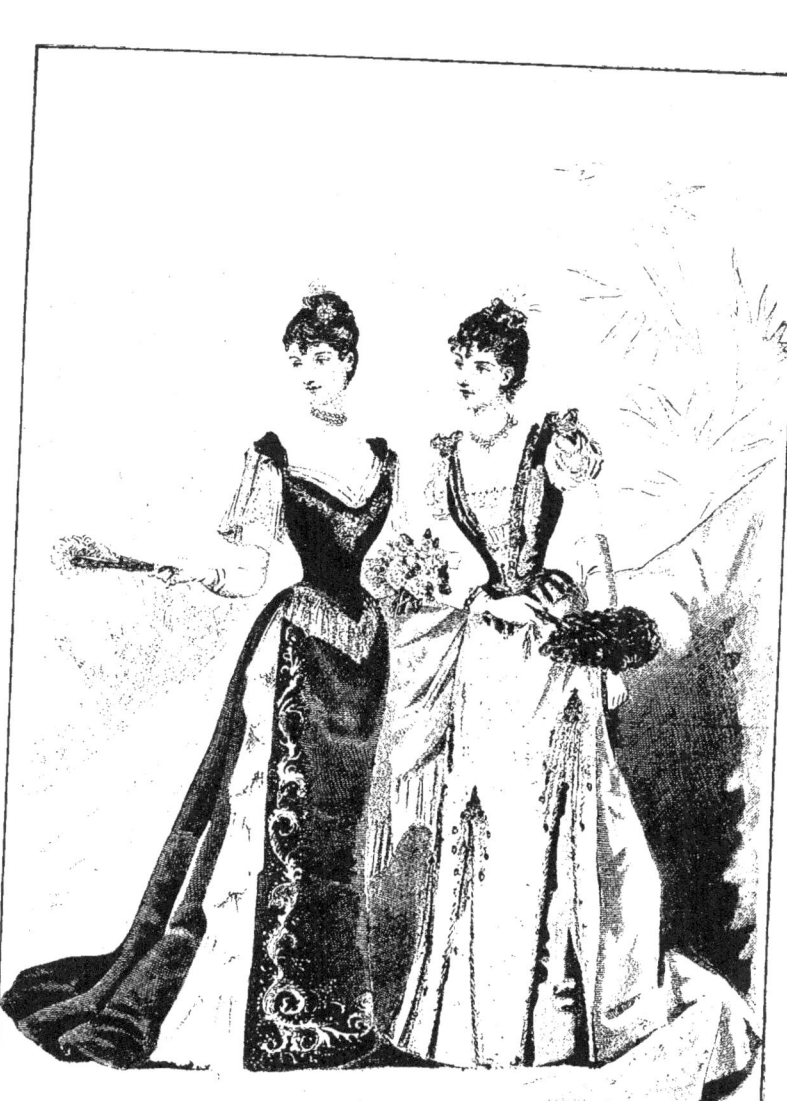

MODES DE 1892.
Aigrettes, colliers, bracelets.

sa vie, et comme il aimait à s'en servir encore souvent, uniquement pour le plaisir de les manier.

Nous avons encore à parler d'un grand nombre de nos confrères contemporains, tous intéressants à des titres divers. Il est très difficile de trouver un classement qui donne toute satisfaction. Celui que nous adoptons n'implique aucune préoccupation de supériorité ou de préférence; nous nous

DIADÈME EN JOAILLERIE
par E. Lecas (1889). — Largeur : 135 millim.

sommes simplement efforcé de conserver, dans la présentation des gravures, l'ordre chronologique, autant du moins que cela nous était possible.

Une des maisons auxquelles on s'adressait pour les bijoux distingués fut la maison Jacta, fondée par Eugène Jacta (1815-1893). Fils d'un avocat champenois[1], mort subitement en laissant quatorze enfants, Jacta, qui était le plus jeune, fit son apprentissage chez Crouzet père, le fabricant bijoutier

1. Le grand-père était vigneron aux environs d'Épernay.

réputé dont nous avons déjà parlé. Vers 1834, désireux de se perfectionner, il partit à pied, sac au dos, suivant l'usage d'alors, et travailla en Allemagne, en Italie, et surtout en Suisse, à Genève, qui était un centre important de fabrication.

Revenu en France en 1836, il passa quelque temps chez

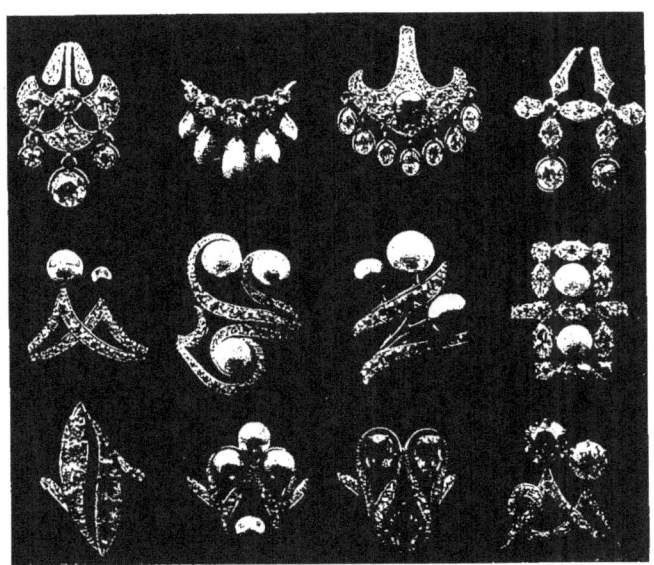

BAGUES « MODERN STYLE » EN JOAILLERIE.
(Maison Péconnet, 1898 à 1900.)

Jacquet, fabricant bijoutier (père du peintre actuel Gustave Jacquet), qui, l'ayant pris en grande amitié et lui ayant reconnu des aptitudes spéciales pour la vente, lui conseilla d'abandonner l'atelier où il ne pouvait avoir qu'un avenir limité. C'est ainsi qu'il le fit entrer comme commis chez Le Cointe[2], joaillier de la famille d'Orléans; Eugène Jacta ne quitta cette honorable maison que sur les instances très vives

1. Voir tome Ier, p. 310 et 312.

de Janisset[1] qui lui offrait, indépendamment de certains avantages matériels, la place de premier employé. Le Cointe l'ayant engagé à accepter d'aussi belles conditions, Jacta resta chez Janisset comme directeur gérant jusqu'en 1846.

A cette époque, très encouragé par la haute société protestante, il s'établit en appartement, boulevard des Italiens, au n° 17 (devenu aujourd'hui le n° 25), et épousa Mlle Achard, fille et petite-fille de négociants en diamants. Ayant pris, en 1848, un petit magasin rue de la Paix, 17, il dut l'échanger

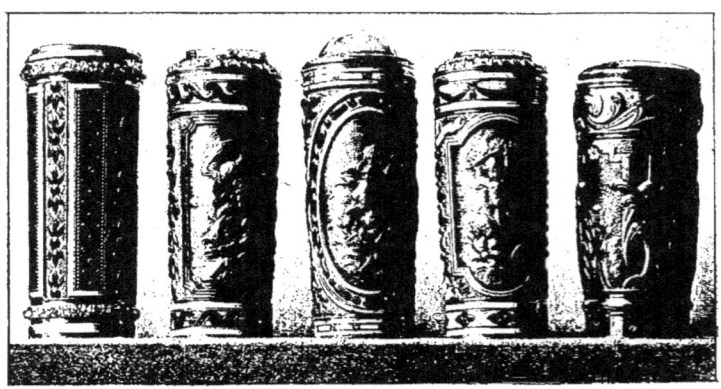

POMMES DE CANNES CISELÉES ET ÉMAILLÉES.
(Maison G. Jacta.)

en 1862 pour un plus grand, dans la même maison. C'est que, depuis ses débuts très modestes, sa maison avait prospéré graduellement ; déjà, en 1855, il avait participé à l'Exposition du Palais de l'Industrie, où il est signalé pour « un diadème d'étoiles en brillants avec résille ». Grâce à la recommandation du Comte de Nieuwerkerke, il était devenu fournisseur de la Princesse Mathilde, puis de l'Impératrice Eugénie et de l'Impératrice de Russie. Des personnalités influentes s'étaient intéressées à lui, entre autres l'éminent avocat Berryer, ancien collègue et ami de son père, et le

1. Voir tome Ier, p. 295 et suiv.

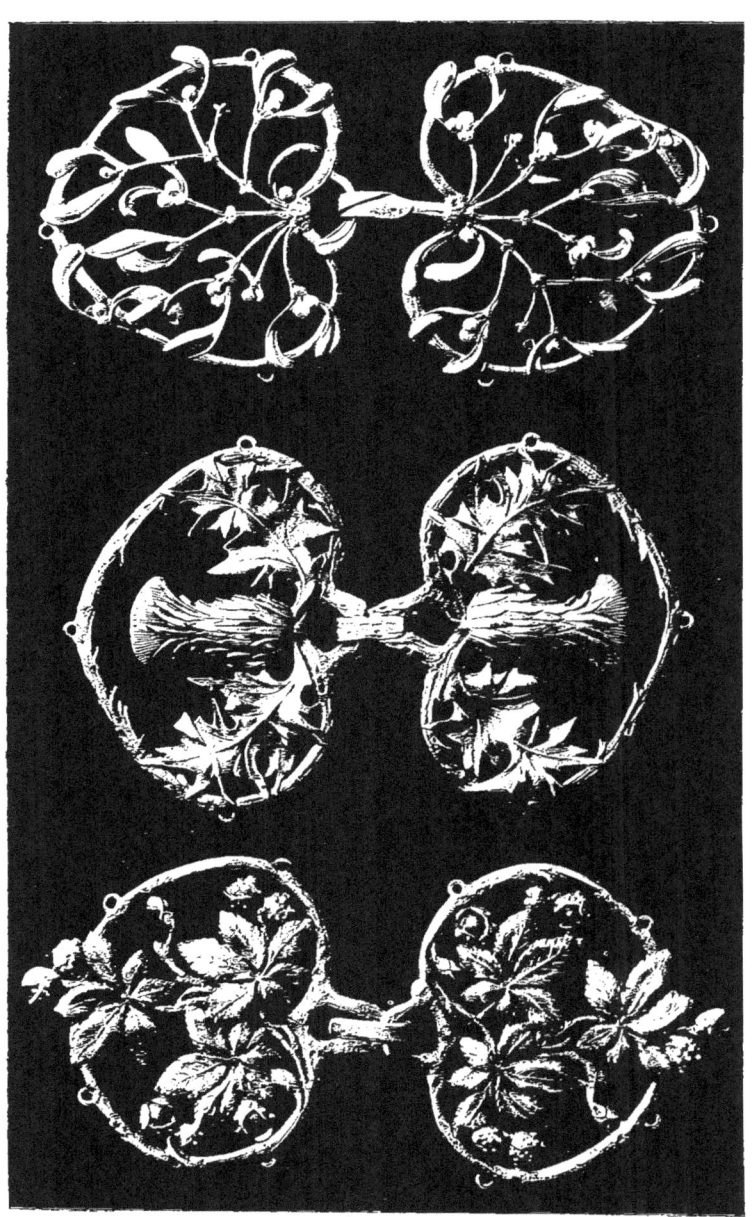

AGRAFES DE MANTEAU EN ARGENT CISELÉ
par Ernart 1899. — Réduction d'un tiers.

marquis H. de la Rochejacquelein, qui avait gardé un souvenir reconnaissant des services rendus à sa famille pendant la grande Révolution par l'avocat Louis Jacta.

Eugène Jacta avait de jolis modèles dont il était très jaloux. Connaissant sa grande susceptibilité sur ce point, les ouvriers du quartier et même certains fabricants se faisaient un malin plaisir, pour le taquiner, de s'arrêter ostensiblement, à l'heure du déjeuner, devant la devanture de son magasin, rue de la Paix. Jacta, qui faisait sentinelle, mobilisait aussitôt ses employés et tous, munis de grandes feuilles de papier de soie préparées à l'avance, se précipitaient pour cacher l'étalage aux indiscrets, dont la joie ne connaissait plus de bornes lorsqu'ils étaient parvenus à lui faire recommencer ce manège plusieurs fois de suite.

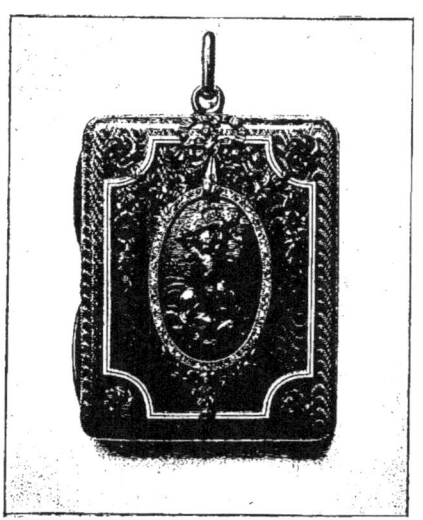

PETITE TROUSSE DE DAME, OR ÉMAILLÉ.
(Maison G. Jacta.)

En 1862, Jacta exposa à Londres et y obtint une récompense pour sa joaillerie et pour des bijoux de genre étrusque à filigrane d'or, alors tout nouveaux. La fortune semblait lui sourire, lorsque divers événements fâcheux vinrent le surprendre, notamment la mort imprévue, en 1867, de son protecteur, le marquis de la Rochejacquelein. Il dut céder sa maison l'année suivante à Léon Bassot, auquel succéda à son tour M. Edgar Morgan en 1886. (L'aménagement intérieur du magasin est resté tel que Jacta l'avait installé en 1862.)

Jacta termina sa carrière commerciale en appartement, rue Basse-du-Rempart, 26, non sans sans avoir rempli son devoir de Français en 1870, s'engageant, malgré ses 55 ans, dans l'artillerie volontaire. Il suivait en cela l'exemple de son père qui, bien que royaliste convaincu, avait pris part, comme soldat de la République, à la bataille de Jemmapes, en 1792. Eugène Jacta, envoyé au fort de la Briche, se comporta bravement sous le feu de l'ennemi et fut blessé à la jambe.

Son fils, Georges Jacta, né en 1848, fut mis en apprentissage à 15 ans, chez Lepage, rue Monconseil, qui fabriquait le bijou et la joaillerie d'or. Il en sortit en 1868 pour

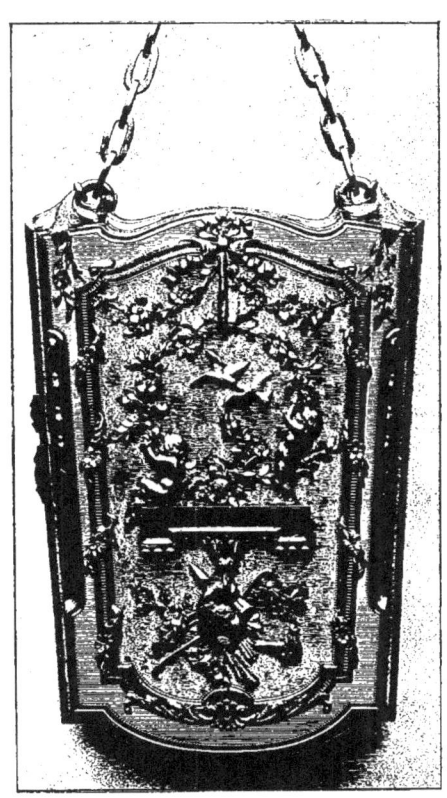

NÉCESSAIRE DE DAME, EN OR CISELÉ,
GRAVÉ ET ÉMAILLÉ.
(Maison G. Jacta.)

entrer dans la maison paternelle. Pendant la guerre de 1870, il prit part, comme garde mobile, aux opérations du siège de Paris, assistant aux combats de Châtillon, du plateau d'Avron, de Montretout, du Bourget, où il fut blessé à la main et proposé pour la médaille militaire.

Après la guerre, il partit pour Londres, et y séjourna quatre ans ; il acquit de nouvelles connaissances professionnelles, tant chez un bijoutier italien très habile, nommé Rinzi, que par la fréquentation assidue de l'atelier de M. Prégnot, dessinateur français pour ameublement, très apprécié, et aussi par ses visites au Kensington Museum, où il dessinait, le soir, en compagnie de Galland. En 1875, G. Jacta revint à Paris pour être chef d'atelier chez Auguste Lefebvre,

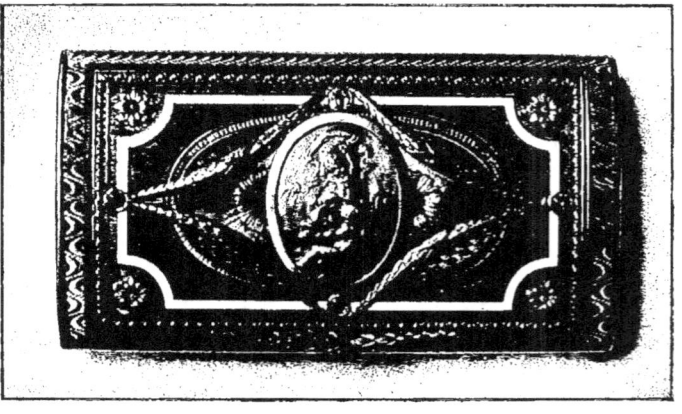

ÉTUI A CIGARETTES EN OR CISELÉ, GRAVÉ ET ÉMAILLÉ
(Maison G. Jacta)

rue du Grand-Chantier, qui fabriquait surtout de la joaillerie pour l'exportation ; enfin, il entra comme dessinateur et employé chez Gabriel Jarry aîné, dont il reprit la maison en 1879. Il continua le genre de cette maison, qui exécutait de la belle bijouterie d'or : boucles de ceinture, châtelaines, trousses, étuis, miroirs de poche, face à main, pommeaux de cannes, etc. Un peu plus tard, vers 1891, il fit des bijoux importants, entre autres des colliers et des collerettes, tissées en dentelles de fil d'or avec applications de joaillerie ; mais le grand travail que nécessitait leur exécution n'était pas en proportion avec le résultat obtenu. Venu en 1887 rue du

Quatre-Septembre, puis en 1899 rue des Pyramides, Georges Jacta perfectionna continuellement sa fabrication de petite orfèvrerie d'or et de bijouterie de fantaisie, qui a un cachet de distinction et de fini très apprécié.

Il n'est peut-être pas inutile de dire ici quelques mots sur la maison de Jarry aîné (Gabriel), lequel n'avait aucun

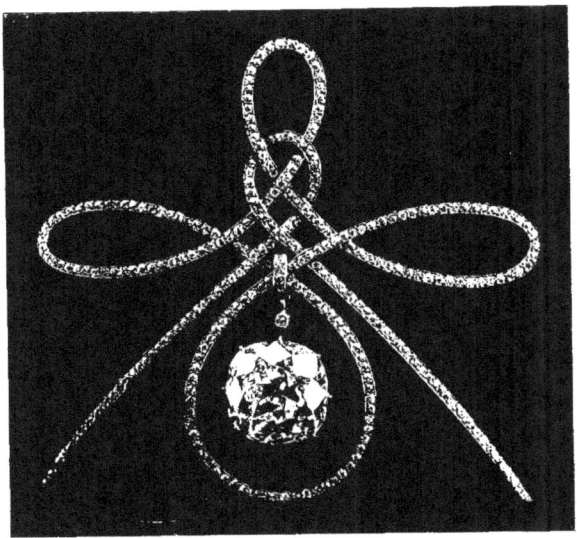

DIADÈME.
(Maison Paul Hamelin.)

lien de parenté avec son homonyme, associé de Marret. Cette maison avait été fondée en 1826 par Monthiers, fabricant de pommeaux de cannes, de tabatières, de lorgnons et autres objets d'optique, exécutés principalement en argent et dans le genre assez ordinaire répandu à cette époque. Vers 1846, Monthiers la céda à Calle qui, pris de peur au moment de la Révolution de 1848, la vendit à Gabriel Jarry et s'adonna à l'agriculture.

Jarry aîné était alors premier commis chez Caillot et

connaissait bien « la place ». Secondé par un contre-maître capable, nommé Devitte, il éleva le niveau de fabrication de la maison, entrant même en concurrence avec Froment-Meurice. Il fit, à l'occasion de l'Exposition de 1855, un grand effort qui lui valut une médaille d'argent, ce qui était très beau pour un début, et lui acquit une certaine notoriété. Le rapport officiel signale : « un guéridon en argent, avec dessus de mosaïque en lapis, pièce composée de trois enfants à mi-corps, soutenant un cornet d'abondance. Charmant aspect ; ciselure et main-d'œuvre d'une grande perfection, bandeau en doublé d'or, d'une admirable pureté de lignes. Un porte-cigares très ingénieux. »

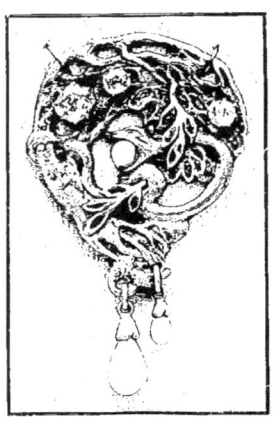

BROCHE
par Henri Nocq (1898).

A l'Exposition de Londres, en 1862, il obtint de nouveaux succès et quelques grosses commandes d'orfèvrerie d'or pour l'Orient. Mais Jarry ne s'en tint pas à l'orfèvrerie artistique, il apporta tous ses soins à la petite orfèvrerie d'or : bonbonnières, flacons, étuis, glaces à main, pommes de cannes et d'ombrelles, dont il fournissait les principales maisons de Paris, entre autres Verdier, boulevard de la Madeleine, et Laurent, au Palais-Royal. Nous venons de voir comment la maison Jarry aîné passa aux mains de Georges Jacta.

Un excellent fabricant que nous ne saurions oublier est Louis Desbazeille. En 1872, associé avec Derouen, 27, rue des Petits-Champs, il s'était adjoint la maison Bourgeois, fondée en 1860 ; puis, en 1877, il la laissa à Derouen, qui la conserva jusque vers 1889 et en fonda de son côté une distincte, rue Monsigny, 6.

La maison Desbazeille adopta trois genres successifs de fabrication : de 1872 à 1882, les bijoux camées ; de 1882

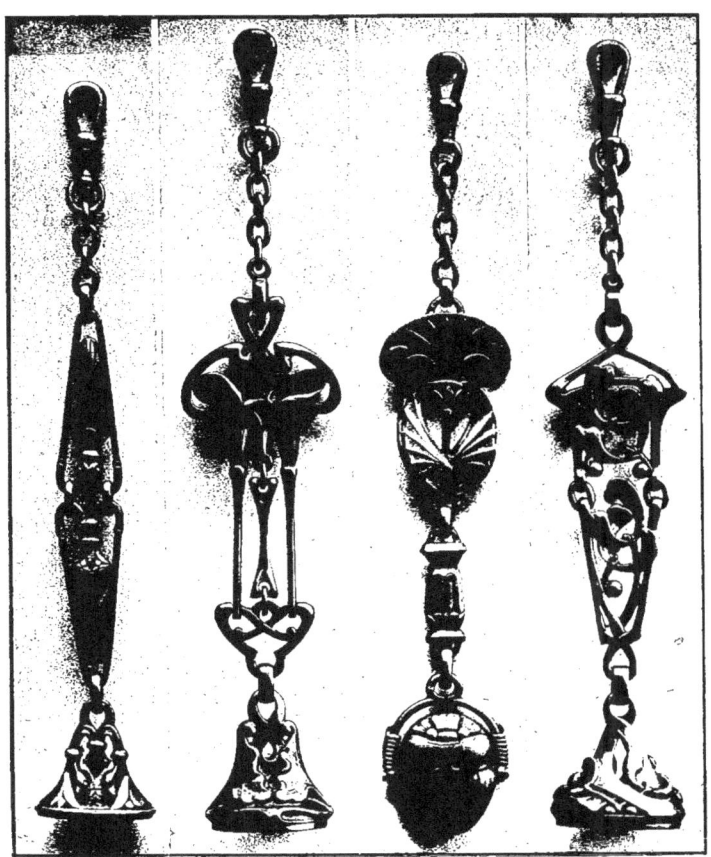

CHAINES D'HOMMES DITES « RÉGENCE ».
(Maison G. Desbazeille.)

à 1889, les bijoux divers ; à partir de 1889, les bijoux avec médailles et ceux obtenus par la frappe, comme les médailles.

Après la guerre, sa spécialité était le bijou d'homme

avec camées, intailles et sardoines unies : boutons de manchettes, médaillons et cachets tournants, bagues, épingles de cravate, etc. Dans ces bijoux, généralement en or rouge poli, les pierres étaient retenues par des griffes ou par des sertissures en or ou en platine. En 1880, elle monta des grenats gravés en bas-relief sur fond chevé, c'est-à-dire creusé en forme de cuvette. M. Vaudet, lapidaire, graveur sur pierres fines, avait un tour de main spécial pour ce genre de travail.

A la même époque, elle fit des bagues à tête cintrée, dont la pierre — sardoine unie ou intaille — suivait la

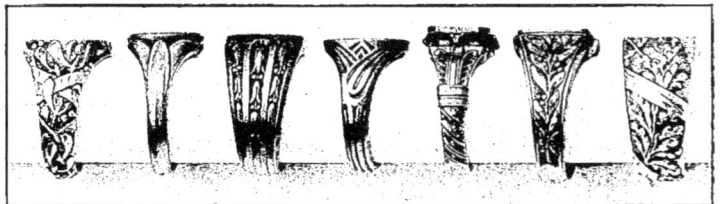

BAGUES D'HOMMES
(Maison G. Desbazeille.)

courbure du doigt au lieu d'être plate, puis d'autres bagues dont la tête, montée sur pivots, permettait d'obtenir à volonté des empreintes de l'une ou l'autre des gravures creusées sur les deux faces de la pierre.

En 1881, Louis Desbazeille prit comme associé son fils Germain, alors âgé de 29 ans, et tous deux, sans cesse à la recherche de l'inédit, créèrent un genre de bijoux d'homme (boutons, médaillons, épingles), dans lesquels les sardoines gravées ou unies étaient serties avec des griffes massives d'or rouge, incrustées dans la pierre, puis lapidées, de manière à supprimer toute saillie de métal, l'or et la pierre étant au même niveau.

Plus tard, Desbazeille employa pour des bijoux de dames (bracelets et boutons d'oreilles), des griffes de même

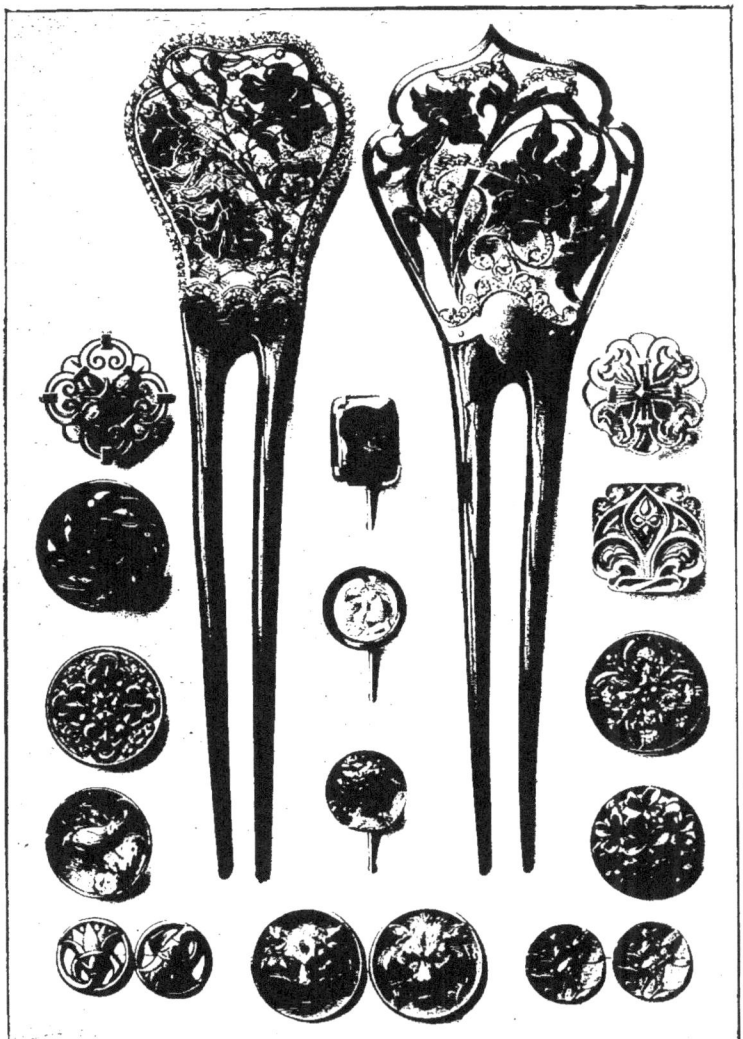

BIJOUX DIVERS.
(Maison G. Desbazeille.)

genre, mais en argent incrusté dans des grenats cabochons et serties de roses.

Vers le milieu de 1882, on vit paraître à Paris une pierre nouvelle, dénommée œil-de-chat du Cap, puis œil-de-tigre. Cette pierre, que les minéralogistes appellent crocydolite, est une sorte de bois pétrifié à chatoiements jaune brun. D'abord présentée par petites quantités, elle se vendait au carat et assez cher; puis, brusquement répandue à profusion, elle descendit à des prix très minimes, ce qui permit de la substituer à la sardoine. Peu après, apparut une variété de cette pierre, dont les reflets étaient bleus ou verts et quelquefois mélangés de vert et de jaune.

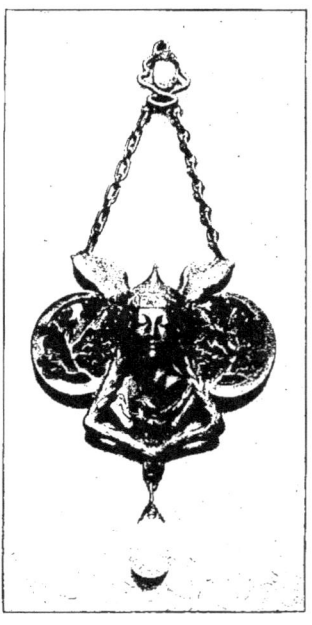

PENDENTIF DRUIDESSE
par Joé Descomps.

De 1882 à 1885, Desbazeille et fils exécutèrent une série de bijoux d'émail translucide d'un joli effet. Repercés dans une lame de plané d'or, ils représentaient généralement des ornements empruntés à l'art arabe ou persan, ou tirés d'écrans japonais. Ce furent d'abord des épingles de coiffure, des liseuses, puis des épingles de chapeau dans lesquelles l'émail accompagnait parfois un cabochon de « pierre de lune » (variété d'orthose) entouré de roses.

Louis Desbazeille se retira en 1886; son fils continua quelque temps encore à employer le camée dans ses bijoux, mais, pour le rajeunir, il le fit repercer à jour. Ce fut le dernier effort tenté pour maintenir au camée une vogue qui allait décroissant depuis plusieurs années.

A partir de ce moment, Desbazeille s'adonna avec ardeur et succès au bijou-médaille et aux objets fabriqués en utilisant le tour à réduire dont nous parlerons plus loin, exécu-

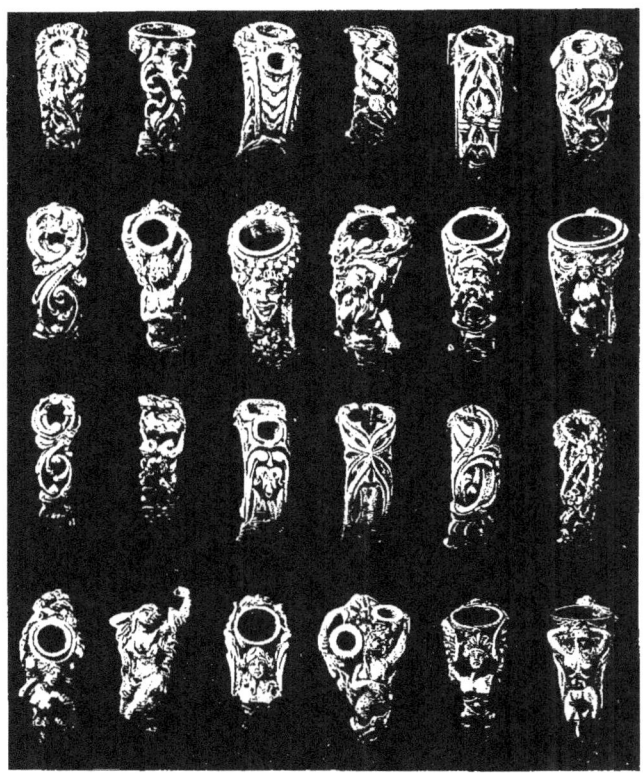

BAGUES EN OR CISELÉ POUR HOMMES.

tant ainsi des broches et de charmants boutons de manchettes de modèles très variés et d'une grande finesse d'exécution, soit tout en or de patines diverses, soit rehaussés d'émail. Il fit aussi d'heureux essais dans la joaillerie ; par exemple, certaines épingles de coiffure en écaille, ou encore ces bouquets de violettes naturelles (ou artificielles) dans lesquels étaient mélangées fort agréablement des violettes en diamants, et qui plurent beaucoup.

Nous venons de signaler la défaveur croissante où se trou-

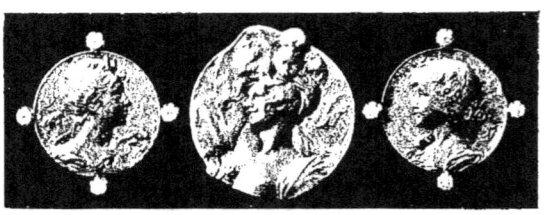

BROCHE DIANE BROCHE PARISIENNE BROCHE PRINTEMPS
par Vernier (1886). par Jules Chéret. par Vernier.

vèrent le camée et les intailles vers 1880. Beaucoup de fabricants en éprouvèrent un préjudice considérable et durent chercher à les remplacer. C'est alors qu'ils songèrent aux médailles antiques, grecques ou romaines, sortes de camées admirables, dont la chaude couleur d'or fin devait rem-

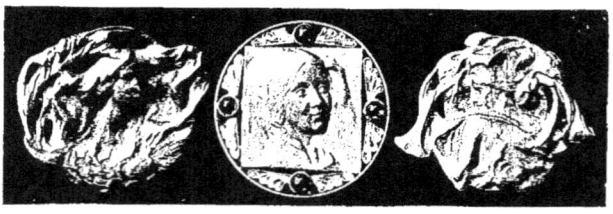

BROCHE BROCHE RONDE BROCHE
par Victor Prouvé. par Dampt et Rivaud (1898). par Victor Prouvé (1898).

placer avantageusement l'aspect un peu froid de la pierre dure. Ils utilisèrent aussi les monnaies d'or françaises allant depuis Charles V jusqu'à Louis XVI. Non seulement il était assez facile de s'en procurer de bons exemplaires chez les antiquaires, mais on pouvait faire frapper les plus récentes par la Monnaie de Paris, qui en possédait encore les coins. Puis, l'ancien fit place au moderne, et cette évolution naturelle amena pour les graveurs en médailles une ère particulièrement prospère et des commandes importantes auxquelles ils n'étaient guère habitués.

En même temps, le perfectionnement du tour à réduire permit d'obtenir des résultats bien supérieurs, au moins comme finesse sinon comme style, à ceux donnés par la matrice gravée directement à la main. Dès lors, tout artiste sachant modeler put composer et établir des médailles sans avoir besoin d'un apprentissage spécial. En 1886, Fonsèque et Olive avaient demandé à Vernier un modèle de « Diane » qui n'obtint d'abord aucun succès ; mais on y revint un peu plus tard et ce fut là le point de départ des innombrables bijoux avec médailles dont la mode s'affirma ensuite et dura longtemps. Cette vogue était du reste justifiée, car ce genre permettait de donner au public une véritable œuvre d'art pour un prix peu élevé. Les mêmes bijoutiers éditèrent encore d'autres modèles très réussis et s'adressèrent aussi à Jules Chéret ; il traduisit dans le métal les plus fantaisistes et les plus « parisiennes » de ses compositions, qui sous la forme d'affiches multicolores et éclatantes, métamorphosaient, illuminaient alors tous les murs de la capitale.

G. Desbazeille, qui avait été un des premiers à entrer dans cette voie nouvelle, avait commandé en 1889 à Vernier une médaille « Cléopâtre », puis les modèles des « Quatre Saisons », des « Arts », des « Femmes aux fleurs », du « Saint Georges », etc. A partir de 1895, Desbazeille demanda à Roty diverses plaquettes et médailles à

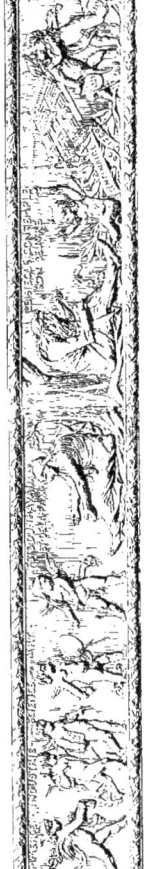

BRACELET DU CENTENAIRE
par O. Roty (1889). (Ch. Rivaud, éditeur.)

sujets religieux : la Vierge, l'Ange Gardien, etc., suivis un peu plus tard de sujets profanes : la Vestale, Faune et

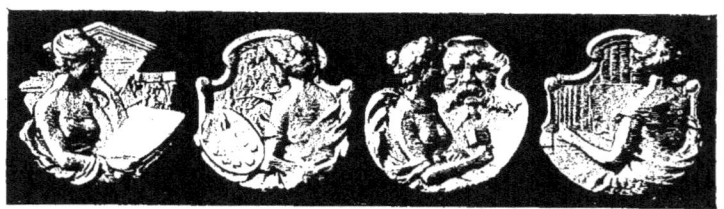

LES QUATRE ARTS.
Composition de Vernier. (Maison G. Desbazeille.)

Nymphe, etc. D'ailleurs, Roty auquel s'adressaient plusieurs fabricants, se servait depuis longtemps du procédé de la réduction et exécuta ainsi, à l'occasion de l'Exposition de 1889 destinée à fêter le centième anniversaire de la Révolution Française, un bijou, un bracelet dit du Centenaire, que Charles Rivaud édita, comme il édita dans de charmantes montures de sa composition, des médailles de Dampt, la broche du « Souvenir » de Victor Prouvé et bien d'autres. Charles Rivaud est du reste un artiste, doublé d'un artisan, dont les productions sont pleines de recherche et d'originalité.

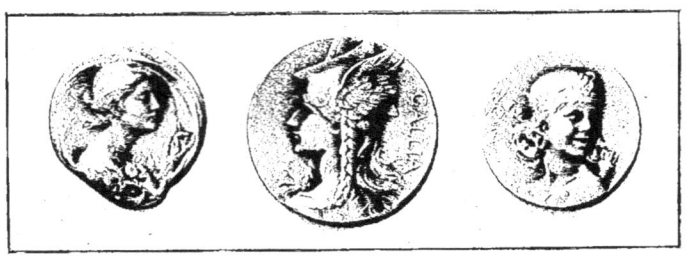

LA NUIT (1899).   GALLIA (1897).   L'AMOUR (1898).
Médailles par Vernon. (J. Duval, éditeur.)

Dès 1891, Duval et Le Turcq, tous deux élèves de l'École des Arts décoratifs où ils s'étaient liés, et qui s'étaient établis bijoutiers en 1885, firent une médaille qu'ils intitulèrent « la Vierge des Catacombes ». Cette médaille, très épaisse, contrastait absolument avec celles très minces que fabriquaient alors les spécialistes des médailles religieuses ; elle obtint un succès complet, et fut vendue en quantité énorme en France et à l'étranger. Duval et Le Turcq, bons dessinateurs, et ayant du goût, s'étaient donné pour programme de créer du nouveau. Ils le réalisèrent en fabricant un nombre considérable de bijoux d'une exécution très soignée. Sans les rappeler en détail, nous citerons seulement, comme se rattachant au genre médaille dont nous parlons, un bracelet « Gaulois », obtenu par l'estampage, qu'ils firent en 1890, et dont nous donnons la reproduction. Des orchidées et des papillons, avec des émaux mats et des émaux sur paillons, eurent beaucoup de succès vers 1889.

Les deux associés se séparèrent en 1894 et continuèrent chacun à produire de jolies choses. A l'occasion de la millième représentation du *Faust* de Gounod, à l'Opéra, en 1895, Le Turcq eut l'idée de faire, avec la collaboration de Vernier, un bracelet « Faust », obtenu par la frappe et qui reproduit les figures de Marguerite, de Faust, de Méphistophélès et de Valentin.

Georges Le Turcq (1859) exécuta aussi, vers 1900, de belle joaillerie et des bijoux avec émaux très intéressants. De son côté, Julien Duval (1856), s'étant adressé à son camarade Vernon (de son vrai nom Frédéric

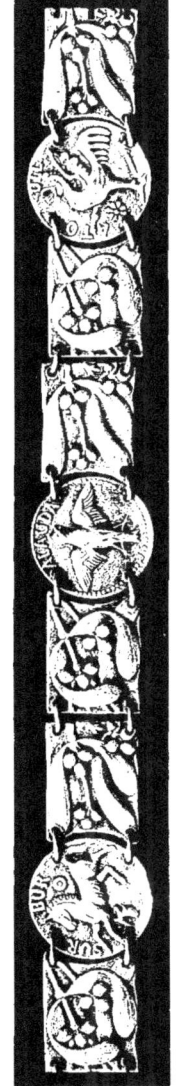

BRACELET GAULOIS
par Duval et Le Turcq (1890).

de Vernon, 1858), qu'il avait connu à l'école des Arts décoratifs, lui demanda une série de médailles admirables dont

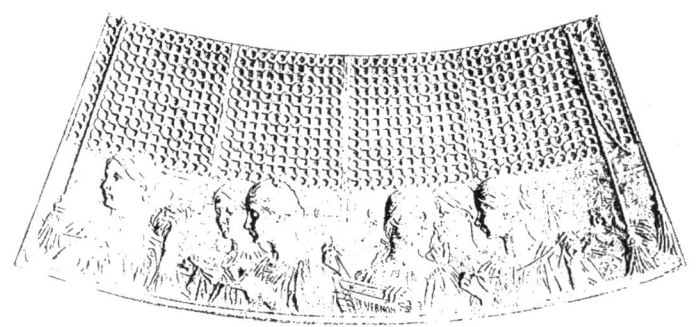

DÉVELOPPEMENT AGRANDI DU DÉ DE LA REINE WILHELMINE.
Composition de E. Vernon (1900). (Maison J. Duval.)

nous rappellerons les principales : la « Sainte Cécile », en 1896 ; la « Gallia », en 1897 ; « l'Amour », la « Vierge », en 1898 ; le « Jour », la « Nuit », « l'Aurore », le « Crépuscule », en 1899 et en 1900. le fameux dé que le Président

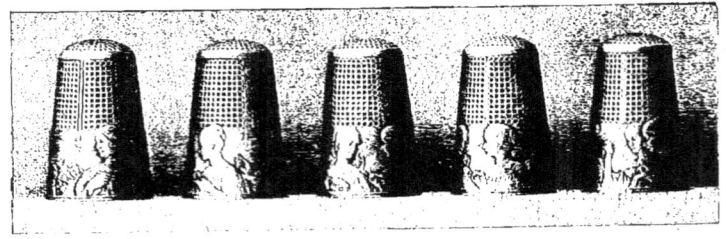

DÉ DE LA REINE WILHELMINE.
Composition de E. Vernon (1900). (Maison J. Duval.)

Krüger offrit, dit-on, à la jeune Reine Wilhelmine, lors de son mariage. Ce dé, qui représente de charmantes couturières parisiennes gracieusement groupées, n'avait jamais eu d'analogue, aussi son succès fut-il encore plus grand que

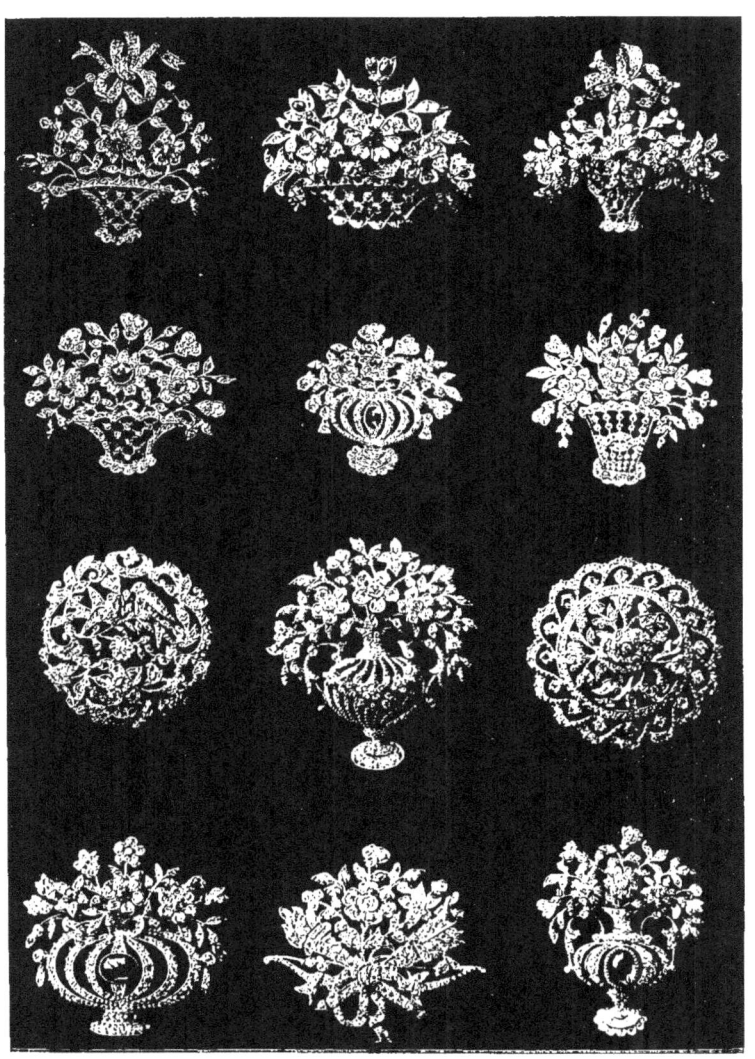

BROCHES EN JOAILLERIE: PANIERS ET ATTRIBUTS LOUIS XVI.
(Maison Plisson et Hartz).

celui des autres œuvres que Vernon continuait de faire pour Duval.

Avant de terminer ces lignes consacrées à l'emploi des médailles dans le bijou, citons encore une « Parisienne », que Foisil exécuta en 1899 pour M. E. Martincourt et dont la vogue très accentuée s'adressa beaucoup moins à la médaille elle-même, cependant jolie, qu'à l'idée qu'avait eue le fabricant de sertir en roses le collier de cette Parisienne, ainsi que les fleurs de sa coiffure. Pour une certaine clientèle, cette addition de diamants faisait préférer ce modèle et les autres similaires qu'on fit depuis, à des productions d'un mérite artistique parfois supérieur.

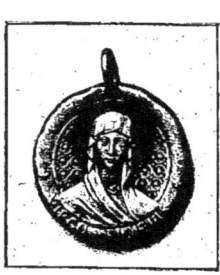

LA VIERGE
DES CATACOMBES
par Julien Duval (1891).
(Maison Duval et Le Turcq.)

L'examen des œuvres des différents maîtres graveurs en médailles n'entre pas dans le cadre de notre travail; nombreux furent ceux qui fournirent aux bijoutiers des créations très justement appréciées des amateurs; nous nous bornerons à ajouter aux noms que nous avons cités, ceux de Legastelois, de Yencesse, de Rivet, de Joindy ; enfin, celui de Louis Bottée, artiste de grande valeur, qui a composé des pièces d'orfèvrerie et des objets remarquables, sans parler de nombreuses et intéressantes plaquettes et médailles, en particulier celles de « Bellone »

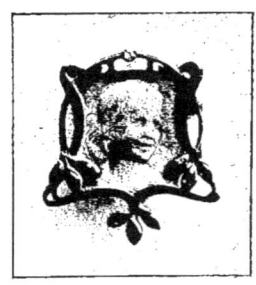

BROCHE
AVEC BAS-RELIEF D'IVOIRE
par Vernon.

et « Cybèle », qu'il exécuta au commencement de 1891 pour Vever.

C'est par une pente toute naturelle qu'on fut conduit à utiliser le tour à réduire, non plus seulement pour fabriquer des médailles ou des plaquettes, mais même pour exécuter des bijoux entiers, aux contours mouvementés et aux reliefs assez accentués parfois pour nécessiter une retouche de ciselure.

Il s'est toujours fait d'excellente bijouterie dans l'importante maison dirigée par MM. Bottentuit et Plisson de 1872 à 1886, puis par M. Plisson seul jusqu'en 1898 ; à cette date, celui-ci s'adjoignit M. Hartz, son collaborateur depuis de longues années, et qui devenait son associé lorsque, en 1904, la mort emporta M. Plisson, après 32 années bien employées à la recherche de la nouveauté et au souci d'une fabrication irréprochable.

Le nombre des jolis bijoux et des modèles à succès exécutés dans cet atelier réputé est considérable. M. Hartz en fut presque toujours le créateur ou l'inspirateur ingénieux. Tous les genres furent traités avec une égale réussite : ciselure, émail, petite joaillerie, etc. C'est de là que sortirent pour la première fois les chimères en or ciselé, si froidement accueillies au début de leur apparition et qui par la suite firent véritablement fureur. Le succès fut également complet pour ces animaux en ronde bosse, entièrement pavés de diamants, que rehaussaient des lignes de rubis, de saphirs ou d'olivines : lapins, chats, lézards, tortues, crabes, insectes de toutes sortes, ainsi que pour les charmantes petites corbeilles fleuries et tant d'autres jolies fantaisies d'un goût bien parisien que M. Hartz continue à exécuter avec un goût parfait.

BRACELET « FAUST ».
(Maison G. Le Turcq, 1895.)

La maison Fontana est une des plus connues de Paris. Elle fut fondée par Thomas Fontana (1813-1861) qui, venu de Suisse, avait débuté très modestement galerie Beaujolais au Palais-Royal en 1840 et dut, en raison de la prospérité

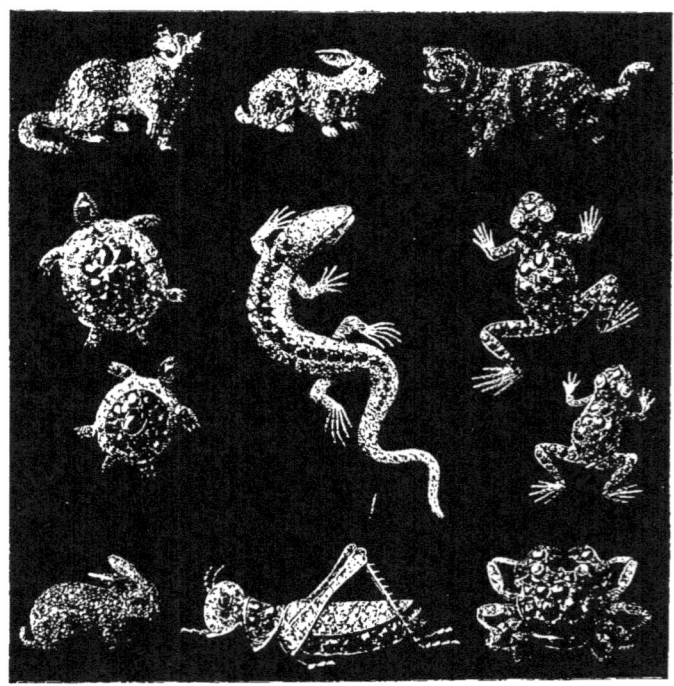

BROCHES ANIMAUX EN JOAILLERIE ET PIERRES DE COULEURS.
Chats, lapins, tortues, grenouilles, crabes, lézard, etc.
(Maison Plisson et Hartz.)

de ses affaires, agrandir successivement ses magasins d'un nombre croissant d'« arcades »; il finit même par acquérir plus tard l'immeuble dans lequel il était installé.

A la mort de Thomas Fontana, son fils aîné[1] Charles (1849) étant trop jeune pour pouvoir lui succéder, ce furent

1. Henri Fontana, le second fils de Thomas, est notaire à Paris.

MM. Joseph Fontana, son neveu, Alexandre Templier, son

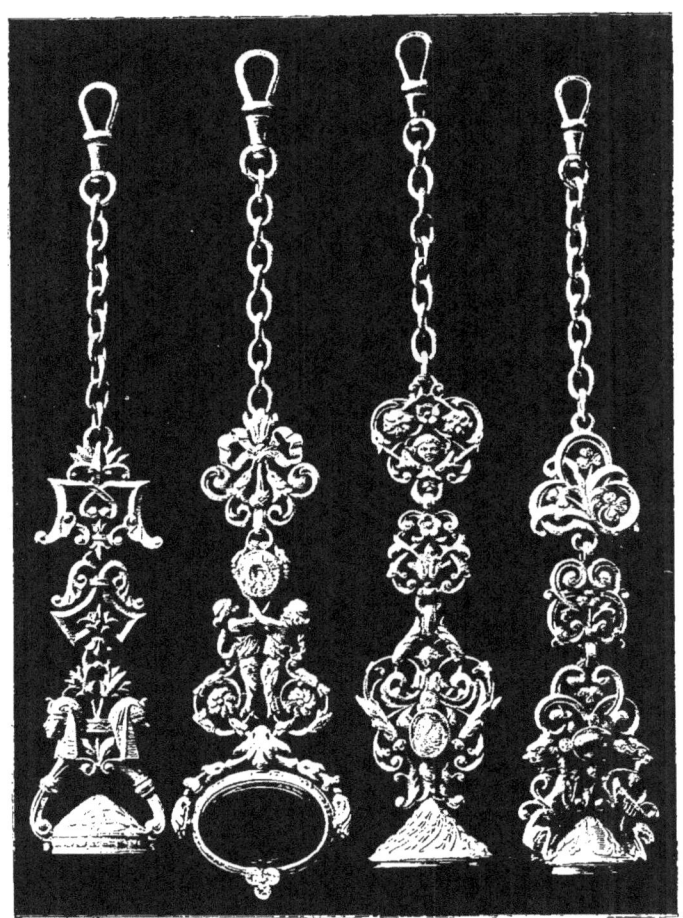

CHAINES « RÉGENCE ».
(Maison Plisson et Hartz.)

neveu par alliance, et ses autres héritiers qui, sous la raison sociale T. Fontana et Cie, assurèrent la bonne marche de la maison. Charles Fontana y entra en 1867 et en prit la direction en 1871 ; il conserva toutefois comme associés les anciens collaborateurs de son père.

Lorsque le Palais-Royal eût perdu complètement la faveur du public, Charles Fontana, suivant l'exemple de la plupart de ses confrères, se résigna à l'abandonner et, en 1896, s'installa rue Royale dans un spacieux emplacement où il continue, en association avec son neveu André Baudrier et son cousin Jules Templier, à soutenir le renom de son importante maison.

Les Fontana ont toujours été réputés pour leur joaillerie

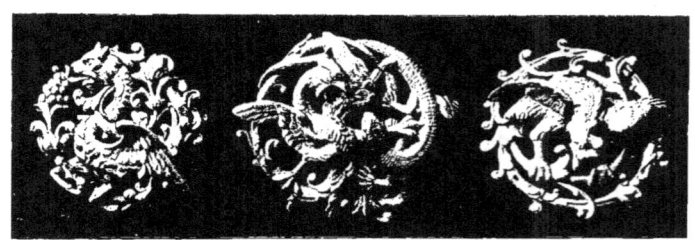

BROCHES CHIMÈRES EN OR CISELÉ.
(Maison Plisson et Hartz.)

classique et riche ; ils ont une grosse clientèle dans la bourgeoisie parisienne.

Nous venons de dire qu'au décès de Thomas Fontana sa maison avait été en partie dirigée par un de ses neveux, Joseph ; son oncle l'avait fait venir à Paris en 1855 pour lui faire compléter ses études, puis l'avait pris avec lui comme collaborateur. Devenu associé des héritiers en 1861, Joseph Fontana (1840-1897) conserva cette situation dans la société Ch. Fontana et Cie, formée en 1871. A l'expiration de cette société, en 1881, il partit et fonda en 1882 une nouvelle maison avec son frère Giacomo Fontana (1847-1899) qui, après avoir été plusieurs années employé dans la maison

Charles Fontana et Cie, s'était établi en 1877, galerie de Valois, au Palais-Royal. Sous la raison sociale Fontana frères, ils restèrent au Palais-Royal jusque vers la fin de 1893, époque à laquelle ils transférèrent leur maison, 7, rue de la Paix, où M. Pierre Fontana (1870), fils de Joseph, leur a succédé.

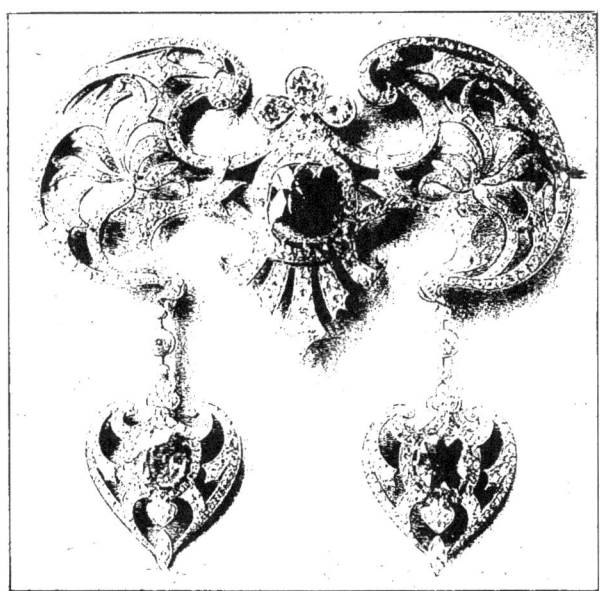

ORNEMENT DE CORSAGE.
(Maison Fontana frères, 1900.)

Joseph Fontana était depuis 1892 membre honoraire du Conseil de la Chambre Syndicale dont il a fait partie pendant de longues années et où il s'était acquis l'estime et la sympathie de tous ses collègues.

Le nom de Linzeler est estimé depuis longtemps dans la corporation et, coïncidence curieuse, il se trouva trois frères exerçant la même profession. Nous trouvons le premier ainsi désigné dans *l'Azur* de 1833 : « Linzeler aîné, rue Saint-Honoré, 396, orfèvre-joaillier-bijoutier, tient le change des

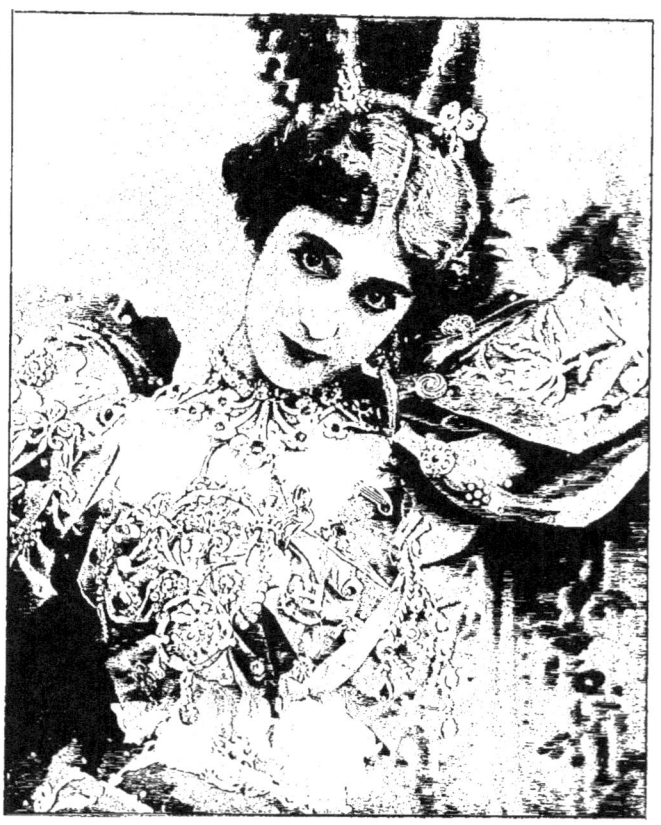

Cliché Reutlinger.
LA BELLE OTERO PARÉE DE SES BIJOUX.

monnaies » ; le second, Charles Linzeler, rue de l'Ancienne-Comédie, 5, « joaillier-bijoutier, tient la curiosité » ; enfin, le troisième, Eugène Linzeler père, avait fondé en 1840, avec Laurent, rue Coq-Héron, n° 9, une fabrique de « bijoutier-garnisseur » (flacons, nécessaires, etc.).

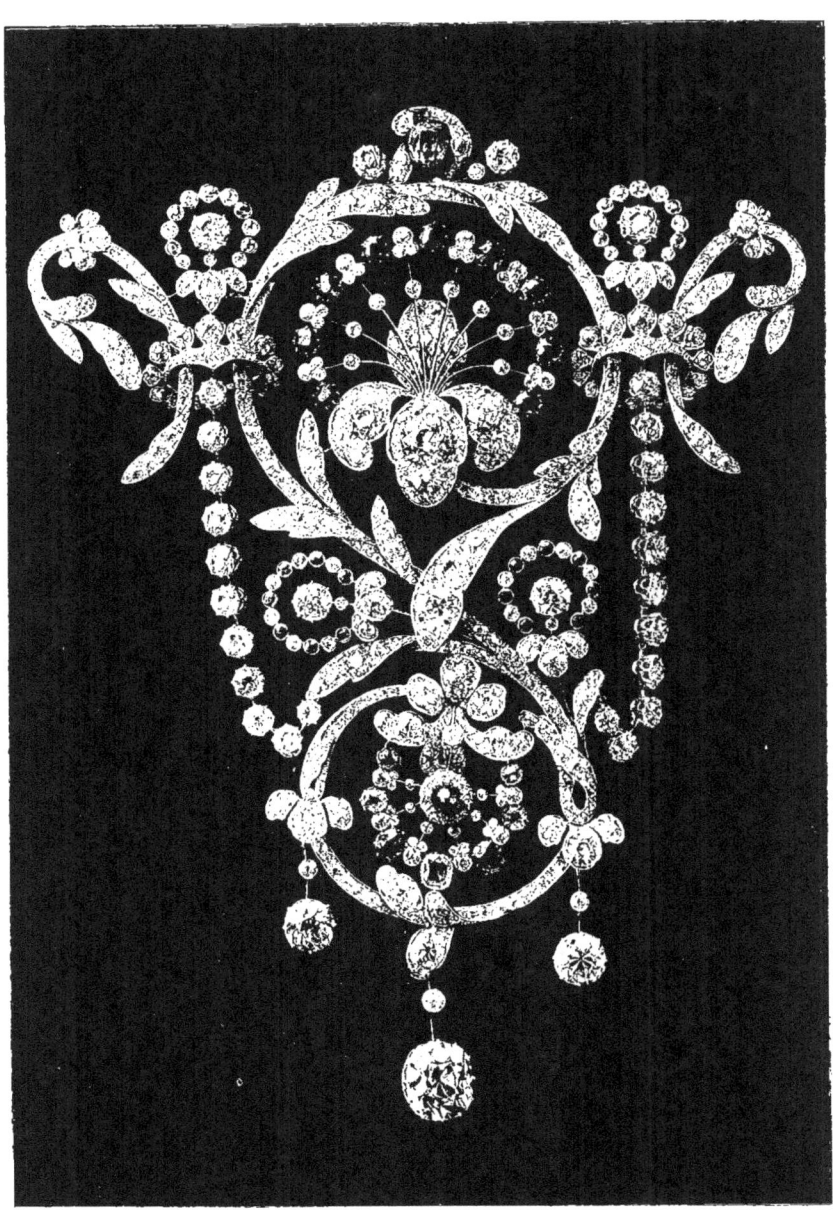

DEVANT DE CORSAGE EN JOAILLERIE, DE LA BELLE OTERO.
Hauteur : 23 cent.

Eugène Linzeler père (1808-1888) était un graveur-ciseleur, ayant travaillé antérieurement chez Joseph Legrand. Il était en relations d'affaires suivies avec un bijoutier nommé Chabrolli qui avait une petite boutique, boulevard de la Madeleine, 11. Ce dernier n'ayant pas réussi, Eugène Linzeler, pour rentrer dans l'argent qui lui était dû, reprit, en 1845, la boutique de son débiteur et y transporta sa maison; il ne tarda pas à lui donner plus d'importance en y adjoignant aussi la bijouterie et la joaillerie. Eugène Linzeler

BIJOU, ÉMERAUDES ET BRILLANTS DE LA BELLE OTERO.
Largeur : 27 cent.

père avait épousé la fille d'un M. Laurent, qui n'avait aucun lien de parenté avec son ex-associé, et qui tenait un magasin de cannes et parapluies connu sous le nom de Verdier. Très fréquenté par les élégants, ce magasin, situé d'abord 102, rue Richelieu, fut transféré, vers 1862, boulevard de la Madeleine, à quelques pas de celui de Linzeler.

En 1864, Eugène Linzeler père s'associa ses deux fils aînés : Eugène (1834-1898) et Frédéric (1836), puis, un peu plus tard, son troisième fils, Albert (1844-1907). Le dernier, Georges (1853), dirigea quelque temps la maison avec son frère aîné Eugène, dont il prit ensuite le fils, Ernest (1865), qui devint son associé. Tous deux sont encore aujourd'hui à la tête de cette maison de joaillerie d'une excellente réputation.

Eugène Linzeler père, ainsi du reste que tous les membres

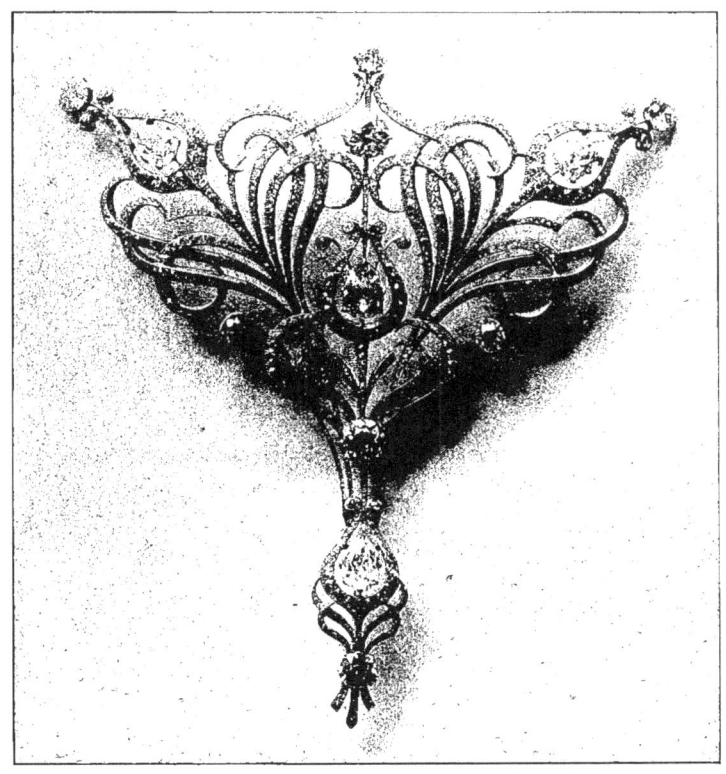

DEVANT DE CORSAGE, PLUMES DE PAON EN JOAILLERIE.
(Maison André Aucoc, 1900.)

de sa famille, fut très apprécié de ses confrères. Trésorier très dévoué de la Chambre syndicale pendant de nombreuses années, il reçut l'honorariat en 1883, au moment où il quitta les affaires; ses fils y remplirent aussi, à plusieurs reprises, les fonctions de secrétaires et de membres du conseil. Frédéric Linzeler, le sympathique vice-président de *la Fraternelle,* est le père de Robert Linzeler, l'orfèvre érudit, au goût très sûr, dont les productions sont appréciées par une clientèle d'élite.

Nous avons dit précédemment [1] qu'en 1881, Marc Gueyton, neveu d'Alexandre Gueyton, fondateur de la maison, s'était vu contraint par la maladie de laisser à sa femme le soin de diriger ses affaires. C'était, pour cette dernière, une tâche rendue plus lourde encore par son inexpérience. Elle

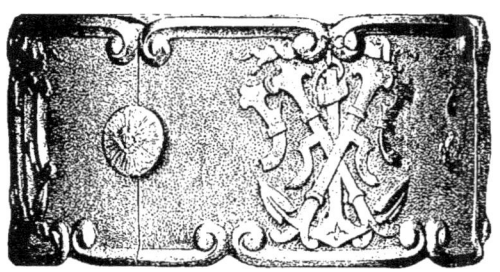

BRACELET OFFERT PAR LA VILLE DU HAVRE A Mme FÉLIX FAURE.
Exécuté par Camille Gueyton (1895).

dut y renoncer : malgré tous ses efforts, la maison périclitait lorsqu'en 1883 Marc mourut. Ce furent ces tristes circonstances qui amenèrent un fils d'Alexandre, Camille Gueyton, à reprendre la maison créée par son père. Camille Gueyton avait alors 33 ans; ingénieur des Arts et Manufactures, ignorant tout de son nouveau métier, il se mit courageusement à l'œuvre. Un travail assidu, son goût naturel, lui permirent cependant de devenir bientôt un bijoutier habile, sachant donner à ses œuvres un cachet artistique.

Ce sont généralement des objets de dimension moyenne, pour l'ornementation desquels il utilise fréquemment, et avec élégance, les feuilles de latanier et de palmier qui

1. Voir p. 35.

constituent en quelque sorte la note caractéristique de ses compositions.

En 1895, lorsque Félix Faure fut nommé Président de la République, ce fut à Camille Gueyton que la Ville du Havre commanda le bracelet qu'elle offrit à la nouvelle Présidente. Ce bijou, exécuté en huit jours, est décoré des armes du Havre, accompagnées de branches de chêne et de laurier, ainsi que de roseaux symbolisant la Seine ; des saphirs, des brillants et des rubis figurent les couleurs nationales. Des ancres s'enlacent avec le monogramme de Félix Faure, rap-

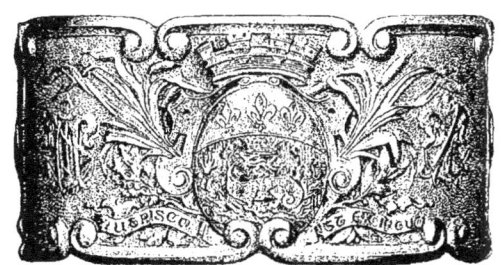

BRACELET EN OR REPOUSSÉ ET CISELÉ,
AVEC SAPHIRS, BRILLANTS ET RUBIS.
Offert par la ville du Havre à Mme Félix Faure (1895). — Exécuté par Camille Gueyton.

pelant ainsi que le député du Havre était ministre de la marine au moment de son élection.

Le premier Salon auquel figura Camille Gueyton fut celui de 1896. Depuis cette époque, il y participe fidèlement chaque année, ainsi qu'à la plupart des Expositions, où ses bijoux, ciselés avec goût et parfois décorés d'émaux, tiennent une bonne place.

La maison Auger est aussi parmi les plus connues. Son fondateur, Alphonse Auger (1837-1904), avait commencé par être sertisseur ; en 1862, il s'établit joaillier. Il fut pendant de longues années le fabricant attitré de maisons importantes, telles que Lemoine et Mellerio-Borgnis ; il eut

M. Falguières comme associé de 1864 à 1870, puis, demeuré seul pendant huit années qui virent ses affaires prendre un essor considérable, il s'associa en 1878 M. Guéret, qui le quitta en 1889.

Son fils aîné, Georges Auger (1864), son collaborateur depuis 1895, prit définitivement sa maison en 1900.

En dehors de la joaillerie, la maison Auger exécute de nombreuses pièces d'art : épées d'honneur, reliures d'albums, coupes sportives, etc., qui sont très appréciées.

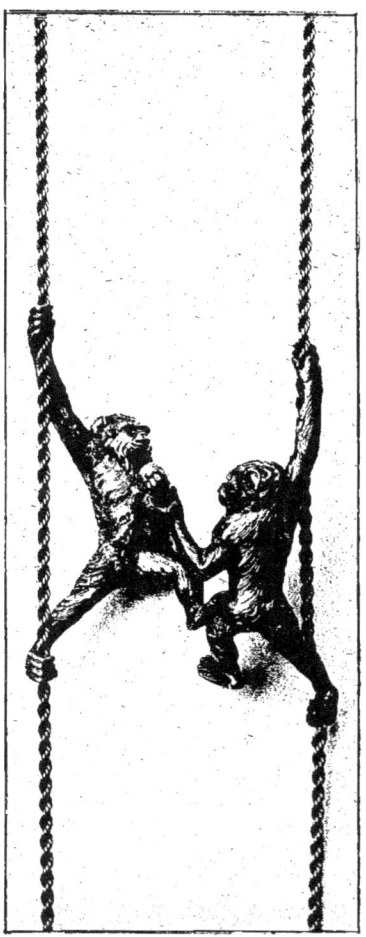

SAUTOIR AUX SINGES
par Camille Gueyton.

La maison Lefebvre fut fondée par François Lefebvre (1820-1890) qui, en 1845, s'établit comme horloger dans une petite boutique de la rue Saint-Antoine; il la quitta plus tard pour s'installer 106, rue de Rivoli, où il continua à s'occuper exclusivement d'horlogerie.

François Lefebvre eut deux fils, Eugène et Edmond, qui tous deux surent conquérir dans la corporation une situation des plus estimées. L'aîné, Eugène (1848-1907) reprit en 1874 la maison

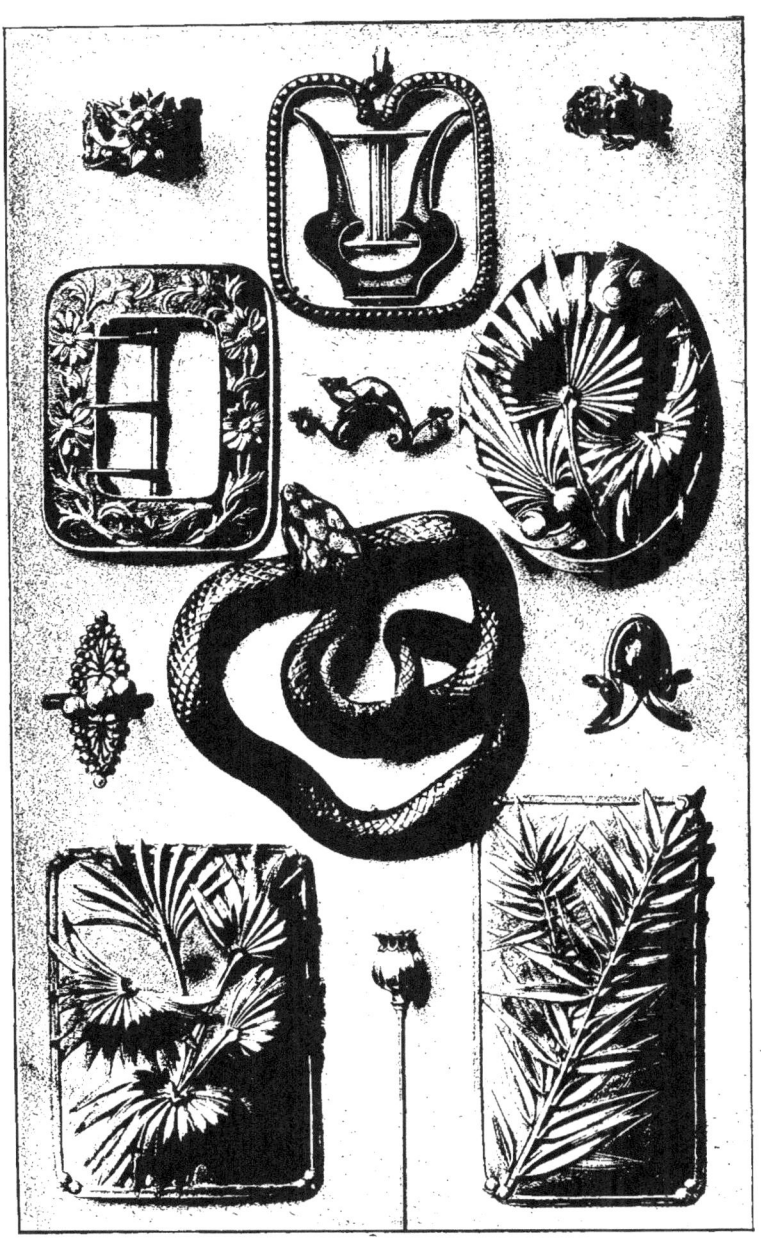

BIJOUX DIVERS : BOUCLES DE CEINTURE, BAGUES, ÉPINGLES
par Camille Gueyton.

paternelle et se risqua alors timidement à faire un peu de joaillerie, à la grande inquiétude de son père que tant d'audace effrayait, mais qui ne tarda pas à être rassuré par la réussite de son fils. Celui-ci, en effet, par son intelligence et son activité, fit rapidement prospérer ses affaires dans lesquelles la joaillerie tenait une large place et participa brillamment à l'Exposition de 1889 où il obtint une médaille d'or.

En 1895, Eugène Lefebvre acheta le fonds de Rabanit,

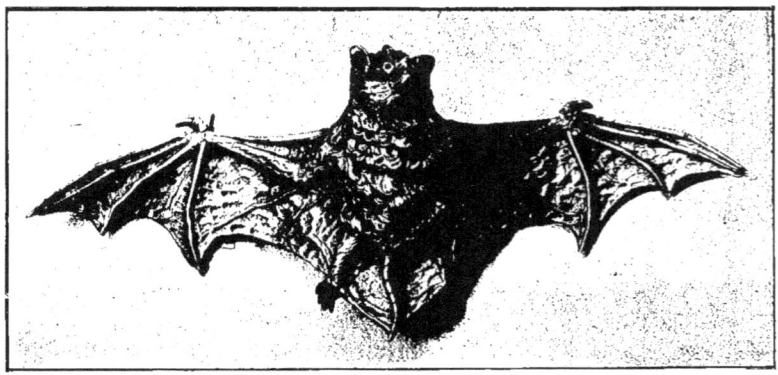

BROCHE CHAUVE-SOURIS
par Camille Gueyton.

rue des Minimes, puis celui de Glachant, quai des Orfèvres. L'extension que prit sa fabrication d'orfèvrerie et de bijouterie d'argent : articles de fumeurs, pommes de cannes, boucles de ceinture, etc., le détermina à établir, vers 1898, un atelier spécial, rue du Temple, 118, dont il confia la direction à M. Desmarquet, son associé, créant ainsi une maison distincte pour son plus jeune fils.

Président de l'Orphelinat de la Bijouterie de 1885 à 1903, Eugène Lefebvre aîné se consacra avec ardeur au développement de cette belle œuvre et fut un des principaux auteurs de sa prospérité actuelle. En 1893, toute la corporation fut heureuse d'applaudir à sa nomination de chevalier de la

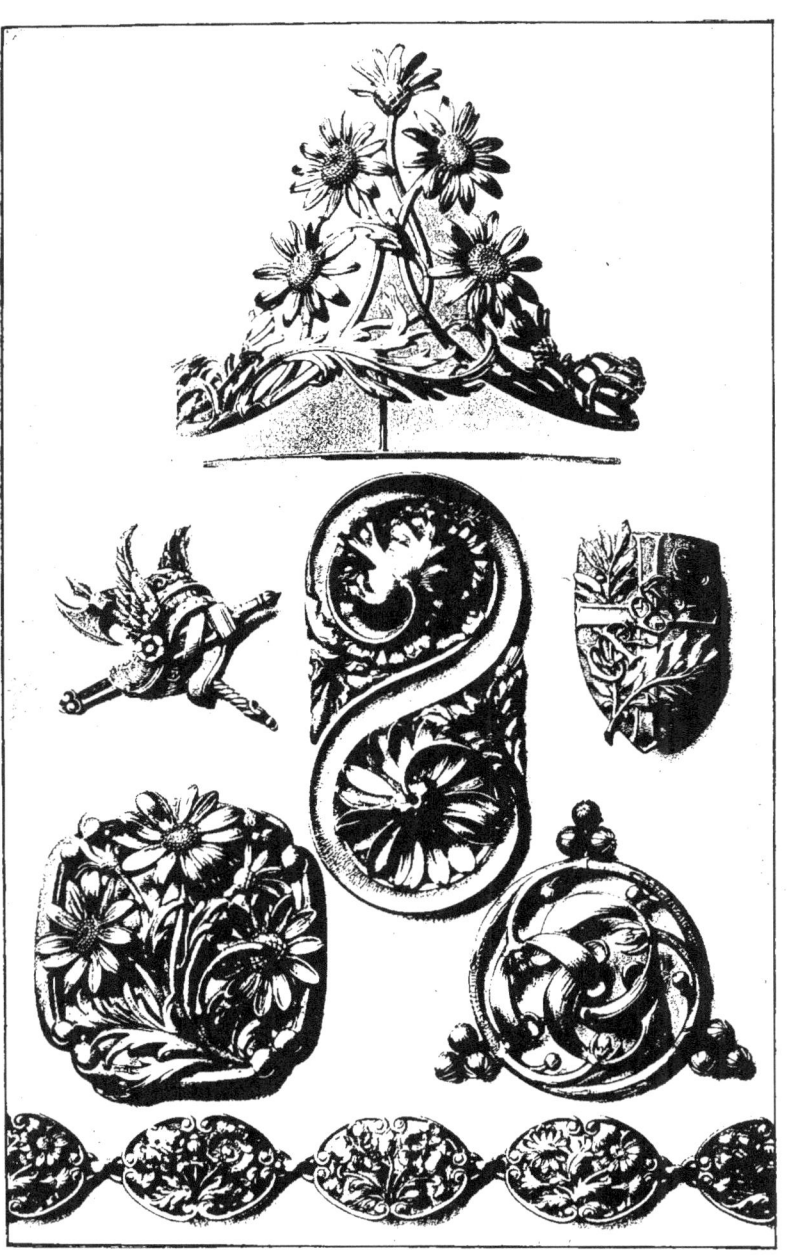

DIADÈME, BOUCLES, BROCHES, BRACELET
par Camille Gueyton.

Légion d'honneur, récompense de son zèle infatigable et de son dévouement. Il reçut aussi en 1903 la grande médaille d'or de la Société d'Encouragement de la Bijouterie.

Son fils aîné, Charles Lefebvre (1874), entré dès l'âge de 14 ans comme apprenti dans l'atelier de son père, lui a succédé depuis 1904, rue de Rivoli. Son autre fils, Eugène Lefebvre fils (1876), dirige la maison de la rue du Temple avec M. Desmarquet, l'ancien associé de son père; il a joint à l'orfèvrerie et à la bijouterie d'argent la fabrication du bijou d'or estampé.

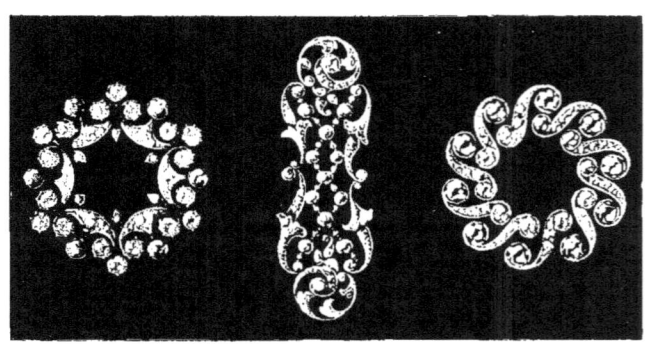

BROCHES COURONNES EN BRILLANTS (1890).
BARRETTE DE COLLIER DE CHIEN (1894).
(Maison Ch. Marie.)

Le second fils de François Lefebvre, Edmond (1856), fit un court séjour dans la maison de son père et s'installa au Palais Royal en 1881. Il forma plus tard une association avec Gabriel, successeur de Dupuy et Chaudé et adjoignit sa maison à la sienne.

Comme tous ses voisins, il dut quitter le vieux Palais délaissé du public; il vint alors rue Royale, 8, où lui succèdent maintenant MM. Henri Templier et Hallingre.

Grâce à son intelligence, à la rectitude de son jugement, M. Edmond Lefebvre a rendu de grands services à la corporation comme membre du Conseil de la Chambre Syndicale, dont il est secrétaire honoraire, et comme juge au Tribunal de Commerce, où ses éminentes qualités lui valurent l'estime générale et la croix de la Légion d'honneur.

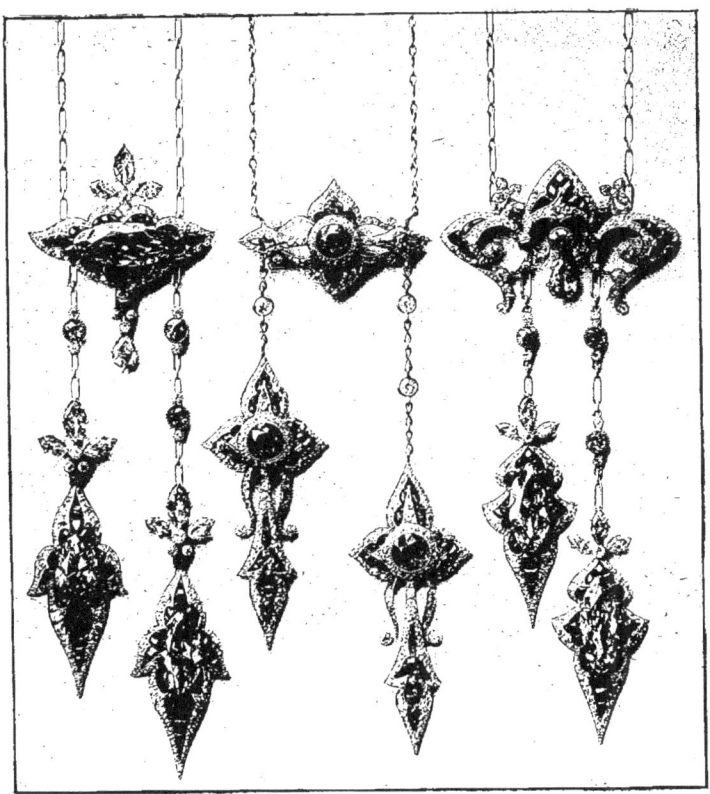

COLLIERS A FERRETS, DIAMANTS ET RUBIS CALIBRÉS.
(Maison Ch. Marie.)

Nous avons vu que Auguste Marie (1821-1898), ancien chef d'atelier de Alexis Falize père, l'avait quitté pour s'établir en 1858. Très bon fabricant, sachant dessiner, il prit comme associé, de 1869 à 1877, son gendre Lamargot, employé d'Auguste Halphen. La maison travaillait pour les principaux marchands et fabriquait du bijou soigné, entre autres des boucles de ceinture en argent niellé, du « Campana » jusqu'en 1870, des parures camées jusqu'en 1875. A

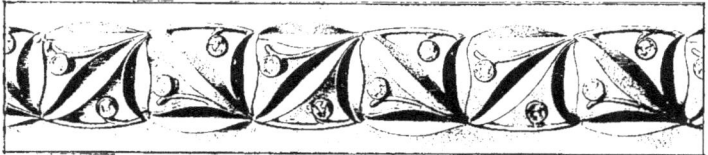

BRACELET
par Paul Frey (1895).

ce moment, le camée n'étant plus très en faveur, Marie et Lamargot s'adonnèrent plus spécialement à la fabrication des bagues riches dont ils avaient toujours eu un assortiment important.

En 1877, lors du départ de Lamargot, Charles Marie fils (1858), qui avait fait son apprentissage dans l'atelier paternel, entra dans la maison qu'il reprit définitivement en 1887.

Il donna alors plus d'extension à ses affaires, ne se con-

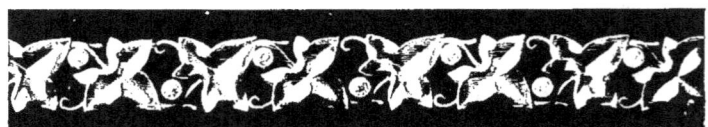

BRACELET FEUILLES DE LIERRE, OR ET BRILLANTS
par Paul Frey (1895).

tentant pas d'ajouter à sa fabrication de bagues en joaillerie celle des bagues d'hommes, des épingles de cravate, mais s'adonnant aussi à la joaillerie de fantaisie : libellules, insectes, grenouilles, écrevisses. Un peu plus tard, il fit de très jolies pièces de dimensions restreintes, mais extrêmement bien traitées, entre autres des broches avec fleurettes en pierres de couleur.

A la fin de 1894, il fit des barrettes en joaillerie légère, qui se portaient sur un large ruban de velours ajusté au

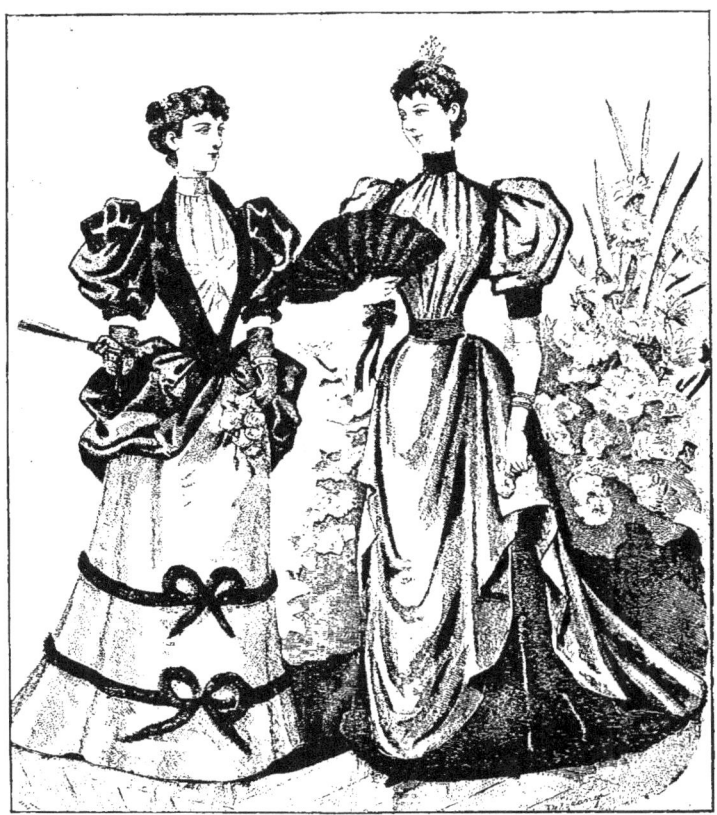

MODES DE 1894.
Aigrette, fleurs en joaillerie dans les cheveux, bracelets.

cou : ces barrettes accompagnèrent les plaques de cou dont la mode vint peu de temps après et qui finirent par les supplanter. Ces plaques, après s'être portées sur un ruban de velours, devinrent ensuite le centre de « colliers de chien », composés d'abord de six ou sept rangs, puis de douze à quinze rangs de petites perles. Vers 1890, Ch. Marie employa dans sa joaillerie une très grande quantité de pierres de couleurs calibrées, il en faisait tailler plus de mille chaque mois. Il exécuta ainsi des pièces de joaillerie d'aspect particulier qui eurent, et ont encore beaucoup de succès. Tout en augmentant sa production comme joaillier il n'a pas abandonné la fabrication des bagues qui avaient tant contribué à la prospérité de sa maison.

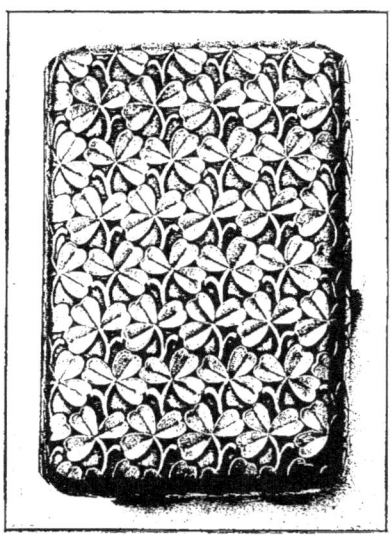

ÉTUI A CIGARETTES EN OR
par Paul Frey.

Un excellent fabricant, très bon dessinateur, dont les compositions ingénieuses sont fort appréciées, est Paul Frey (1855). Il fut exercé dès sa jeunesse aux travaux de bijouterie, puis, après s'être mis au courant de la vente des belles pierres chez Hamelin, il entra comme associé chez Antoine Touyon (précédemment maison Belleau, puis Touyon et Stensmaght). Cette maison fabriquait des petits nécessaires de dames, des médaillons, des boutons de manchettes, des bracelets, enfin des bijoux de toutes sortes en or mat, simples et soignés, du genre anglais, très en vogue à cette époque.

Resté seul à la tête de la maison depuis 1890, Paul Frey lui imprima une nouvelle impulsion et devint le collaborateur des principales maisons de Paris. Constamment à la recherche de la nouveauté, il a créé un grand nombre de

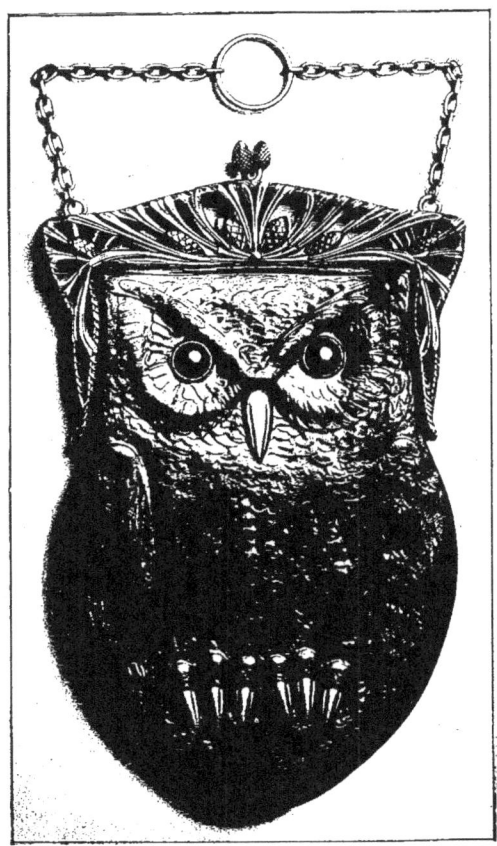

AUMONIÈRE HIBOU, CUIR CISELÉ ET OR
par Paul Frey. (Réduction d'un tiers.)

bijoux d'une exécution irréprochable et dans lesquels l'originalité s'allie à la distinction [1].

[1]. Médaille d'argent de collaborateur à l'Exposition universelle de 1900 ; médaille d'or de collaborateur à l'Exposition de Milan, 1906.

Son fils aîné, André Frey, a remporté en 1907 le premier prix du concours de dessinateurs organisé par la Chambre syndicale. Ardent au travail, il seconde avec succès son père depuis quelques années et permet de bien augurer de son avenir.

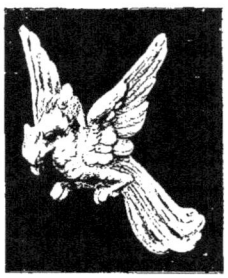

BROCHE PHÉNIX
par E. Froment-Meurice.

Déjà, à plusieurs reprises, nous avons longuement parlé de la maison Froment-Meurice, de son ancienne et légitime réputation, ainsi que du succès et des récompenses qu'elle obtint sous le Second Empire : médaille d'or en 1867, croix de la Légion d'honneur en 1869, à la suite de l'Exposition de l'Union Centrale des Beaux-Arts appliqués à l'Industrie. Il nous reste à la suivre pendant la Troisième République.

Nous retrouvons Émile Froment-Meurice prenant une part brillante à l'Exposition de 1878, avec des bijoux, des joyaux, et surtout de l'orfèvrerie artistique. En 1889, même succès, constaté en ces termes par le rapporteur Lucien Falize : « Il serait superflu de nous étendre sur les qualités de goût de M. Froment-Meurice ; la clientèle la plus aristocratique lui est restée fidèle ; il a su garder et agrandir encore la réputation de son père ; il a réalisé ce difficile problème d'être habile dans un art où son père avait été

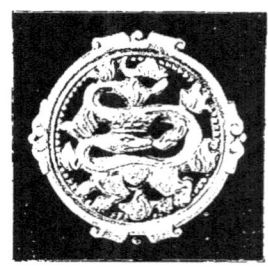

BROCHE FRANÇOIS I"
par E. Froment-Meurice.

des plus habiles, et son jeune fils s'essaye à des travaux d'orfèvrerie déjà : en sorte qu'on verra trois générations de Froment-Meurice, comme on a vu trois générations de Germain[1]. »

[1]. Cet espoir ne s'est malheureusement pas réalisé. Les fils de M. E. Fro-

Peu de temps avant, Froment-Meurice eut à exécuter une pièce importante, d'un caractère spécial, au sujet de

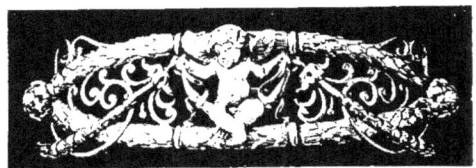

BRACELET ARGENT CISELÉ
par É. Froment-Meurice.
Composition de Samuel Waret, exécution d'Auguste Ferni (vers 1900).

laquelle il nous adressa pour la présente étude la note suivante :

« ..... C'était en décembre 1887. La catholicité se préparait à célébrer le jubilé sacerdotal de Léon XIII; chaque

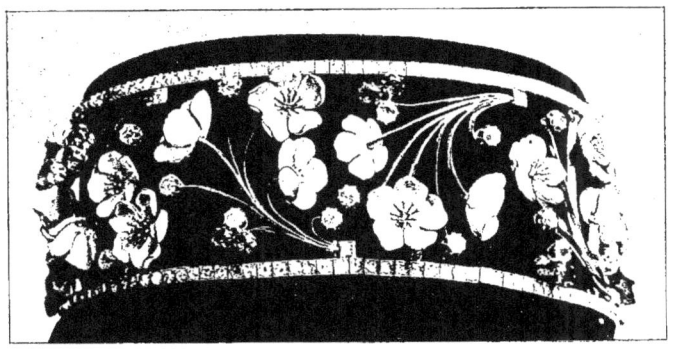

COLLIER JOAILLERIE ET ÉMAIL.
(Maison Émile Froment-Meurice — Exposition de 1900.)

nation saisissait l'occasion d'apporter au Pape conciliateur, enfermé, mais si puissant dans son Vatican, l'hommage de sa vénération.

ment-Meurice sont : François, conseiller municipal de Paris ; Jacques, sculpteur de talent; Marc, rompu aux longs voyages.

» Les diocèses de France ne se laissaient pas attarder : celui de Paris, sur l'avis de l'éminent et très regretté Mgʳ d'Hulst, se disposait à offrir, en volumes somptueusement reliés, les chefs-d'œuvre des orateurs et des écrivains chrétiens du xviie siècle, présent bien fait pour plaire au lettré que fut Léon XIII.

» Mais quelques esprits pénétrés, alors surtout que Berlin annonçait l'envoi d'une mitre, de l'opportunité d'imprimer à l'hommage de Paris un caractère plus symbolique,

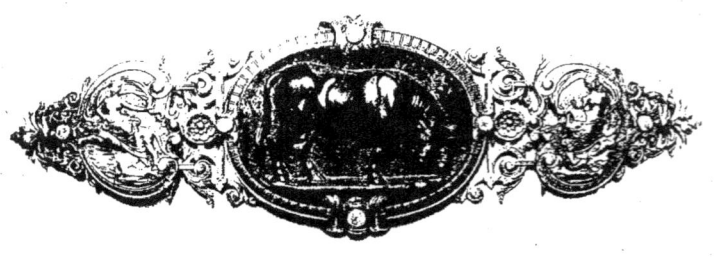

ORNEMENT DE CEINTURE EN OR.
Composition et ciselure de Quinton. — Camée en jaspe sanguin, par David. (Réduction de moitié.)
(Maison Froment-Meurice, 1889.)

mirent en avant l'idée d'offrir une tiare. Mgʳ l'archevêque de Paris craignait qu'on ne trouvât point les fonds nécessaires pour composer une tiare digne de sa destination. « Essayons », proposa l'abbé Le Rebours : il essaya et, en quelques semaines, il récoltait plus que la somme nécessaire.

» Là ne se borna point l'intervention du très intelligent curé de la Madeleine ; il suivit pas à pas l'élaboration du plan de l'ouvrage. Devant les quatorze dessins qui furent patiemment étudiés par M. Henri Caméré, pendant que les habiles mains d'Auguste et de Léon Férin travaillaient déjà les parties arrêtées, sous l'inspiration de M. Le Rebours, des éliminations successives furent pratiquées : d'un programme compliqué, nous arrivâmes à un plan très simple.

» Sur une coiffe de soie blanche brodée, des petites perles blanches formant un fond damassé, se superposent les trois couronnes d'or dont les bandeaux et les fleurons sont enrichis de diamants, d'émeraudes, de rubis et de saphirs ; au sommet, une croix d'or dont un gros brillant fait le centre et dont les branches supérieures se terminent chacune par un rubis cabochon.

» La silhouette élancée a été empruntée à une fresque de Ghirlandajo et l'auguste destinataire a approuvé ce retour à l'antique forme, qu'avaient fait oublier les formes ballonnées des tiares offertes par Napoléon Ier et par la Reine Isabelle.

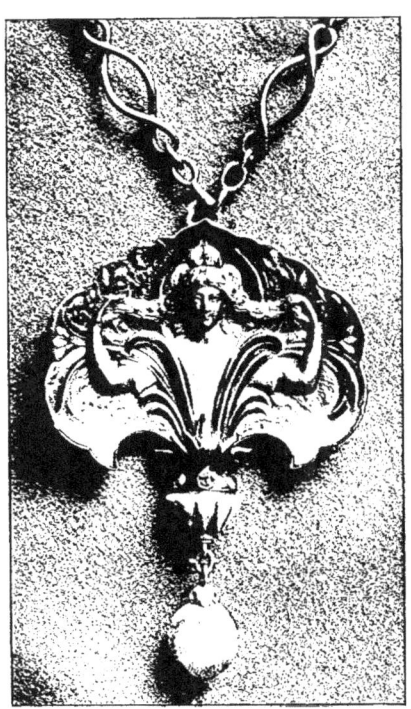

PENDANT DE COL.
(Maison Émile Froment-Meurice, 1900.)

» Nombre de dames avaient offert des bijoux ornés de pierres de toute sorte : améthystes, opales, topazes, turquoises, aigues-marines, péridots. Sur la tiare même, nous ne voulions admettre que les pierres très précieuses et, cependant, on ne pouvait contrister ces âmes pieuses en leur rendant leurs dons plus modestes ; on imagina donc, et l'effet en fut heureux, de broder d'un semé d'or pailleté de toutes ces pierres, le velours blanc qui tapisse le grand coffre revêtu à l'extérieur de maroquin blanc, où est enfermée la tiare et, de cette façon, les offrandes les plus humbles, mais non les moins touchantes, enveloppent pour ainsi dire les plus précieuses, et toutes ont ensemble concouru à glorifier le Pontife suprême de l'Église Catholique. »

Signalons aussi qu'en 1892, la Société d'encouragement pour l'industrie nationale avait décerné à Froment-Meurice sa grande médaille d'or, dite de Jean Goujon.

Enfin, lors de l'Exposition de 1900, la plus haute récompense, un grand prix, lui fut décernée ; et dans le rapport qu'il fut chargé de terminer, par suite de la mort de M. Armand Calliat, M. Henri Bouilhet, après avoir déclaré que l'exposition de M. Froment-Meurice avait sa marque bien spéciale et bien personnelle, ajoute : « Nous croyons avoir assez dit sur les qualités des ouvrages qui sortent des mains de M. Froment-Meurice pour en faire comprendre la valeur et, malgré le reproche d'immobilité qu'on lui a adressé, nous devons lui savoir gré de cette fidélité aux traditions paternelles ; et ce n'est pas un faible mérite d'avoir su être habile

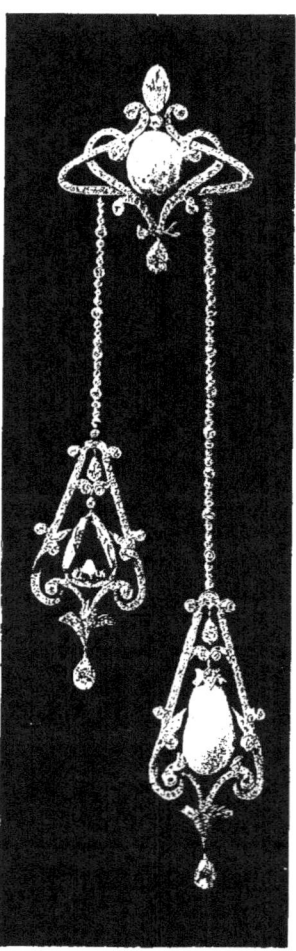

ORNEMENT DE CORSAGE.
(Maison Marret frères.)
(Exposition de 1900.) — Hauteur : 0^m19.

et toujours égal à lui-même. dans un art où son père avait

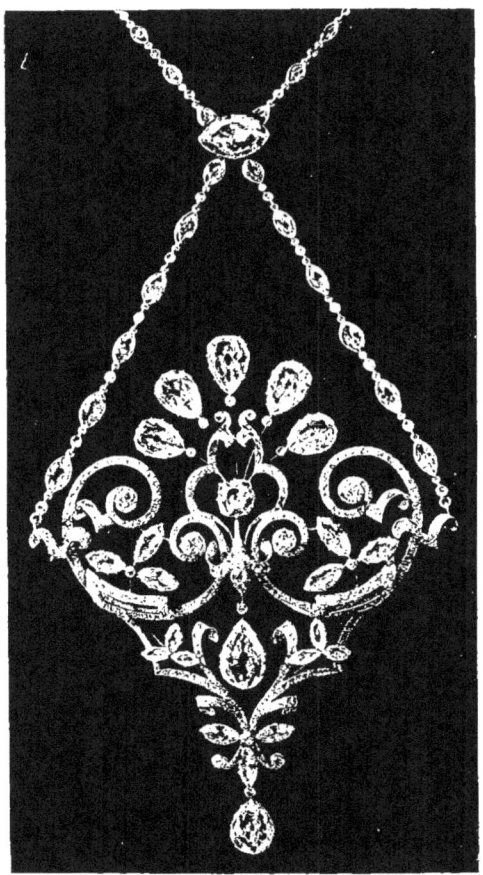

PENDANT DE COU.
Maison Marret frères. — Exposition de 1900.) — Largeur : 8 cent. 1/2.

laissé une trace assez profonde pour que la renommée l'ait baptisé de son vivant du nom retentissant de l'orfèvre florentin du XVIe siècle. »

Ces notes seraient incomplètes si nous ne rappellions en terminant que M. Émile Froment-Meurice, non seulement a été un orfèvre-joaillier d'un rare talent, mais qu'il possède un cœur excellent, rempli d'une affectueuse sollicitude pour les apprentis, pour les ouvriers, pour toutes les œuvres de notre corporation. Avec un dévouement inlassable, il s'est toujours appliqué à soulager les infortunes professionnelles, à encourager le mérite et la vertu, à stimuler le zèle de tous, au moyen de concours, de récompenses de toutes sortes. Il n'est resté étranger à aucune des œuvres philanthropiques qui, depuis trente ans, ont été organisées et se sont développées à l'ombre de notre Chambre syndicale; il serait difficile de décider ce qu'il faut le plus apprécier en lui, de son goût pour le beau ou de son amour pour le bien.

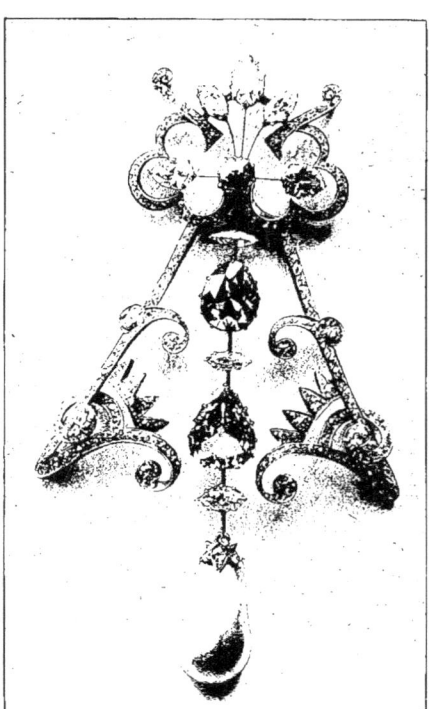

PENDANT DE COU EN JOAILLERIE.
(Maison Marret frères. — Exposition de 1900.)

Après toute une vie de travail, d'honneur et de désintéressement, M. Émile Froment-Meurice s'est retiré à l'écart. Il vit en solitaire, non sans jeter peut-être en arrière un regard voilé de mélancolie, mais supportant noblement, avec la conscience du devoir accompli, les épreuves qu'il avait si peu méritées.

Le maison Cartier a pris, dans ces dernières années, une

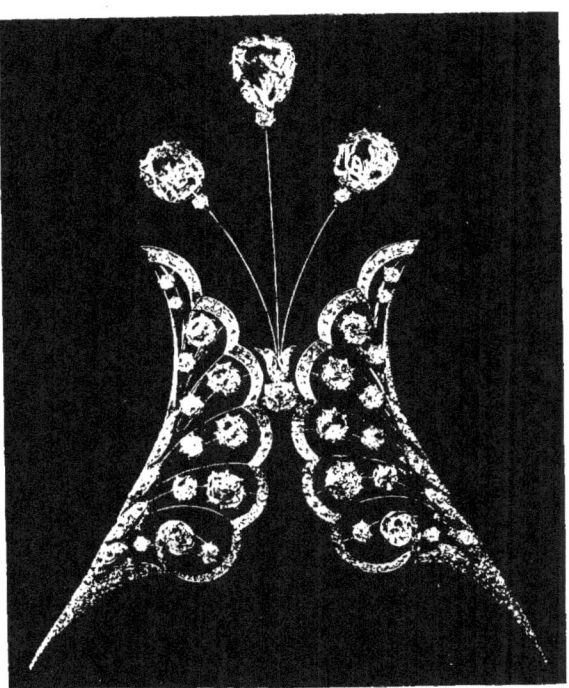

ORNEMENT DE COIFFURE EN BRILLANTS.
(Maison Murret frères. — Exposition de 1900.)

extension considérable. Ce fut Louis-François Cartier qui la fonda, en 1847, rue Montorgueil, 29 ; il la transféra boulevard des Italiens, n° 9, en 1859, lorsqu'il s'adjoignit le fonds de Gillion.

Alfred Cartier succéda en 1874 à son père, dont il était l'associé depuis deux ans ; il s'associa à son tour son fils aîné Louis, en 1898, et transféra sa maison, en 1899, rue de la Paix, n° 13. Bien que notre travail s'arrête, à peu de choses près, à l'année 1900, nous devons mentionner que

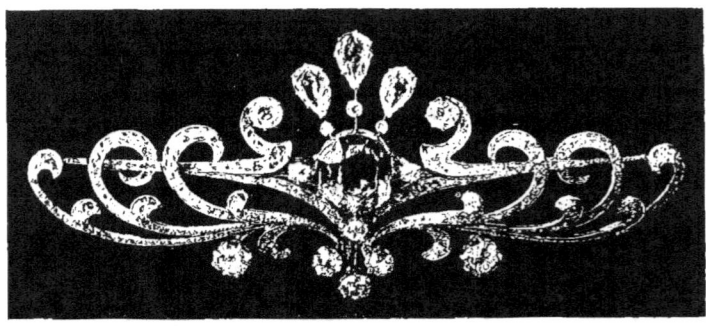

BROCHE EN JOAILLERIE.
(Maison Marret frères. — Exposition de 1900.)

les deux frères, Louis et Pierre Cartier, succédèrent à leur père en 1906 et continuèrent à faire la belle joaillerie qui avait fait la réputation de la maison.

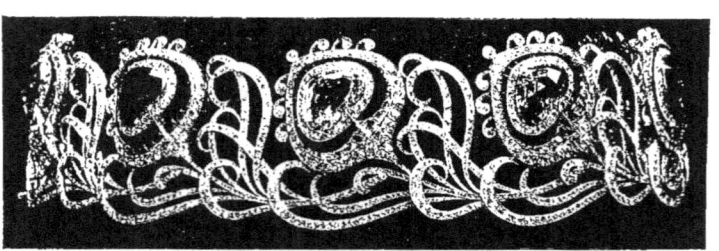

COLLIER DE CHIEN, SOUPLE, PLUMES DE PAON.
(Maison Coulon. — Exposition de 1900).

Nous avons dit précédemment que MM. J. Debut et L. Coulon, tous deux employés chez Boucheron, s'étaient établis en 1879, rue de la Paix, 12, succédant à Samper. Pendant la durée de cette association qui prit fin en 1890, la

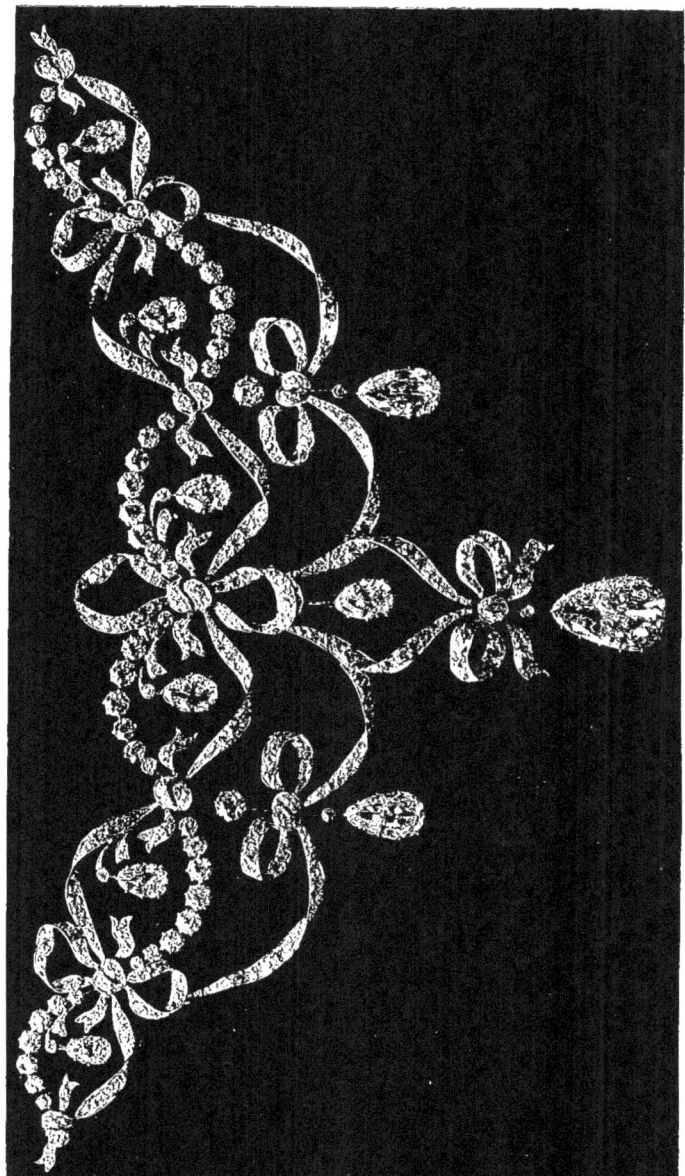

COLLIER RUBANS JOAILLERIE.
(Maison Marret frères. — Exposition de 1900.)

maison se fit remarquer par le nombre et l'importance de ses productions. Le succès fut très vif à l'Exposition de 1889 et leur valut une médaille d'or pour des bijoux et des parures d'une grande recherche et d'une parfaite élégance : des ailes de colombes formant un diadème de joaillerie ; un nœud

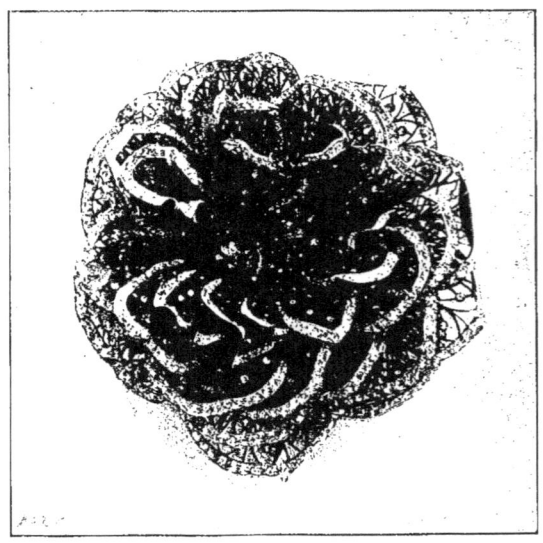

BROCHE ROSE NOIRE
(Maison L. Coulon. — Exposition de 1900.)

de diamants chiffonné avec un goût exquis, furent particulièrement admirés.

Le départ de J. Debut laissa M. Coulon diriger seul la maison pendant cinq années. En 1895, il s'adjoignit M. Deverdun comme associé, sous la raison sociale L. Coulon et Cie. Tous deux très actifs, ayant beaucoup de goût, aimant la fabrication impeccable, les belles pierres, la fine ciselure, ils ne pouvaient manquer de réussir auprès de la clientèle élégante qui s'adressait à eux ; aussi avaient-ils réuni, à l'Exposition de 1900, « des bijoux et des pièces remarquables, dit le rapporteur, qui auraient mérité une haute récompense » ; mais la qualité de membre du Jury de M. Coulon les empêcha de concourir. M. Soufflot continue ainsi :

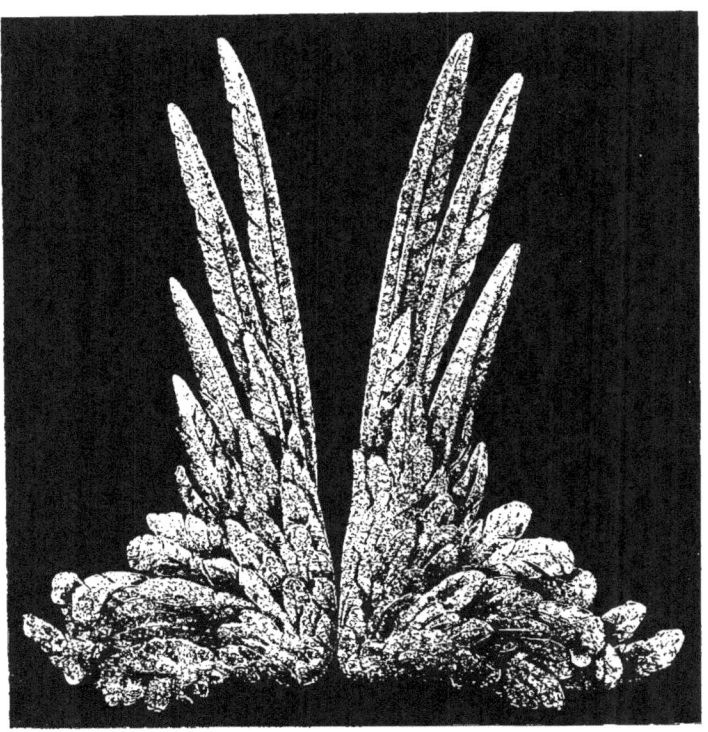

AILES EN JOAILLERIE.
(Maison Debut et Coulon. — Exposition de 1889.) — Hauteur : 15 cent.

« Une exécution parfaite est la caractéristique des objets de genre très varié exposés dans cette vitrine, qu'il s'agisse de joaillerie ou de bijouterie d'or, ou qu'il soit question d'objets d'art..... Comme joaillerie, nous citerons notamment une plume en brillants, sorte de marabout d'une délicatesse extrême, exécutée en aluminium, métal jusqu'ici peu employé et que sa légèreté rend précieux pour les pièces destinées à être portées dans les cheveux. L'aluminium ne se soudant pas, chacun des éléments qui composent cette plume demande un rapport spécial. En menant à bonne fin ce travail, ils ont vaincu une grosse difficulté. Mais, à côté de ces objets en joaillerie, nous trouvons une note artistique très accentuée dans d'autres pièces exposées. Qu'il s'agisse de bijoux, tels que ces colliers, ces broches, en or ciselé et très délicatement patinés, qu'il s'agisse de ce coffret de style si pur et si finement travaillé, on voit que MM. Coulon et Deverdun peuvent aborder tous les genres et que tous leur sont familiers ».

A la suite de cette brillante exposition, M. L. Coulon fut nommé chevalier de la Légion d'honneur.

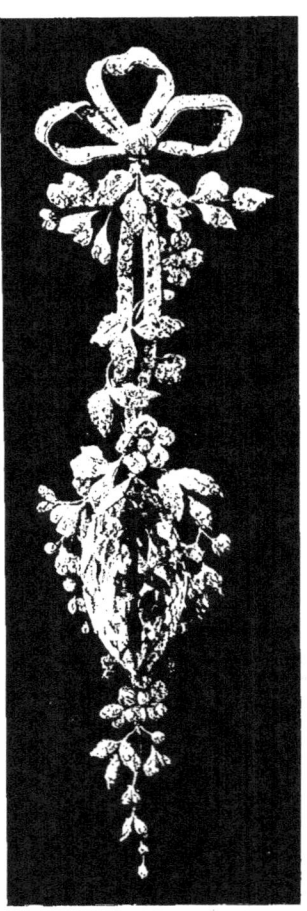

ORNEMENT DE CORSAGE.
(Maison L. Coulon, 1900.)

Louis Aucoc (1850), fils et frère des orfèvres bien connus, acquit en 1877 la maison Lobjois, fondée en 1850, et ne tarda pas à conquérir dans la corporation une situation des plus en vue, grâce à ses hautes qualités personnelles. Aussi bon joaillier que bijoutier, il a produit des œuvres pleines de goût et parfois aussi d'une heureuse originalité. Dans cet ordre d'idées, nous citerons ces bijoux

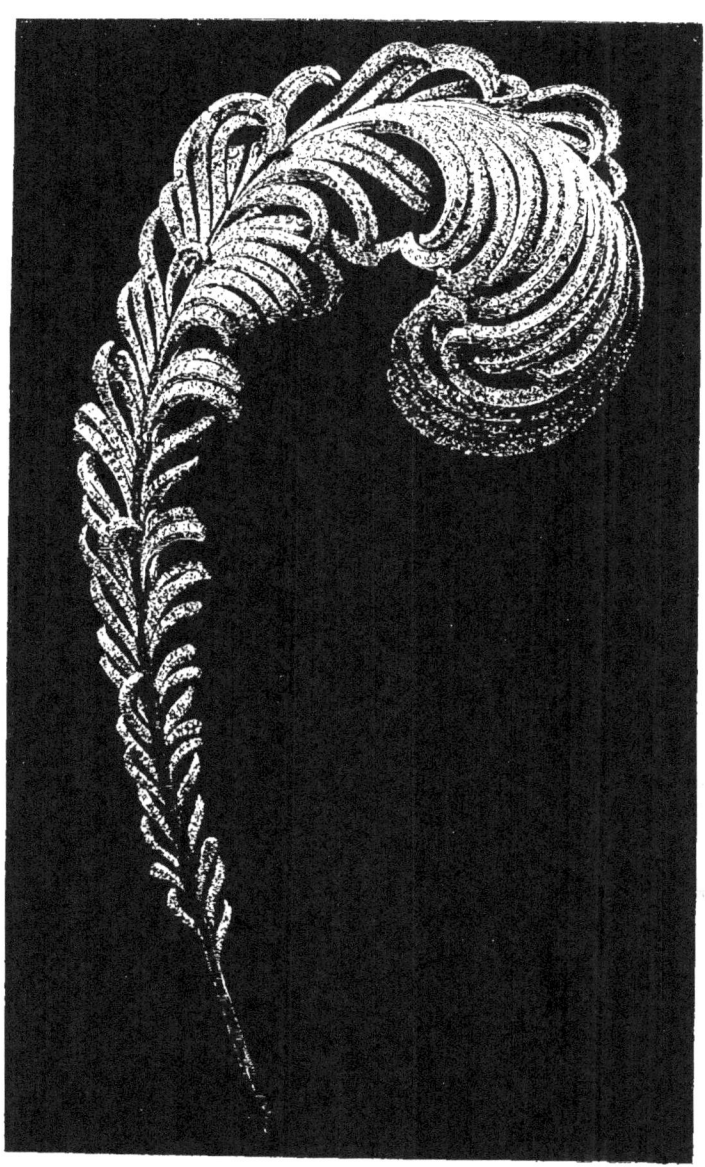

PLUME A TIGE FLEXIBLE EN DIAMANTS SERTIS SUR ALUMINIUM
(Maison L. Coulon. — Exposition de 1900.)

composés de pépites artificielles en or, retenant enchâssées des pierres variées, qui eurent beaucoup de vogue en 1883 et 1884. Louis Aucoc fit à presque toutes les Expositions des envois très appréciés. Malgré toute son importance, la situation de Louis Aucoc comme fabricant passe au second plan, si on la compare à celle qu'il s'est acquise dans la corporation par ses longs et signalés services. Membre du

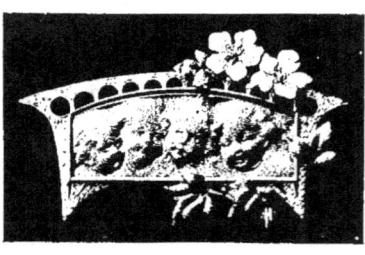

BROCHE « ENFANTS ».
Bas-relief par E. Becker (1899).
(Maison Louis Aucoc.)

Conseil de la Chambre syndicale en 1880, il en devint secrétaire l'année suivante, puis vice-président et enfin, en 1895, président. Réélu chaque année jusqu'en 1907, époque à laquelle il voulut se retirer, il accomplit sa lourde tâche avec tant de zèle que sa santé en fut un instant compromise. Il s'occupa avec ardeur des questions intéressant la Chambre syndicale et les œuvres philantrophiques de la corporation, et organisa la participation de nos industries à toutes les Expo-

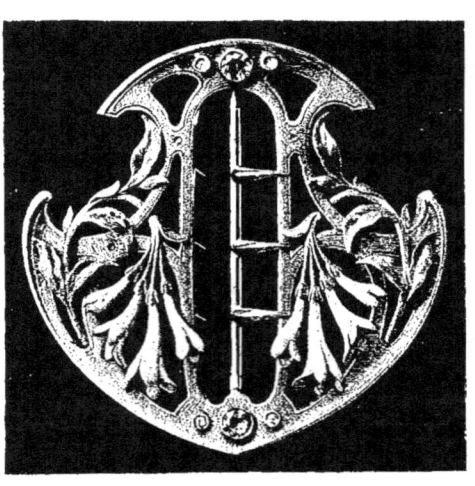

BOUCLE DE CEINTURE « ART NOUVEAU ».
Composition de Landois. (Maison Louis Aucoc, 1900.)

sitions, presque toujours en qualité de président des Comités d'admission ou du Jury des récompenses. Son activité sans égale lui permit encore de remplir brillamment, de 1888 à 1894, les fonctions si absorbantes de juge au tribunal de Commerce.

Un tel dévouement, de si éminents services, ont acquis à Louis Aucoc l'estime et la vive sympathie de toute la corporation ; il était chevalier de la Légion d'honneur depuis 1889, une pétition spontanée demanda et obtint pour lui, en 1900, la rosette d'officier. La Chambre syndicale, après lui avoir conféré le titre de président honoraire, a ouvert une souscription corporative, dont le montant était fixé uniformément à dix francs, pour lui offrir en souvenir un objet d'art inédit et lui faire hommage d'un livre d'or, destinés à lui exprimer son affectueuse reconnaissance.

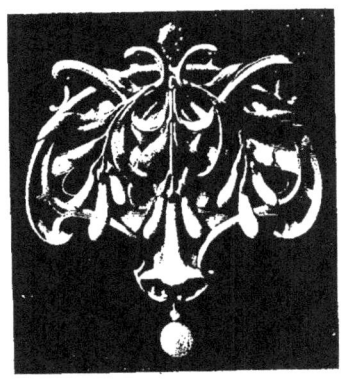

BROCHE JASMIN.
(Maison Louis Aucoc, 1899.)

Ce souvenir, œuvre du sculpteur René Rozet, exécuté par la maison Christofle, est un groupe en orfèvrerie polychromée,

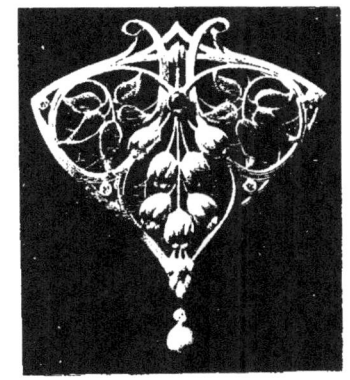

BROCHE ÉMAILLÉE.
(Maison Louis Aucoc, 1900.)

représentant la Bijouterie, la Joaillerie et l'Orfèvrerie réunies pour donner un témoignage de gratitude à leur Président.

Au cours de l'étude faite dans notre premier volume, nous avons eu déjà l'occasion de citer M. Chaumet, lorsque nous nous sommes occupé de la maison Morel [1].

BROCHE BLUETS.
(Maison Louis Aucoc, 1900.)

Collaborateur assidu de M. Morel depuis 1875, M. J. Chaumet (1852) épousa sa fille. Il devint le directeur officiel de la maison en 1885 et, quatre ans plus tard, elle lui appartint entièrement.

D'un tempérament très actif, M. Chaumet sut donner une grande impulsion à ses affaires. Non seulement il fabrique d'importantes pièces de joaillerie, mais il a installé chez lui des ateliers subsidiaires de lapidairerie, d'émail, de gainerie, etc., et un laboratoire dans lequel il s'occupe avec succès de recherches concernant les pierres précieuses et les moyens de les distinguer aussi bien les unes des autres que de leurs imitations ou reproductions scientifiques.

En 1900, M. Chaumet, qui prenait part pour la première fois à une Exposition universelle, présenta un choix considérable de bijoux, de joyaux

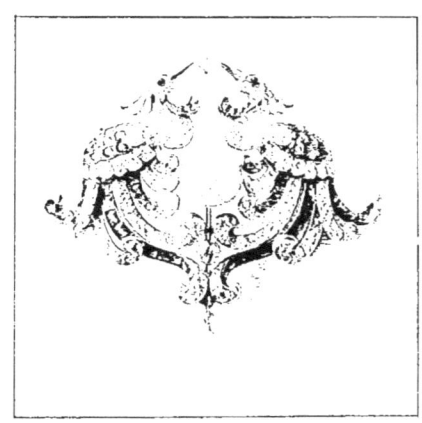

BROCHE JOAILLERIE
ET PIERRES DE COULEUR CALIBRÉES.
(Maison Louis Aucoc, 1900.)

1. Voir p. 276.

et d'objets d'art qui lui valurent une médaille d'or. Le rapporteur s'exprime ainsi à son sujet : « Nous parlerons

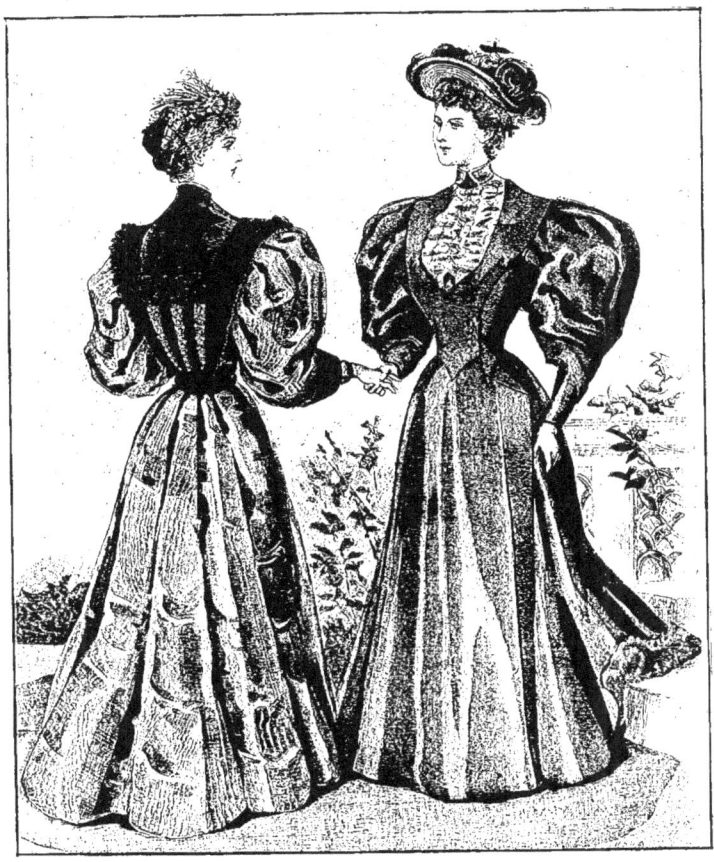

MODES DE 1895.

de la maison Chaumet, dont les origines remontent à 1780. Son propriétaire actuel a réuni dans sa vitrine de très belles collections de pierres et de perles fines, notamment un magnifique collier composé d'émeraudes et de brillants, et un autre collier de perles d'une grosseur remarquable et du plus grand prix. D'autres pièces de joaillerie, aussi intéressantes par leur importance que par la qualité des pierres, y figuraient également et méritent d'être rappelées : un devant de corsage et un diadème « chute d'eau », d'une assez

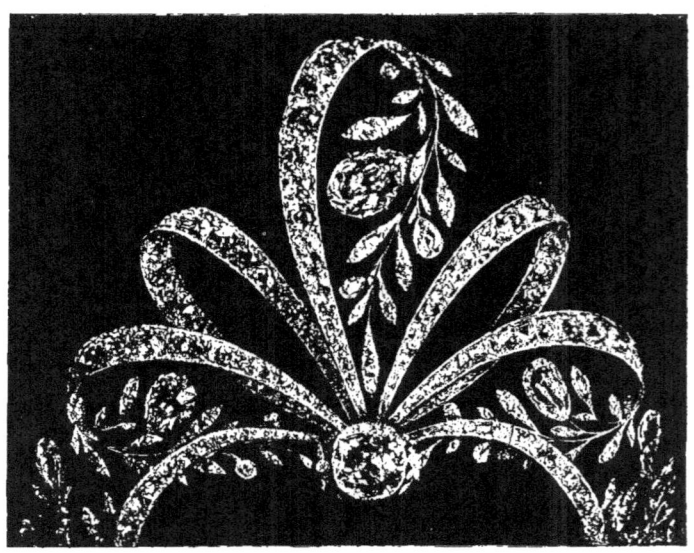

DIADÈME RUBANS EN JOAILLERIE.
(Maison Chaumet. — Exposition de 1900.)

grande difficulté d'exécution, un autre diadème rubans, un collier serre-cou, rubis et brillants, d'une souplesse surprenante, souplesse obtenue à l'aide de multiples emmaillements... » Bref, sa joaillerie, légère et bien disposée pour mettre en valeur des pierres importantes, fut très remarquée.

Des ateliers de M. Chaumet sont aussi sortis des objets d'art très curieux, véritables monuments par leur importance (tels le « Via Vitæ » et le « Christus Vincit »), mais

LA TROISIÈME RÉPUBLIQUE

dont l'analyse ne rentre pas dans une étude sur le bijou. La maison, qui se trouvait depuis 1814 rue Richelieu, n° 78, et

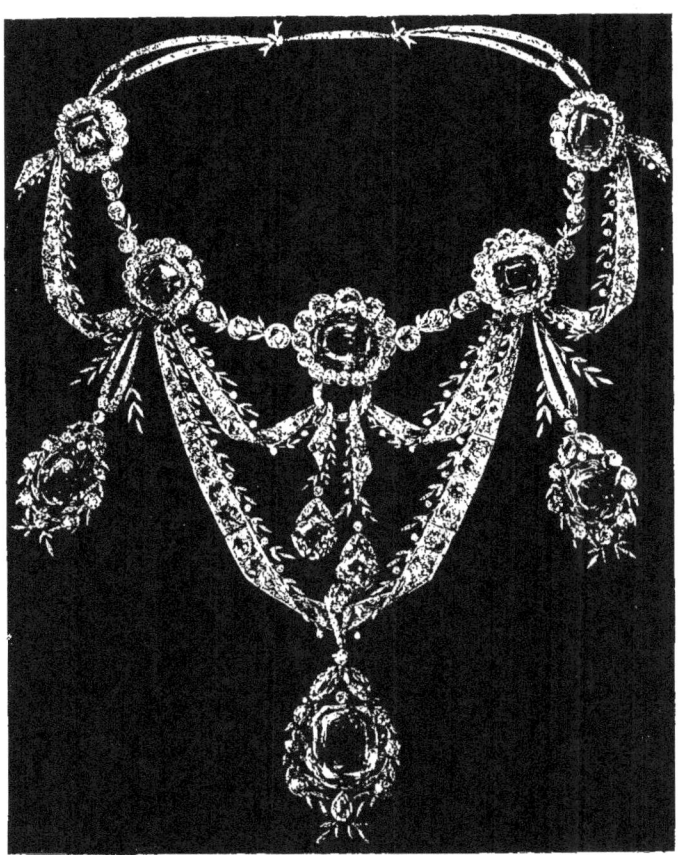

COLLIER RUBIS ET BRILLANTS.
(Maison Chaumet. — Exposition de 1900.)

au n° 62 de la même rue depuis 1831 (Fossin, successeur de Nitot), vient d'être transférée par M. Chaumet dans un hôtel élégant et spacieux, au n° 12 de la place Vendôme.

Gustave Sandoz (1836-1891), fils d'un horloger suisse, ne voulut pas embrasser d'autre profession que celle qui était en honneur dans sa famille depuis plusieurs générations. Il fut guidé dans ses premiers débuts par son père, praticien émérite, qui sut vite reconnaître et développer ses dons naturels et le confia, à l'âge de treize ans, à un horlo-

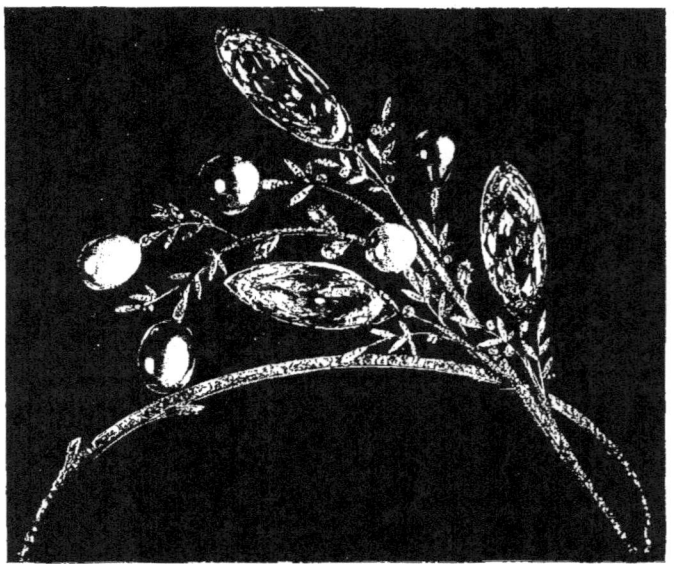

DIADÈME NAVETTES BRILLANTS ET PERLES.
(Maison Chaumet. — Exposition de 1900.)

ger de premier ordre, Pérusset, qui acheva son instruction chronométrique; il fut aussi plus tard l'élève de Bréguet.

Dès qu'il put travailler pour son compte, Gustave Sandoz s'installa dans une modeste chambre au quatrième, rue de la Monnaie, puis, en 1861, année de son mariage, dans un petit appartement du passage Saint-Anne.

Mais le désir de se faire une situation et d'éviter à ses enfants les heures dures qu'il avait connues dans sa jeunesse,

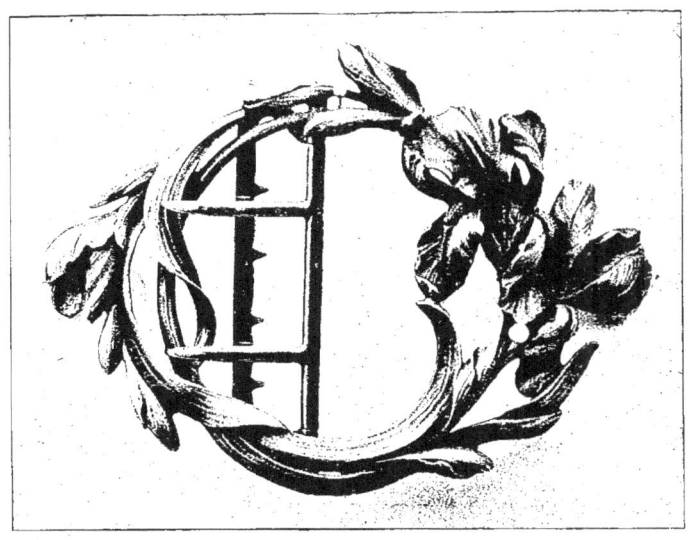

BOUCLE DE CEINTURE.
(Maison Murat, 1900.)

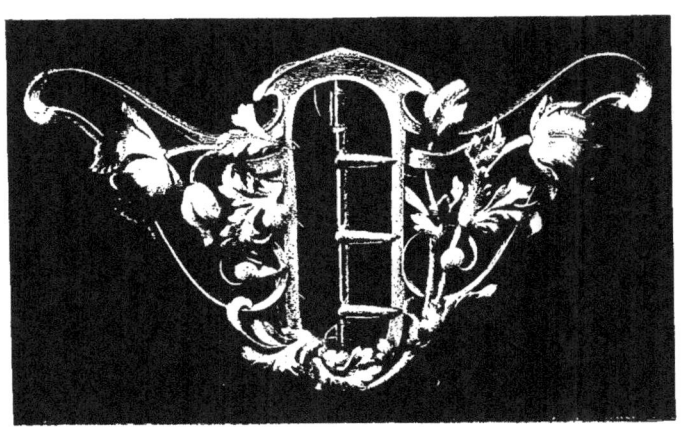

BOUCLE DE CEINTURE.
(Maison Chambin.)

le poussa à s'établir au Palais-Royal, en 1865, malgré son père et ses maîtres qui, imbus des vieilles traditions, regrettaient de le voir quitter la pratique de l'horlogerie pure.

Encouragé par la réussite de ses affaires, il entreprit également la bijouterie et la joaillerie, restant toujours fidèle à l'horlogerie, à laquelle il ne cessa de s'intéresser particulièrement; il fit partie de la Chambre syndicale de l'horlogerie et contribua avec Rodanet à la création de l'École d'Horlogerie. C'est comme horloger qu'il s'occupa avec ardeur de l'organisation des grandes Expositions, comme membre des comités d'admission, ou du jury; il y participa aussi très honorablement en qualité d'exposant.

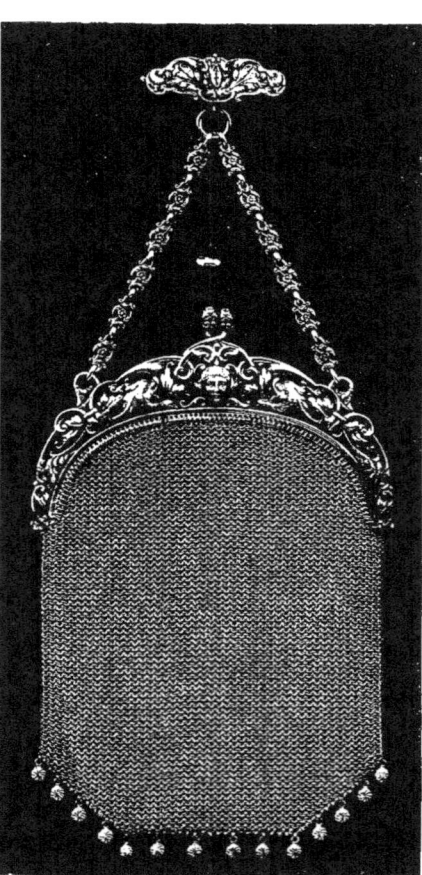

RÉTICULE.
(Maison Moche. 1900.)

Le soin des intérêts de sa maison ne suffisait pas à son activité infatigable; il fonda de nombreuses sociétés d'intérêt général dont il fut le Président : la *Société d'encouragement à l'Art et à l'Industrie;* la *Société d'économie* industrielle et commerciale; le *Comité français des Expositions à l'étranger*, etc. Les commerçants du Palais-Royal

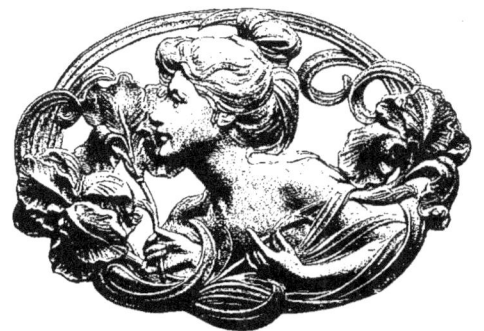

BOUCLE DE CEINTURE : « JEUNE FILLE AUX IRIS ».
(Maison Savard, 1900.)

s'étant groupés en Syndicat pour essayer de conjurer la crise qui les menaçait, choisirent Gustave Sandoz comme prési-

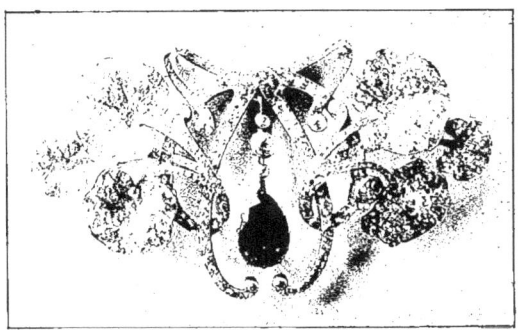

BROCHE EN JOAILLERIE.
(Maison Gustave-Roger Sandoz, 1900.)

dent, et celui-ci réussit, pendant quelque temps, à retarder la déchéance de cet emplacement autrefois si favorisé.

En 1889, il avait élaboré le projet d'une *Foire de Paris*, destinée à faire de notre capitale un vaste marché occidental

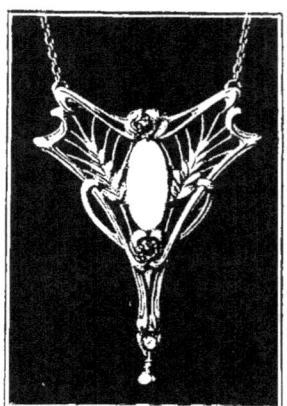

PENDENTIF.
(Maison Rambour, 1900.)

de matières premières, analogue à la Foire de Nijni-Novogorod et à celle de Leipzig.

Gustave Sandoz était un homme aimable, d'une intelligence remarquable et d'une grande puissance de travail. Naturalisé français quelques années avant sa mort, il avait reçu la rosette d'officier de la Légion d'honneur en raison des nombreux services rendus pendant sa trop courte carrière.

Son fils, Gustave-Roger Sandoz (1867), est le digne héritier des éminentes qualités de son père; il lui a succédé en 1891. En 1895, il transféra rue Royale ses magasins, désormais plus spécialement consacrés à la joaillerie. Il ne quitta pas le vieux Palais auquel s'était tant intéressé son père sans avoir écrit, en collaboration avec Victor Champier, un ouvrage apprécié, le *Palais-Royal*, édité par la Société de propagation des Livres d'art.

Membre du jury à l'Exposition de 1900, G.-Roger Sandoz a brillamment soutenu la réputation de sa maison en exposant des pièces de joaillerie et de bijouterie très remarquées, ainsi que des objets d'art très intéressants : l'*Écueil vaincu*, de Bottée ;

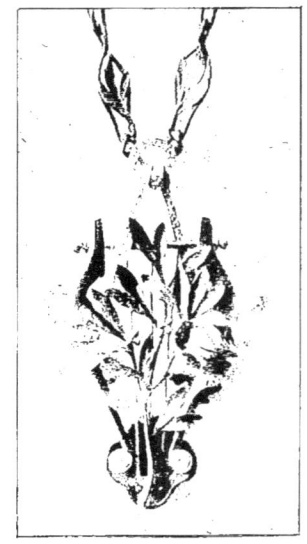

PENDANT DE COU « LYRE ».
(Maison G. Roger-Sandoz, 1900.)

un buste en ivoire : *Yseult,* de Caron ; un coffret en néphrite, etc.

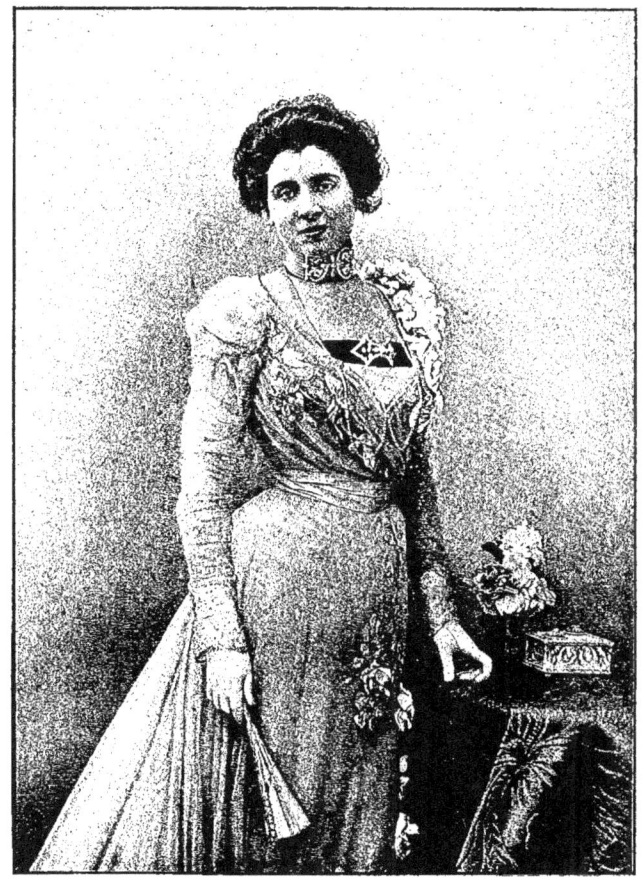

Mlle DEMARSY (1897). Cliché P. Nadar.
Collier de chien en perles, avec plaque en diamants, broche en joaillerie, sautoir de perles.

Secrétaire général du Comité français des Expositions à l'étranger, il y dépense un zèle sans égal.

Gustave-Roger Sandoz, qui était chevalier de la Légion d'honneur depuis 1902 (Exposition de Glasgow), vient

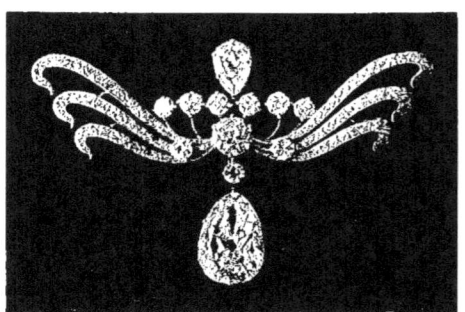

BROCHE EN JOAILLERIE.
(Maison Després, 1900.)

d'être promu officier, à l'occasion de l'Exposition de Milan.

Nous avons parlé à plusieurs reprises dans cette étude de la maison Rouvenat.

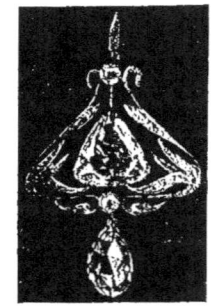

PENDANT DE COU.
(Maison Després, 1900.)

PENDANT.
(Maison Després, 1900.)

C'est aujourd'hui, et depuis de longues années, un confrère très estimé et très sympathique, M. Félix Després, qui est à la tête de cette importante fabrique de joaillerie[1]; nous compléterons ce que nous avons déjà dit de lui par les emprunts suivants, faits au rapport officiel de l'Exposition de 1900 : « En sa qualité de membre du

1. M. André Brasseur, son gendre et collaborateur depuis plusieurs années, est devenu son associé le 1er janvier 1907.

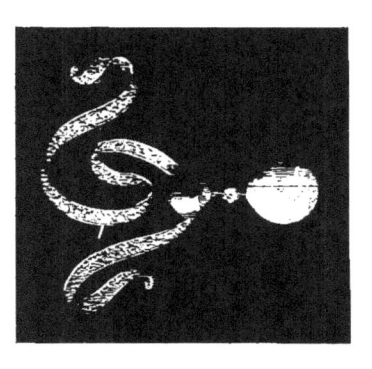
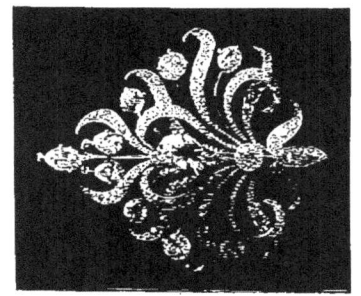
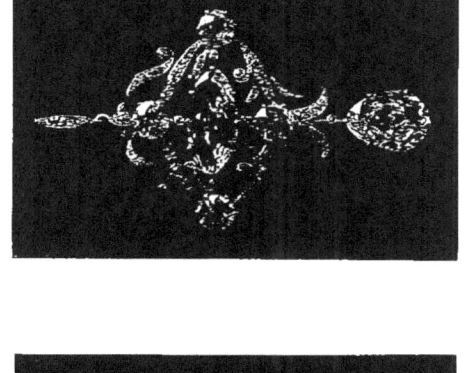
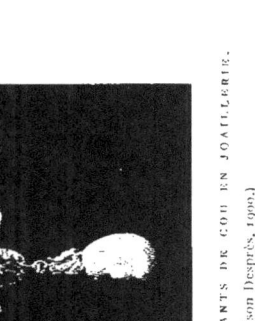
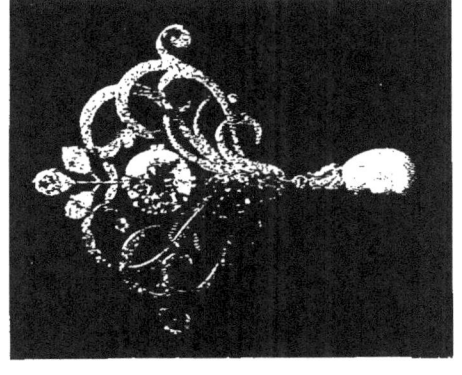
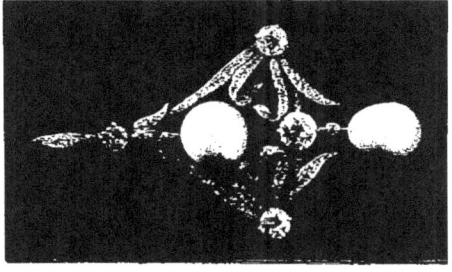

BROCHES ET PENDANTS DE COU EN JOAILLERIE.
(Maison Després, 1900.)

Jury, M. Desprès ne pouvait prétendre à aucune récompense ; il a tenu néanmoins, par son exposition, à établir que sa maison était toujours à la hauteur de sa réputation.

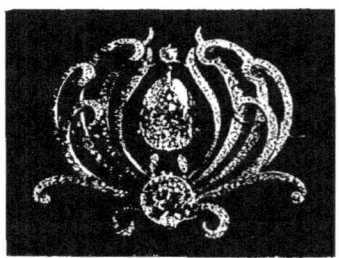

BROCHE.
(Maison Desprès, 1900.)

Les bijoux exposés par M. Desprès ont été remarqués en raison de leur simplicité. L'objectif qui paraît avoir été poursuivi dans la composition de ces bijoux a été de présenter des pierres de belle qualité dans des montures aussi réduites

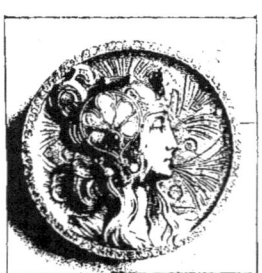

BROCHE.
(Maison Piel, 1900.)

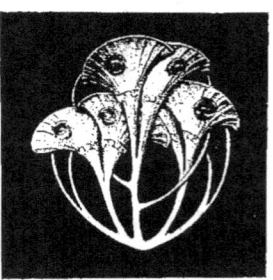

BROCHE
par Maurice Dufrène.

que possible, pour laisser aux pierres toute leur valeur. Nous rappellerons un collier, composé de quelques pierres seulement, réunies par un lien en chaîne très fine entourant le cou, un collier franges en brillants qui a été très admiré, de jolis pendentifs, un choix de bagues montées avec des pierres de première qualité. Le tout d'une heureuse composition et d'une très bonne exécution ».

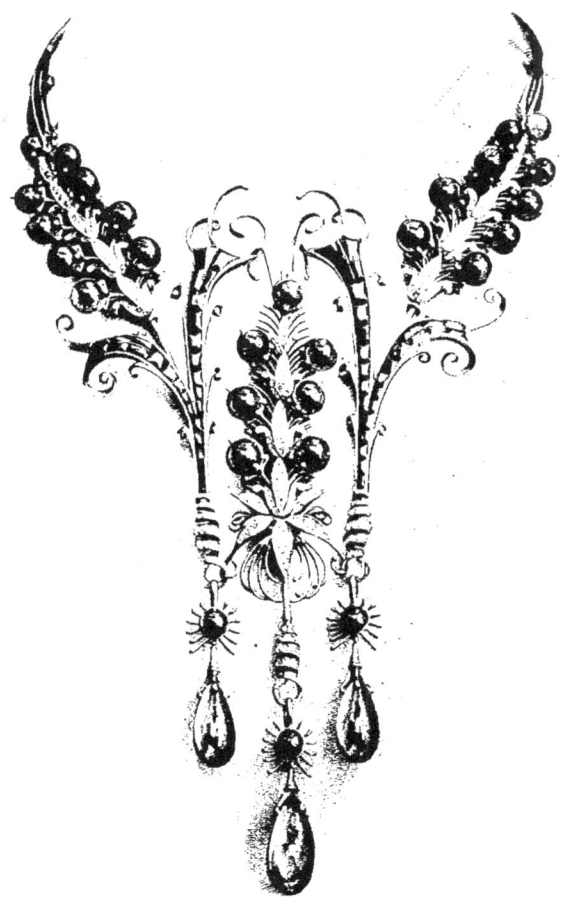

COLLIER AVEC AMÉTHYSTES
(Maison Boucheron. (1900.)

Félix Desprès fut nommé chevalier de la Légion d'honneur en 1897. Pour fêter cet heureux événement, ses confrères lui offrirent un dîner chez Ledoyen. Au dessert, l'un des convives, orfèvre distingué, se leva et donna lecture au nouveau chevalier de l'amusante lettre d'excuses suivante, manière de toast fantaisiste dans lequel se retrouvent la plupart des noms de ceux qui étaient présents.

« Mon cher ami,

« Empêché d'éle-*Vever* vous l'hommage de *Massin*-pathie, pour le confrère éminent et *Labouriau* que vous êtes,

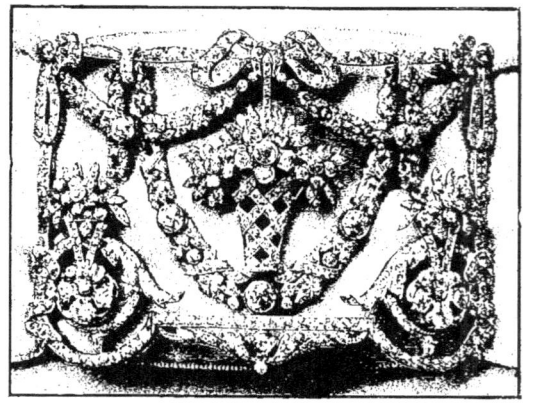

PLAQUE DE COU LOUIS XVI, JOAILLERIE SUR PLATINE
par G. Falguières.

je pense avec regret aux nombreuses bouteilles que dé-*Boucheron* en votre honneur des collègues plus favorisés, aux félicitations qui de *Jacta*-ble, seront adressées *Aucoc* de la joaillerie, comme il convient de vous appeler.

« Mais je tiens à vous assurer que, *Després* ou de loin, aujourd'hui comme *Debain*, *Hénin*-porte en quelle circonstance, mon dévouement vous est acquis, et si quelque esprit jaloux jetait, *Chambin* savoir pourquoi, une note discordante dans ce concert amical, eh *Boin !* qu'il *Chaveton* qu'on se

Moche des manifestations d'une basse envie qu'il ne saurait pro-*Paget* dans nos cœurs.

« On le lui prouvera au besoin en *Langoulant* comme il

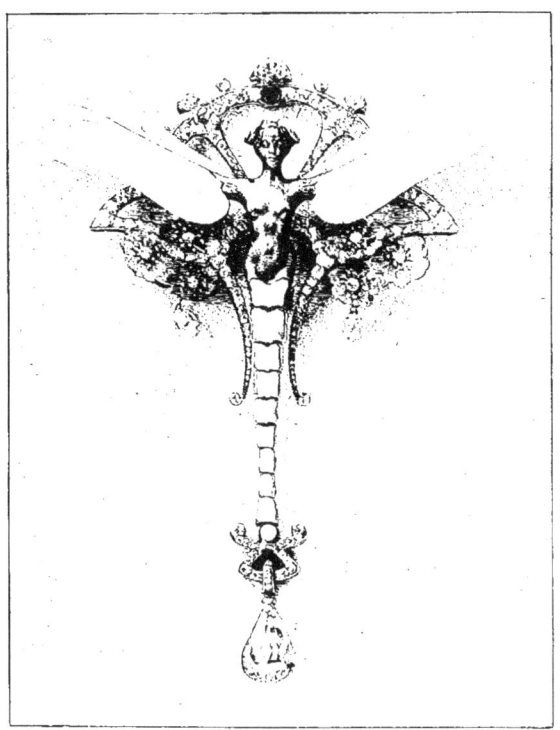

BROCHE LIBELLULE
par G. Falguières (1900).

convient, c'est le plus sûr moyen d'avoir raison *Dufat*, qui restera aussi *Coulon* qu'un renard qu'une poule aurait pris.

« Je *Marret* et *Lefebvre*-aimant sans réclamer *Marest*, je boucle ma *Falize* et, sans *Rambour* ni trompette, je file à la campagne attendre que le *Froment-Meurice* ».

Inutile d'ajouter par quelles salves de joyeux applaudissements cette communication fut accueillie. La vieille gaieté française a conservé ses droits dans la corporation et nous pourrions citer à l'appui de nombreuses anecdotes.

Notre corporation a aussi ses poètes, et, dans un ordre d'idées tout différent, nous rappellerons les poésies charmantes d'un vieil ouvrier bijoutier, correspondant de la *Revue de la Bijouterie*[1], qui, sous le pseudonyme de Pierre

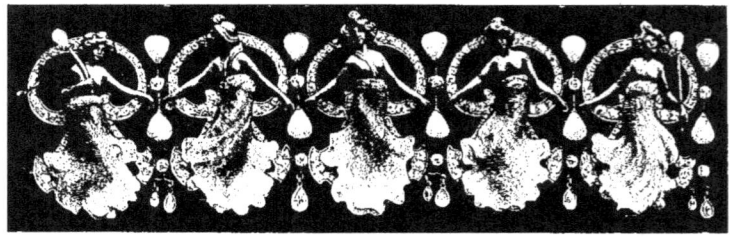

BRACELET DANSEUSES.
(Maison Henri Téterger. — Exposition de 1900.)

Velpauvre, a écrit des pièces exquises se rapportant à notre métier. Nous donnons ici de lui un sonnet inédit.

LA PIERRE DE TOUCHE

Regarde les ducats rangés sur cette table ;
On dirait chacun d'eux à ses voisins pareil ;
D'un aussi vif éclat tous brillent au soleil ;
Leur grandeur est égale et leur décor semblable.

Mais pour apprécier leur titre véritable,
D'un acide brûlant le changeur prend conseil ;
Sur la pierre il les frotte, et marque un trait vermeil
Que l'âpre goutte efface ou laisse inaltérable.

Par l'humaine apparence on est aussi trompé :
Tel, qu'on croyait d'or pur loyalement frappé,
N'est qu'en laiton couvert d'une mince dorure.

Si tu veux estimer à leur juste valeur
Le vrai sage et le faux, vois comment du malheur
Ils supportent tous deux l'infaillible morsure.

1. Voir 1re année, p. 192 ; 2e année, p. 279 ; 3e année, p. 99 et 162.

Léon Gariod est un excellent bijoutier d'un goût délicat, qui exécute avec une perfection rare de charmantes œu-

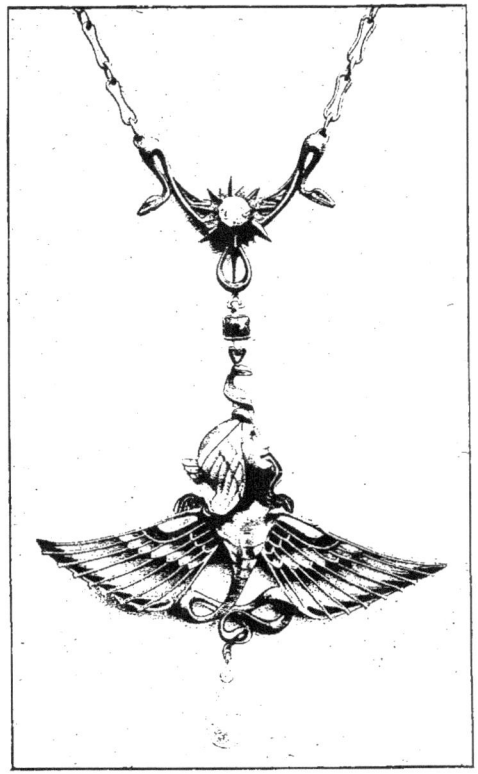

PENDENTIF ÉGYPTIEN, OR CISELÉ ET ÉMAILLÉ.
(Maison Gariod, 1901.)

vres, dans lesquelles la ciselure et l'émail jouent un rôle important.

Sa maison fut fondée en 1859 par Gaucher et Tonnelier. En 1869, Gaucher resta seul à sa tête; il s'associa Gariod en 1875, et le laissa chef unique dès 1884. Pendant un certain temps il se spécialisa dans la fabrication des bracelets souples, chaînes d'or mat rehaussées de pierres ; ces bijoux simples et riches à la fois, d'une excellente exécution, avaient un grand succès. Depuis, Gariod s'est fait remarquer par ses

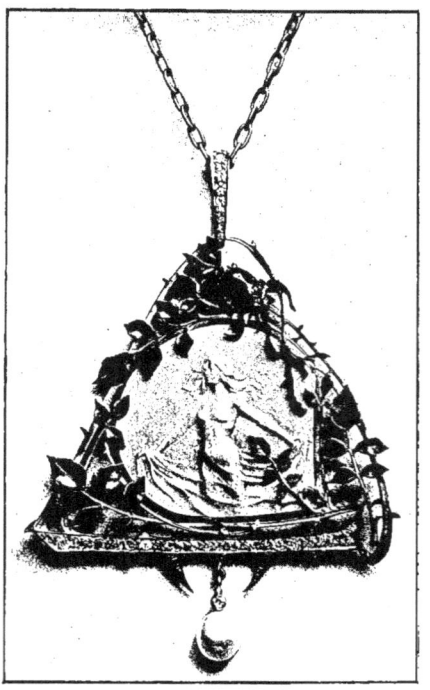

PENDANT DE COU :
IVOIRE, ÉMAIL, PERLES ET BRILLANTS.
(Maison Gariod, 1900.)

jolies broches, ses pendants de cou d'inspiration moderne ou classique, mais toujours d'une réelle recherche et d'une distinction parfaite, que modèle et cisèle avec infiniment de talent M. Gautrait, son fidèle collaborateur.

La maison Templier, fondée à la fin de 1848, rue de

Rivoli, 66 [1], prit rapidement une place importante parmi les fabriques de joaillerie de cette époque. Son fondateur, Charles Templier (1821-1884), actif, laborieux et d'une grande urbanité, se créa des relations très étendues dans la clientèle des marchands de Paris, de province, et des com-

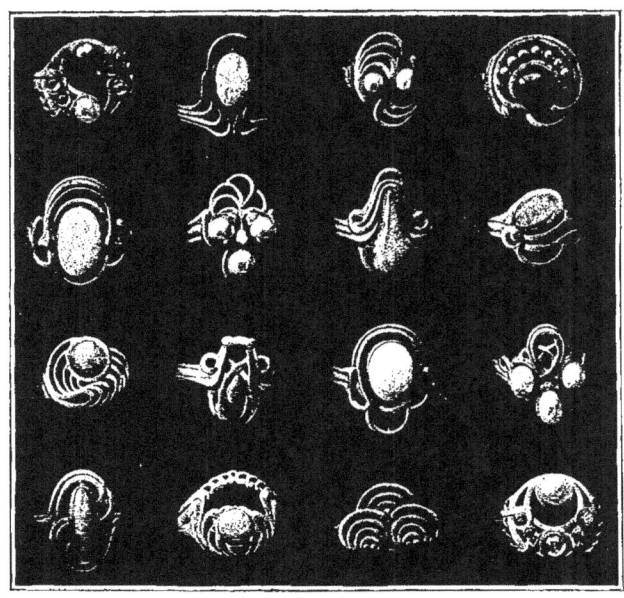

BAGUES EN OR.
Composition de Th. Lambert. (Salon de 1901. — Maison Paul Templier.)

missionnaires pour l'exportation. Pendant les trente-six années qu'il exerça notre profession, il forma plus de soixante apprentis, arrivés en grande partie à des situations très honorables, comme chefs de maison, dessinateurs ou chefs d'ateliers.

Il laissa deux fils : Hippolyte Templier, l'éventailliste

1. Elle se transféra successivement 63, rue Sainte-Avoye, en 1850, et rue Michel-le-Comte, en 1852.

connu, et Paul Templier (1860), joaillier, place des Victoires, qui succéda à son père en 1885. Ses qualités, son caractère sympathique, le font estimer de tous ses confrères. Président de l'Orphelinat de la Bijouterie depuis le départ de M. Eugène Lefebvre, en 1903, il fut choisi, en 1907, pour remplacer, comme Président de la Chambre syndicale, M. Louis Aucoc qui, après de longues années de services rendus, désirait se retirer. Joaillier réputé, Paul Templier continue avec succès les traditions paternelles [1].

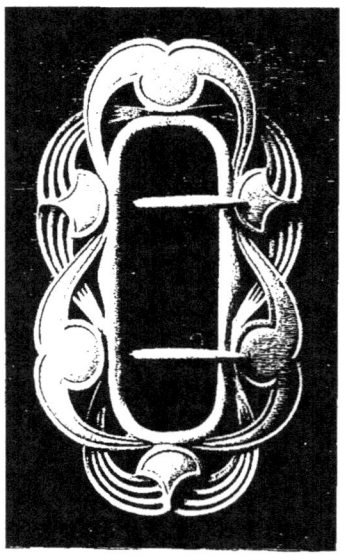

BOUCLE DE CEINTURE.
Composition de Th. Lambert. (Salon de 1901.
Maison Paul Templier.)

Charles Templier avait deux cousins germains, bijoutiers comme lui, l'un, Louis Templier (1830-1906), établi en magasin, faubourg Montmartre, de 1858 à 1868, eut lui-même trois fils appartenant à la corporation : l'aîné, Henri Templier, marchand joaillier (aujourd'hui en société avec M. Hallingre, a réuni rue Royale les maisons Edmond Lefebvre, Dupuy et Gabriel à la sienne) ; Joseph Templier est fabricant joaillier rue Saint-Honoré, enfin Eugène Templier est bijoutier en doré, rue Aumaire.

Le second cousin de Charles, Alexandre Templier (1831-1905), a longtemps fait partie, comme associé et directeur, de la maison Charles Fontana, rue Royale ; depuis sa mort, son fils Jules lui a succédé.

1. M. Paul Templier vient de recevoir la croix de la Légion d'honneur à l'occasion de l'Exposition de Milan.

En 1843, François Soufflot (1821-1902) reprit la maison de son patron d'apprentissage Henri Martincourt, joaillier rue des Arcis (lequel n'avait aucun lien de parenté avec le bijoutier du même nom) et qui s'adonnait principalement à la petite bijouterie aux « parures » et à la joaillerie à effet, pour laquelle on employait les chatons à arcades très appa-

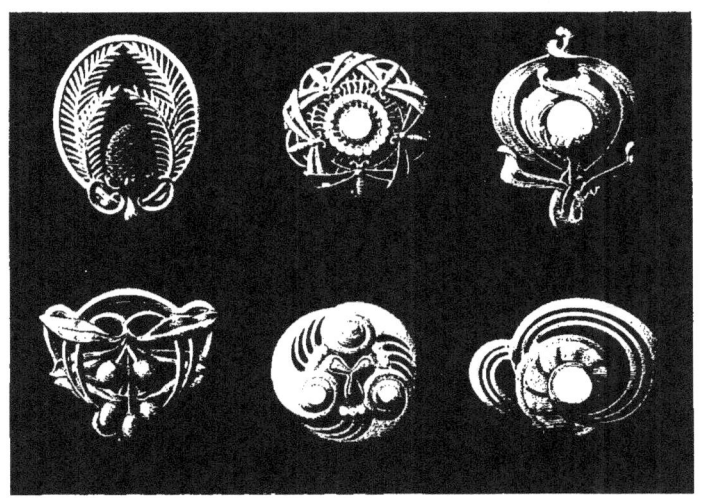

BROCHES.
Composition de Th. Lambert. (Salon de 1901. — Maison Paul Templier.)

rentes dénommés « dahlia », en raison de leur similitude avec la fleur de ce nom.

Grâce à son intelligence, à ses qualités d'ordre et de travail et aux efforts de sa femme, qui appartenait aussi à la professsion comme polisseuse et le secondait très bien, Soufflot parvint à faire de ce modeste atelier une importante maison de bijouterie et de joaillerie, qu'il transporta successivement, au fur et à mesure des agrandissements nécessaires : en 1846, rue Quincampoix, puis rue Notre-Dame-des-Victoires et enfin, en 1871, rue du Quatre-Septembre.

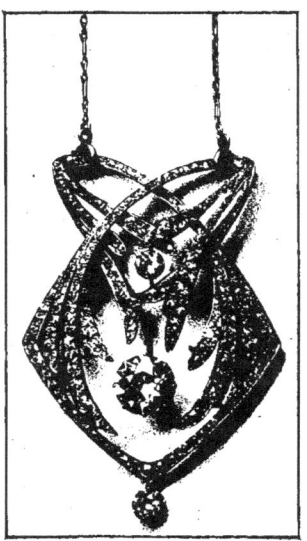

PENDANT DE COU JOAILLERIE
par Paul Templier (1901).

Il se retira des affaires en 1873, après avoir fait partie pendant quelque temps du Tribunal de Commerce.

Il avait deux fils : l'aîné, Paul Soufflot, joaillier, fut associé avec son beau-frère, M. Henri Robert, de 1872 à 1892, et ensuite conserva seul la maison. Paul Soufflot remplit aussi les fonctions de juge au Tribunal de Commerce, de membre de la Chambre de Commerce, dont il est secrétaire, de vice-président de la Chambre syndicale, de membre du Jury à l'Exposition de 1889 et de rapporteur à celle de 1900.

Avant d'être nommé chevalier de la Légion d'honneur, Paul Soufflot avait gagné vaillamment la médaille militaire pendant le siège de Paris, en allant porter un ordre à Épinay, sous le feu de l'ennemi.

A l'Exposition de 1878, MM. Soufflot et Robert obtinrent une médaille d'or pour leur belle joaillerie ; le rapporteur signale « une tige de noisetier d'une curieuse souplesse, dont les fruits, modelés en or diversement coloré, ressortent en bouquets sur les feuilles en diamant finement ajourées ».

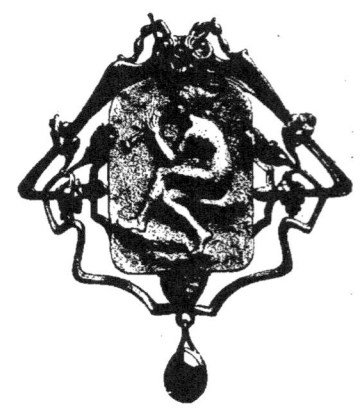

BROCHE AVEC BAS-RELIEF IVOIRE
par Joe Descomps.

A l'Exposition de 1889, on remarqua principalement « une magnifique branche de bégonia en diamant, chef-d'œuvre d'exécution, copie très fidèle de la nature. » Enfin, en 1900, M. Paul Soufflot avait exposé des bijoux et des joyaux d'une fabrication très soignée, dignes en tous points de la réputation de la maison. Se retirant des affaires, en 1901, il céda son fonds à M. René Boivin.

Le second fils, M. Henri Soufflot, est un orfèvre très apprécié.

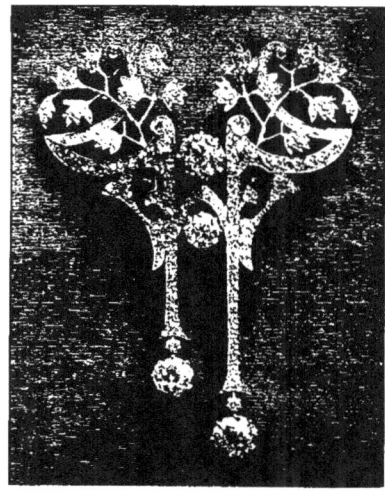

BROCHE EN JOAILLERIE
par Paul Soufflot (1900).

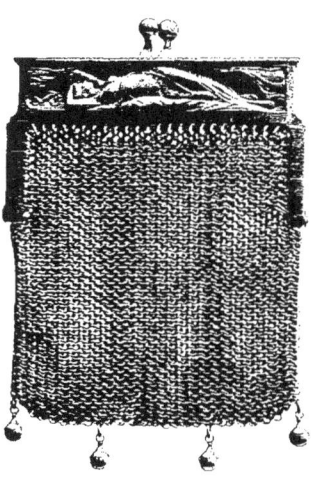

BOURSE « LE RÊVE »
par Vernon. (Maison J. Duval.)

Nous avons retracé (p. 365 et suiv.) la belle carrière d'Alphonse Fouquet comme fabricant joaillier-bijoutier ; son fils ainé, Georges Fouquet (1862) sut à son tour se distinguer dans la profession que, depuis 1880, il avait appris à connaître et à aimer chez son père, dont il reprit la maison en 1895.

Mais son tempérament le poussait vers un autre idéal que les genres classique et Renaissance qui avaient tant contribué à la réputation paternelle. Le style moderne l'attira ; il s'y adonna résolument et, dès 1898,

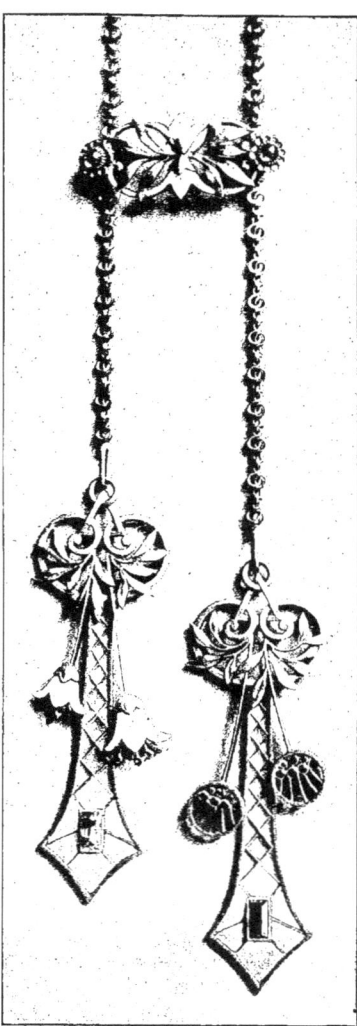

CHAINE AVEC FERRETS D'ÉMAUX
ET OPALES.
(Maison Georges Fouquet, 1899.)

on voyait de lui, au Salon, des pièces intéressantes où se manifestait sa volonté de suivre une voie alors peu fréquentée.

Travailleur convaincu, épris de l'inédit, il le rechercha avec ardeur ; il fit appel à différents collaborateurs aux idées neuves, entre autres à Desroziers et à Alphonse Mucha (1860), dont les compositions pleines d'originalité pour l'affiche, le livre, etc., obtenaient alors une grande vogue [1].

A l'Exposition de 1900, Georges Fouquet présenta un grand nombre de bijoux, de joyaux aux formes imprévues ; des parures complètes très importantes, destinées à faire partie

[1]. Sarah Bernhardt était une grande admiratrice du talent de Mucha, et lui commanda, en 1894, l'affiche de *Gismonda*, qui commença la réputation du jeune artiste, dont le succès fut bientôt très grand. On lui reprocha plus tard, avec quelque raison, d'abuser de la formule, ou du procédé caractéristique qu'il avait adopté, et qui consistait à diviser une chevelure en une infinité de mèches qui s'éparpillaient en sinueuses volutes — l'ironie ne perdant jamais ses droits, on les désigna sous l'appellation de « macaroni ».

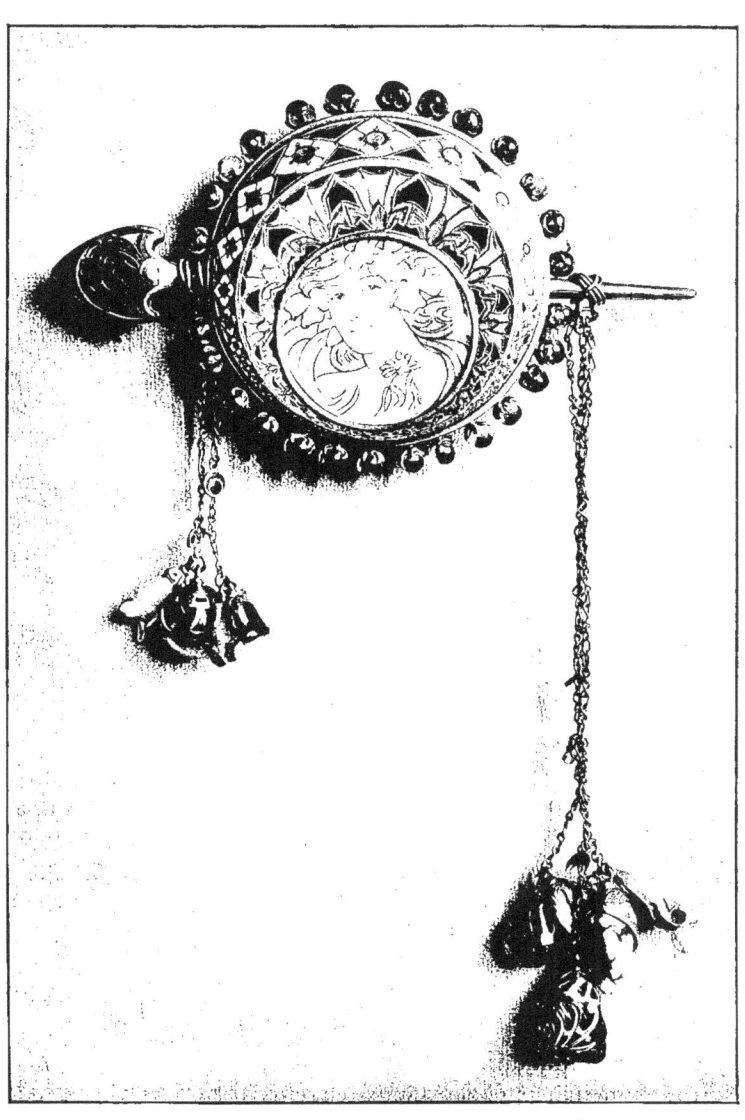

GRANDE BROCHE, ÉMAUX ET PIERRES, AVEC BRELOQUES
par Georges Fouquet. — Composition de A. Mucha (1900).

intégrante du costume féminin, auxquelles on trouvait bien en général un peu d'excentricité, mais qui n'en furent pas moins très justement remarquées.

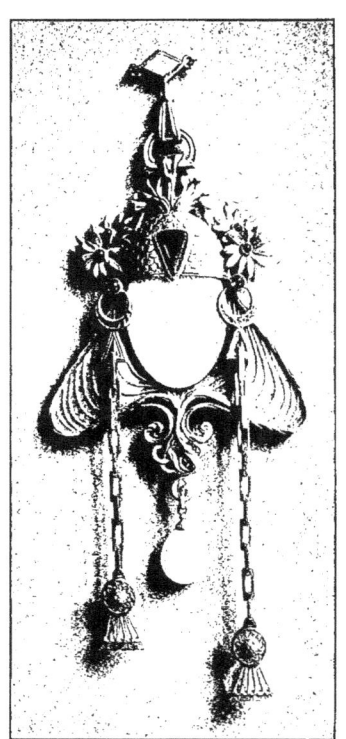

PENDANT DE COU :
OPALES, ÉMAUX, PIERRERIES.
(Maison Georges Fouquet, 1899.)

En 1901, Georges Fouquet demanda à Mucha de réaliser une idée qu'il caressait depuis longtemps : créer un magasin dont la décoration fût en harmonie avec les bijoux d'art qu'il devait contenir. L'artiste hongrois s'acquitta fort bien de cette tâche et, dès la fin de l'année, G. Fouquet put transférer sa maison rue Royale, dans une installation somptueuse et d'une élégance inédite et raffinée.

Le joaillier est resté fidèle à ses tendances premières et ses compositions, maintenant moins fougueuses, d'un goût parfait et toujours d'une tonalité charmante, tiennent une excellente place aux Salons et aux Expositions ; elles lui méritent chaque année de nouveaux succès.

C'est en 1840 qu'Amédée Gaillard, dont le père, Auguste Gaillard, avait été bijoutier en or, rue Mandar, de 1811 à 1821, fonda, rue du Temple, 101, une fabrique de bijoux en cuivre doré, puis aussi, mais plus tard, de bijoux en argent. Vingt ans après. il céda sa maison à son fils Ernest Gaillard (1836). Ce dernier abandonna la bijouterie en cuivre pour se consacrer complètement

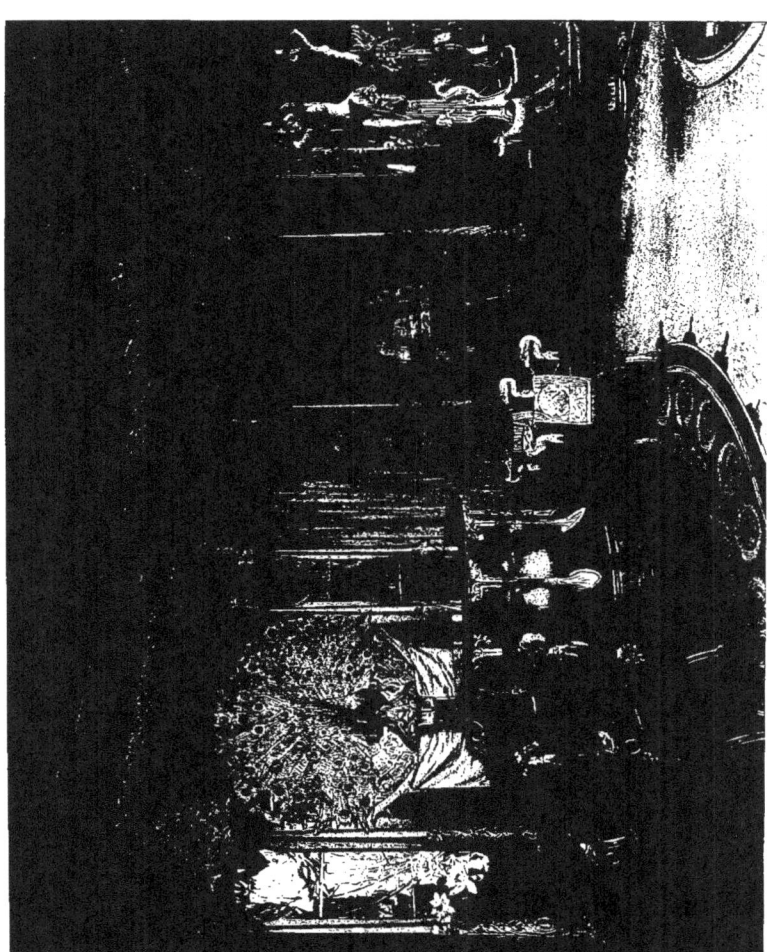

INTÉRIEUR DU MAGASIN DE M. GEORGES FOUQUET.
Décoration par Mucha (1901).

à celle d'argent, créant des modèles intéressants, des broches parfois émaillées représentant des fleurs, des marguerites, des églantines, des pensées, etc. Vers 1869, il ajouta à sa fabrication les bijoux en argent niellé : boutons de manchettes, bracelets, broches, etc., qui jusqu'alors étaient fabriqués à peu près exclusivement en Russie, en Allemagne et en Autriche, et parvint à les établir à un prix très avantageux pour le commerce français. Après la guerre, il donna beaucoup d'extension à la petite orfèvrerie : flacons, bonbonnières, porte-cartes, porte-cigarettes, pommes de cannes, briquets, etc. En même temps, il se mit à faire des pièces d'orfèvrerie de style japonais, avec incrustation de métaux divers, ou avec dorures et patines variées. Les qualités de sa fabrication lui valurent une médaille d'argent à l'Exposition de 1878.

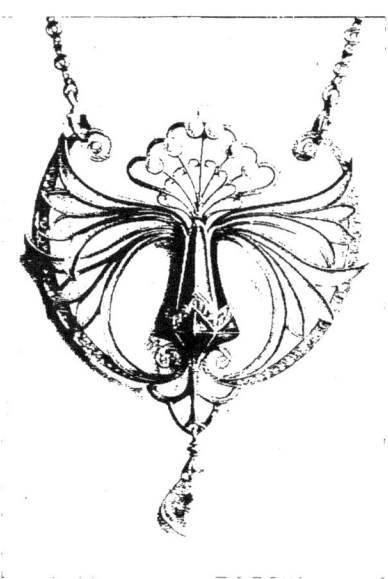

PENDANT DE COU.
(Maison Georges Fouquet, 1900.)

A l'Exposition de 1889, la maison fut très remarquée pour ses bijoux d'hommes en argent, son orfèvrerie et ses articles de bureau et de fumeurs. Ernest Gaillard, qui était membre du Jury, reçut la croix de la Légion d'honneur.

Ernest Gaillard, membre du Tribunal de Commerce, est un homme d'initiative ; il s'occupa activement de l'École professionnelle de dessin et de modelage de la Chambre syndicale, à la fondation de laquelle il avait puissamment

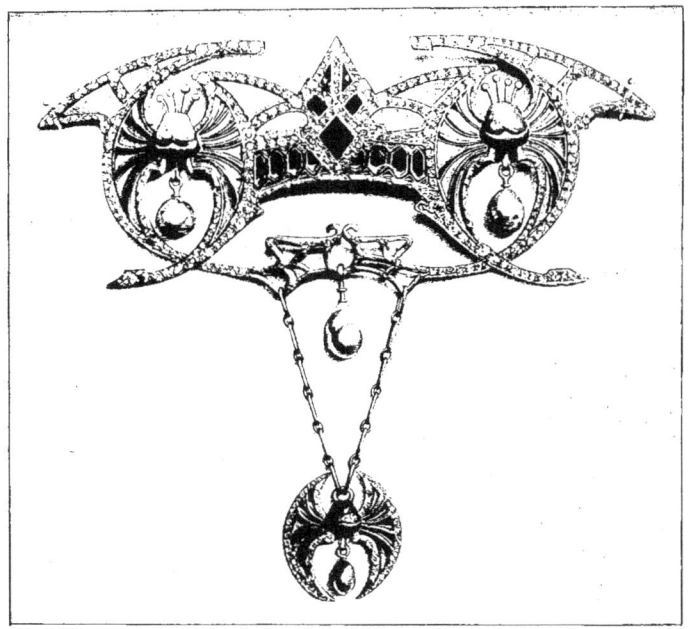

ORNEMENT DE CORSAGE JOAILLERIE, ÉMAIL ET PERLES.
(Salon de 1901. — Maison Georges Fouquet.)

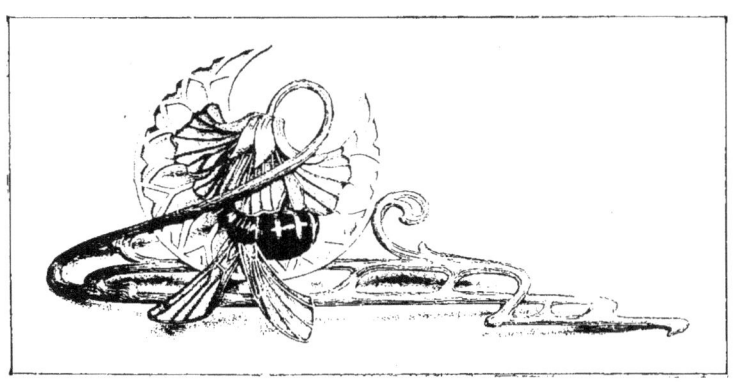

BROCHE FRELON
Composition de Desroziers. (Maison Georges Fouquet.)

contribué. Il en fut pendant plusieurs années le très dévoué Président et, depuis 1895, il en est le Président honoraire. C'est lui qui, en 1870, fut le promoteur et l'organisateur du bal annuel donné par la Chambre Syndicale au profit de son

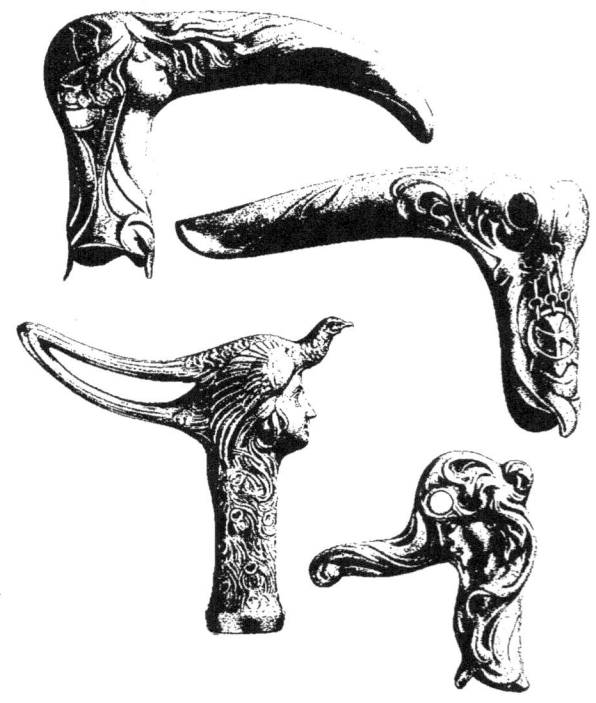

POMMES DE CANNES ET D'OMBRELLES
(Maison Lucien Gaillard, 1900.)

École qui en tire des ressources sans lesquelles il lui serait impossible de subsister.

Ce bal, supprimé en 1871, en raison des tragiques événements du siège et de la Commune, fut rétabli en 1873 ; son succès fut très vif et ne s'est pas amoindri depuis. C'est une des fêtes de bienfaisance les plus réussies de la saison d'hiver.

C'est également pendant qu'Ernest Gaillard en était président, que la Chambre Syndicale, dont le siège était rue des

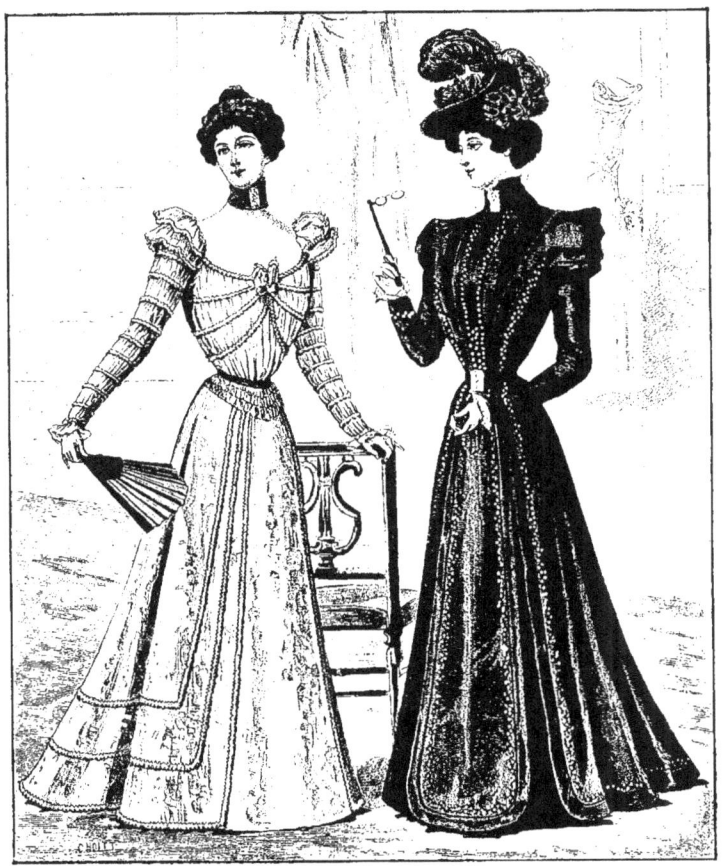

MODES DE 1898.
Plaques de colliers, boucle de ceinture.

Francs-Bourgeois, 39, depuis de longues années, fut transférée rue de la Jussienne, 2 *bis*, et installée dans l'ancien hôtel de la Du Barry, où tous les services furent réunis :

salle du conseil, secrétariat, classes d'enseignement de dessin et de modelage, ateliers de concours, bibliothèque,

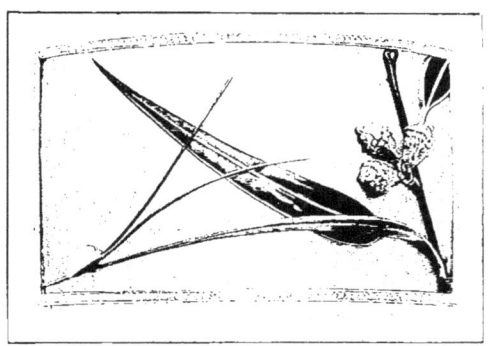

PLAQUE DE COU EN CORNE, AVEC ÉMAUX, CISELURE, ETC.
(Maison Lucien Gaillard.)

archives, etc. La Chambre Syndicale, dans ce nouvel immeuble, put offrir l'hospitalité aux sociétés corporatives, telles que l'Orphelinat, la Fraternelle, etc.

Ernest Gaillard se retira des affaires en 1892, mais, dans

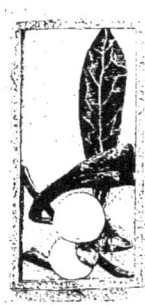 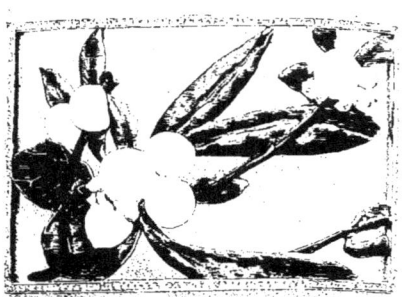 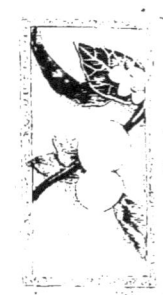

PLAQUES DE COLLIER.
(Maison Lucien Gaillard.)

sa retraite de Taverny, il n'a pas cessé de s'intéresser aux questions concernant la Corporation et l'Enseignement pro-

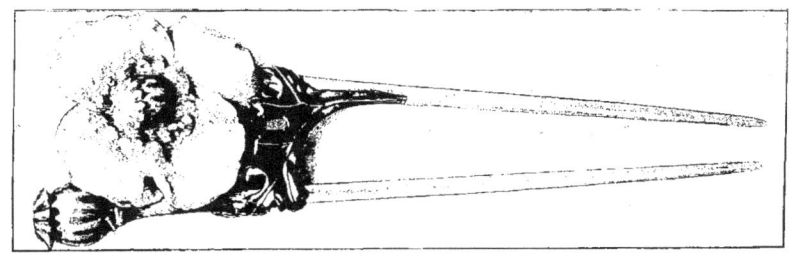

PEIGNE PAVOT.
(Maison Lucien Gaillard.)

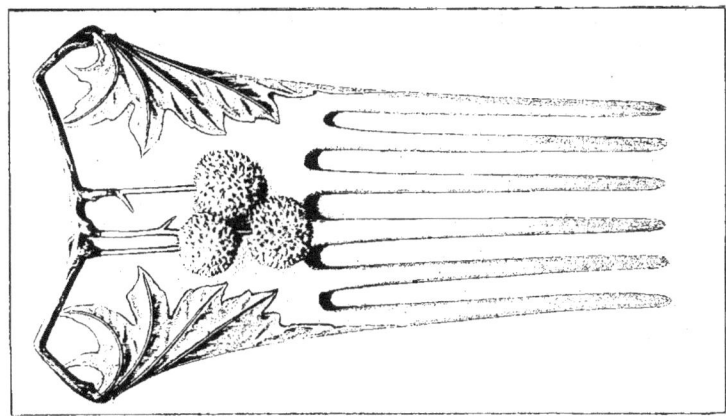

PEIGNE PLATANE.
(Maison Lucien Gaillard.)

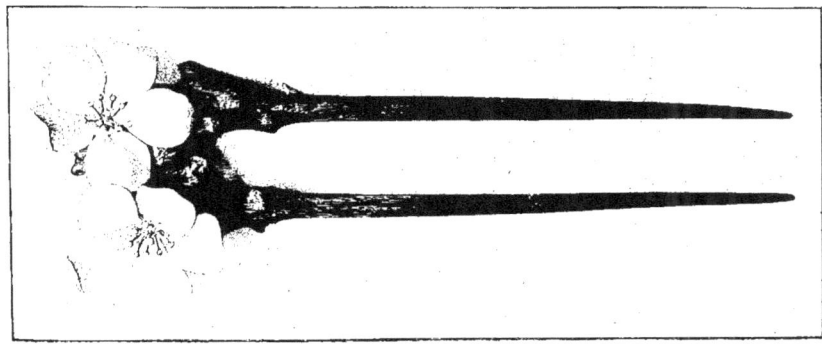

PEIGNE FLEURS DE PÊCHER.
(Maison Lucien Gaillard.)

fessionnel. La Chambre de Commerce de Paris lui demanda, pour sa bibliothèque, une méthode complète d'enseignement professionnel technique, théorique et pratique ; ce travail

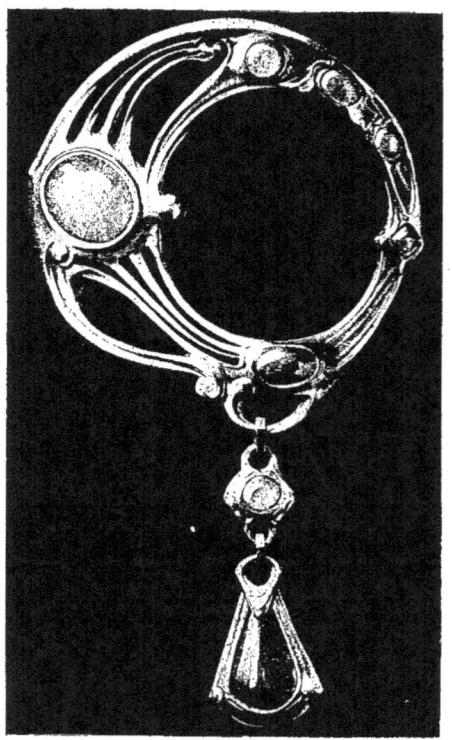

BOUCLE DE CEINTURE « ART NOUVEAU »
par G. Le Turcq.

figura à l'Exposition de 1900 et valut un grand prix à son auteur qui s'était vu décerner en même temps une médaille d'or, dans la section d'Économie politique, pour une étude sur les organisations syndicales et la participation aux bénéfices.

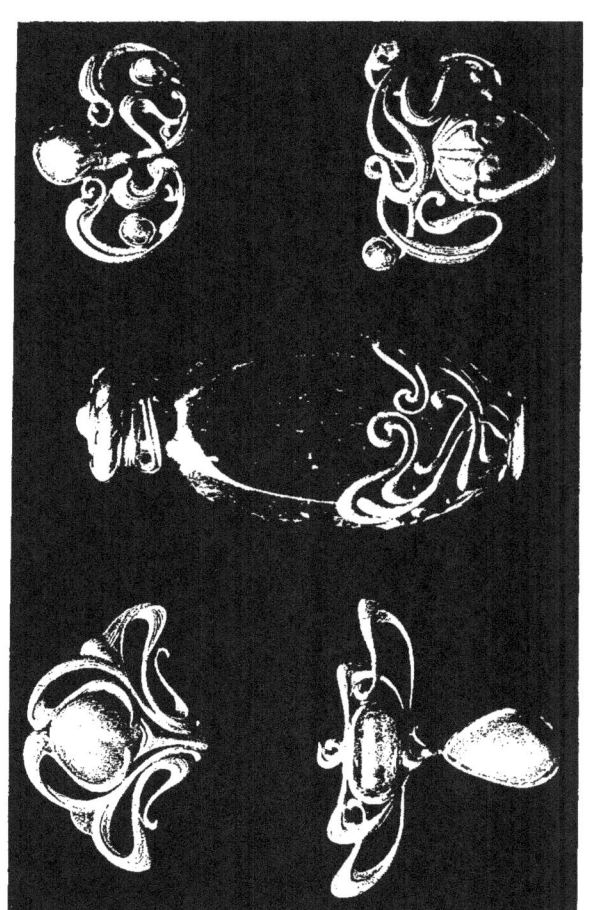

BROCHES, FLACON « ART NOUVEAU »
par E. Colonna (1900). (Maison Bing.)

Son fils, Lucien Gaillard (1861), entra en 1878 dans l'atelier paternel pour y faire son apprentissage. Désireux de connaître toutes les branches pouvant se rattacher à sa pro-

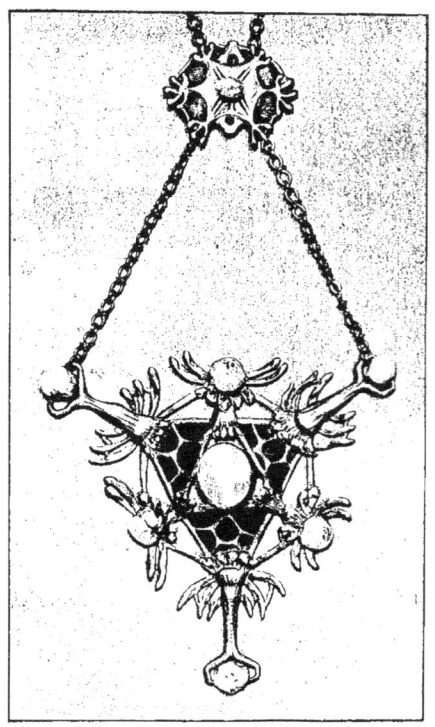

PENDANT DE COU
par Ch. Boutet de Monvel. (Salon de 1903.)

fession par des applications industrielles ou décoratives, il compléta son instruction d'orfèvre par une série d'apprentissages successifs chez différents spécialistes. Aimant passionnément son métier, chercheur infatigable, il étudia avec ardeur toutes les questions techniques : alliages, dorures, patines, etc., et obtint des résultats du plus grand intérêt.

A l'Exposition de 1889, l'une des quatre médailles d'or

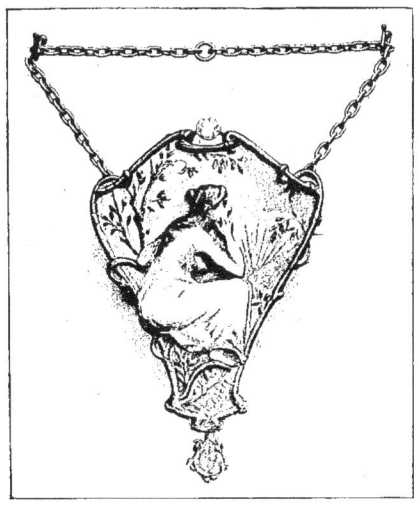

PENDANT DE COU ÉMAILLÉ
par L. Houillon.

décernées aux collaborateurs de la classe lui fut attribuée, pour ses compositions et ses applications de gravures hélio-

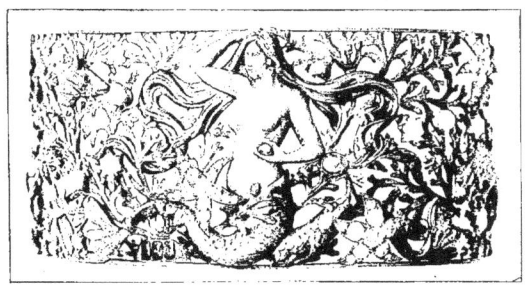

PLAQUE DE COU SIRÈNE
par Henri Dubret.

graphiques sur diverses pièces d'orfèvrerie d'or et d'argent.

Lucien Gaillard transporta en 1900 sa fabrique rue La

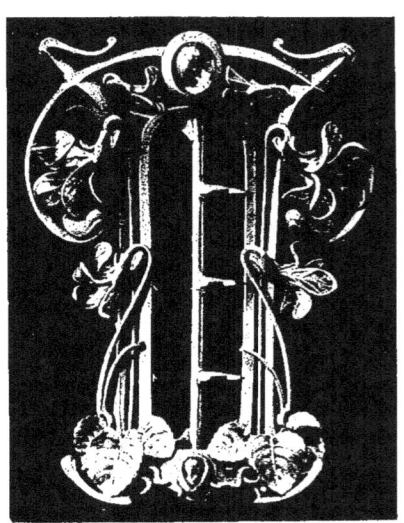

BOUCLE DE CEINTURE VIOLETTES.
Composition de Landois (1899). (Maison Bricteux.)

Boëtie, 107, dans un vaste immeuble où ateliers et services

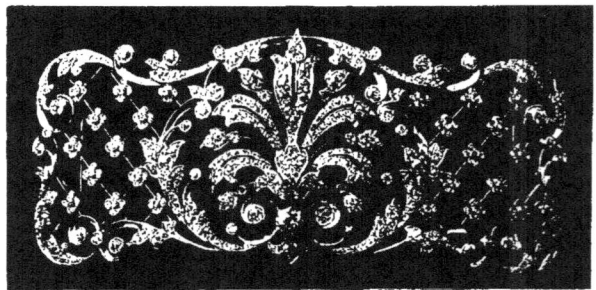

PLAQUE DE COU SE PORTANT SUR UN VELOURS.
(Maison Ch. Marie, de 1892 à 1900.)

annexes furent organisés avec les derniers perfectionnements modernes.

Séduit, dès 1878, par le charme des ouvrages japonais,

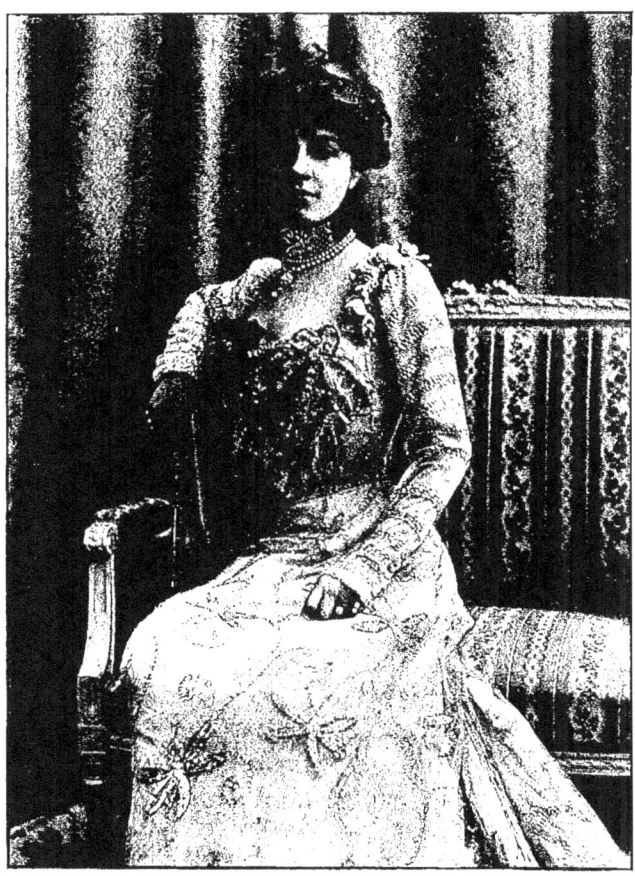

Mlle LUCY GÉRARD (1898).
Plaque de cou en joaillerie sur velours, colliers de perles, bagues.

il avait résolu de pénétrer les secrets de leur fabrication et de la composition de leurs alliages; il commença en 1881 des recherches et des essais très sérieux[1]. Les objets exécutés par les ouvriers français, peu préparés à ce genre de travaux, ne lui ayant pas donné complète satisfaction, il fit venir de Tokio, après 1900, quelques artisans ciseleurs,

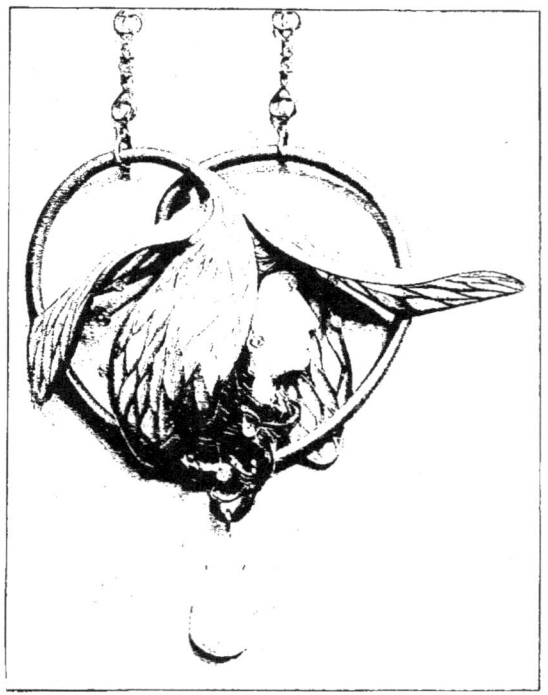

PENDANT DE COU
par E. Feuillâtre.

laqueurs, bijoutiers, qu'il installa dans ses ateliers, où ils exécutent sous sa direction non seulement des objets d'orfèvrerie, des bijoux fabriqués avec les métaux aux tonalités

1. Nous signalons les pièces exposées au Musée des Arts décoratifs et exécutées par Lucien Gaillard en 1881 et en 1900, avant qu'il ait employé des ouvriers japonais.

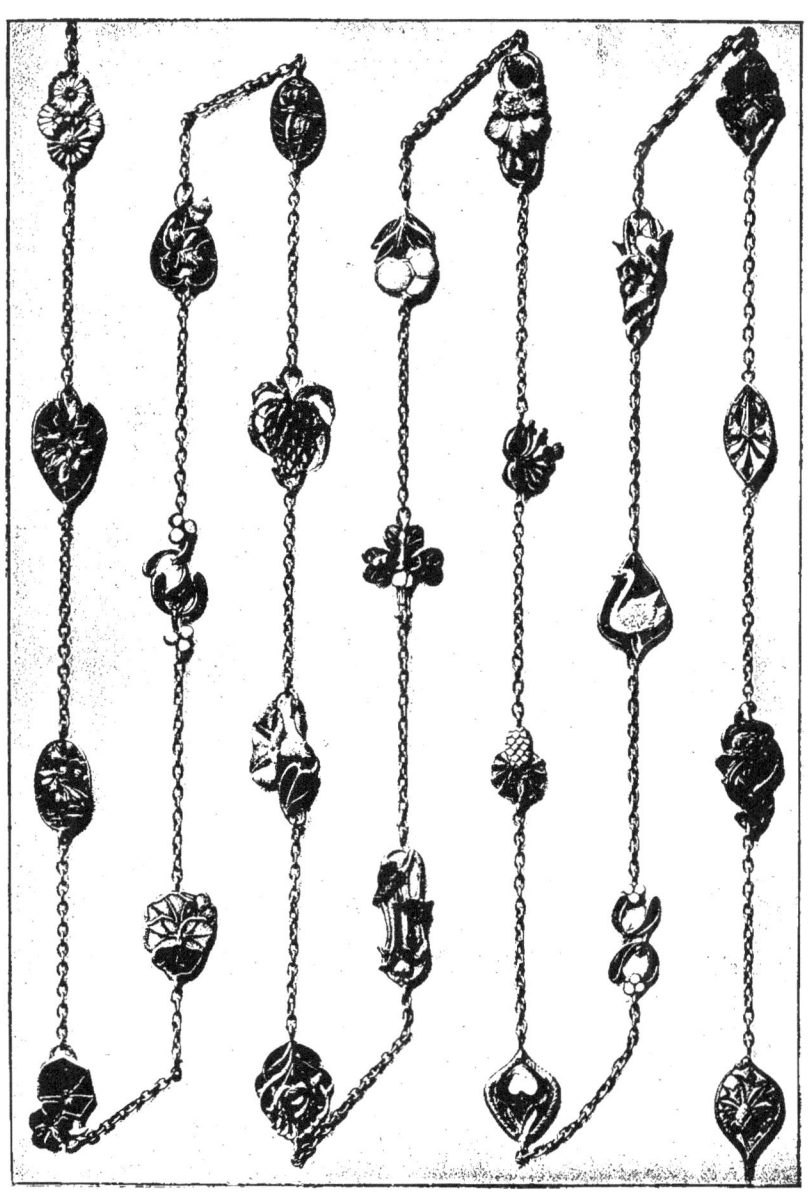

SPÉCIMENS DE MOTIFS ÉMAILLÉS POUR SAUTOIRS
par E. Feuillâtre (1900).

particulières et fort intéressantes, qui étaient demeurés l'apanage des Japonais, mais encore de ces merveilleuses pièces de laque dont, jusqu'à présent, était ignorée la technique en Occident.

Lucien Gaillard, d'abord associé de son père, continua seul à diriger la maison lorsque celui-ci se retira A l'Expo-

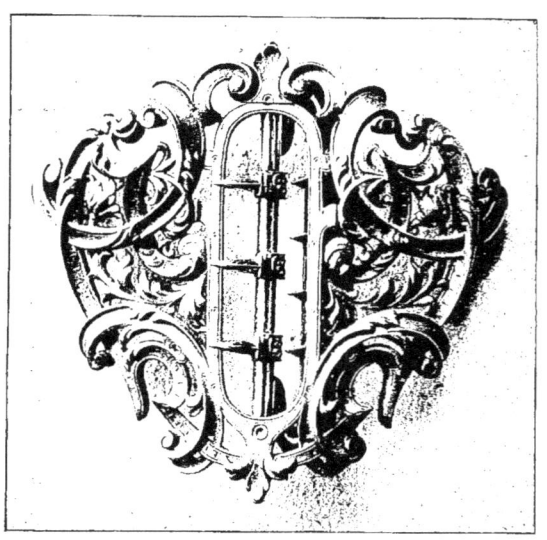

BOUCLE DE CEINTURE, OR CISELÉ
(Maison Georges Brunet.)

sition de 1900, sa vitrine fut très remarquée; elle contenait peu de bijouterie, mais un choix important de petits vases et de bibelots en argent, aux patines nouvelles et d'une note séduisante. A partir de cette époque, enthousiasmé par les œuvres de Lalique, Lucien Gaillard entreprit les bijoux artistiques et en fit d'un goût délicieux. Il exposa pour la première fois, au Salon de 1901, des vases et des objets en métaux patinés; à celui de 1902, des bijoux d'une fantaisie élégante et raffinée : peignes, pendentifs, plaques de cou, etc., qui eurent un grand succès. Ce succès s'est continué à tous les Salons où Lucien Gaillard s'est vu décerner une troisième médaille en 1901, puis une deuxième en 1903 et enfin une première médaille en 1904. Il est chevalier de la Légion d'honneur depuis 1902.

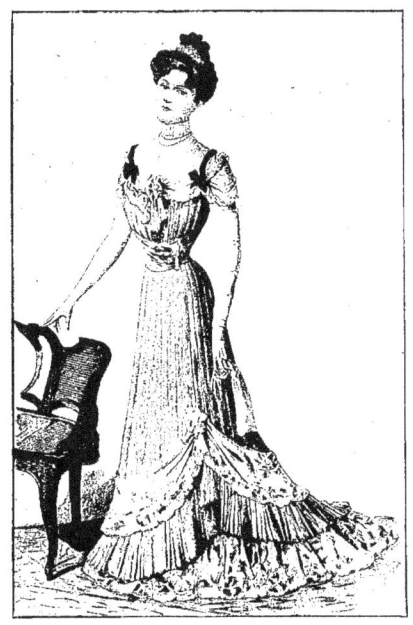

MODES DE 1900.
Collier de chien en perles, avec plaque ; diadème.

Que d'anciennes ou nouvelles maisons honorablement connues seraient encore à citer ! *La Gerbe d'or,* fondée en 1797, dirigée actuellement par Mme Chapus et son fils ; Noury (Mauboussin successeur) ; Alekan frères, les inventeurs du patin à hélice pour boutons ; Debacq, Deshayes, Hagneaux, Renn, Labouriau, joailliers réputés. Les fabricants de chaînes : Rometin et Ancelot ; Bellette, Kamper,

Refauvelet, Angenot, Clément ; Moche, justement apprécié pour ses bourses cotte de mailles ; Froidefon, successeur de Lion; Mantoux et Rottembourg ; Gross et Langoulant, qui fabriquent chaque année plus de vingt kilomètres de chaines

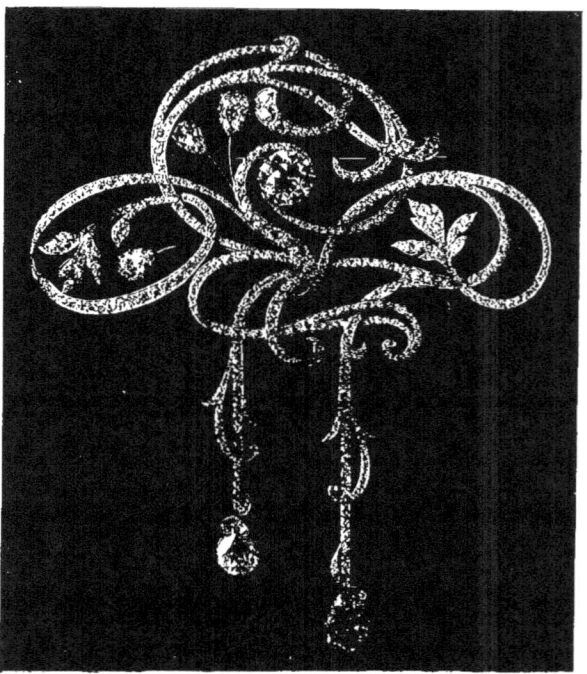

BROCHE JOAILLERIE.
(Maison Léon Vaguer.)

en or de toutes dimensions et de tous modèles ; Chaveton, Pelletier et Pourée, successeurs de Filard, spécialistes réputés pour les bagues en joaillerie ; Mollard, bijoutier-joaillier et émailleur ; Arfvidson, auteur de jolis bijoux en acier ciselé et bleui rehaussés de joaillerie ; Bricteux, Henri Dubret, Maurice Dufrêne, Ferdinand Ehrard, G. Falguières, Hersant (ancienne maison Duché), Patout, Louchet et

Louis Chalon, Solié, Henri Téterger (1862), fils et élève d'Hippolyte Téterger ; Saint-Yves, Maurice Robin, Obiols,

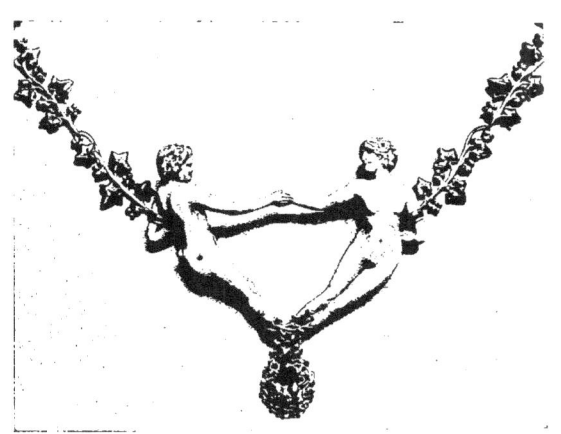

COLLIER EN IVOIRE, OR ET ÉMAUX, « PLAISIR CHAMPÊTRE »
par René Foy. (Exposition de 1900.)

Laffitte, Joë Descomps, Marcel Bing, Édouard Colonna, Henry Nocq, Deberghe, Paul Liénard, etc., qui ont réalisé

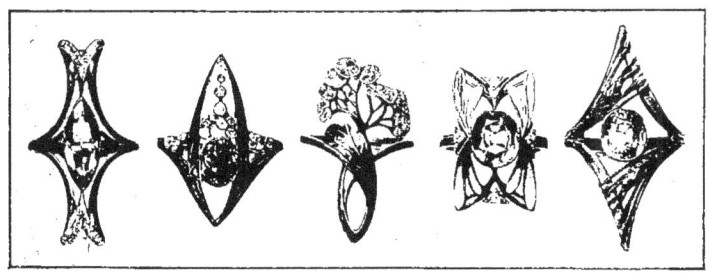

BAGUES
par Paul Liénard (1905).

des bijoux charmants dans une note très moderne ; Basset et Moreau ; Bensé, successeur de Audianne ; Lemeunier et Cauvin, Chambin, Rambour, Gif, Edmond Lecas, Lefort, Léon Vaguer, etc., et tant d'autres joailliers ou

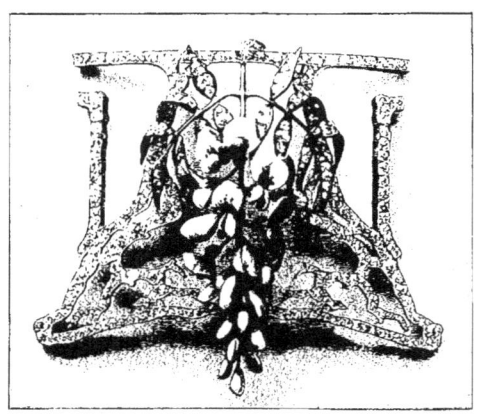

PLAQUE DE COU GLYCINES
par G. Falguières.

bijoutiers pleins de fantaisie, parfois hardis dans leurs compositions, poursuivant toujours la recherche d'œuvres nouvelles excellemment exécutées.

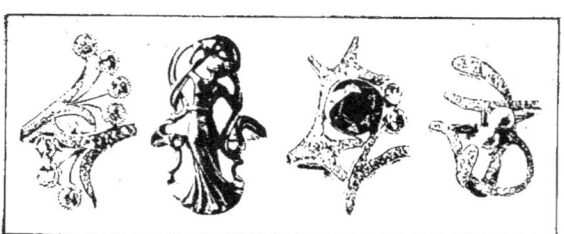

BAGUES
(Maison G. Le Turcq, 1900.)

Nous devons une mention spéciale à Georges Brunet (1847-1904), bijoutier habile. Ancien cuirassier de Reichshoffen, il fut choisi par ses anciens compagnons d'armes pour être le président de la Société amicale qu'ils avaient fondée en souvenir de leurs anciens exploits ; il avait fait

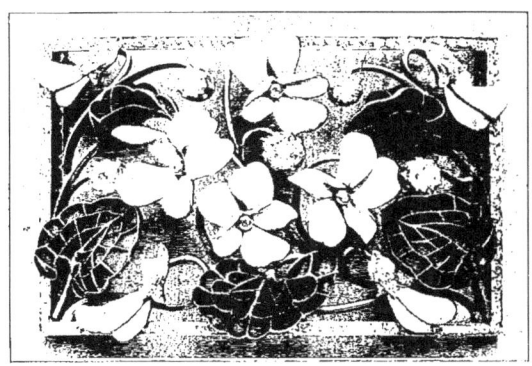

PLAQUE DE COU, VIOLETTES ÉMAIL
par Gaston Laffitte.

toute la campagne de 1870 et s'était battu à Sedan, où il fut fait prisonnier. Évadé des prisons de l'ennemi, il revint en France pour endosser de nouveau la cuirasse et prit part à toutes les opérations de l'armée de la Loire, puis à celles de

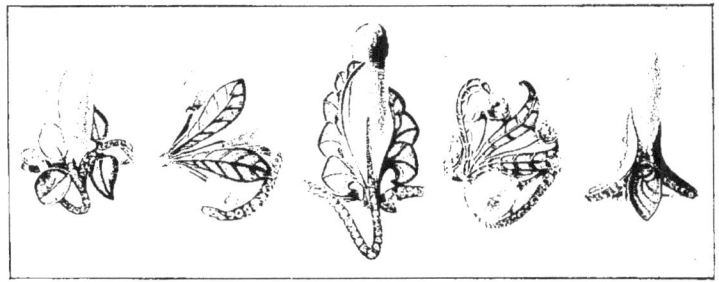

BAGUES
(Maison G. Le Turcq, 1900.)

l'armée de Versailles au moment de la Commune. Nous ne saurions oublier non plus Paul Hamelin, joaillier, grand amateur de belles pierres qui, à sa mort (1902), légua à diverses œuvres de bienfaisance des sommes importantes, et en particulier trente-deux mille francs à la Maison de Retraite des vieux ouvriers bijoutiers.

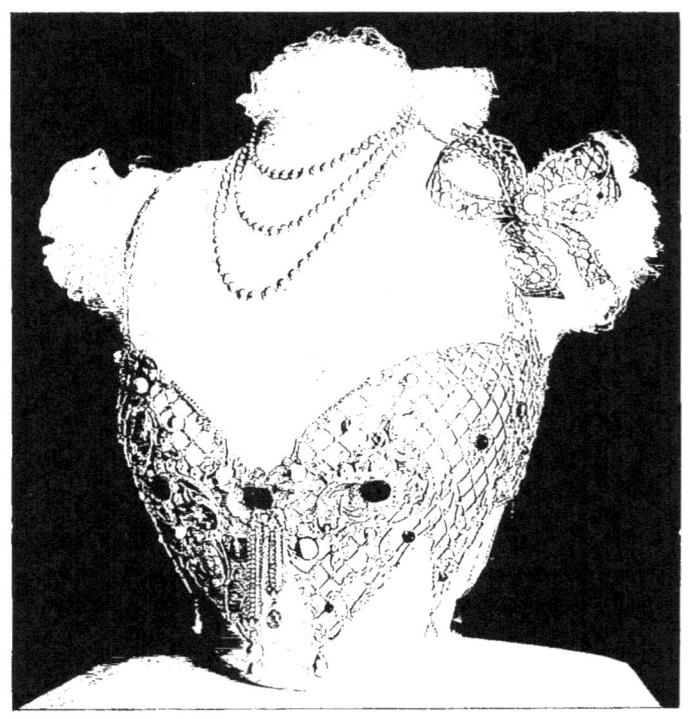

CORSAGE BOLÉRO EN JOAILLERIE :
ÉMERAUDES, RUBIS, PERLES, TURQUOISES ET DIAMANTS.
Exécuté pour M⁰ᵉ Faguette (1901).

Les noms de quelques dessinateurs de talent sont à ajouter à ceux que nous avons déjà signalés : Henry Vollet, Jules Chadel, Douy-Pascault, Landois, mort prématurément ; Georges de Feure ; Provost-Blondel, graveur émérite, auteur d'un recueil de monogrammes très apprécié ;

Voyelles et Consonnes; Bonvallet, le collaborateur apprécié de la maison Cardeilhac; Cossart, Bellery-Desfontaines,

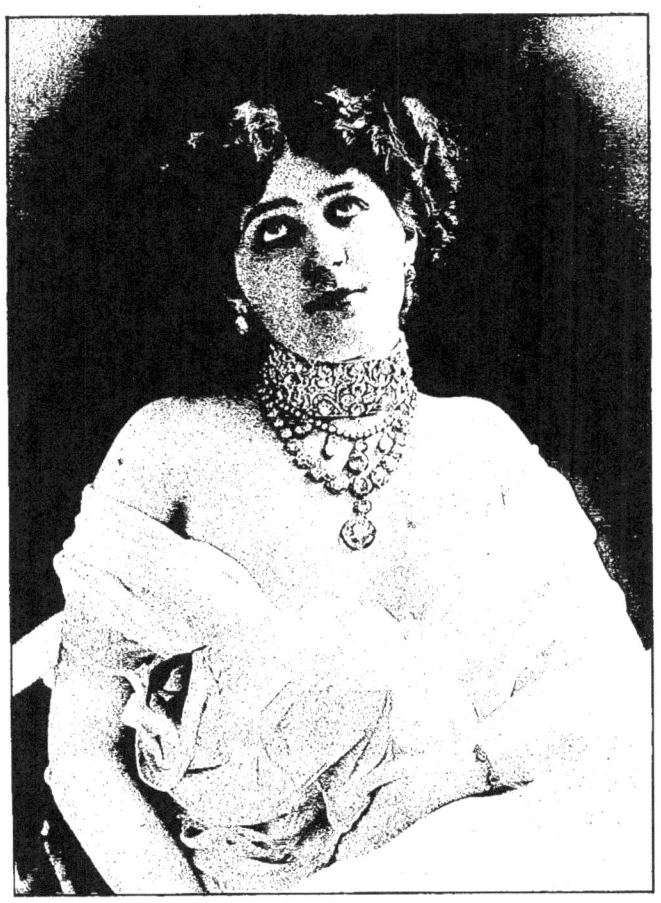

Mlle TROUWAHOWNA (1904).
Collier de chien, rivière, boutons d'oreilles, bracelet.

A. Giraldon, Eugène Belville, M.-P. Verneuil, Lucien Magne, Chardon, Edme Conty, etc.

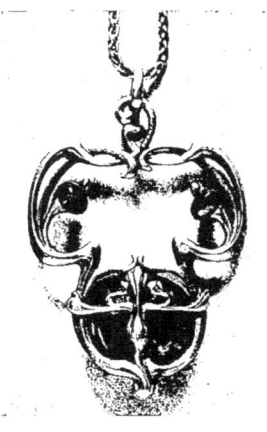

PENDANT DE COU OR
ET ÉMERAUDES
par E. Colonna (1900).

Un chapitre spécial serait à consacrer à des émailleurs tels que : Grandhomme (1852) et Garnier, de Courcy, Corplet, dont la maison remonte à 1820; Thesmar, Charles Jean, Charlot, Soyer, L. Houillon, technicien parfait, et Tourette qui fut son élève ; Riquet, Eugène Feuillâtre (1870), qui a composé et exécuté des pièces émaillées importantes et de fort jolis bijoux très admirés aux Salons annuels.

De même que nous avons dû nous borner à citer ces noms sans commentaires, nous devons nous priver de parler de plusieurs de nos contemporains qui, bien qu'ayant produit de belles œuvres, n'ont pas encore donné toute la mesure de leur talent, car nous craindrions de ne pas leur rendre pleine justice en formulant sur eux une appréciation prématurée.

D'autre part, fort heureusement pour la Corporation, leur nombre est assez considérable. Comment faire une sélection parmi eux, sans risquer de froisser ceux que nous passerions sous silence ? Nous espérons que, dans un délai plus ou

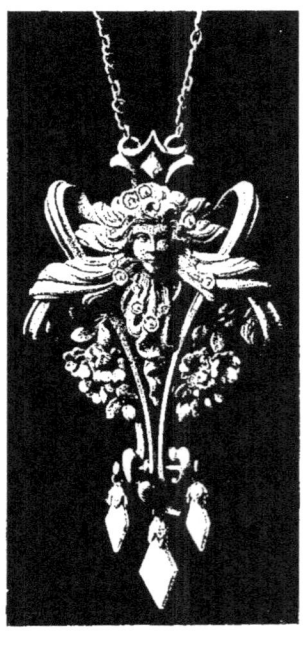

PENDANT DE COU
(Maison Bricteux, 1899).

moins rapproché, il se trouvera un de nos confrères pour continuer cette étude, en la reprenant au point où nous nous sommes arrêté, c'est-à-dire au commencement du xxe siècle. C'est à lui qu'incombera la tâche de parler, avec le développement que comportent leurs œuvres, de ceux que nous n'avons pu citer, de combler les lacunes de ce travail et de réparer les omissions involontaires, qu'il y découvrira vraisemblablement. Il sera alors en mesure de juger à sa véritable valeur, la jeune et brillante géné-

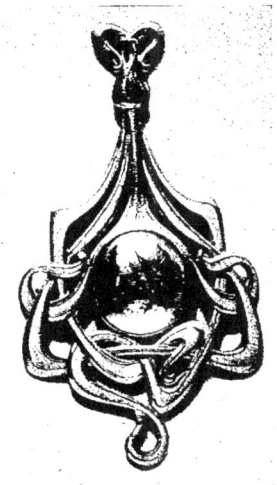

PENDANT DE COU EN OR,
ÉMAIL ROUGE ET ŒIL-DE-CHAT
par E. Colonna (1900).

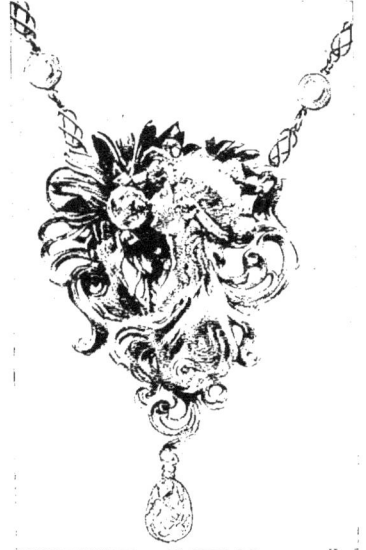

PENDANT DE COU.
(Maison Solié.)

ration actuelle de bijoutiers, dont notre profession est en droit de s'enorgueillir. Déjà plusieurs se sont classés parmi les maîtres, d'autres sont en passe de le devenir; le présent est plein de promesses. Nous sommes persuadé que ces jeunes confrères sauront sauvegarder l'honneur de la Corporation, aujourd'hui entre leurs mains, et non seulement maintenir, mais augmenter encore l'éclat et la renommée de la Bijouterie Française.

A ce point de notre travail, nous nous sommes senti particulièrement embarrassé. En effet, si au moment d'étudier l'œuvre de confrères actuellement en exercice, nous avons déjà éprouvé une légitime appréhension, craignant de ne pas le faire comme il convient, à plus forte raison nous a-t-il semblé plus ardu encore de parler de notre propre maison ; nous avions donc pris le parti d'y renoncer.

Avons-nous eu raison de céder aux aimables instances de plusieurs confrères qui, forts de l'autorité qui leur est reconnue, nous affirmaient que, nos travaux de bijouterie faisant partie de l'œuvre commune, nous n'avions pas le droit en nous abstenant de les mentionner, de laisser une lacune, à leur point de vue regrettable, dans cette étude sur la Corporation ?

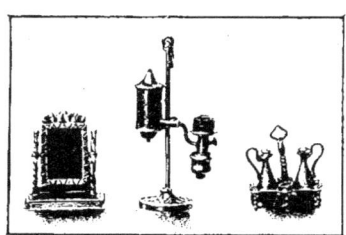

BRELOQUES.
Psyché, lampe Carcel, huilier, par E. Vever
(avant 1855).

Nous n'avons pas su résister à ces raisonnements beaucoup trop bienveillants ; mais nous nous contenterons d'exposer brièvement, par de simples notes biographiques, l'historique de la maison Vever, et nous éviterons tout commentaire personnel sur les œuvres qu'elle a produites, nous bornant à citer à leur sujet les appréciations des principaux critiques compétents.

En 1821, Pierre Vever (1795-1853) fit construire à Metz, au centre de la ville, rue Fabert, un immeuble où magasin et ateliers de bijouterie avaient été aménagés avec un soin tout particulier. Grâce à sa connaissance du métier, à son tact, à sa loyauté, il obtint rapidement la clientèle des meilleures familles non seulement de la vieille cité française et des régions voisines, mais encore du Luxembourg et des provinces rhénanes, d'où lui vinrent aussi, attirés par sa réputation, des apprentis devenus plus tard, dans leur pays

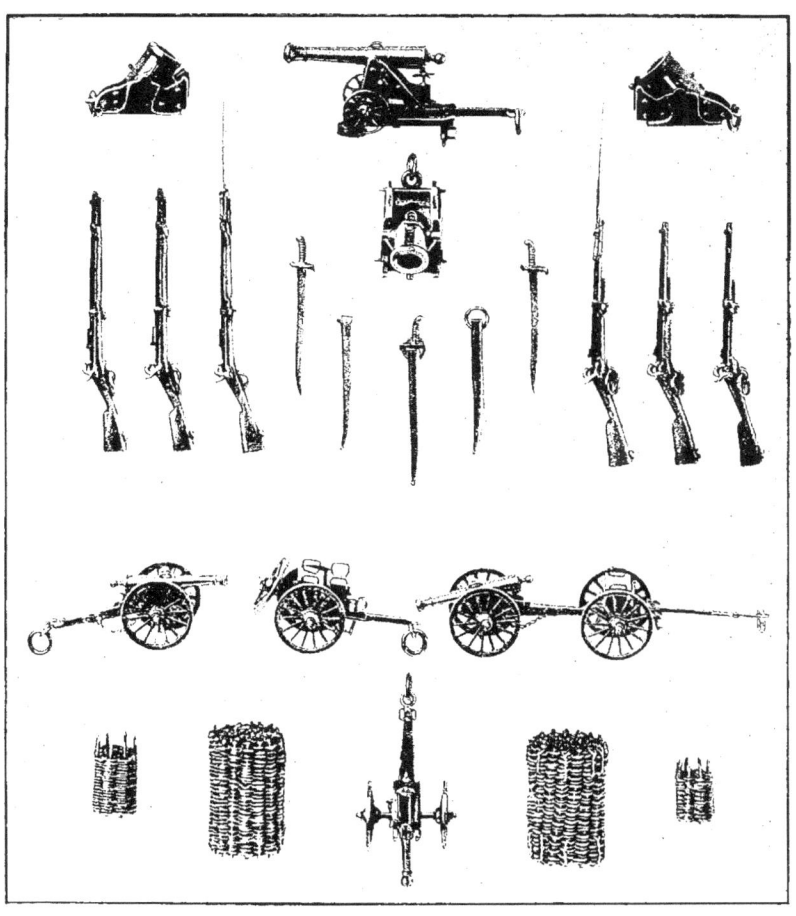

BRELOQUES EN OR ET ARGENT.
Canons, mortiers, caissons, fusils, gabions, etc., par E. Vever (1860).
(Grandeur d'exécution.)

d'origine, des artisans habiles et des maîtres appréciés.

Pierre Vever eut deux fils, qui tous deux montrèrent dès leur jeune âge des dispositions spéciales pour le dessin, mais c'est à l'aîné, Ernest, qu'était réservée la maison paternelle. Le plus jeune, Félix suivit la carrière des armes, à laquelle le prédisposaient ses goûts, sa vive intelligence et ses exceptionnelles aptitudes physiques. Sorti de Saint-Cyr, il continua à étudier avec passion les questions militaires, mais sans négliger la peinture qui lui réservait de vrais succès; plusieurs

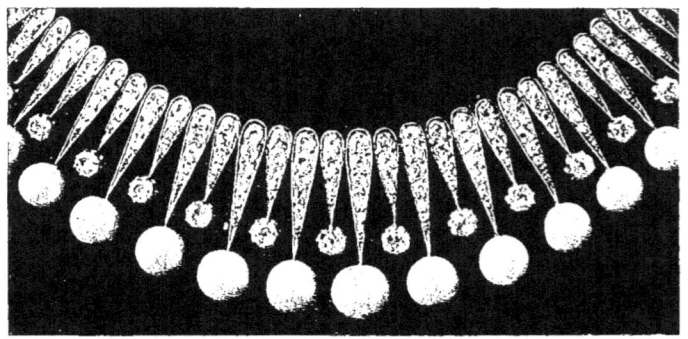

COLLIER SOUPLE, FRANGES PERLES ET BRILLANTS.
(Maison Vever. — Exposition de 1878.)

tableaux de lui figurent encore dans la salle d'honneur de son régiment, dont ils représentent les hauts faits. Félix Vever était lieutenant aux grenadiers de la Garde Impériale et officier d'ordonnance du général de Sabran, lorsqu'il fut tué devant Sébastopol.

Ernest Vever (1823-1884) fut préparé, dès sa sortie du lycée, à devenir bijoutier.

Son apprentissage terminé, et après être revenu faire un stage très profitable auprès de son père, il résolut d'aller se perfectionner en Allemagne et en Autriche, pays dont la joaillerie avait alors une grande réputation. Plein d'ardeur, il partit à pied, sac au dos, comme on le pratiquait souvent à cette époque où les chemins de fer étaient encore bien rares. Ayant ainsi visité les centres de fabrication les

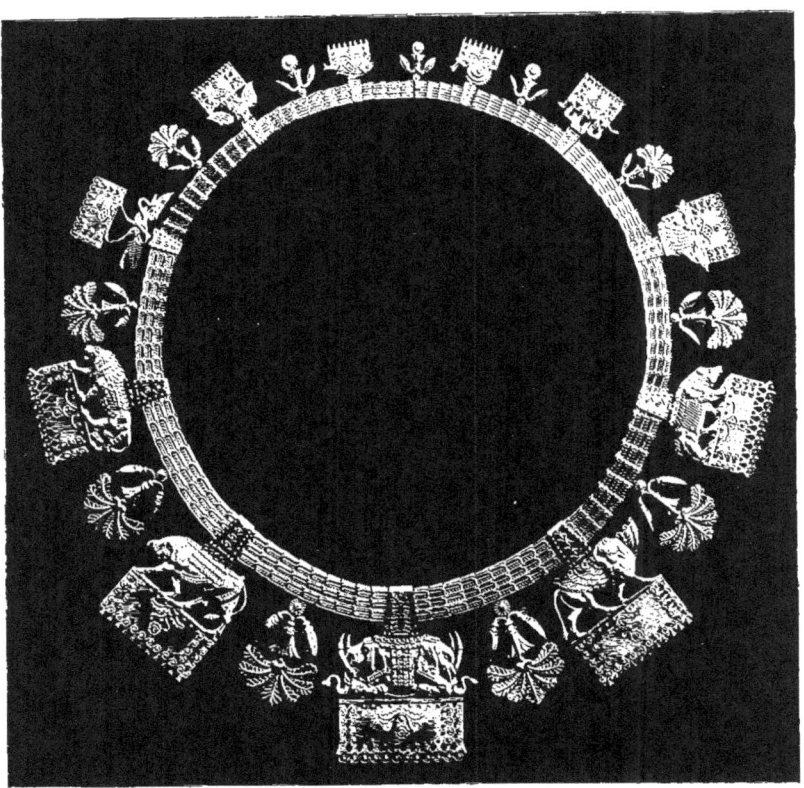

COLLIER ASSYRIEN EN OR MAT.
(Maison Vever. — Exposition de 1878.) — Réduction de moitié.

plus importants et séjourné principalement à Hanau et à Vienne pendant les années 1842 et 1843, il revint à Metz, où il s'occupa très activement des affaires avec son père et, en 1848, au moment de son mariage[1], il reprit la maison

1. Il épousa la fille d'un fabricant d'orfèvrerie d'étain fort habile dans sa

à laquelle il donna beaucoup d'extension, créant lui-même les modèles des bijoux dont il dirigeait en personne l'exé-

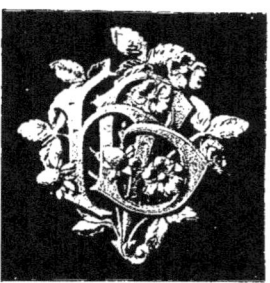

MONOGRAMME OR CISELÉ.
(Maison Vever, 1891.)

cution. A cette époque, les moyens de communication avec la capitale étaient moins faciles qu'aujourd'hui et, à Paris

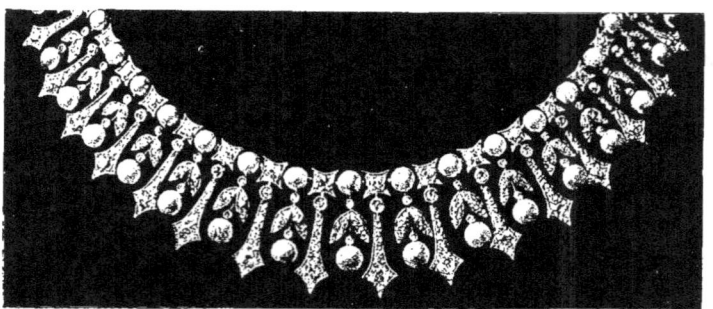

COLLIER SOUPLE, PERLES ET BRILLANTS.
(Maison Vever.) — Réduction du tiers.

même, la spécialisation n'existait pour ainsi dire pas dans la bijouterie. Les bons ateliers de province étaient donc

profession, dont Jules Brateau utilisa les conseils et la vieille expérience, lorsqu'il entreprit, avec un si grand et si légitime succès, de faire renaître l'orfèvrerie artistique d'étain, vers 1880.

organisés de manière à pouvoir entreprendre les différents travaux qui se présentaient.

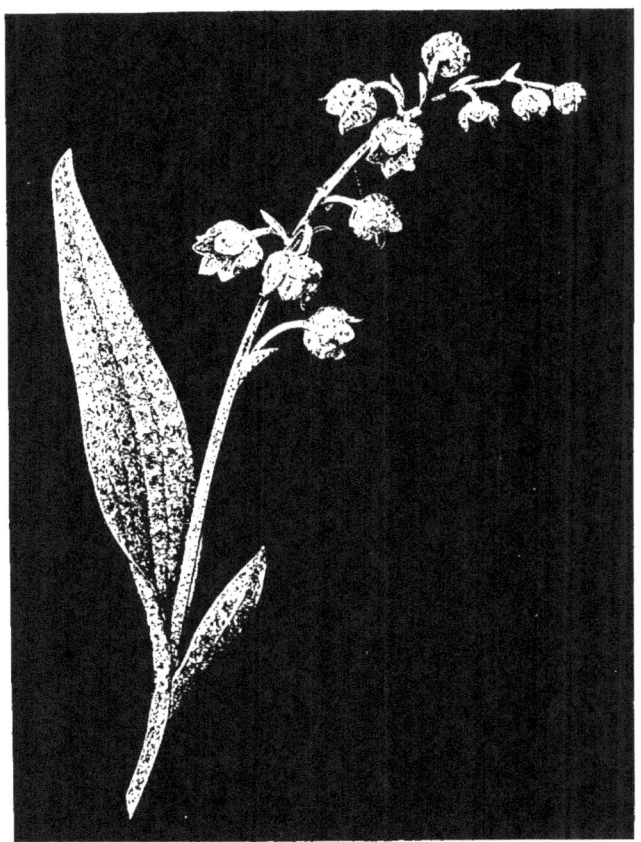

BRANCHE DE MUGUET EN JOAILLERIE.
(Maison Vever. — Exposition de 1889.)

Tel était le cas de l'atelier Vever, où se trouvaient réunis le matériel et les outils nécessaires, non seulement pour fabriquer la bijouterie et la joaillerie, mais pour graver, ciseler, mouler, fondre, estamper, tourner, émailler, dorer, etc. Tous ces appareils, plus ou moins patinés par le temps et l'usage, évoquaient le décor pittoresque des anciennes gravures d'Étienne Delaune ou autres maîtres du Moyen-Age. Là, se conservaient et se transmettaient les vieilles traditions, les tours de main du métier ; là, chacun savait « faire de tout », bijouterie, joaillerie, orfèvrerie de table ou d'église, etc., sans parler des raccommodages si délicats à bien exécuter. Les ouvriers, presque tous anciens apprentis de la maison, faisaient pour ainsi dire partie de la famille et se montraient affectueusement indulgents pour les jeunes fils de leur patron qui, aussi souvent qu'ils le pouvaient, délaissant les devoirs du collège, venaient les regarder travailler, non sans les déranger quelque peu.

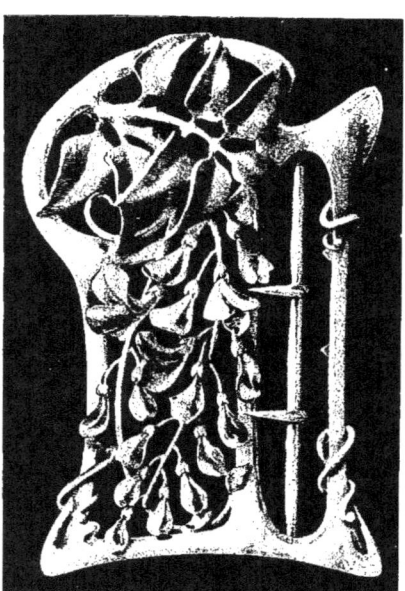

BOUCLE DE CEINTURE.
Glycine en améthystes sculptées et or émaillé.
(Maison Vever, 1897.)

Mais aussi que de connaissances nous avons acquises ainsi tous deux, par la seule ambiance, par les leçons de choses toujours renouvelées, qui exposaient à nos yeux d'enfants attentifs et émerveillés, toutes les phases d'exécution des bijoux les plus variés, depuis la composition du dessin et le modelage de la cire par notre père, jusqu'au parachèvement des derniers détails ! Que l'on veuille bien nous excuser de nous être arrêté à ces souvenirs lointains, mais si vivaces !

Une importante exposition internationale, organisée à Metz en 1861, donna à Ernest Vever l'occasion d'augmenter encore la réputation qu'il s'était acquise dans la région de

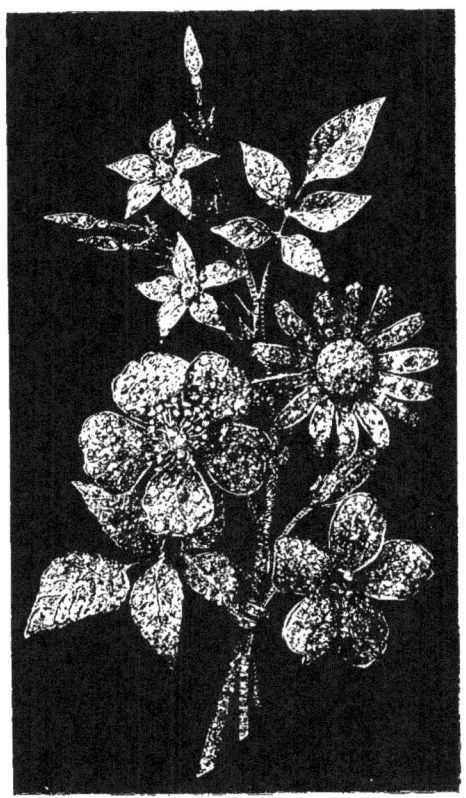

BOUQUET DE JOAILLERIE.
(Maison Vever. — Exposition de 1889.)

l'Est. Toutes les œuvres, très variées, réunies dans sa vitrine, avaient été composées et dessinées par lui et exécutées exclusivement dans son atelier; aussi obtint-il la plus haute récompense attribuée à sa classe.

La population messine, qui fournit à la France un nombre si considérable d'officiers distingués, aimait passionnément tout ce qui touchait à l'armée. Elle ne manquait aucune des nombreuses revues, manœuvres, « petites guerres » de la garnison ; exercices de mines, de ponts, de sape du régiment du génie ; tirs variés des artilleurs, non plus que

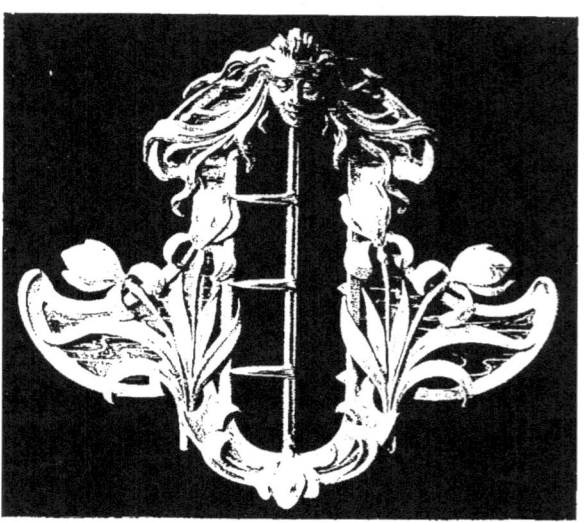

BOUCLE DE CEINTURE.
Iris, émaux translucides et émaux dépolis. (Maison Vever, 1897.)

les « triomphes » décernés par eux aux adroits pointeurs qui avaient abattu le « tonneau »[1]. Ces continuelles manifestations militaires entretenaient chez les habitants l'esprit « cocardier », hélas ! trop démodé aujourd'hui, et qui n'est au fond qu'une très légère exagération du patriotisme, excu-

---

1. C'était un tonneau placé en haut d'une longue perche et éclairé la nuit par une lanterne qui servait de but pour le tir des mortiers. Il fallait beaucoup d'adresse et un peu de chance, ou inversement, pour envoyer une bombe sur un but aussi exigu. Aussi ce haut fait était-il joyeusement et bruyamment célébré ; de plus, son auteur rentrait en ville au son de la musique et à la lueur des torches, dans un char orné de drapeaux et de feuillages.

sable d'ailleurs dans cette ville frontière jusqu'alors inviolée.

Ernest Vever possédait au plus haut point ce sentiment ;

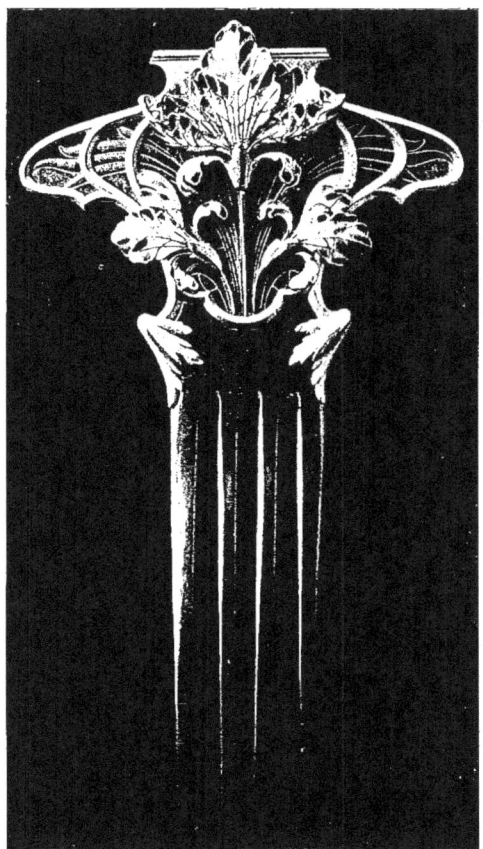

PEIGNE IRIS EN ÉMAUX TRANSLUCIDES
(Maison Vever, 1897.

on le verra plus loin. D'une très grande habileté professionnelle, il avait exécuté personnellement, avec un soin extrême, avec amour pourrait-on dire, des breloques en or et en argent, représentant de petits canons de campagne, des pièces de siège, des caissons, des mortiers, des fusils, des gabions, etc., qui obtinrent un succès des plus vifs. Ces chefs-d'œuvre de patience et d'adresse étaient la reproduction, à une échelle minuscule et avec tous ses détails, du matériel d'artillerie alors en usage; bien qu'ayant à peine trois centimètres de longueur, affût compris, ces canons lilliputiens pouvaient tirer ; leurs roues tournaient, les coffres à munitions des avant-trains s'ouvraient, etc. Les officiers-élèves de l'École d'Application[1], artilleurs ou sapeurs, séduits par ces petites merveilles, non seulement les acquéraient pour eux-mêmes, mais en avaient offert des spécimens au musée des modèles de leur École.

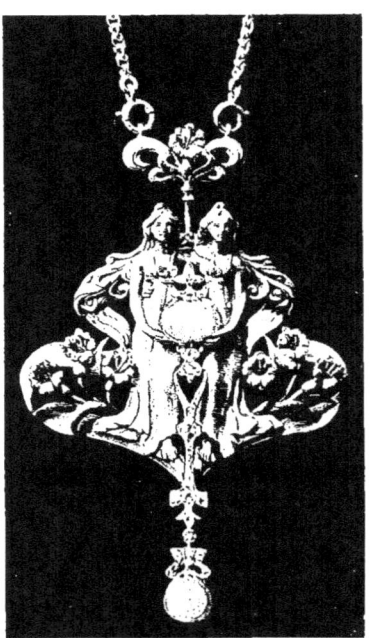

PENDANT DE COU ÉMAILLÉ.
Composition de Henri Vollet. (Maison Vever, 1899.)

Grâce aux connaissances techniques de son chef, à son goût très sûr, et aussi aux exceptionnelles qualités d'intelligence et de cœur de Mme Vever qui secondait admirablement

---

1. L'École d'application du Génie et de l'Artillerie, couramment appelée École de Metz, recevait pour deux ans les élèves sortant de l'École Polytechnique avec le grade de sous-lieutenant. Cette école a été transférée à Fontainebleau depuis 1870.
Metz possédait aussi avant la guerre l'École de Pyrotechnie, aujourd'hui à Bourges, ce qui procurait à ses habitants l'occasion d'assister à des feux d'artifice merveilleux.

son mari, la maison Vever voyait sa prospérité s'accroître de jour en jour, lorsque survinrent les tragiques événements de 1870, si particulièrement douloureux pour la ville de Metz.

Ernest Vever montra alors qu'il était aussi bon patriote qu'habile joaillier. Dès 1868, l'élite de la jeunesse messine, profitant des dispositions de la loi sur la Garde mobile, s'était constituée en une compagnie de francs-tireurs et avait nommé pour capitaine Ernest Vever, depuis longtemps adonné avec succès à la pratique du tir. Aussitôt ce choix officiellement ratifié par le maréchal Niel, alors Ministre de la Guerre, le nouveau commandant mena si bien l'instruction militaire de sa compagnie, qu'en 1870 elle fut à même de prendre part aux différentes opérations du siège et d'accomplir

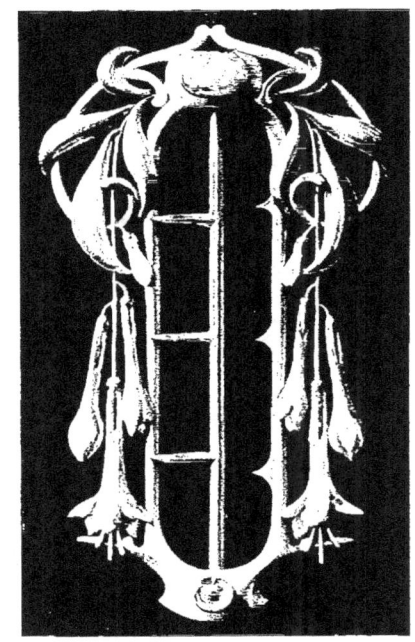

BOUCLE DE CEINTURE.
Jasmin d'Espagne en émaux mats. Maison Vever, 1898.

utilement son devoir. Cette troupe, composée d'environ deux cents jeunes gens appartenant aux meilleures familles de Metz, resta aux avant-postes sans discontinuité, depuis le début des opérations jusqu'au moment de la capitulation, et se distingua particulièrement au combat livré le 9 septembre, autour du village de Vasny, dont elle délogea à la baïonnette, et malgré des pertes sensibles, les Allemands très supérieurs en nombre[1]. Le lendemain même, Ernest Vever, qui avait fait preuve d'autant de coup-d'œil que d'intrépidité, reçut pour lui la croix de la Légion d'honneur et, pour ses blessés et les plus remarqués de ses francs-

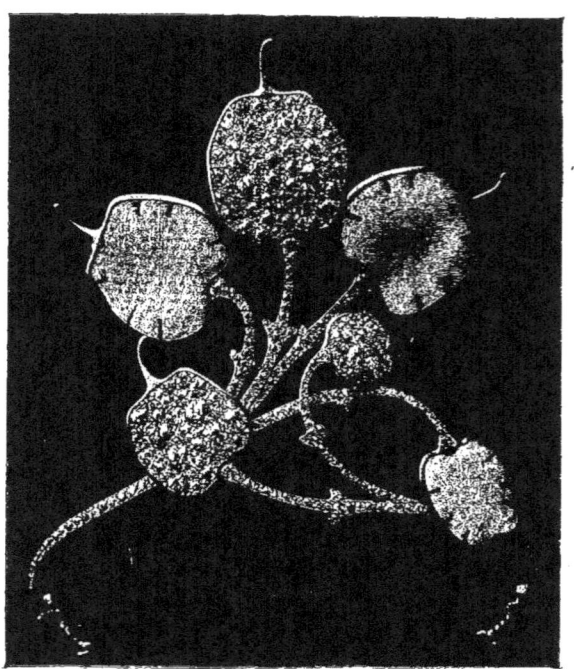

DIADÈME « MONNAIE-DU-PAPE », OPALES ET DIAMANTS.
(Maison Vever. — Exposition de 1900.) — Hauteur : 10 cent.

tireurs, des médailles militaires vaillamment gagnées. Le maire de la ville vint de son côté, assisté d'une délégation du conseil municipal, le féliciter de sa conduite et de celle de sa compagnie.

1. Le père d'Ernest Membré, l'émailleur bien connu, s'était enrôlé dans cette compagnie en qualité de Messin et de patriote et prit part à ce combat. Il en fut de même de Paul Vever, qui avait alors à peine 19 ans.

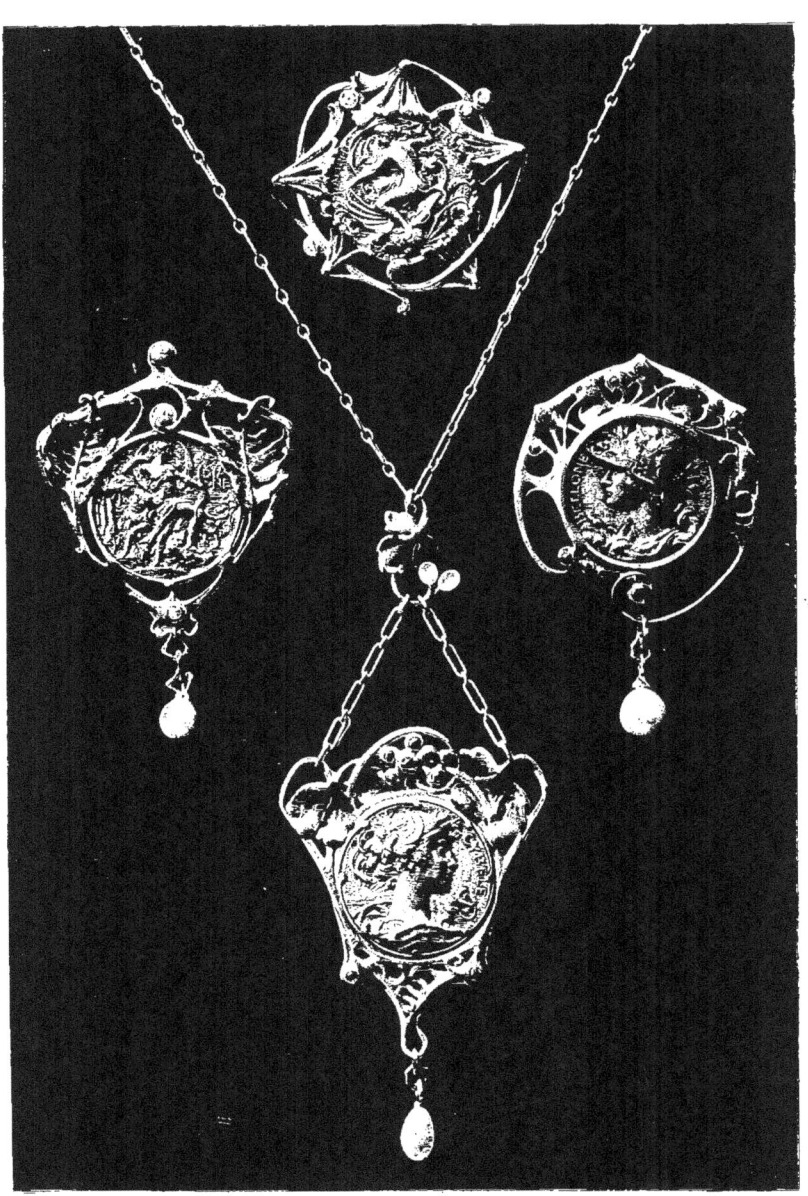

BROCHES ET PENDANTS DE COU, AVEC ÉMAUX MATS.
MÉDAILLES DE L. BOTTÉE.
(Maison Vever, 1898).

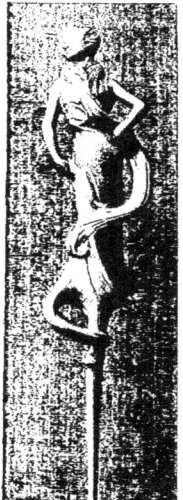

ÉPINGLE A CHAPEAU.
(Maison Vever, 1900.)

Pendant ce temps, est-il besoin de le dire, la bijouterie chômait ; les ouvriers avaient rejoint leurs régiments. Seul, restait à l'atelier un vétéran, inutilisable pour l'armée, avec qui, pendant les rares moments que notre service aux ambulances nous laissait libres, nous fabriquâmes, tant bien que mal, les étoiles d'argent que les généraux nouvellement promus gagnaient sur les champs de bataille. Tels furent nos débuts personnels dans la profession !

Après l'entrée des vainqueurs dans Metz, les francs-tireurs furent activement recherchés par eux, et quelques-uns même durent expier rudement leur patriotisme dans les forteresses allemandes. Ernest Vever, averti secrètement la veille du jour où il devait être arrêté, ainsi que son fils aîné Paul, put s'échapper à temps avec tous les siens et quelques officiers français pourvus par lui de vêtements civils et de livrets d'ouvriers. Le petit groupe, dont notre mère et nous-même faisions partie, parvint à gagner Luxembourg en suivant à pied, dans une neige épaisse, la voie du chemin de fer. Elle était cependant gardée par des postes ennemis échelonnés, mais nous réussîmes heureusement à leur donner le change, non sans

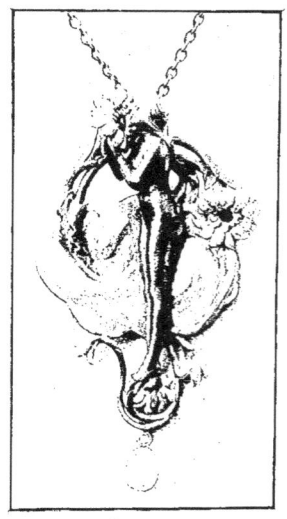

PENDANT DE COU « LE PARFUM ».
Composition de René Rozet.
(Maison Vever, 1900.)

éprouver quelques appréhensions assez compréhensibles.

En 1871, aussitôt que l'annexion de la Lorraine à l'Allemagne fut devenue irrévocable, E. Vever, réalisant ou abandonnant ceux de ses biens qu'il ne pouvait emporter,

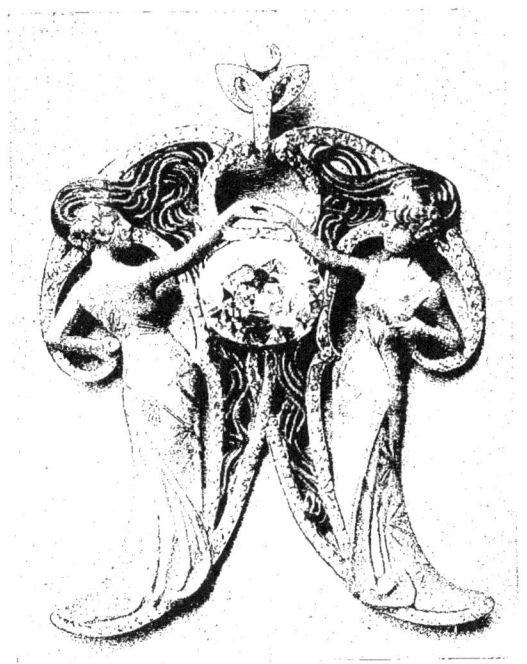

PENDANT DE COU JOAILLERIE ET ÉMAUX TRANSPARENTS
SUR OR CISELÉ.
(Maison Vever. — Exposition de 1900.)

quitta définitivement Metz[1] et vint à Paris où il acheta le fonds de Baugrand, mort pendant le siège, réunissant ainsi, 19, rue de la Paix, sa vieille fabrique de province à celle du célèbre joaillier parisien.

---

1. La sépulture de famille elle-même fut ouverte et les morts, eux aussi, ramenés en France. Le caveau vide fut donné plus tard pour y inhumer les officiers français morts pendant le siège.

Vever rencontra un accueil des plus sympathiques à son arrivée dans la capitale qui, toute palpitante encore des patriotiques émotions du siège, prenait une part très vive au deuil des Alsaciens-Lorrains forcés de renoncer à vivre sur le sol natal pour rester Français. Le bijoutier messin, dont le caractère élevé et le bon sens avaient été grandement appréciés dès l'abord, fut bientôt nommé juge au Tribunal de Commerce de la Seine où il siégea plusieurs années, y laissant les meilleurs souvenirs. En 1875, ses confrères de la Chambre Syndicale lui firent l'honneur de le choisir pour leur président, manifestation spontanée d'affectueuse estime, dont il fut extrêmement touché.

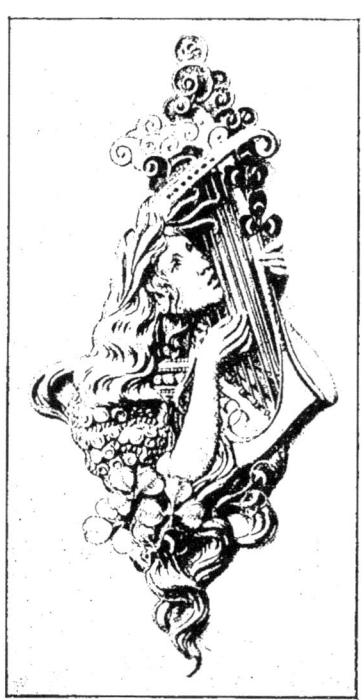

PENDANT DE COU « POÉSIE ».
Or, ivoire et émaux ; composition de E. Grasset.
(Maison Vever. — Musée des Arts décoratifs.)

Lors de l'Exposition de 1878, E. Vever, nommé membre du Jury, fut comme tel placé hors concours. Il avait tenu cependant à présenter une vitrine remarquable, et le rapporteur de la classe, M. Martial Bernard père, signale parmi les œuvres principales « un grand bandeau dont toutes les pièces sont ajustées sans soudure ; un type parfait de collier, du grec le plus pur, frangé de brillants et de perles, d'une souplesse admirable ». D'élégants bouquets en joaillerie, un collier assyrien en or ciselé, d'un beau caractère, une parure de style classique composée d'émeraudes magnifiques, aussi rares comme

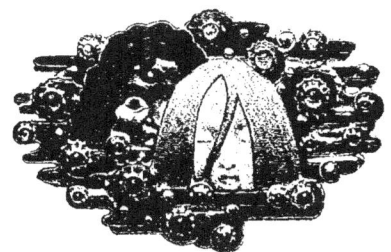

BROCHE « APPARITIONS ».
Or, ivoire, émaux, pierres cabochons. - Composition de E. Grasset.
(Maison Vever. — Musée du Luxembourg.)

qualité que comme grosseur, attiraient particulièrement l'attention au milieu d'un ensemble important et très étudié.

D'une activité sans égale, E. Vever ne cessa de s'inté-

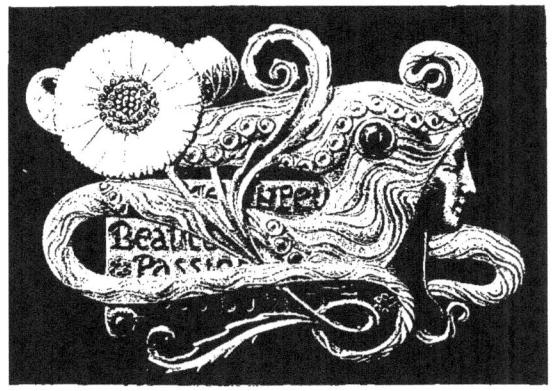

BROCHE MARGUERITE.
Composition de E. Grasset. (Maison Vever. — Musée de Tokio.)

resser à toutes les questions professionnelles et corporatives : il prit une part très grande à la fondation et aux travaux de la Société d'Encouragement dont il était vice-président et déploya beaucoup de zèle pour l'École de la Chambre Syndicale ; il composa même, spécialement à l'usage des apprentis, une méthode élémentaire de dessin pour laquelle il eut la surprise de recevoir du Ministre de l'Instruction

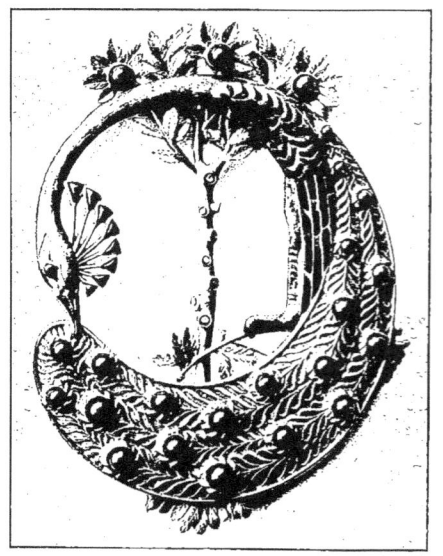

BOUCLE DE CEINTURE PAON, OR ET ÉMAIL, CORNALINES.
Composition de E. Grasset. (Maison E. Vever, 1900.)

publique, M. Bardoux, le ruban d'officier d'Académie, distinction rare à cette époque.

Son intelligence, son autorité, son dévouement, son caractère franc et loyal, lui avaient acquis sans réserve l'estime et l'amitié de ses confrères qui le nommèrent à l'unanimité président honoraire, en 1881, lorsque, réalisant son désir déjà plusieurs fois exprimé, il renonça à la présidence effective de la Chambre syndicale qu'il occupait depuis sept années. A la même époque il quitta définitive-

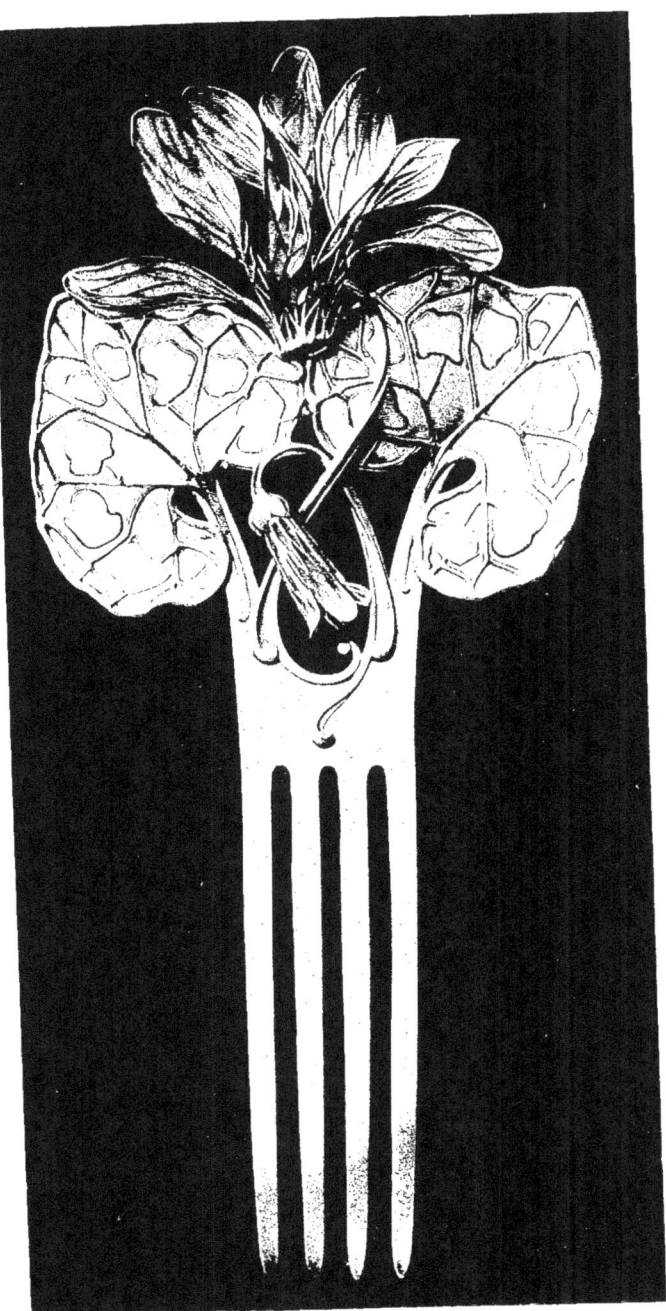

PEIGNE CYCLAMEN.
Feuilles d'ivoire avec taches d'opales, fleurs en émail translucide.
(Maison Vever. — Exposition de 1900.)

ment les affaires, cédant sa maison à ses deux fils, Paul et Henri.

Ces derniers étaient du reste ses collaborateurs depuis 1874. A cette date, en effet, Paul Vever (1851) sortait de l'École Polytechnique et avait renoncé aux carrières de l'État pour embrasser la profession paternelle; de son côté, Henri Vever (1854) avait terminé son année de volontariat et son éducation technique et artistique. Pendant que son aîné se livrait à l'étude des sciences, il avait été mis en apprentissage dans l'atelier de bijouterie des frères Loguet, 94, rue du Temple[1], où Barberel, aujourd'hui chef d'atelier chez Louis Aucoc, fut son « moniteur ». Plus tard, bien que chez Loguet il eût obtenu la « patte de lièvre », insigne de son élévation au rang d'ouvrier[2], il fit chez Hallet, 95, rue des Petits-Champs, un nouvel apprentis-

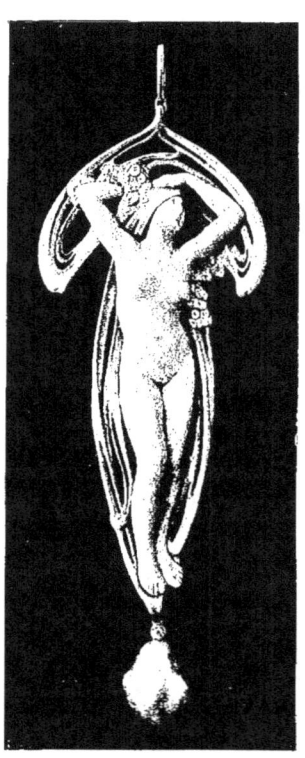

PENDANT DE COU.
Femme en ivoire; émaux et brillants.
(Maison Vever, 1900.)

1. Loguet frères, fabricants de bijouterie, joaillerie, parures, demi-parures et pendeloques en genre fantaisie nouvelle (Azur).

2. Autrefois, on avait coutume, dans la plupart des ateliers de bijouterie, de passer autour du cou de l'apprenti qui devenait ouvrier un ruban auquel était suspendue une belle patte de lièvre, toute neuve et bien fournie. La patte de lièvre, emblème spécial au bijoutier, s'utilisait pour balayer doucement les limailles d'or qui restaient sur la cheville; elle est aujourd'hui remplacée par une prosaïque brosse. Il est à peine besoin d'ajouter que la cérémonie de la réception se terminait ordinairement par une « tournée » ou par un déjeuner offert par le nouveau dignitaire dans quelque restaurant réputé du voisinage.

sage d'ouvrier joaillier et de sertisseur ; il s'initia aussi au dessin professionnel chez Dufoug, spécialiste apprécié pour

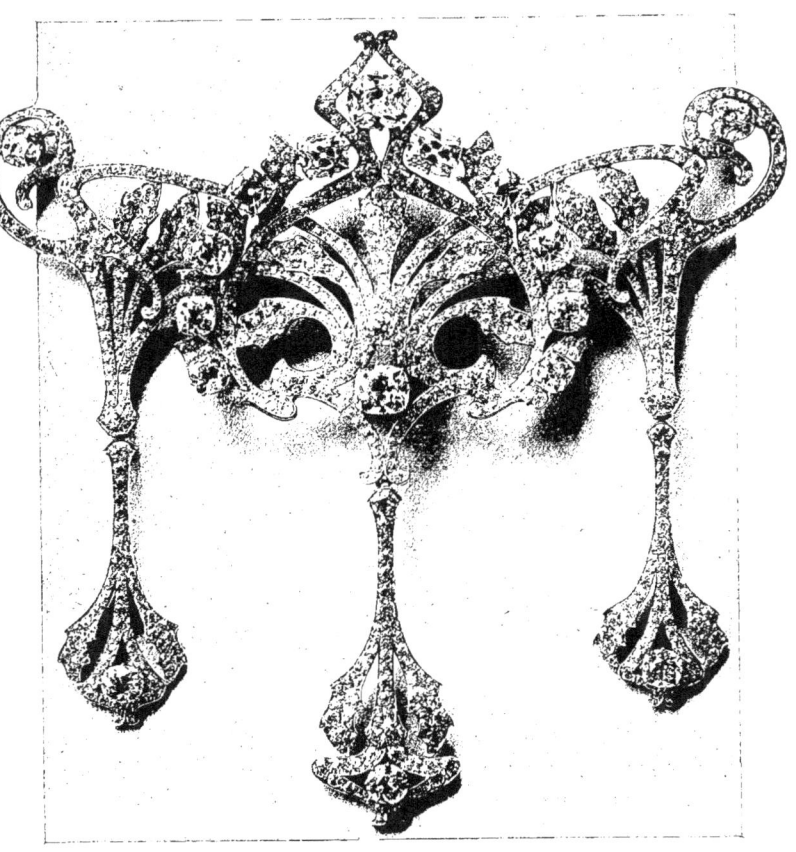

DEVANT DE CORSAGE EN JOAILLERIE.
Maison Vever. — Exposition de 1900.) — Largeur : 0^m17.

son tour de main, et qui ne manquait ni d'invention, ni de goût.

Tout en employant ses journées à la pratique du métier,

Henri Vever suivait chaque soir les cours de dessin, de modelage et de composition d'ornement à l'École des Arts décoratifs où professaient alors Cabasson, Étex, Rouillard, Aimé Millet, Ruprich Robert. Admis après concours à l'École nationale des Beaux-Arts, que dirigeait alors M. Guillaume, il y entra dans l'atelier de Gérome et obtint, comme précédemment à la « petite école », de nombreuses récompenses.

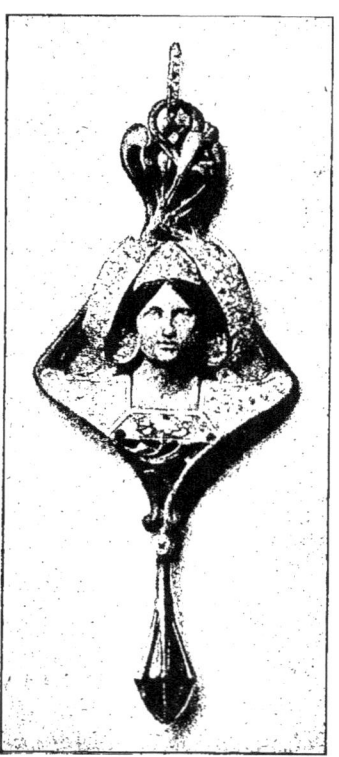

PENDANT DE COU « BRETONNE ».
Joaillerie, émaux, ivoire, corail.
(Maison Vever, 1900.)

Ainsi préparé, il fut mis aux affaires en même temps que son frère, et tous deux s'initièrent aux détails de la maison qu'ils étaient destinés à reprendre. Ils participèrent tout particulièrement à la préparation des œuvres qui figurèrent à l'Exposition de 1878 et dont nous avons parlé plus haut. En 1880, lors de son mariage, Paul Vever devint l'associé de son père ; l'année suivante, Henri se mariant à son tour, Ernest Vever associa ses fils et se retira, prenant un repos bien mérité.

Les deux frères s'efforcèrent de donner une nouvelle impulsion à leur maison ; ils y parvinrent, grâce à leurs aptitudes qui se complétaient très heureusement. La première Exposition à laquelle ils prirent part, après leur association, fut celle de 1889. De l'aveu unanime, leur vitrine eut un succès sensationnel, dû à l'importance et à la variété des pièces qui y étaient réunies.

Elle leur valut un des deux Grands Prix attribués à la joaillerie[1]. Des objets d'art en grand nombre, de la joaillerie aux formes inédites, des perles et des pierreries de grande rareté formaient un ensemble au sujet duquel le rapporteur, M. Ernest Marret, s'exprime ainsi : « L'art du joaillier se révèle encore dans les contrastes de pierres qu'il sait réunir ; telle collection de diamants, aussi rares par la variété de leurs couleurs que par leur perfection, lui commande une sobriété complète dans l'ornementation de leur monture : la vitrine de MM. Vever, qui ont obtenu un grand prix, nous en offre un superbe exemple. Au milieu des plus belles collections de perles, se détache un collier de diamants de toutes couleurs, plus rares et plus beaux les uns que les autres, un diadème soleil, dont le centre est un

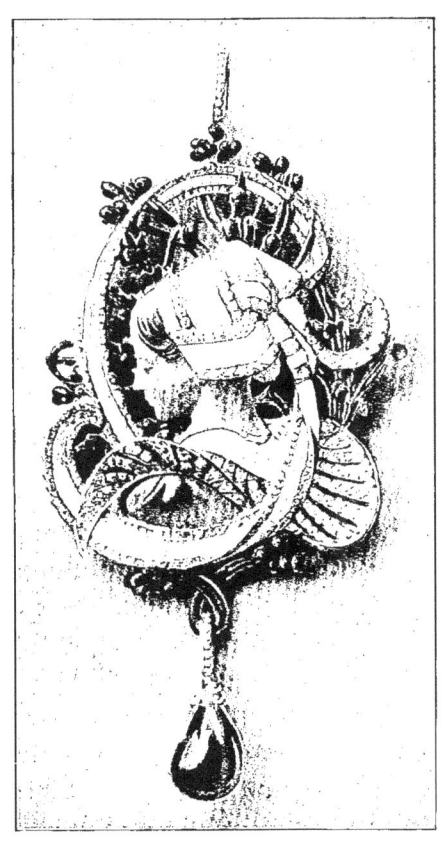

PENDANT DE COU « BRETONNE ».
Opales sculptées, émaux, diamants.
(Maison Vever. — Exposition de 1900.)

[1]. L'autre grand prix fut attribué à la maison Boucheron.

diamant jaune d'or de 54 carats, une coquille avec un brillant de teinte rose, dont la rareté est plus grande encore. On ne sait si l'on doit préférer aux diamants les perles noires, et quand on admire celle de 165 grains qui fait le milieu de ce joli nœud Louis XVI, si calme de mouvement, retenu par une simple épingle d'or terminée par cette superbe perle, l'on s'étonne que la nature ait pu la produire si grosse et si parfaite.

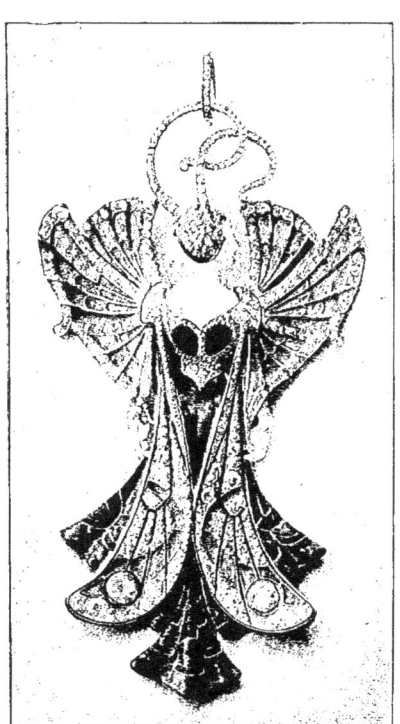

PENDENTIF « SYLVIA ».
Agate sculptée, diamants et émail.
(Réduction d'un tiers. — Maison Vever, 1900.)

« Les branches de fleurs sont d'une très belle exécution et nombreuses dans cette vitrine ; un rameau fleuri d'amandier, dont les feuilles sont encore en boutons, est d'une grâce parfaite et pris sur nature ; les bois, gonflés de sève et un peu forts comme au printemps, sont sertis en or. Un ornement d'épaule en perles et diamants, d'une grande légèreté de dessin, est une jolie nouveauté. Nous aurons à compléter l'examen de cette vitrine lorsque nous visiterons les bijoux d'or en ciselure et les objets d'art. »

Deux années plus tard, en 1891, fut organisée à Moscou cette Exposition française qui devait avoir des résultats politiques si importants, et que l'on peut considérer à bon

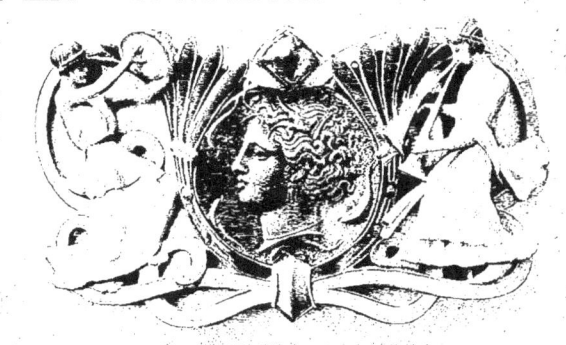

BOUCLE DE CEINTURE « SYRACUSE », OR ÉMAILLÉ.
(Maison Vever. — Exposition de 1900.)

droit comme le prélude de l'alliance franco-russe. MM. Vever répondirent avec empressement à l'appel qui

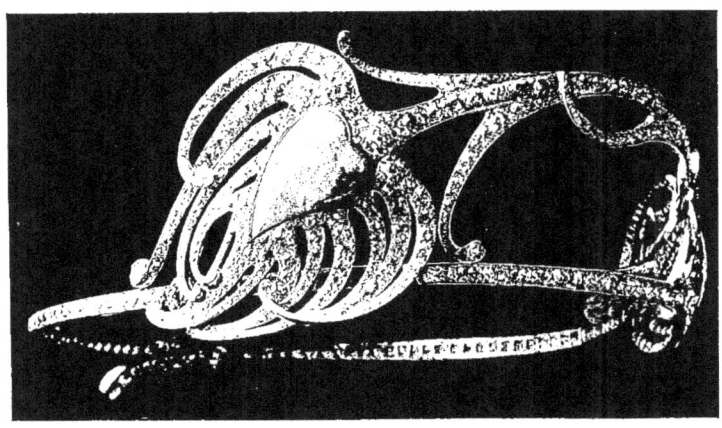

DIADÈME PLUME DE PAON, DIAMANTS ET OPALES.
(Maison Vever. — Exposition de 1900). Largeur : 0ᵐ15.

fut fait alors au patriotisme des industriels français, et

envoyèrent dans la vieille ville des Tzars une vitrine plus riche encore que celle exposée par eux en 1889. Délégué par le Comité, Paul Vever alla procéder à l'installation de la classe, et les deux frères profitèrent successivement de cette occasion pour étudier, non seulement les chefs-

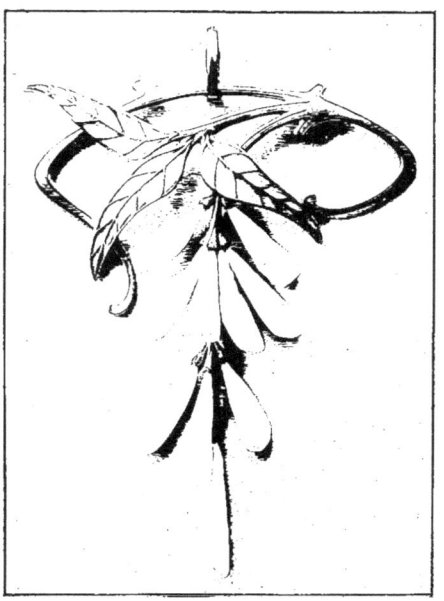

PENDANT DE COU, ÉMAUX ET PERLES LONGUES.
(Maison Vever, 1900.)

d'œuvre de la bijouterie et de l'orfèvrerie russes réunis au Kremlin et dans les « sobors » et les « lavras » des principales villes de Russie, mais aussi les richesses d'art oriental qui composent le trésor impérial de Constantinople. Henri Vever, après avoir visité le Caucase, poussa même jusqu'à Boukhara et Samarkand, d'où il rapporta des documents professionnels intéressants. Paul Vever reçut la croix de la Légion d'honneur à la suite de cette Exposition de Moscou,

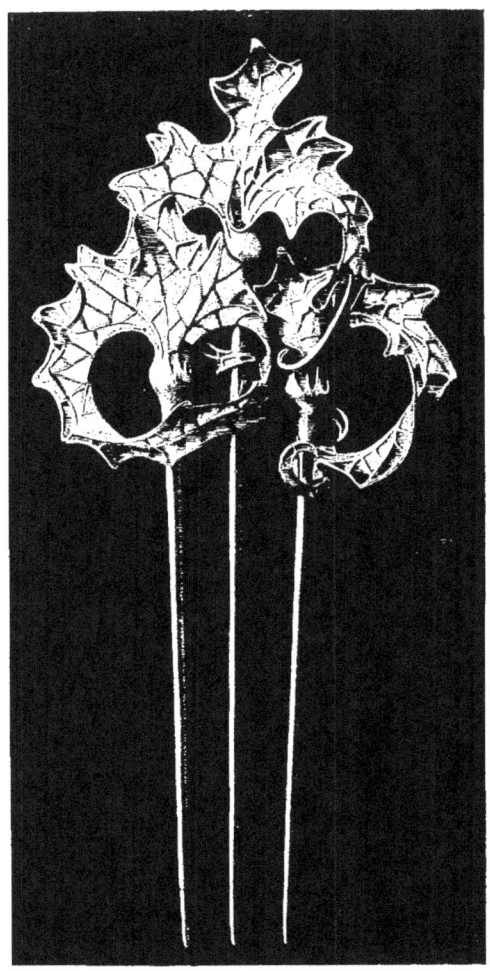

PEIGNE FEUILLES DE CHARDON. ÉMAUX TRANSLUCIDES DÉPOLIS.
(Maison Vever. — Musée des Arts décoratifs de Breslau.)

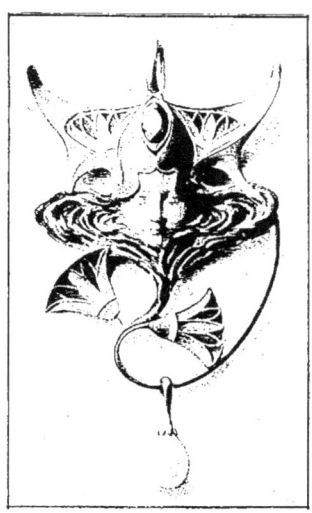

PENDANT DE COU OR ÉMAILLÉ.
(Maison Vever, 1900.)

à l'organisation de laquelle il avait collaboré très activement.

L'Exposition de Chicago, qui eut lieu en 1893, fournit à la joaillerie française une nouvelle occasion d'affirmer sa suprématie à l'étranger. La maison Vever montra à la « World's Fair » une collection de joyaux et d'objets d'art qui furent des plus remarqués. Henri Vever avait été nommé commissaire rapporteur. Se trouvant au delà de l'Atlantique, il fit, en compagnie de son ami André Bouilhet, l'orfèvre cousin et collaborateur de Christofle, une tournée d'étude aux États-Unis, en Californie, au Canada, visitant partout les maisons de joaillerie et les principales fabriques de bijouterie et d'orfèvrerie[1].

Ce fut ensuite l'Exposition de Bordeaux, en 1895;

[1]. Les observations recueillies au cours de ce voyage ont été consignées dans les rapports publiés sous la direction de M. Camille Krantz, commissaire général du Gouvernement

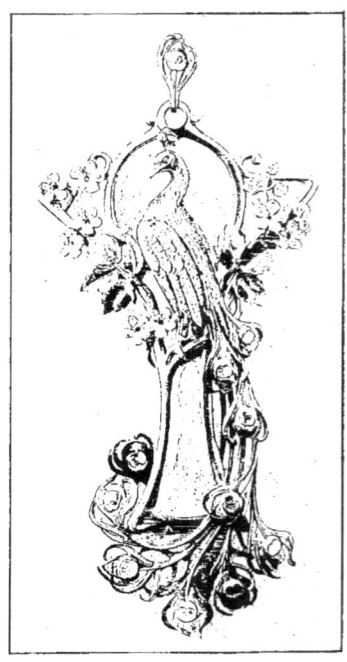

PENDANT DE COU.
Paon, émaux et opales. (Maison Vever, 1900.)

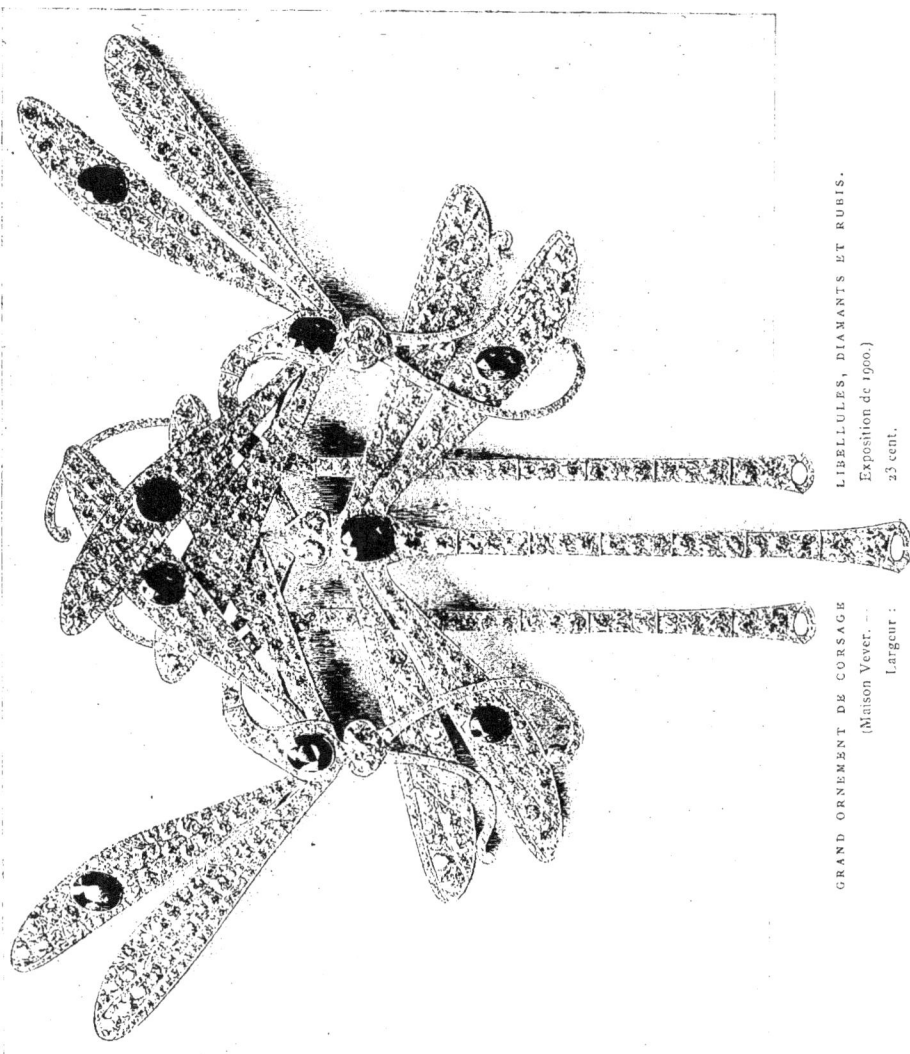

GRAND ORNEMENT DE CORSAGE — LIBELLULES, DIAMANTS ET RUBIS.
(Maison Vever.) — Exposition de 1900.
Largeur : 23 cent.

Henri Vever étant président du Jury, la maison, malgré une participation importante, ne pouvait recevoir aucune récompense. En 1897, à l'Exposition de Bruxelles, elle se vit décerner un Grand Prix, en même temps que Henri Vever

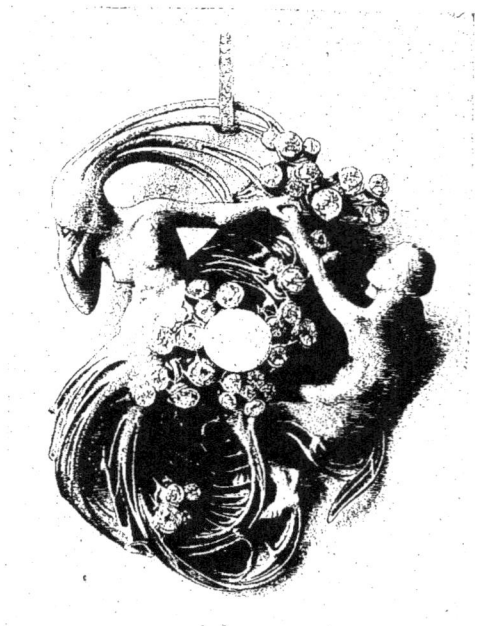

PENDANT DE COU « LA SIRÈNE ET LA VAGUE »,
ÉMAUX MATS ET TRANSLUCIDES.
(Maison Vever, 1900.)

était nommé chevalier de la Légion d'honneur. Enfin, lors de la grandiose manifestation industrielle de 1900, la maison Vever eut pour principale préoccupation de ne produire que des objets présentant un caractère spécial de nouveauté, mais restant soumis cependant aux lois immuables d'équilibre et d'harmonie nécessaires à toute bonne composition.

français à l'Exposition de Chicago (Comité 24). Paris, Imprimerie Nationale, 1894.

Ses efforts dans cette voie furent heureux, puisqu'ils lui valurent un nouveau Grand Prix et que les œuvres exposées

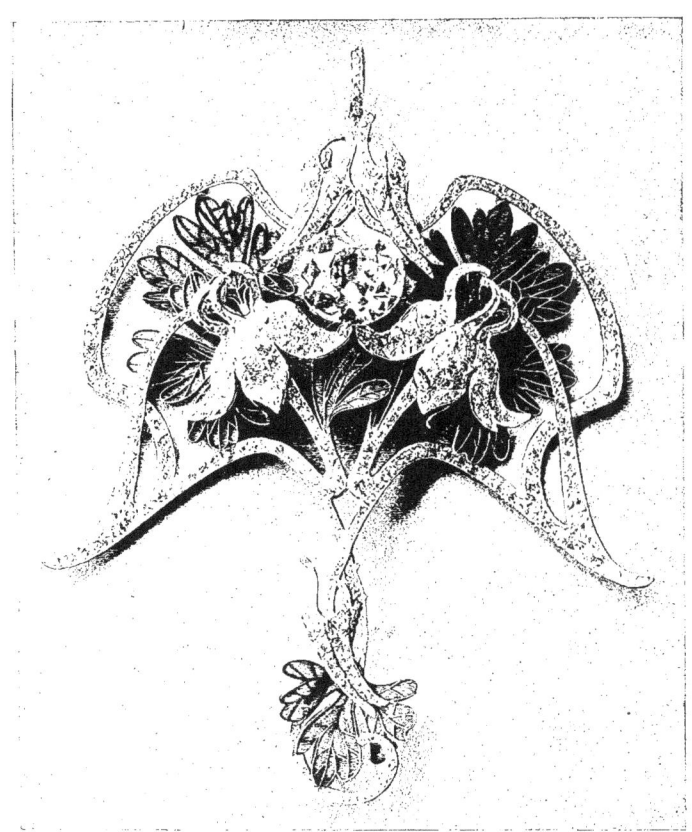

PENDANT DE COU « ANCOLIES » JOAILLERIE ET ÉMAIL.
(Maison Vever. — Exposition de 1900.

furent l'objet d'appréciations louangeuses de la part des personnes les mieux qualifiées pour les juger.

Dans le rapport officiel de M. Paul Soufflot, joaillier, nous lisons : « MM. Vever sont entrés résolument dans la voie nouvelle; ils ont voulu rompre avec les anciens errements en la matière, et se faire les protagonistes d'une nouvelle conception de la joaillerie. Leurs compositions hardies, dans un genre encore ignoré du public, leur font le plus grand honneur..... Comment ne pas s'intéresser à ces heureuses compositions, dans lesquelles se retrouvent le

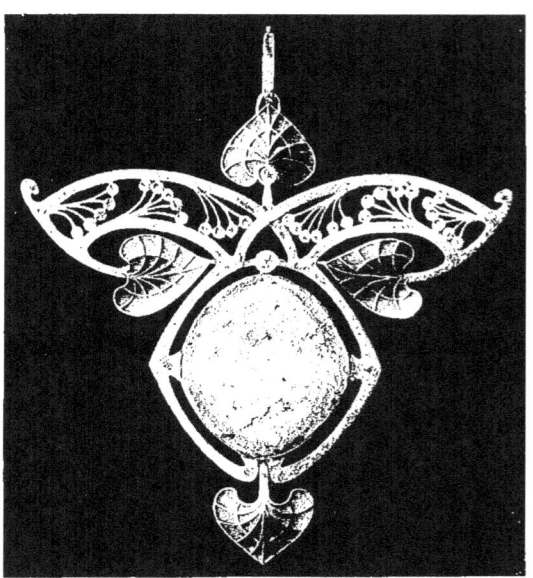

PENDANT DE COU OPALE, ÉMAUX ET JOAILLERIE.
(Maison Vever, 1901.)

souci incessant du nouveau, la volonté bien arrêtée de s'écarter des sentiers battus, et comment, en présence de cette réussite, ne pas s'associer aux sentiments unanimes du public, sentiments qui se sont manifestés devant cette exposition ».

M. Léonce Bénédite, l'éminent critique d'art, Conservateur du Musée du Luxembourg, s'exprime ainsi : « Il n'y a pas, derrière les glaces de ces meubles, comme c'est le cas à peu près général, quelques pièces de combat limitées, émergeant d'un flot de morceaux de production courante. Les

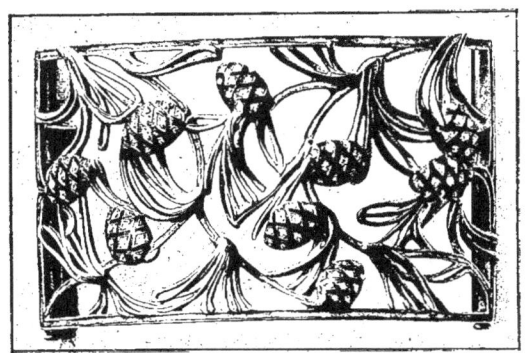

PLAQUE DE COU POMMES DE PIN, OR CISELÉ ET ÉMAILLÉ.
(Maison Vever, 1902.)

sujets significatifs sur lesquels le bijoutier a voulu affirmer sa personnalité ne sont pas à compter. Chaque objet marque

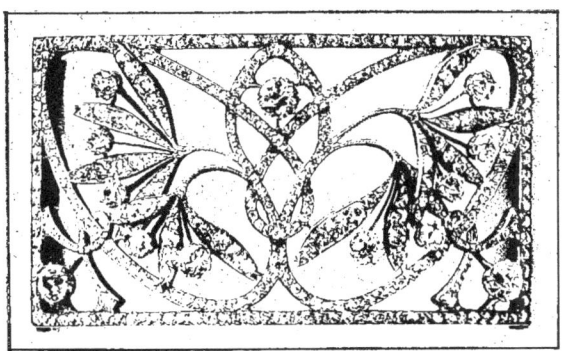

PLAQUE DE COU EN JOAILLERIE.
(Maison Vever, 1901.)

une recherche, offre un intérêt particulier; tous ont été conçus en vue d'une manifestation qui avait pour but de mettre la France hors de pair dans un art qui lui appartient pour ainsi dire de droit par ses qualités essentielles. Et l'on doit ajouter que, dans ce vaste et imposant ensemble, les trouvailles de premier ordre ne sont pas isolées.

» C'est une vraie joie pour les yeux de contempler ces vitrines. Diadèmes, devants de corsage, pendeloques, broches, peignes, boucles, vous retiennent longuement et vous rappellent encore. On n'y est pas seulement attiré par la splendeur d'une prodigieuse joaillerie, par l'attrait tout matériel, la beauté minéralogique de ces diamants blancs, jaunes et bleus, de ces rubis, de ces émeraudes et de ces saphirs qui mêlent en un vaste éblouissement les éclats vifs et mouvants de leurs feux multicolores ; on y est retenu par le charme d'un art tout d'élégance et de goût, de mesure et de clarté, par une grâce distinguée, bien française, où la nouveauté et la variété sont toujours maintenues par une forte discipline.

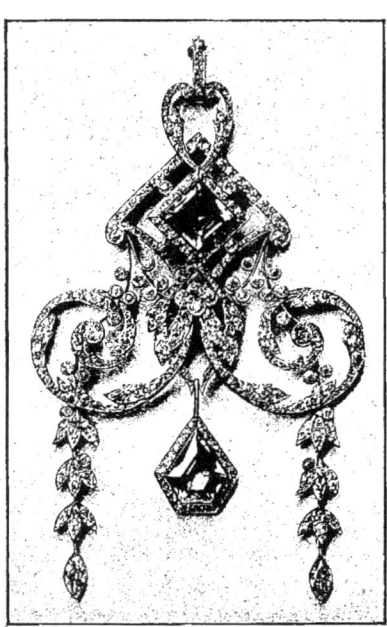

PENDANT DE COU LOUIS XVI
DIAMANTS ET SAPHIRS.
(Maison Vever.)

» M. Vever a eu aussi l'ambition de faire dans la joaillerie œuvre de vrai artiste et, pour mériter cette gloire, il n'a ménagé ni la peine, ni le temps, ni les sacrifices.

» Ce qui caractérise la forme de son art, c'est d'abord qu'il continue à n'employer que le jeu des pierres précieuses ; c'est ensuite, qu'il est parvenu à créer un style bien personnel, remarquable par l'écriture du dessin, nette, franche, bien déterminée, le sentiment des justes proportions entre les divers éléments du sujet, le rythme toujours sensible et sans confusion, le travail sobre et peu chargé. Il faut que le bijou se

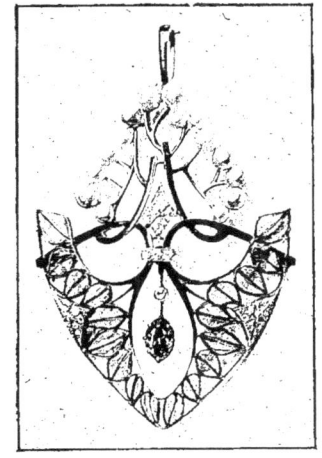

PENDANT DE COU,
ÉMAUX TRANSPARENTS.
(Maison Vever.)

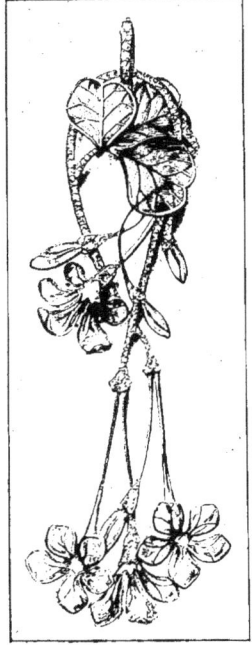

PENDANT DE COU « OXALIS »,
ÉMAUX TRANSPARENTS.
(Maison Vever.)

lise facilement sur les fronts, sur les gorges et sur les poitrines.

» La science mélodique des courbes, le sentiment des volumes, des reliefs et des valeurs, de la disposition des masses et des vides, des pleins et des déliés, en somme ce qui constitue la logique des formes et des harmonies, toutes ces règles qui découlent de la plus simple de toutes : la méthode, c'est-à-dire le jugement et la réflexion, il n'est pas d'imagination, si elle veut faire œuvre durable, qui s'en puisse passer. C'est ce que s'est répété constamment M. Vever, et c'est pour avoir suivi ces enseignements qu'il a produit un si bel ensemble de distinction, de mesure et de goût. Lalique d'une part, Vever de l'autre, ces deux noms pourraient nous suffire pour représenter tout l'effort proclamé par l'Exposition universelle dans l'art du bijou[1]. »

Tout en travaillant activement à donner à leurs créations un caractère artistique, à la fois inédit et personnel,

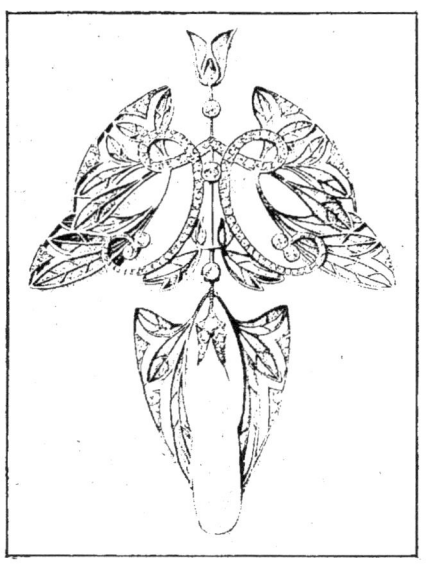

PENDANT DE COU,
ÉMAUX DÉPOLIS ET PERLE LONGUE.
(Maison Vever.)

MM. Vever s'intéressent vivement aussi à toutes les questions professionnelles et aux associations philanthropiques de la corporation ; tous deux ont été, à plusieurs reprises, vice-présidents de la Chambre syndicale, et membres du Conseil de la Société d'Encouragement. Il y a de longues années déjà que Paul Vever préside le groupe des marchands

1. *Le Bijou à l'Exposition Universelle,* article paru dans *Art et Décoration,* septembre 1900.

et commissionnaires. Depuis le décès de Boucheron, en 1902, Henri Vever est président de la Fraternelle. Collectionneur passionné, membre du Conseil de l'Union Centrale des Beaux-Arts appliqués à l'industrie, il s'occupe avec beaucoup d'ardeur, en cette qualité, du Musée des Arts décoratifs.

Récemment, MM. Vever ont transféré leur maison de

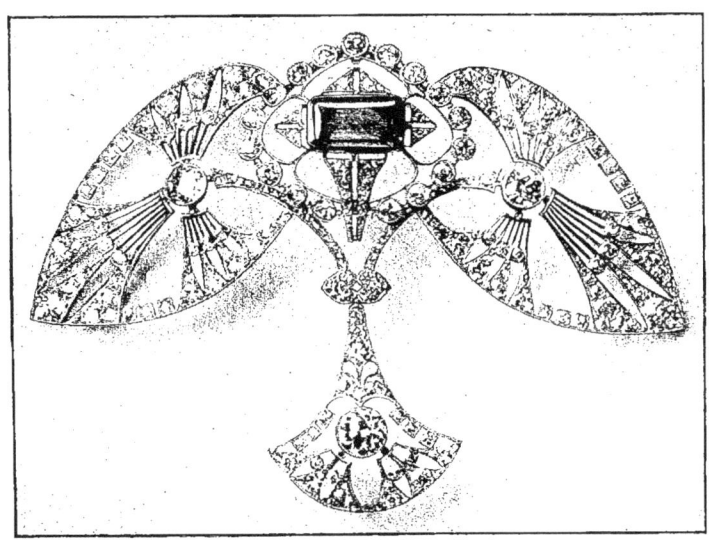

BROCHE ÉMERAUDE ET BRILLANTS.
Réduction d'un dixième. (Maison Vever.)

commerce dans un immeuble construit spécialement par eux et pour eux, au n° 14 de la rue de la Paix, où sont réunis, comme à Metz, magasins et ateliers.

C'est là que prochainement deux des fils de Paul Vever, André et Pierre, quatrième génération de bijoutiers fournie par la famille, s'inspirant de ses traditions et soucieux de maintenir son renom, viendront à leur tour continuer son effort et, nous l'espérons, avec succès.

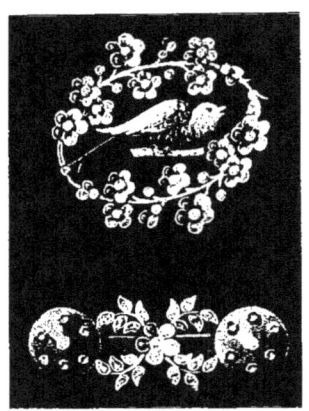

BROCHES OR MAT ET JOAILLERIE
Dessin de Lalique (1882).

Nous allons aborder maintenant l'analyse des œuvres de l'homme qui, incontestablement, a le plus contribué à la rénovation du bijou dans la période qui nous occupe. Si nous l'avons réservée jusqu'ici, ce n'est pas seulement par coquetterie d'auteur, afin d'assurer à la fin de notre travail le plus d'intérêt et d'éclat possible, c'est aussi parce que l'impulsion donnée par Lalique dans les dernières années du XIX° siècle se continue toujours active au siècle actuel et que nous ne pouvions mieux rattacher le Passé au Présent et à l'Avenir qu'en consacrant nos dernières pages à l'artiste dont le nom est universellement connu et dont l'action fut si prépondérante et si efficace pour nos industries.

Lalique (René-Jules), fils d'un commissionnaire en marchandises parisien, établi rue Chapon, naquit en 1860 à Ay (Marne), pays d'origine de sa mère. Ramené à Paris quelques mois après sa naissance, il ne retourna dans son pays natal que pour passer de paisibles vacances dans cette campagne champenoise qu'il aimait passionnément. Il demeurait de

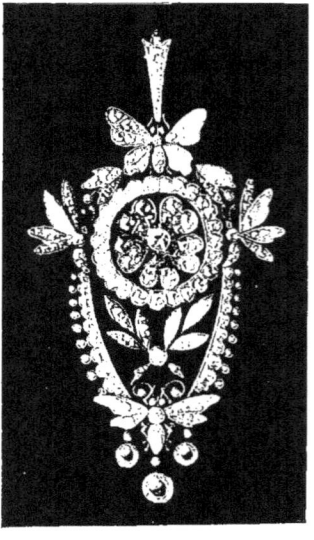

PENDANT DE COU EN JOAILLERIE
Dessin de Lalique (1885).

longues heures à rêver devant les plantes, les arbres, les fleurs, dont il admirait les formes élégantes, les colorations variées et l'exquise harmonie, absorbé et profondément ému par la contemplation de ce spectacle toujours renouvelé de la Nature qui a tant contribué à la formation et au développement de son tempérament artistique.

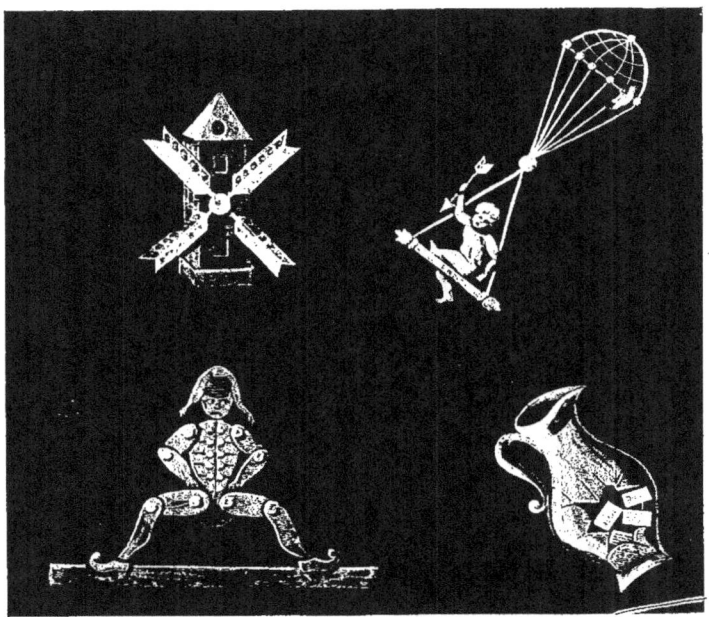

BROCHES DE FANTAISIE, OR MAT ET JOAILLERIE.
Dessin de Lalique (1883).

Il resta jusqu'à l'âge de quatorze ans au collège Turgot, puis continua ses études à Fontenay-sous-Bois. Son plus grand plaisir, dans ces deux établissements, était de crayonner tout ce que lui suggérait déjà son imagination; ses cahiers et ses livres étaient remplis de croquis, et ses petits camarades d'alors lui demandaient souvent des « bonshommes » que Lalique leur donnait de la meilleure grâce du monde.

C'est à Turgot qu'il commença l'étude du dessin avec Lequien père, et, aujourd'hui encore, Lalique se plaît à reconnaître qu'il lui inculqua d'excellents principes. Les grandes dispositions naturelles de l'élève, d'ailleurs très attentif, lui valurent de rapides progrès ; à douze ans il obtint le premier prix de dessin.

Lalique avait à peine quinze ans qu'il cherchait déjà à utiliser son jeune talent d'une façon pratique, car il avait le vif désir d'arriver bientôt à se suffire à lui-même. Pendant une période de vacances, il s'essaya à faire de la miniature, peignant à la gouache sur des cartes d'ivoire mince des bouquets de fleurs qu'il réussit à vendre à de petits marchands d'Epernay ; il était très heureux et fier lorsque le travail de sa matinée lui avait rapporté cent sous. Stimulé par ces résultats et par le plaisir de trouver des acquéreurs, il prenait confiance en lui-même pour l'avenir. « A cet âge, disait-il en nous donnant ces détails, on est content quand on sent qu'on est quelqu'un ». Cette fierté d'enfant était pour le précoce artiste le prélude de cette joie si forte qu'il devait plus tard éprouver dans toute sa plénitude et sans interruption :

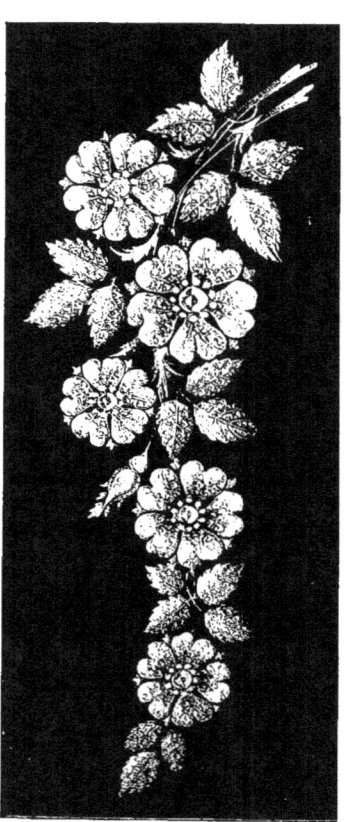

BRANCHE D'ÉGLANTIER.
Dessin original de Lalique (1885).
Hauteur : 22 cent.

celle de pouvoir préciser ses rêves, d'innover, de créer. Mais l'enfant, en dehors de son goût pour le dessin, n'avait pas de vocation déterminée et il fallait pourtant qu'il choisît un état. A sa mère, devenue veuve en 1876, on avait dit que le métier de bijoutier n'était pas fatigant et permettait de gagner largement sa vie. Elle mit donc son fils, alors âgé de seize ans, en apprentissage chez M. Louis Aucoc. Pendant deux ans, il s'initia à la partie technique de sa profession, mais continua néanmoins à se livrer à sa passion du dessin en s'exerçant à composer des modèles de bijoux, dont quelques-uns, exécutés dans l'atelier de son patron, constituent en quelque sorte ses premières œuvres anonymes en bijouterie, « mais, dit Lalique en riant, elles n'étaient pas fameuses ! »

Vers cette époque, il suivit les cours de l'École des Arts décoratifs ; il dut les abandonner au bout de

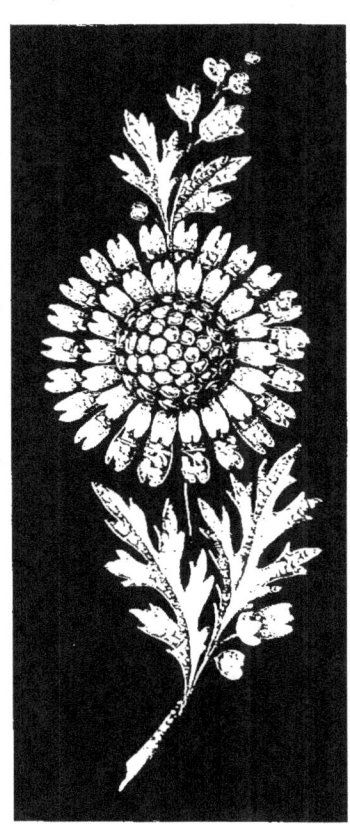

MARGUERITE EN JOAILLERIE
Dessin de Lalique (1880).

quelques mois, ne pouvant y aller d'une façon régulière.

Lalique quitta l'atelier Aucoc pour se rendre en Angleterre. Il y resta deux ans, au collège de Sydenham, où il travailla avec une nouvelle ardeur, ne négligeant aucune occasion de se perfectionner dans l'étude du dessin qu'il préférait à tout. C'est ainsi qu'il prit part à presque tous les concours de composition d'art décoratif que les revues et les journaux anglais organisaient déjà, devançant de beaucoup notre pays sur ce point.

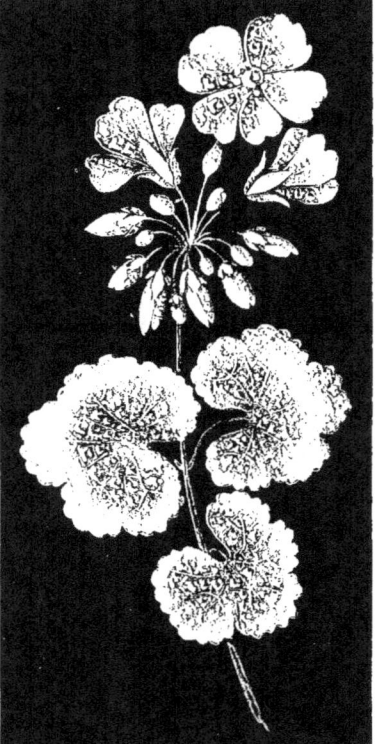

BRANCHE DE GÉRANIUM
Dessin de Lalique (1884).

A son retour à Paris, Lalique entra, comme dessinateur chez un de ses parents, M. Vuilleret, rue de Saintonge, qui lui manifestait sa surprise de le voir se lancer dans cette voie : « Tu veux faire des dessins de bijoux, lui disait-il, mais cela ne mène à rien ! Tu verras que dans deux ou trois mois tu ne sauras plus qu'inventer et, arrivé au bout de ton rouleau, tu seras bien obligé de t'arrêter ». Il passa ensuite une année (1881) chez M. Petit fils (Auguste), rue de Chabanais et le quitta afin de pouvoir suivre d'une façon plus indépendante la fantaisie de son caprice ; il se mit alors dessinateur en chambre.

Tout en continuant à fournir de dessins ses anciens patrons, il agrandit le cercle de sa clientèle et composa des modèles pour un grand nombre de fabricants et de marchands bijoutiers, tels que Jacta, Aucoc, Cartier, Renn, Gariod, Hamelin, Destape, etc.[1] En

1. Lalique dit aujourd'hui que ces dessins étaient « des horreurs ».

outre, il faisait de temps en temps des gouaches, des éventails, des dessins pour papiers peints, étoffes, etc. Il profita de sa liberté pour apprendre la sculpture et suivit les cours du statuaire Lequien, le fils de son ancien professeur de Turgot, qui enseignait le modelage dans une école de la ville devenue depuis l'école Bernard Palissy.

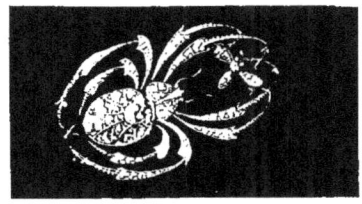

ARAIGNÉE EN JOAILLERIE.
Dessin de Lalique (1884).

A la même époque, Lalique s'essaya aussi dans la gravure à l'eau-forte, mais, malgré nos recherches, nous n'avons pu retrouver aucun spécimen de ses œuvres pendant cette période. La gravure le séduisait beaucoup : en 1883, il songea à utiliser ce procédé pour une publication d'art industriel qu'il voulait créer et dont il aurait été à la fois le directeur, le graveur, l'imprimeur et l'éditeur, et dans laquelle les gravures, sans texte, auraient été accompagnées de légendes sommaires, gravées également à l'eau-

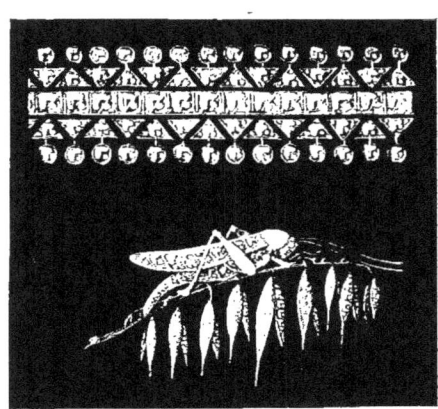

BRACELET SOUPLE EN JOAILLERIE.
BROCHE SAUTERELLE.
Dessin de Lalique (1884).

forte ; quant à la vente, il suffisait, pensait-il, d'avoir des abonnés à qui devaient être expédiés les numéros par la poste. Cette juvénile ardeur eut certes mérité sa récompense. Lalique était d'ailleurs très encouragé dans cette voie par notre regretté confrère Charles Arfvidson à qui il fournissait des dessins et avec lequel il était en très bons termes. Arfvidson pensait qu'il y avait là un excellent moyen de répandre des modèles nouveaux chez un grand nombre de fabricants: déjà plusieurs d'entre eux, persuadés par lui, s'étaient inscrits comme abonnés de la future publication sans en avoir rien vu. Mais ce beau projet ne se réalisa pas, et on ne peut que le regretter pour nos industries. Entre temps Arfvidson avait parlé de son artiste à l'éditeur Rothschild qui de son côté s'occupait précisément d'une revue analogue[1], également destinée aux fabricants, mais principalement aux fabricants étrangers ; il fallait donc traiter l'article d'exportation. L'éditeur s'était adressé à des ornemanistes peu versés dans le dessin de bijouterie et par conséquent incapables de fournir des modèles intéressants ou pratiques; aussi, saisit-il avec empressement l'occasion qui lui fut offerte de s'entendre avec Lalique, dessinateur parfaitement inconnu d'ailleurs, mais déjà spécialisé dans le bijou. L'accord se fit facilement, à raison de deux planches (aquarelles) à livrer par mois, au prix de 5o francs l'une. Lalique collabora à cette publication pendant un an environ, puis, la trouvant dénuée d'intérêt pour lui et ayant d'autres travaux, il passa la main à un dessinateur nommé Banneville qui travaillait pour Le Saché.

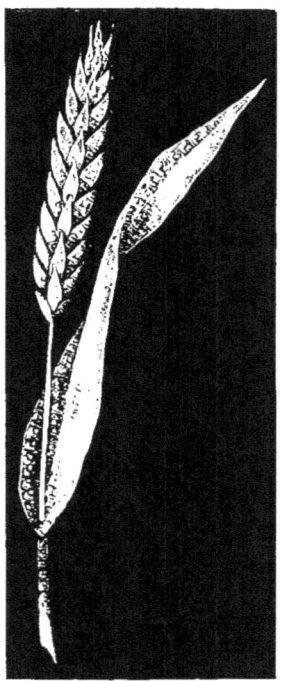

ÉPI DE BLÉ EN JOAILLERIE.
Dessin de Lalique (1885).

1. *Le Bijou*, publication mensuelle fondée en 1874.

A ce moment, Lalique contracta une association, du reste peu connue, dans les circonstances suivantes. Un vieil

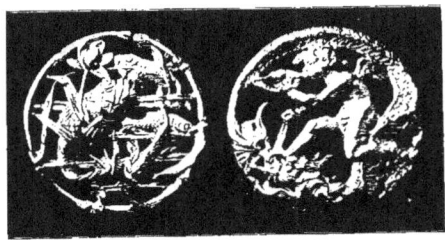

BROCHES EN OR CISELÉ
par Lalique (1888).

ami de sa famille, nommé Varenne, très brave homme, possédant une certaine instruction et quelques notions de

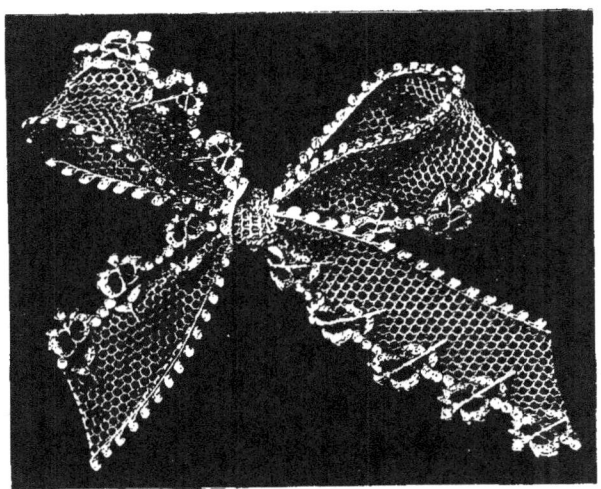

BROCHE NŒUD DE TULLE OR MAT, BORDÉ DE JOAILLERIE
par Lalique (1889).

dessin, perdit alors la fortune qu'il avait acquise à Saint-Étienne comme metteur en carte pour les rubans. De son côté, Lalique composait déjà avec facilité et désirait consacrer tout son temps au dessin ; aussi, sur la recommandation

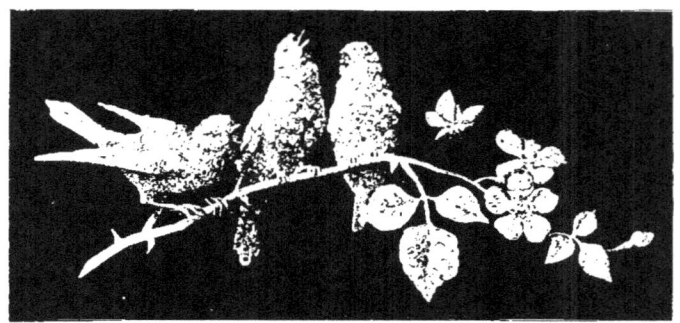

OISEAUX CHANTEURS
par Lalique (1880).

de sa mère, et très heureux de pouvoir ainsi venir en aide à son ami, s'associa-t-il avec lui.

Varenne fut chargé de placer chez les fabricants bijoutiers les dessins du jeune artiste, qui lui remettait généreusement comme rétribution la moitié du prix de vente.

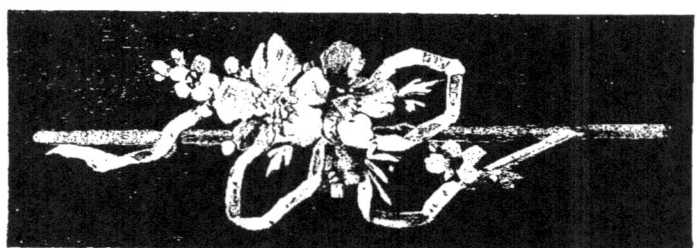

DESSIN DE BRACELET
par Lalique (1881).

Nous avons eu la bonne fortune de retrouver quelques-uns de ces dessins portant au dos la griffe commerciale : *Lalique et Varenne, rue de Vaugirard, 84.* Suivant le procédé alors généralement adopté, ils sont sur fond noir, pour mieux faire ressortir le motif, et, pour bien imiter l'or, exécutés avec de la gouache d'un jaune vif et cru. Lalique nous demanda de lui remettre ces dessins « afin de les brûler aussitôt, ainsi

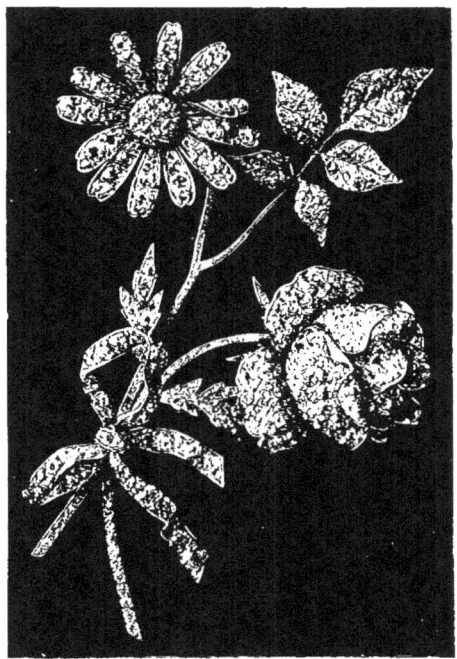

BOUQUET DE JOAILLERIE
par Lalique (1890).

qu'il avait fait de beaucoup d'autres », ce à quoi nous nous sommes refusé, bien entendu, estimant qu'ils constituent pour les jeunes gens un excellent encouragement, et qu'ils ne font qu'accentuer le mérite de Lalique lui-même, car ils montrent tout le chemin qu'il eut à parcourir pour arriver où il est aujourd'hui. D'ailleurs, si parmi ces dessins il en est d'insignifiants — et se sont ceux qui devaient se vendre

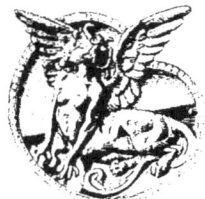

BROCHE
par Lalique (1893).

le mieux — il s'en trouve d'autres, tels que le pantin, le ballon, le moulin à vent, reproduits page 691, dans lesquels on reconnaît déjà la fantaisie naissante et l'originalité qui se développeront plus tard pour arriver à l'éclatante manifestation que l'on sait.

L'association Lalique et Varenne, peu fructueuse, dura environ deux ans.

A cette époque (1884), on commençait à parler de l'aliénation des diamants de la Couronne ; le Sénat s'occupait même de la question. Les précieuses gemmes étaient exposées au Louvre, dans cette même Salle des États, où elles furent vendues en 1887. Pour justifier le droit d'entrée perçu à la porte, on y adjoignit une Exposition nationale des Arts industriels, organisée par M. Muzet, au profit des Écoles d'art industriel.

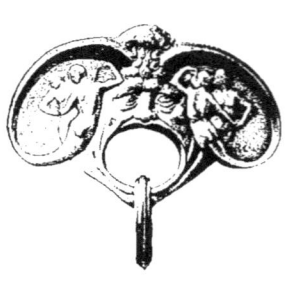

BROCHE
par Lalique (1893).

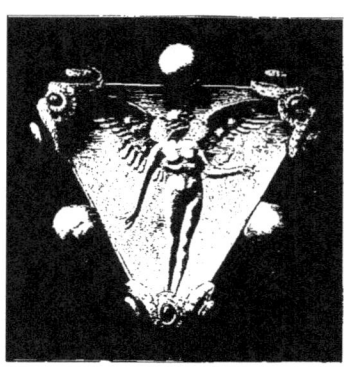

BROCHE
par Lalique (1893).

A cette Exposition avait pris part, à côté de fabricants de bijouterie-imitation et de fabricants de perles fausses, quelques joailliers, parmi lesquels M. Alphonse Fouquet, qui avait fait figurer sa « collerette médicis », le « diadème aux deux chimères », le « diadème pompéien » et d'autres œuvres de joaillerie et de bijouterie. Dans un coin de la salle était modestement accrochée au

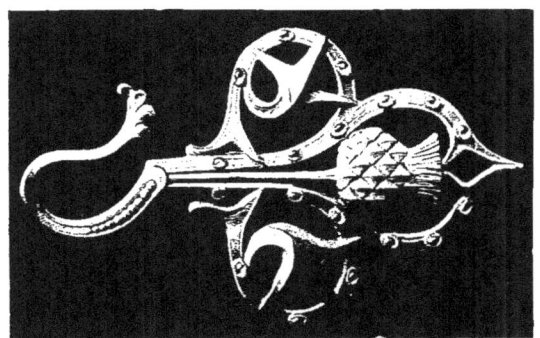

BROCHE CHARDON, OR ET ÉMERAUDES CABOCHONS
par Lalique

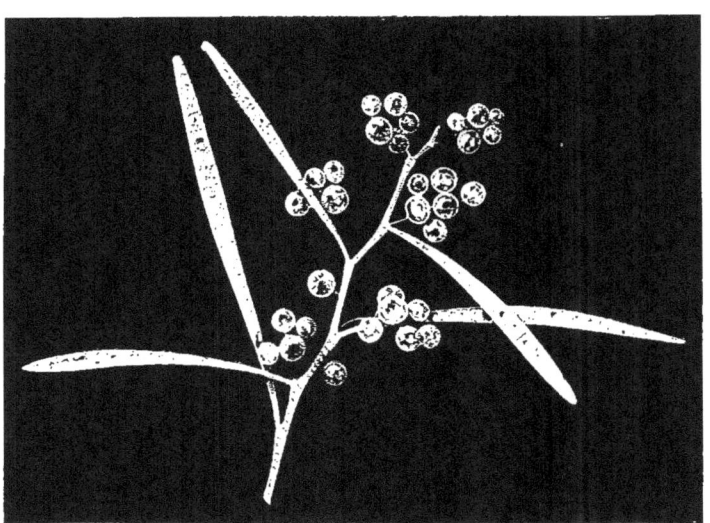

BROCHE MIMOSA EN JOAILLERIE
par Lalique

mur l'exposition de Lalique, composée uniquement de dessins de bijouterie, parmi lesquels un projet de cadre, un éventail de fleurs avec sa monture, etc. Ces dessins n'avaient rien de particulièrement remarquable et n'attiraient pas beaucoup le public; cependant ils ne passèrent pas inaperçus pour tout le monde. Lalique se rappelle encore, et avec plaisir, qu'un confrère s'avançant vers lui

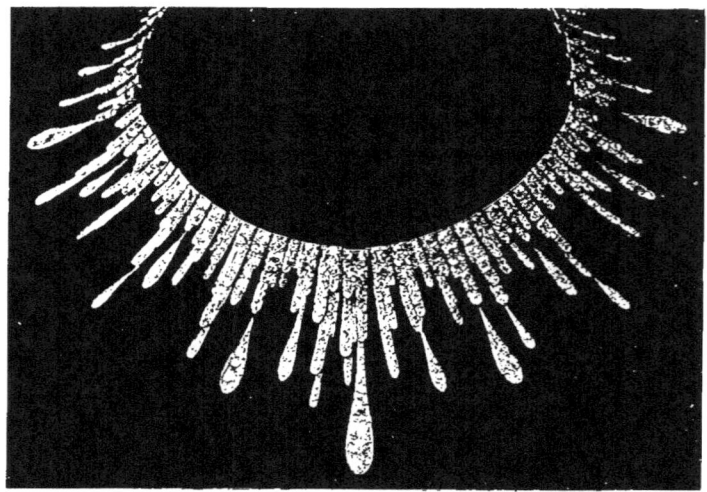

COLLIER « ÉCLABOUSSURES » EN JOAILLERIE
par Lalique (1890).

le félicita en ajoutant : « Je ne connaissais pas actuellement de dessinateur en bijou, enfin, en voici un ! » Le confrère qu'il n'avait encore jamais vu n'était autre qu'Alphonse Fouquet avec qui, depuis, il entretint d'excellentes relations.

Parmi ceux qui s'adressaient régulièrement à Lalique pour les dessins dont ils avaient besoin et qui appréciaient la nouveauté de ses idées, se trouvait Jules Destape[1] qui, après

1. J. Destape avait un frère, Alexandre, qui, d'abord établi graveur, entra plus tard dans la maison Ravaut, rue de la Paix, 15.

avoir été ouvrier, puis chef d'atelier chez Baugrand, dirigeait, place Gaillon, un atelier de joaillerie où la fabrication était très soignée. Il avait aussi acheté en Algérie des terres qu'il voulait transformer en vignobles [1], mais dont l'exploitation ne lui était pas facilitée par la distance ; aussi, vers la fin de 1885,

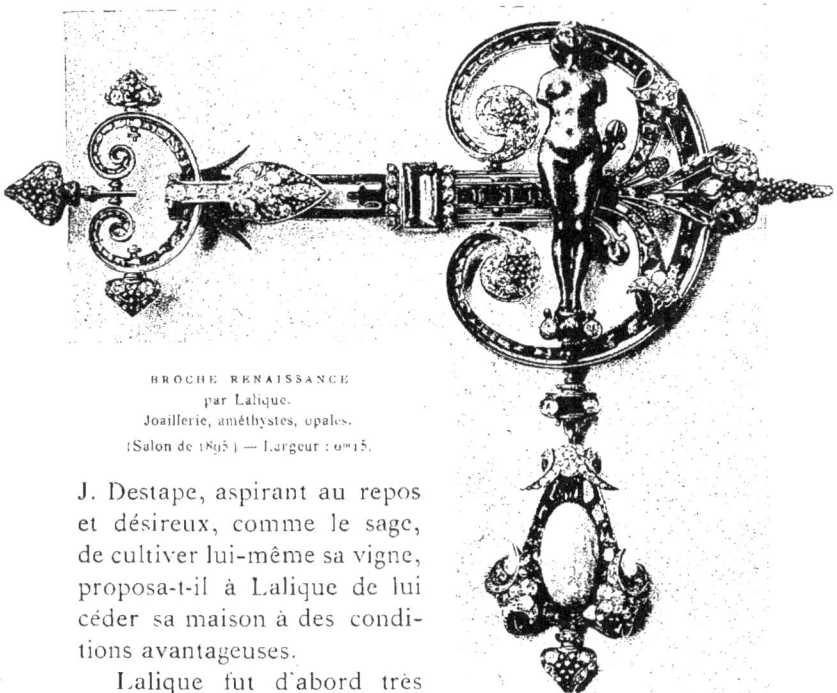

BROCHE RENAISSANCE
par Lalique.
Joaillerie, améthystes, opales.
(Salon de 1895) — Largeur : 0m15.

J. Destape, aspirant au repos et désireux, comme le sage, de cultiver lui-même sa vigne, proposa-t-il à Lalique de lui céder sa maison à des conditions avantageuses.

Lalique fut d'abord très surpris de cette proposition aussi flatteuse qu'inattendue, car Destape insistait, en faisant valoir qu'un homme de sa valeur pouvait tirer un excellent parti de son établissement : « J'étais ému, troublé, nous dit Lalique, d'entrer dans une voie nouvelle, et j'hésitais beaucoup à me lier, me demandant avec anxiété si cette

1. Depuis la destruction des vignes françaises par le phylloxera, on créait beaucoup de vignobles en Algérie, où ils semblaient réussir.

situation de chef de maison aliénerait ma liberté ou au contraire m'en donnerait davantage. Enfin, toutes réflexions faites, je me décidai et, ajouta-t-il, ce fut la conversion définitive ».

A partir de ce moment (1886), affranchi de toute

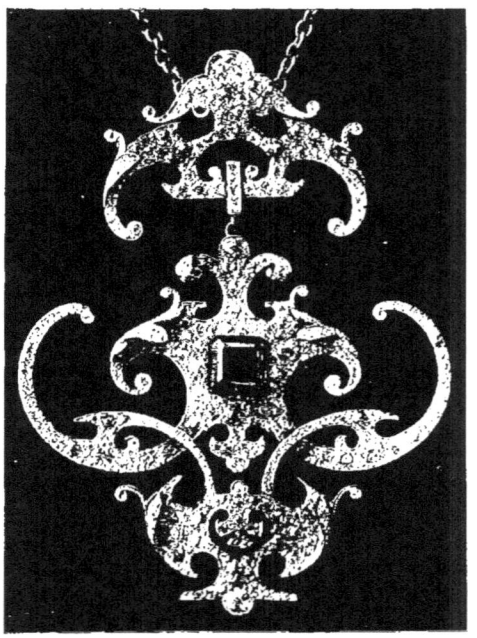

PENDANT DE COU EN JOAILLERIE, GENRE RENAISSANCE
par Lalique (1895).

entrave, n'ayant plus à se soumettre aux désirs ou aux exigences de ceux pour qui il faisait des dessins ou de leurs clients, Lalique put se consacrer librement et entièrement à des créations personnelles dégagées de la moindre influence étrangère. Ce ne fut pas encore le grand essor qui devait, quelques années plus tard, le conduire à rénover l'art de la bijouterie, mais il commençait à voler de ses propres ailes

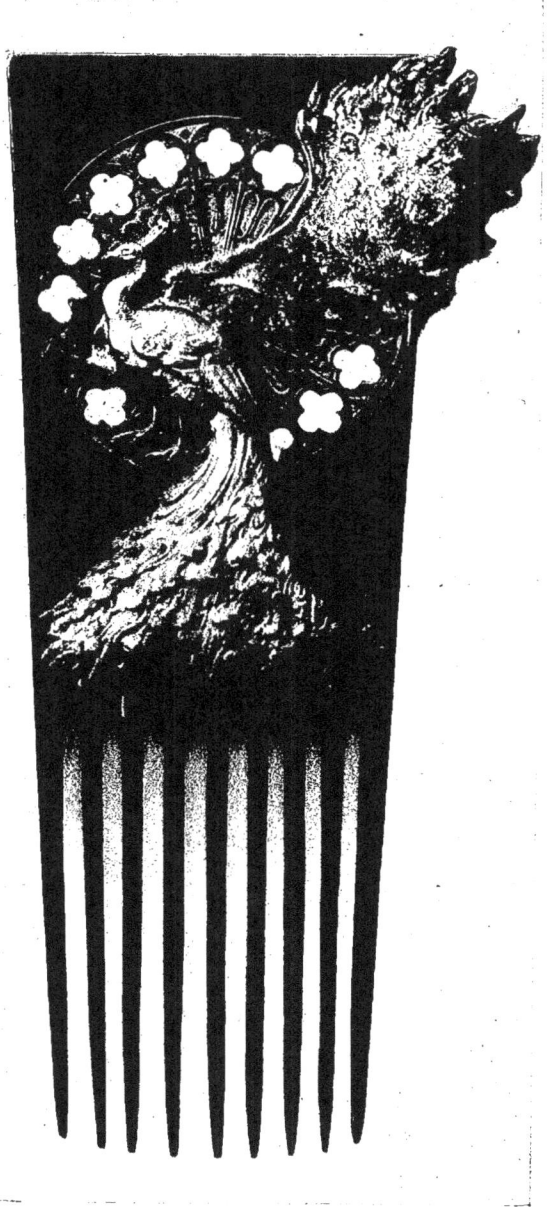

PEIGNE EN CORNE, PAONS SUR ROSACE D'OPALES
par Lalique (1898). (Musée des Arts décoratifs.)

et, pour l'observateur attentif, il faisait déjà naître de belles espérances.

Pendant plusieurs années, il s'adonna exclusivement à la joaillerie pure, aux brillantes et blanches parures tout en diamants. Destape lui avait laissé un atelier bien organisé

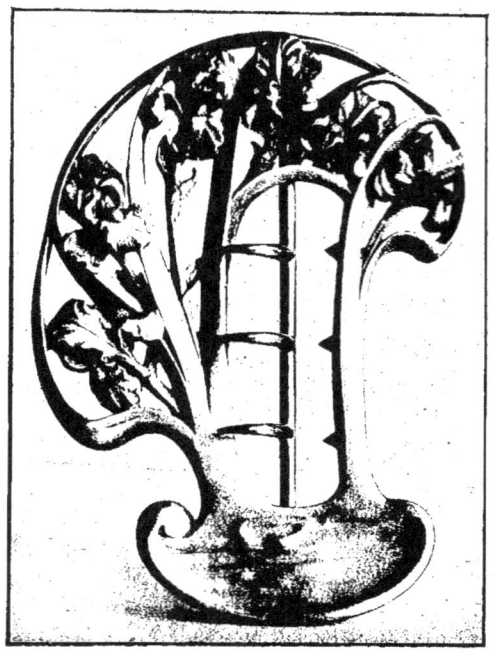

BOUCLE IRIS ÉMAILLÉS
par Lalique. (Salon de 1897.)

avec matériel complet, des ouvriers habiles et disciplinés, et enfin un contremaître de grande valeur nommé Briançon, homme ingénieux, adroit, aimant son métier, dont Lalique sut apprécier les qualités, et qui est resté son collaborateur depuis plus de vingt ans. Progressivement, Lalique introduisait plus de liberté et de fantaisie dans ses compositions. C'est ainsi qu'en 1887, il eut l'idée d'une grande parure de joaillerie représentant tout un vol d'hirondelles, dont il voulait faire sentir la perspective par la dimension décrois-

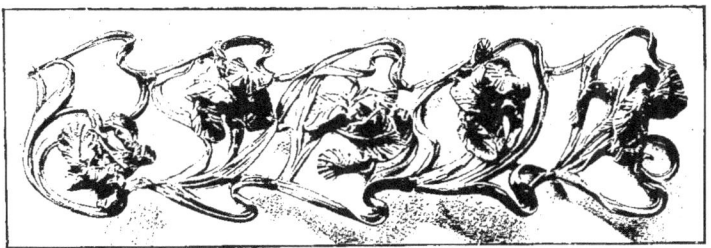

BRACELET IRIS.
Émaux mauves et violets nuancés sur fonds d'opales, par Lalique.
(Salon de 1897.) — Largeur : 0^m15.

sante des oiseaux. Il en fit une maquette et, comme elle lui donnait satisfaction, il la présenta chez Boucheron pour lequel, d'ailleurs, il travaillait régulièrement depuis ses débuts.

Mais on ne sait pourquoi celui-ci, qui cependant en avait

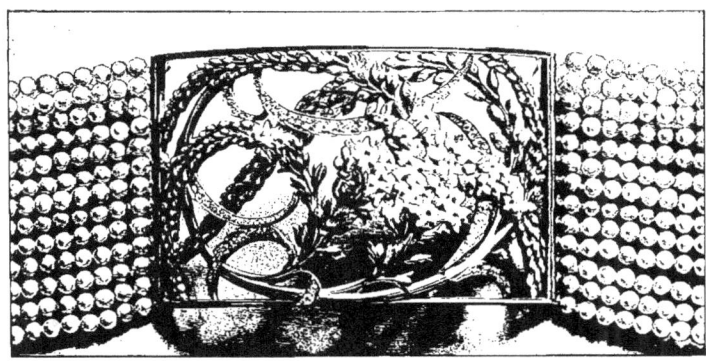

PLAQUE DE COLLIER ÉMAIL ET JOAILLERIE
par Lalique (1898). (Musée du Luxembourg.)

risqué bien d'autres, la trouvant d'une fantaisie excessive, ne la commanda pas. Néanmoins, Lalique qui avait foi dans la réussite de ce bijou, l'exécuta à ses risques et périls et, aussitôt terminé, le représenta à Boucheron qui l'acheta immédiatement et félicita l'artiste de son originalité et de son goût. Il n'eut d'ailleurs pas à le regretter, car, dans la suite, il vendit un grand nombre de ces parures d'un très joli effet et dont les oiseaux pouvaient à volonté se porter seuls ou groupés, dans la coiffure ou au corsage.

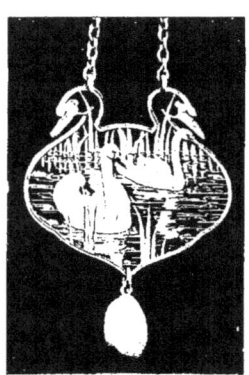

PENDANT DE COU
par Lalique. (Salon de 1898.)

Les affaires de Lalique prospéraient ; des commandes lui venaient des principaux joailliers de Paris, de sorte que, voulant agrandir son établissement, il le transporta, en 1887, de la place Gaillon au n° 24 de la rue du Quatre-Septembre. C'est là qu'il exécuta la plupart des pièces qui figurèrent à l'Exposition de 1889 dans les vitrines de plusieurs des exposants les plus en vue, pour qui il fut un collaborateur anonyme et très précieux.

Entre temps, son goût de coloriste le portait vers l'émail. Il fit des fleurs et des papillons charmants, d'une forme parfaite et d'une fraîcheur de ton tout à fait séduisante ; il fabriqua dans

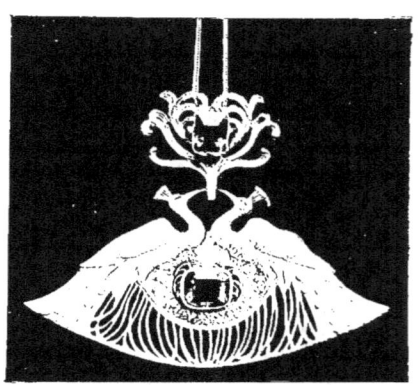

PENDANT DE COU.
Paons émail blanc et émeraudes, par Lalique.
(Salon de 1898.)

le même genre, des broches représentant un nœud de satin

en émail dépoli de couleur claire qui eurent beaucoup de vogue. Peu à peu, se consacrant moins exclusivement à la joaillerie, il se laissa aller à composer de très jolis bijoux dans lesquels l'or, l'émail et les pierres se mariaient agréablement.

L'extension qu'il donnait à sa fabrication au moyen de recherches incessantes et de procédés nouveaux, l'amena

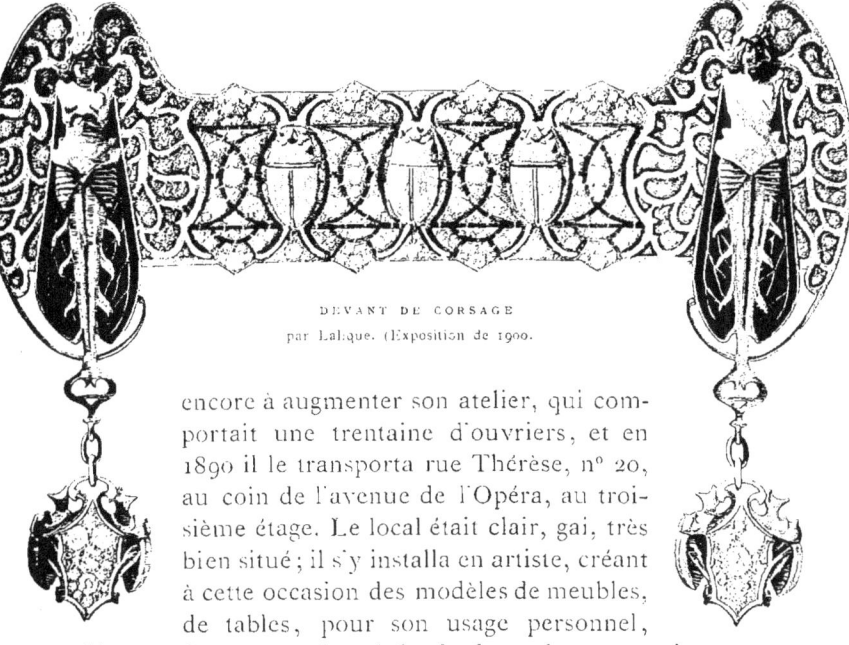

DEVANT DE CORSAGE
par Lalique. (Exposition de 1900.)

encore à augmenter son atelier, qui comportait une trentaine d'ouvriers, et en 1890 il le transporta rue Thérèse, n° 20, au coin de l'avenue de l'Opéra, au troisième étage. Le local était clair, gai, très bien situé ; il s'y installa en artiste, créant à cette occasion des modèles de meubles, de tables, pour son usage personnel, décorant les murs et les plafonds de sculptures curieuses : chevauchées de femmes aux formes harmonieuses, d'un effet très original, et utilisant le concours de son beau-père et de son beau-frère, Auguste Ledru père et Auguste Ledru fils, tous deux sculpteurs de talent, qui furent souvent ses collaborateurs pour traduire en relief ses compositions. Lalique passait ses journées assis à sa table de travail, le pinceau ou l'ébauchoir à la main, ayant constamment autour de lui en abondance sur les meubles, dans tous les coins, des fleurs dont il était amoureux depuis sa plus tendre enfance et qui offraient en permanence à sa vue la délicatesse de leur coloration et l'élégance de leurs formes qu'il savait analyser avec le goût le plus raffiné. C'est dans ce milieu de rêve qu'il créa tant de jolies choses, ou plutôt de belles œuvres; c'est de là que sortirent les premiers bijoux qui furent véritablement « du Lalique ».

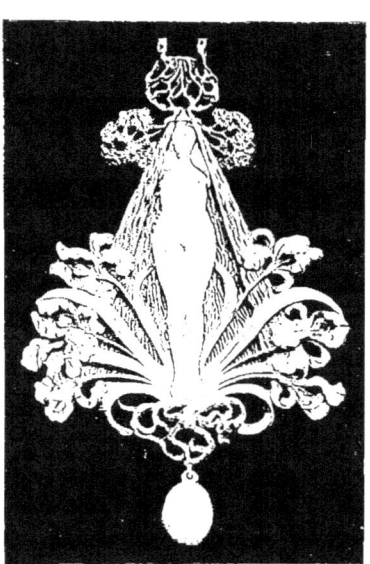

PENDANT DE COU.
Femme en agate sculptée, chevelure d'or, iris émaillés, par Lalique.
(Salon de 1898.)

Mais avant d'en arriver à ce point, Lalique dut fournir une somme de travail énorme. « Dès 1887, nous dit-il, il me fallut entreprendre un labeur considérable pour trouver de la joaillerie qui fût différente de celle exécutée jusqu'alors; en 1889, j'avais franchi cet échelon, et une fois obtenu ce que je cherchais, le travail me devint facile. Mais en 1892, c'est un effort vraiment extraordinaire que je dus faire pour sortir complètement de ce que j'avais fait précédemment. Je travaillai sans relâche, dessinant, modelant, faisant des études et des essais techniques de tous genres, sans interruption, avec la volonté d'arriver à un résultat nouveau et de créer quelque chose qu'on n'aurait pas encore vu. Ce fut une époque de surmenage qui me fatigua beaucoup, mais qui aboutit aux Salons de 1895, 1896 et aux suivants. »

En 1893, il prit part à un concours organisé par l'Union

LA TROISIÈME RÉPUBLIQUE

Centrale des Arts Décoratifs, dont le sujet était *un vase à boire*. Le premier prix, de 1.500 francs, fut attribué à M. Mouchon, qui avait choisi pour son œuvre une forme de gobelet, et le second prix (500 fr.) à Lalique. Le rapporteur du concours, M. de Fourcaud, s'exprime ainsi à son sujet : « deuxième prix à l'auteur d'un calice assez élevé, reposant sur un pied carré dont les arêtes tendent à s'infléchir en spirales, afin de racheter le plan quadrangulaire, et se cerclent d'un anneau sans ornement qui sert de nœud. Le passage à la forme ronde est ménagé à merveille, à ceci près que la bague paraît grêle et sèche dans un ensemble très nourri. Tout le thème ornemental s'emprunte au chardon ; des feuilles déchiquetées tapissent la partie inférieure, des têtes épineuses font saillie autour de la courbe, parmi des entrelacs rubannés. Ce vase, d'un type religieux, atteste, en son ingénieux décor, en sa facture libre et nette, un talent sûr de soi [1] ».

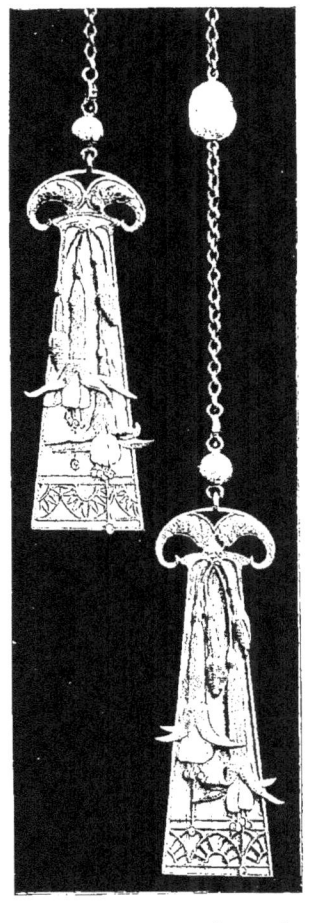

FERRETS DE CHAINE ÉMAILLÉS
par Lalique. (Salon de 1898.)

Lalique a beaucoup travaillé le verre. Il fit aussi un peu de céramique, mais la terre émaillée était « moins prenante » pour lui. Il avait une installation complète de verrier dans

1. *Les Arts du métal*, p. 228.

son local de la rue Thérèse et pendant trois ans il se livra, en véritable alchimiste, à des études suivies qui l'intéressèrent au plus haut point. Encouragé par tous ceux qui

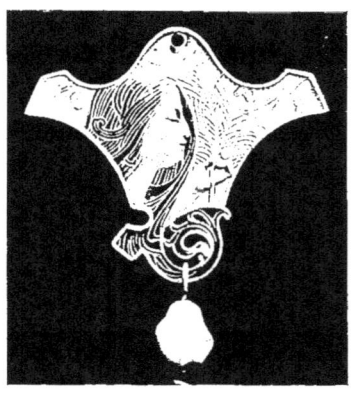

BROCHE
par Lalique (1898).

s'occupaient des arts du feu et en particulier par MM. Jules Henrivaux, directeur de la manufacture de Saint-Gobain, et Léon Appert, auxquels il avait montré ses essais, il continua ses recherches avec une passion toujours crois-

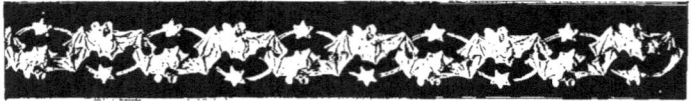

BRACELET CHAUVE-SOURIS ÉMAIL BLEU, ÉTOILES EN DIAMANTS
par Lalique (1898).

sante, se relevant la nuit pour surveiller ce qui se passait dans les fours, examinant avec anxiété s'il y avait lieu d'augmenter ou de diminuer la chaleur pour obtenir certains résultats.

Nous avons vu des pièces très curieuses exécutées par

Lalique pendant cette période (1890 à 1892) : une petite tête

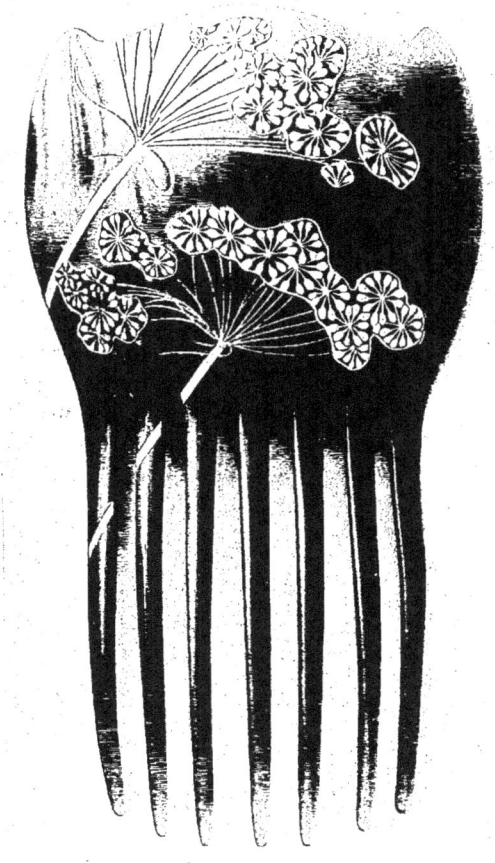

PEIGNE EN CORNE A DÉCOR D'OMBELLES
par Lalique (1898).

de saint Jean-Baptiste décapité, pleine d'expression ; des panneaux décoratifs fondus à cire perdue, représentant un centaure, et une centauresse ; des vases en verre diversement coloré, un gobelet à décor de houblon, etc. Malgré la grande variété de ses essais, Lalique ne les a pas tous appliqués. Les premiers objets en verre qu'il exposa figurèrent au Salon de 1895 ; on y vit entre autres une sorte de grand camée ovale, dont l'exécution remontait à 1893 et qui représentait une femme nue, debout, se coiffant. Cette pièce peu importante, en verre de plusieurs tons simplement moulé sans retouche, permettait cependant de se rendre compte

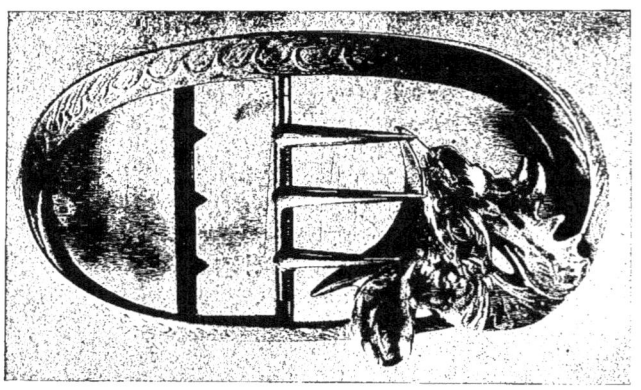

BOUCLE DE CEINTURE
par Lalique.

que Lalique connaissait déjà bien son métier, et était maître de son procédé ; il l'utilisa ensuite dans ses bijoux. Vers 1896, il fit un ornement de corsage en verre, grande broche représentant *l'Hiver*, avec des cristallisations sur des arbres neigeux d'une grande finesse de coloration ; l'invention était vraiment originale. Cette parure avait été commandée pour la Russie.

De 1891 à 1894, Lalique composa et exécuta deux importantes séries de bijoux pour les rôles de Sarah Bernhardt dans *Iseyl* et dans *Gismonda*. Il déplore de ne pas avoir été mis au courant du scénario de Gismonda, parce que ses

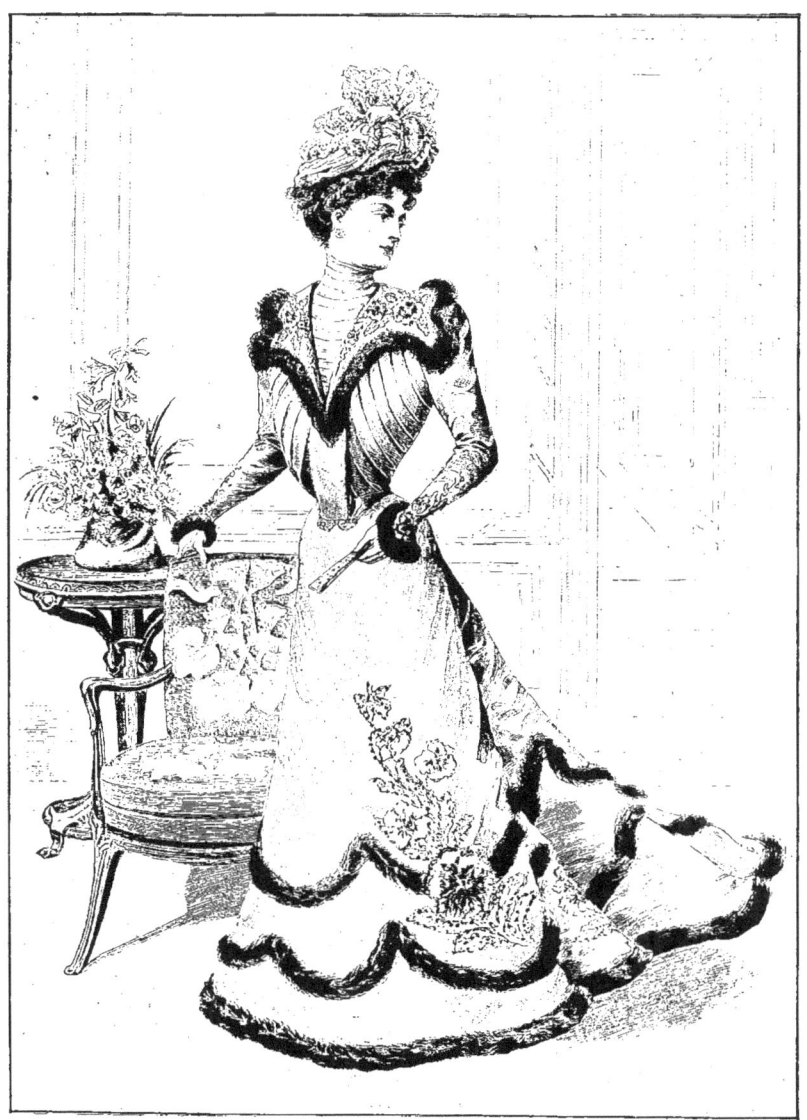

UNE PARISIENNE EN 1900.

créations auraient été plus appropriées au caractère de l'œuvre, tandisque se souvenant des recommandations qui lui avaient été faites pour Iseyl, d'être très sobre dans les ornementations et d'éviter le clinquant, il fut amené à composer des bijoux du même genre qui étaient trop fins, trop atténués pour un rôle tel que celui de Gismonda.

Il prit une brillante revanche au moment où la grande

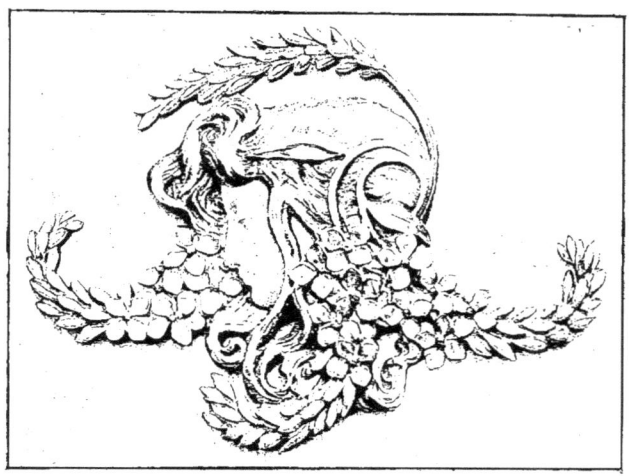

BROCHE
par Lalique (1899).

tragédienne reprit à la Porte Saint-Martin le rôle de Théodora, qu'elle y avait créé dix ans auparavant. Ces parures, de grande dimension, diadèmes, colliers, ceintures, etc., destinés à être vus à une certaine distance et sur une vaste scène, étaient conçus dans un sentiment très décoratif et somptueux. Ils furent très admirés. Dans le même ordre d'idées, il exécuta plus tard, en 1899, pour Mme Bartet dans le rôle de Bérénice, un très grand diadème avec des figures d'Isis aux ailes jointes, des fleurs de lotus et cinq scènes de la vie des Courtisanes sculptées en bas-reliefs d'ivoire. Cette

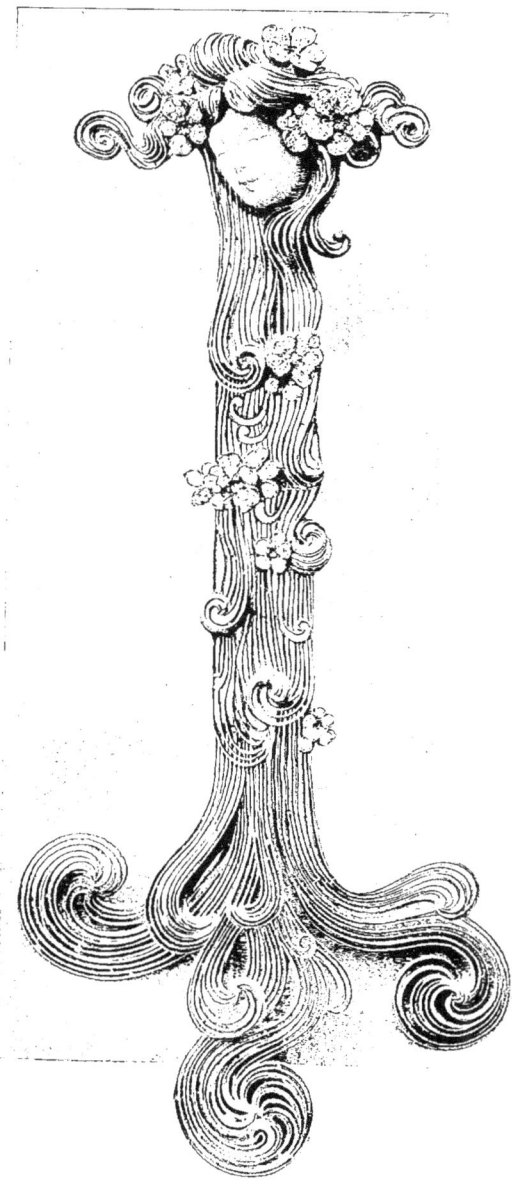

PARURE DE CORSAGE.
Tête en agate sculptée, chevelure en or repercé, ornée de fleurs en diamants, par Lalique.
(Salon de 1898.)

pièce, naturellement composée dans le goût antique, ornait toute la tête. Bien que d'un travail fort délicat et d'un poids minime pour son importance (il était en aluminium), on trouva ce diadème généralement trop volumineux, mais la comédienne l'avait voulu ainsi. Toutefois, Lalique n'était que médiocrement séduit par le bijou de théâtre qui, disait-il, tenait le milieu entre le bibelot et le bijou.

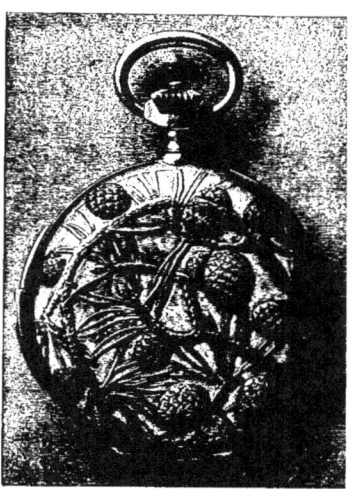

BOITIER DE MONTRE EN ÉMAIL
par Lalique. (Musée des Arts Décoratifs.)

Lalique fit par la suite un grand nombre de bijoux de ville pour Sarah, dont il avait fait la connaissance par l'entremise du peintre Clairin, son ami. Il put donner libre cours à son imagination et à sa fantaisie et créa alors des objets d'une rare originalité. En 1890, Lalique, qui peut tout oser, avait modelé un portrait de Sarah Bernhard de profil, et de grandeur naturelle. Plus tard, en 1894, croyons-nous, lors de la fête qui fut offerte à la grande tragédienne par ses admirateurs, on avait commandé à Roty une médaille commémorative ; mais, pour une raison que nous ignorons, il ne l'exécuta pas. Elle fut remplacée au dernier moment par des réductions du portrait fait par Lalique, qui donnèrent de charmantes plaquettes.

C'est en 1894, au Salon de la Société des Artistes français, au Palais de l'Industrie, que Lalique exposa pour la première fois sous son nom, non plus des dessins comme il l'avait fait précédemment, mais des objets terminés. Il avait envoyé dans la section de sculpture, une couverture de carton à musique représentant *les Walkyries*, bas-relief en ivoire obtenu par le procédé du tour à réduire. Depuis un an déjà il utilisait, pour ses bijoux et pour l'ivoire, le tour à réduire qui jusqu'alors n'avait été employé que par les graveurs en médailles. Il pouvait ainsi faire son modèle en cire ou en plâtre d'une assez grande dimension, en établir commodément le modelé et les détails, lesquels, à la réduction, devenaient d'une délicatesse extrême et paraissaient ciselés par des ouvriers prodigieusement habiles. On établissait ensuite un poinçon et une matrice que l'on portait tout simplement chez l'estampeur. Lalique préférait ce moyen à tout autre, parce que, dit-il, « ayant modelé le bijou, j'étais sûr d'avoir la traduction la plus fidèle des effets que j'avais cherchés, sans passer par l'intermédiaire d'ouvriers ciseleurs ou autres ».

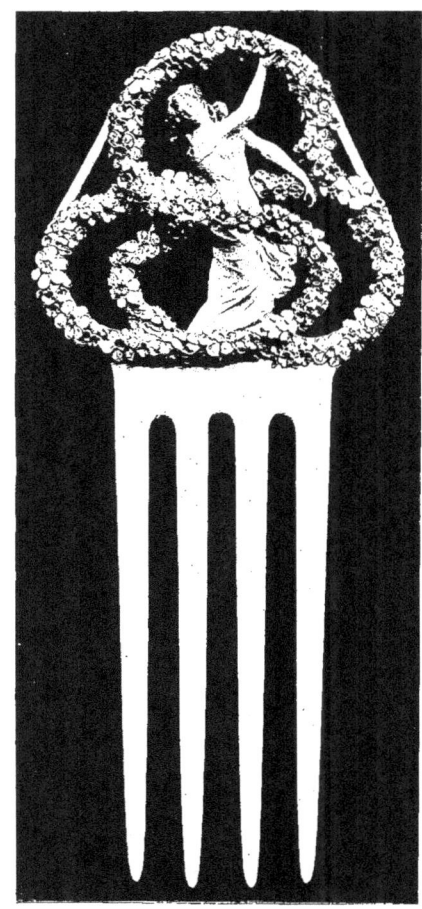

PEIGNE D'IVOIRE,
GUIRLANDES DE FLEURS EN OR, ÉMAIL ET DIAMANTS
par Lalique (1898).

Les bijoux et objets qu'il produisit de cette façon étonnèrent tout d'abord et déconcertèrent par la finesse de leur exécution. On se demanda par quel prodige il obtenait un pareil résultat. Mais lorsqu'on eût découvert le « truc », son exemple fut vite suivi, si bien que Janvier, qui avait un

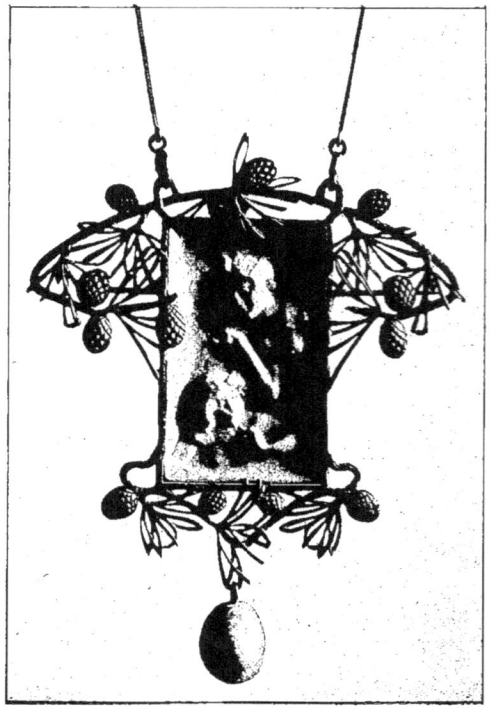

PENDANT DE COU.
Bas-relief en chrysoprase, pommes de pin en émail vert s'harmonisant avec l'or du bijou, par Lalique (1900) — Hauteur : 105 millim.

vaste atelier et un outillage perfectionné pour ce genre de réductions mathématiques, usité pour les médailles, fut débordé par les commandes des bijoutiers et dut agrandir son établissement. Il fallait parfois attendre longtemps avant d'avoir une machine disponible. Les premiers bijoux ainsi faits par Lalique, en 1893, furent des broches ; il étendit

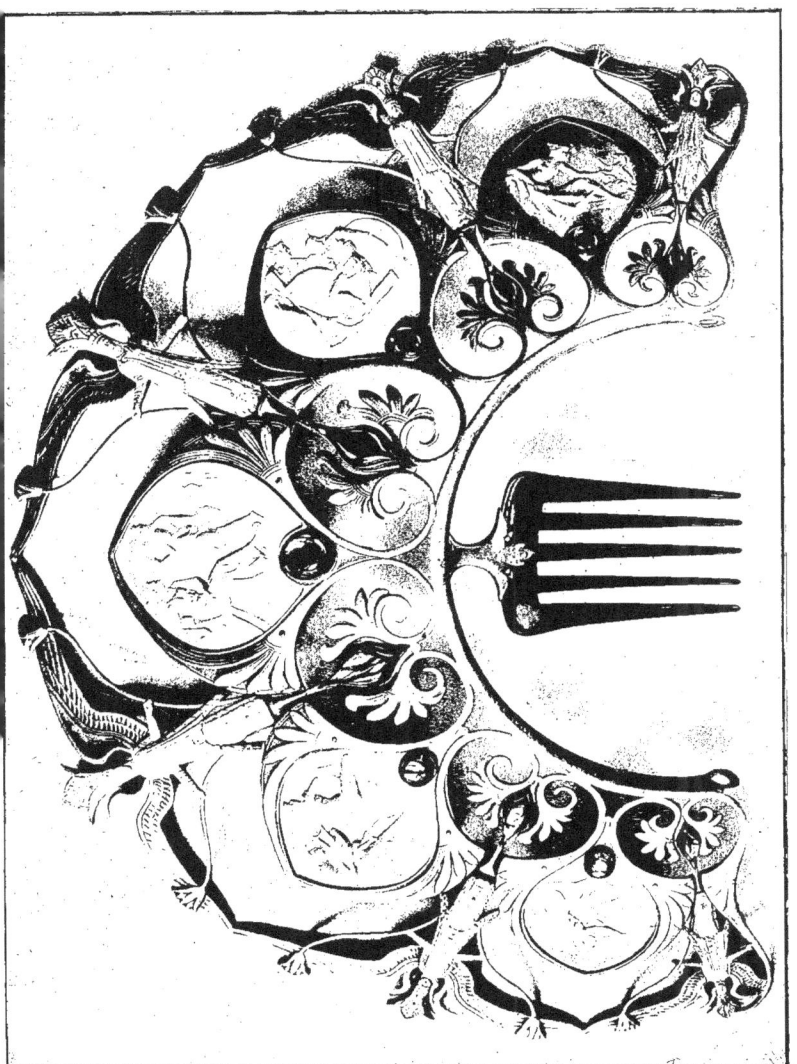

GRAND DIADÈME EN ALUMINIUM, AVEC BAS-RELIEF EN IVOIRE.
Exécuté en 1899 par Lalique pour M⁽ᵐᵉ⁾ Bartet (rôle de Bérénice). — Largeur : 35 cent.

ensuite ce procédé à la fabrication de toutes sortes d'objets : bagues, peignes, bracelets, etc., obtenant, quand il était nécessaire, un très haut relief. Il s'en servit également pour l'ivoire et pour la corne employés, soit dans des parures, soit dans de grandes pièces d'orfèvrerie : coupes, calices, coffrets, etc.

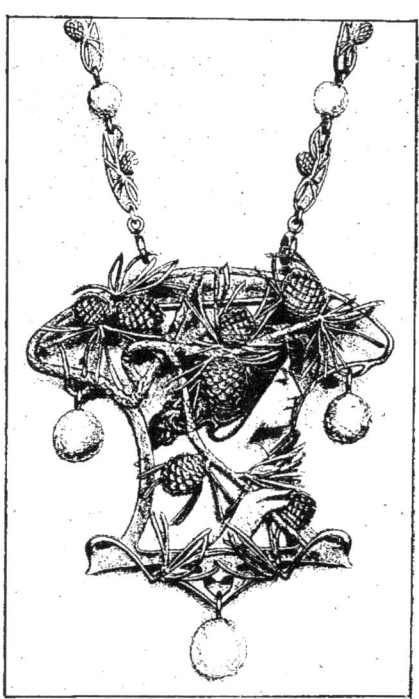

PENDANT DE COU
par Lalique (1900).

L'année suivante, en 1895, — date à retenir — la Société des Artistes français adjoignait pour la première fois une section d'Art décoratif au Salon et y admettait les Arts industriels, les *Arts mineurs,* qui avaient été tenus à l'écart jusqu'alors. Lalique y envoya une série d'œuvres qui, tout de suite, retinrent l'attention. « J'ai résolu d'envoyer au Salon, nous dit-il, parce que, lorsque je présentais mes bijoux nouveaux dans les magasins les plus importants, j'étais agacé de m'entendre dire avec un sourire : « Très joli, charmant. Oh ! cela nous plaît beaucoup, *mais cela ne plaira pas à notre clientèle* ». Il semblait qu'on ne souhaitait pas m'encourager dans cette voie, c'est pourquoi j'ai voulu être jugé directement par le public. » Lalique obtint une troisième médaille pour des bijoux d'un goût vraiment délicat et charmants en tous points. Il y avait entre autres, dans sa vitrine, une ravissante

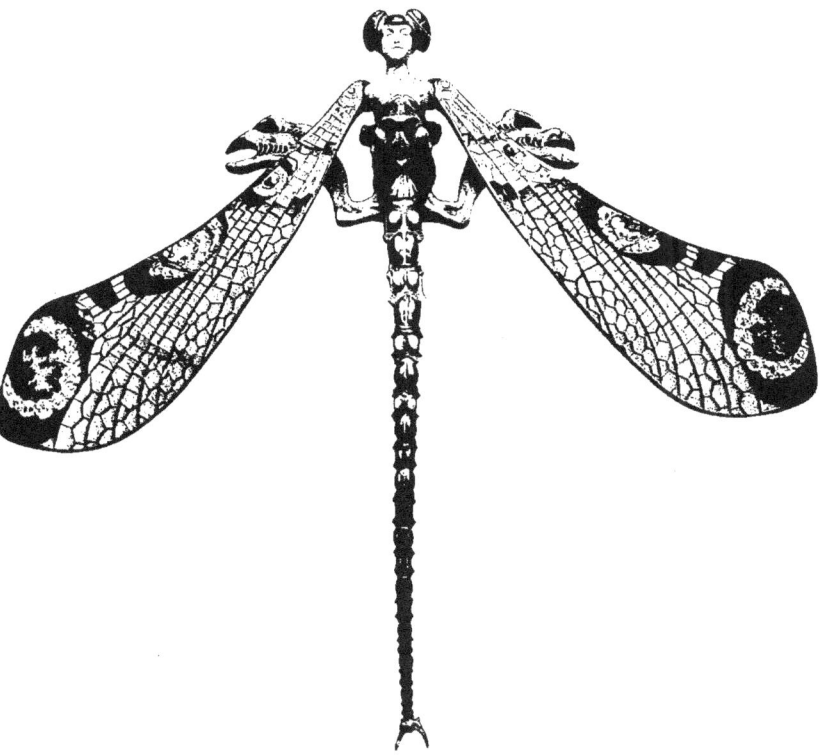

ORNEMENT DE CORSAGE LIBELLULE, ÉMAUX TRANSLUCIDES
par Lalique. (Exposition de 1900.) — Largeur : 0m 26.

libellule aux ailes tachées d'améthystes et de saphirs jaunes, qui était une pièce parfaite.

Un bijou, curieux à plus d'un titre, figurait également à ce Salon de 1895. C'était une grande broche ou agrafe, de style Renaissance, avec améthystes calibrées, rehaussée d'émail et de quelques petits diamants aux scintillements discrets. Au milieu du rinceau principal se tenait, ciselée dans l'or, une femme debout entièrement nue (voir p. 703). Lalique, admirateur réfléchi des beautés de la femme, de ses lignes si harmonieuses et si souples, rêvait depuis longtemps d'en orner ses bijoux. C'est pour la composition de cette agrafe, exécutée entre 1893 et 1894, qu'il entra pour la première fois dans cette voie ; il la suivit longtemps, faisant de la femme, nue ou drapée, le sujet principal de

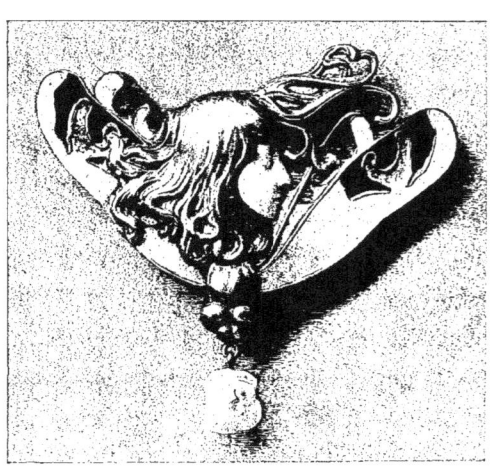

BROCHE ÉMAILLÉE
par Lalique (1899). (Musée des Arts décoratifs.)

bon nombre de ses œuvres. Un peu plus tard, il employa la tête seule et se servit de la chevelure pour composer d'ingénieuses ornementations.

Naturellement, cette tentative suscita de nombreuses polémiques. Certains la considéraient comme un trait de génie; d'autres, s'appuyant sur l'opinion de Charles Blanc (quelque peu délaissée aujourd'hui), s'insurgèrent contre l'introduction de toute figure humaine dans le bijou et n'hésitèrent pas à la trouver déplacée et « malséante », inconvenante même.

D'aucuns allèrent jusqu'à réprouver la représentation des animaux, n'admettant d'exception que pour quelques oiseaux et de rares insectes, déterminés à l'avance : hirondelles, papillons, libellules, etc.

Que l'on veuille bien nous permettre de ne pas partager

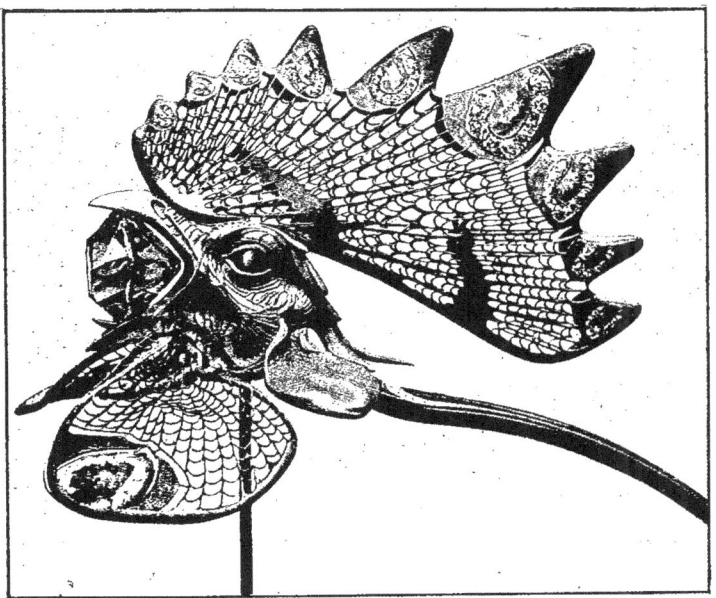

ORNEMENT DE TÊTE :
COQ TENANT DANS SON BEC UN GROS DIAMANT
par Lalique. (Exposition de 1900.) -- Réduction d'un quart.

cet avis et de considérer comme une erreur de vouloir écarter à priori tels ou tels sujets ; tous les thèmes nous paraissent bons, tous les matériaux nous semblent admissibles pour qui sait s'en servir avec adresse et avec goût.

D'ailleurs, en cette circonstance, Lalique ne faisait que reprendre les traditions des maîtres de la Renaissance qui, dans leurs joyaux, n'hésitaient pas à donner une place souvent importante à la figure humaine ; les sujets sacrés ou profanes, les scènes mythologiques parfois très décolletées, comprenaient fréquemment plusieurs personnages. Dans l'agrafe de Lalique, cette femme aux bras tronqués est bien la continuation de certaines œuvres d'Étienne Delaune ou de Ducerceau. Cette ressemblance, manifeste bien qu'involontaire, prouve qu'on peut tout interpréter à nouveau, tout rajeunir et, qu'en réalité, se complaire dans les pastiches équivaut à un aveu d'impuissance.

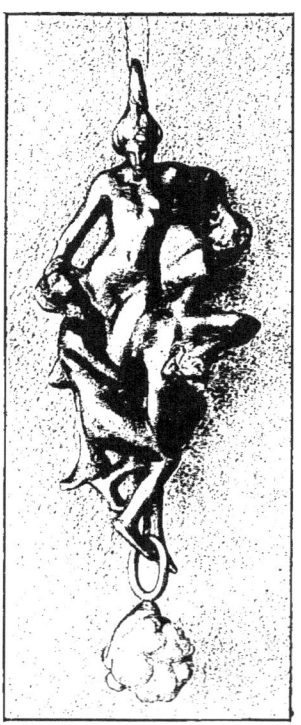

PENDANT DE COU EN OR
par Lalique (1900).

L'exemple de Lalique ne tarda pas à être suivi, et bientôt les bijoutiers de tous les pays, même de ceux réputés pour la rigidité de leurs principes, firent intervenir le corps féminin, souvent à peine drapé, en de charmantes fantaisies qui contribuèrent à la parure des femmes, très heureuses d'accueillir ces gracieuses images de leur beauté.

Au Salon de 1896, l'exposition de Lalique fut plus importante encore et lui valut une deuxième médaille. Plusieurs pièces d'orfèvrerie y figuraient, dont une potiche à manche pour le grand-duc Alexis, un vase à boire pour M. Germain Bapst, et un grand coffret qui fut très critiqué : ce dernier représentait, autant qu'il nous en souvient, le char de la Fortune ou le Triomphe de la Richesse ; les poignées étaient formées de personnages, hommes et femmes, en bronze très en relief, etc. Mais la grande particularité de cette exposition fut la première apparition de la corne employée dans le bijou sous la forme d'un bracelet. A cette époque, il n'existait pas de corne préparée spécialement pour les bijoutiers ou pour les sculpteurs; Lalique, qui avait été séduit depuis longtemps par cette belle matière d'une couleur semi-transparente, avait

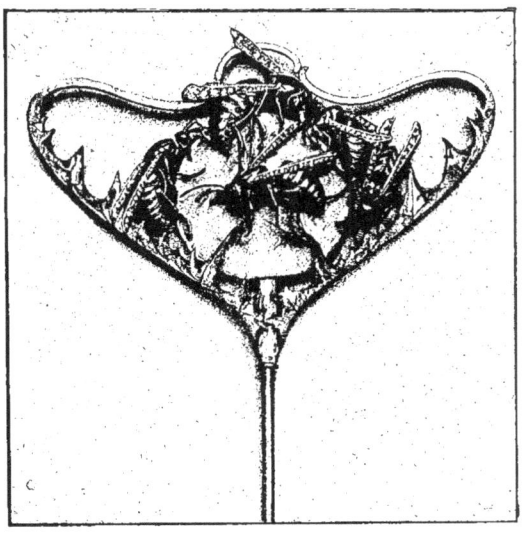

ÉPINGLE A CHAPEAU.
Guêpes d'émail sur un fruit d'opale, par Lalique (1900).

acheté aux abattoirs, pensant l'utiliser un jour, une grande corne blanche qu'il avait posée en rentrant chez lui à côté de sa table de travail et qui attirait ainsi fréquemment ses regards. Bien que ne sachant pas encore travailler cette matière, il se décida à en découper une tranche assez large pour faire un bracelet qu'il décora d'applications d'argent. Ce fut son premier bijou en corne. Enhardi par cet essai, Lalique envoyait l'année suivante à son quatrième Salon une vitrine complète de peignes en corne et en ivoire, qui eurent

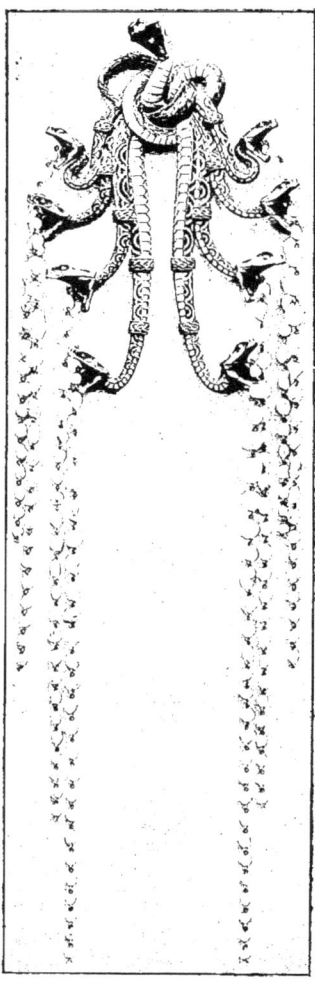

GRAND ORNEMENT DE CORSAGE.
Serpents émaillés et perles,
par Lalique (1900). — Hauteur : 0m 50.

beaucoup de succès. La Ville de Paris en acheta deux (intéressants comme indication de date, mais qui ne sont pas ses meilleures œuvres), l'un à décor de capucines, l'autre à décor d'ombelles ; ils se trouvent, croyons-nous, au musée Galliera. Le musée du Luxembourg fit aussi l'acquisition d'un grand pavot, superbe de forme et de mouvement, dont les quatre pétales, supérieurement traités, sont d'or ajouré aux interstices remplis par un émail translucide du plus heureux effet. Une médaille de première classe fut attribuée à l'artiste qui, la même année, avait envoyé, dans la section de joaillerie à l'Exposition universelle de Bruxelles, quelques beaux bijoux qui lui valurent un grand prix et la croix de chevalier de la Légion d'honneur.

Ce n'était que justice, car jamais peut-être rénovateur n'avait causé un émoi aussi subit, n'avait bouleversé aussi profondément la routine et rajeuni les vieilles traditions. Sa vogue allait toujours grandissant et sa fécondité inlassable parvenait à satisfaire ses nombreux admirateurs ; mais ses ateliers devenaient insuffisants : rien que pour ciseler

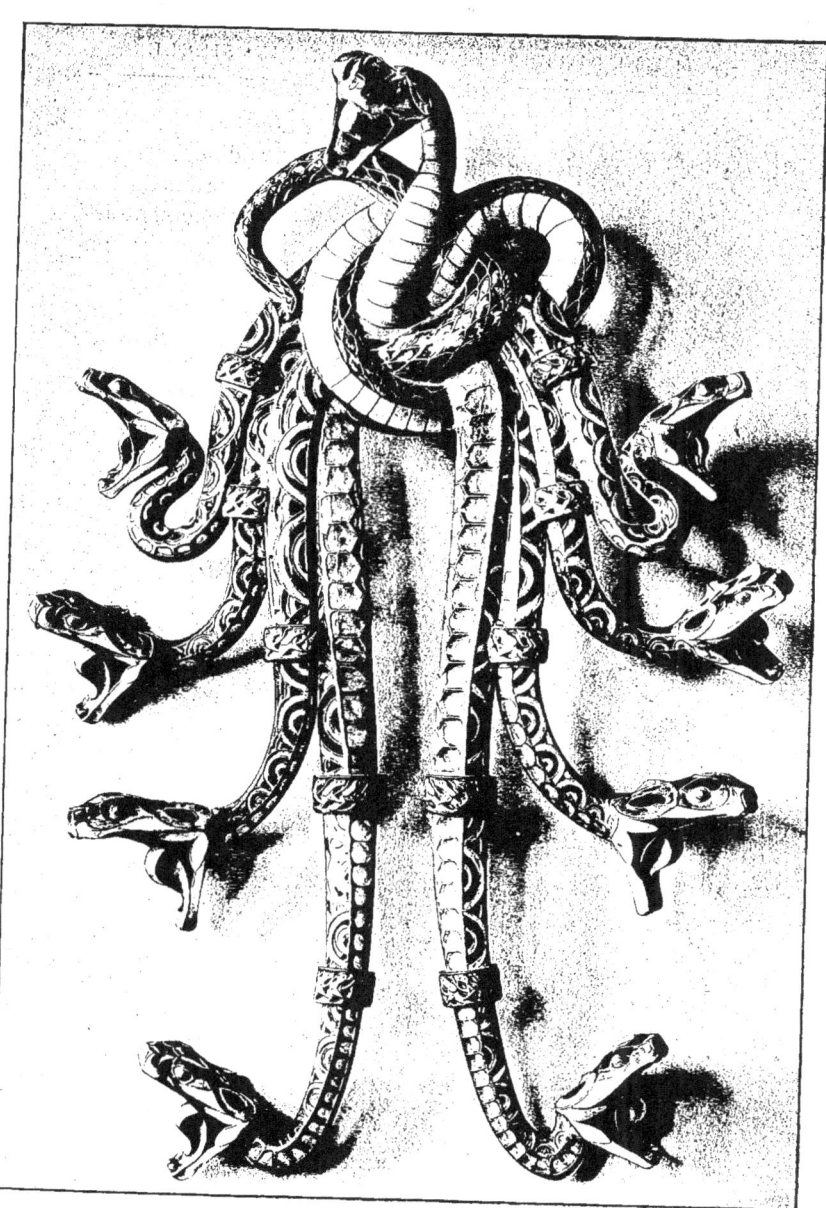

ORNEMENT DE CORSAGE : SERPENTS ÉMAILLÉS
par Lalique. (Exposition de 1900.) — Hauteur : 0m21.

ses pièces, le maître ciseleur Deraisme, dont Thiénot était alors chef d'atelier, employait vingt ouvriers de choix.

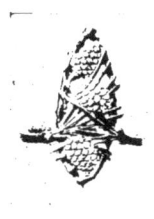

BAGUE
par Lalique (1900).

Chacun des envois de Lalique aux Salons prenait les proportions d'un événement artistique ; les critiques d'art célébraient son talent, son génie même et le comparaient aux plus grands artistes de tous les temps ; sa renommée augmentait chaque jour et une évolution, soudaine ou lente, mais incontestable, se faisait dans les idées des dessinateurs industriels, des artisans et du public.

Nous avons déjà dit ailleurs[1] notre sincère admiration pour Lalique, bien qu'à notre avis il ait parfois dépassé la note juste et risqué des choses bien audacieuses ; quelques citations rappelleront ici avec quel enthousiasme furent saluées ses œuvres. Jean Lorrain, sous la signature de Raitif de la Bretonne[2], rend compte en ces termes de sa vitrine au Salon du Champ-de-Mars :

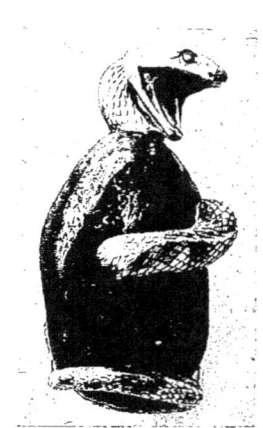

FLACON
par Lalique.

« Sous la pluie battante, dans le jour écru des toiles tendues comme des hamacs au-dessus des vitrines, cueilli un peu de songe devant l'émerveillante exposition de Lalique. Il y a là des chaînes de cou, où l'orient de grosses perles et l'eau verte de péridots aboutissent à des pendentifs d'une imagination inouïe ; l'un d'entre eux s'épanouit dans une nudité de femme, taillée à même

---

1. Voir dans *Art et Décoration* : les *Bijoux aux Salons de 1898*, p. 169 et suiv.
2. *Le Journal*, 22 mai 1898, sous le titre : *Au Champ-de-Mars*, galerie des Machines, section des objets d'art.

je ne sais quelle pierre inconnue, une pierre transparente et rose comme de la chair, et cela au milieu d'une floraison d'hiératiques iris feuillagés d'or vert et fleuronnés d'opale... Aux pieds de la figure nue larme et roule une grosse perle. D'ailleurs, la plupart des pièces sont vendues tant dans le monde du dernier Empire que dans notre monde officiel : c'est le nom de Mme de Pourtalès à côté de celui de Mlle Lucie Faure ; puis voici des œillets d'émail à

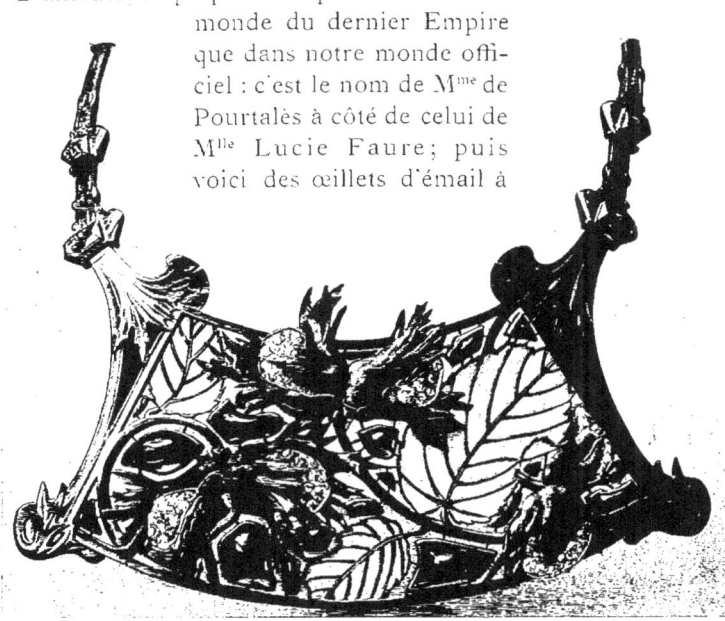

COLLIER NOISETTES
par Lalique. (Musée des Arts décoratifs.)

Mlle Pierson et un curieux diadème, bossué de larges opales, appartenant à Mme de Béarn ; mais c'est à la vitrine des peignes que s'est surpassé Lalique.

» Neuf peignes énormes, invraisemblables de dimensions et qu'on voit mal dans une chevelure de femme, mais que se disputeront demain tous les amateurs de Londres et de Saint-Pétersbourg, huit d'écaille ou de corne et un d'ivoire. Trois surtout me requièrent, le peigne aux paons, le peigne au poisson et le peigne aux trois Grâces ; un vrai motif de bas-relief pompéien, trois figurines, on dirait en bronze vert, intercalées dans les arabesques en vieil or d'un peigne d'impératrice.

» Dans le peigne aux paons, les queues ocellées de deux oiseaux de Junon s'irradient et s'éploient, l'une en émail bleu et l'autre en or vert sur une rosace en lazulite ; les deux oiseaux sont de profil et leurs queues métallisées traînent en

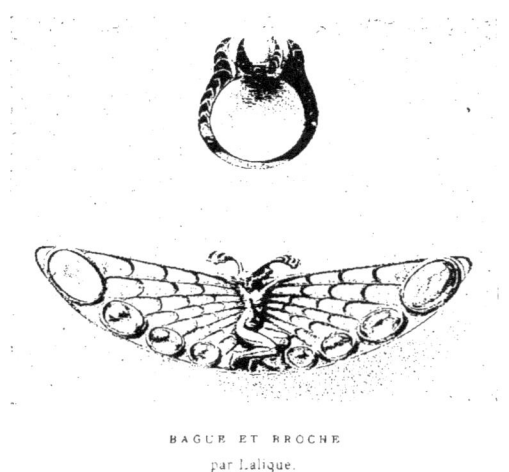

BAGUE ET BROCHE
par Lalique.

relief sur l'ambre clair du peigne. Dans le peigne au poisson tout en corne, c'est une découpure de la matière même qui fournit le motif d'ornementation ; ce sont, soulignées par des laques et des ors de tonalités exquises, les larges nageoires et la tête aux béantes ouïes d'une espèce de dauphin, dont le corps contourné m'est déjà apparu dans les estampes japonaises... L'animal se cambre et se tord dans la transparence blonde de la corne que les laques vitrifient.

» C'est, par le sujet même de l'ornementation, toute la vie glauque de l'eau figée dans la matière d'un peigne.

» Malheureusement, en quittant les vitrines du maître

joaillier, on ne peut plus s'arrêter ailleurs, tout paraît lourd, commun ou bêtement prétentieux, d'un précieux tarabiscoté et vulgaire. »

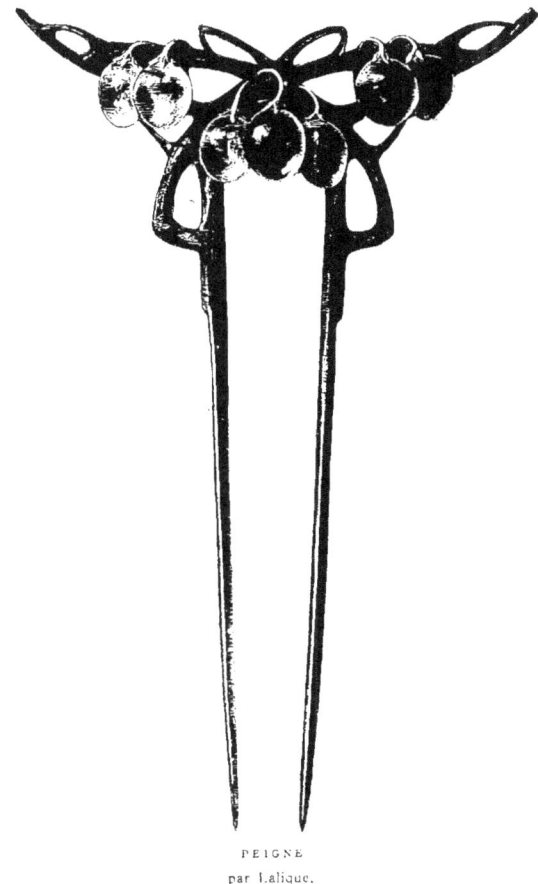

PEIGNE
par Lalique.

Il est impossible de faire un choix parmi tant d'articles consacrés à Lalique dans les nombreuses revues d'art de tous les pays. On pourra les y relire et se rendre compte de son influence extraordinaire et de la manière dont fut appréciée, chaque année, l'apparition de ses œuvres nouvelles.

Il est presque superflu de rappeler ici le succès remporté par Lalique lors de l'Exposition de 1900 : la décoration même de ses vitrines tranchait sur les installations des autres exposants ; conçue dans une gamme claire, elle présentait un

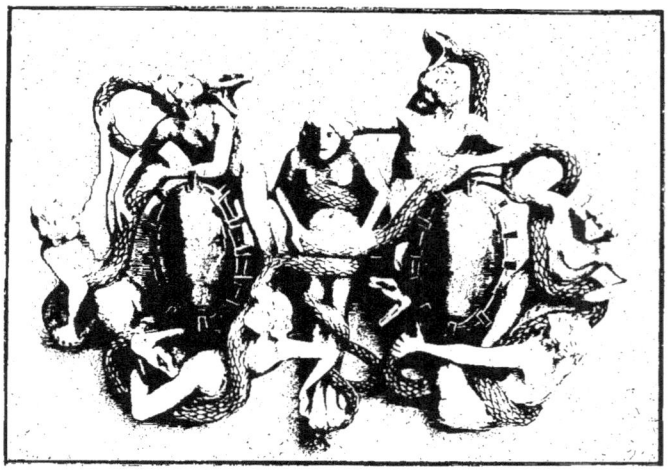

BROCHE.
Figures en ivoire, serpents émaillés, par Lalique (1900).

caractère très personnel, bien fait pour attirer et retenir les visiteurs.

Nous transcrivons ici, sans y rien changer, les notes hâtives prises par nous au moment même où Lalique inaugura sa vitrine : « Ses bijoux, où l'émail domine, sont présentés sur du verre dépoli reposant sur de la moire blanche. L'arrière-plan de son étalage est limité par une sorte de grille ornementale en fer forgé, avec de jolies statuettes de femmes en bronze patiné, du plus heureux effet. Cette grille se détache sur une gaze claire, plissée, qui forme rideau de fond. Des lambrequins de nuance grise, sur lesquels se jouent des

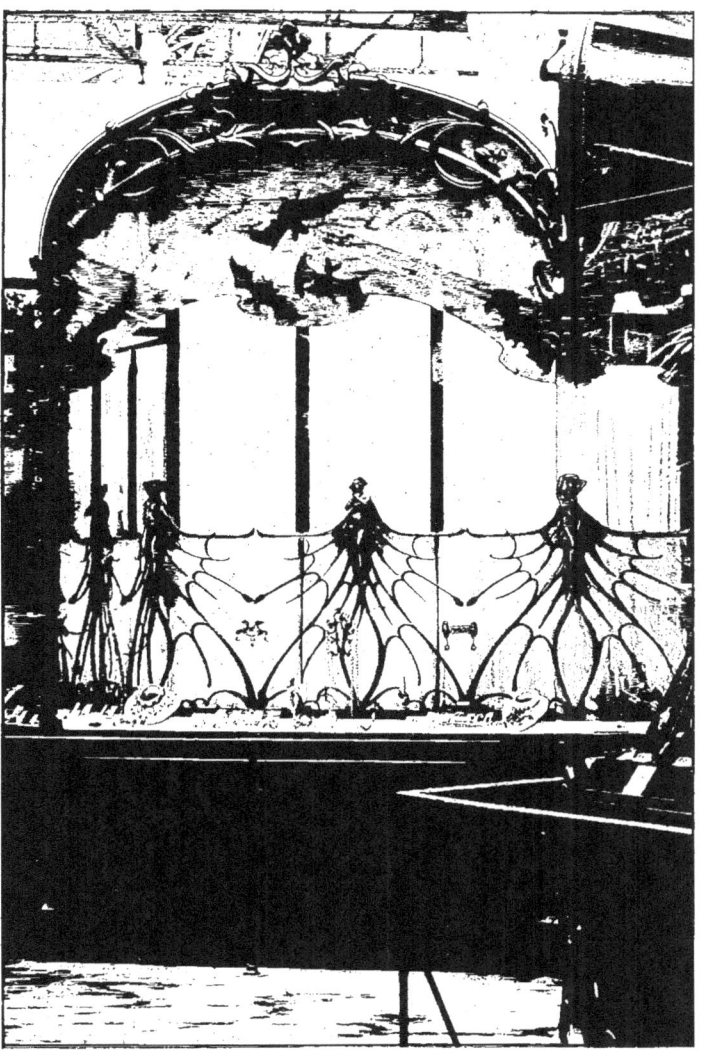

LA VITRINE DE LALIQUE A L'EXPOSITION DE 1900.

chauves-souris en velours appliqué, décorent le haut des glaces. A l'intérieur, le tapis, les tentures sont également de nuance grise. Sur le mur, un grand panneau peint par Georges Picard, représente des sylphes enfants qui s'ébattent au clair de lune, parmi les arbres, au bord d'un lac encerclé de roseaux. C'est d'une harmonie extrêmement distinguée. Une psyché-miroir, formée d'une glace étroite et haute,

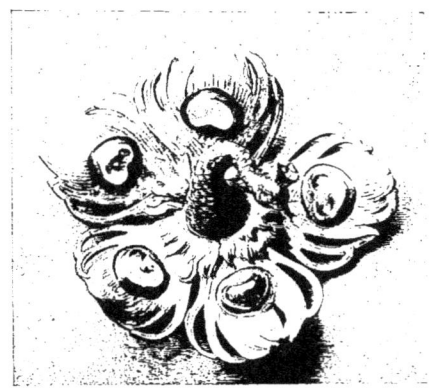

BROCHE PAON ÉMAILLÉ
par Lalique (1901). (Musée des Arts décoratifs.)

encadrée par deux serpents de bronze de la grosseur du poignet, complète un ensemble original et raffiné.

» Et que de belles choses exposées : ici vingt peignes en corne, avec émaux, chrysoprases, améthystes et opales, d'une variété extrême, des colliers, des diadèmes ; là des serpents enlacés, sur lesquels l'émail se joue, vomissent de leurs gueules menaçantes des cascades de perles baroques et donnent l'impression d'une tête de Gorgone. On en éprouve comme un frisson, mais Boileau n'a-t-il pas dit :

> Il n'est pas de serpent, ni de monstre odieux,
> Qui, par l'art imité, ne puisse plaire aux yeux.

» Partout, une profusion de gemmes, heureusement et

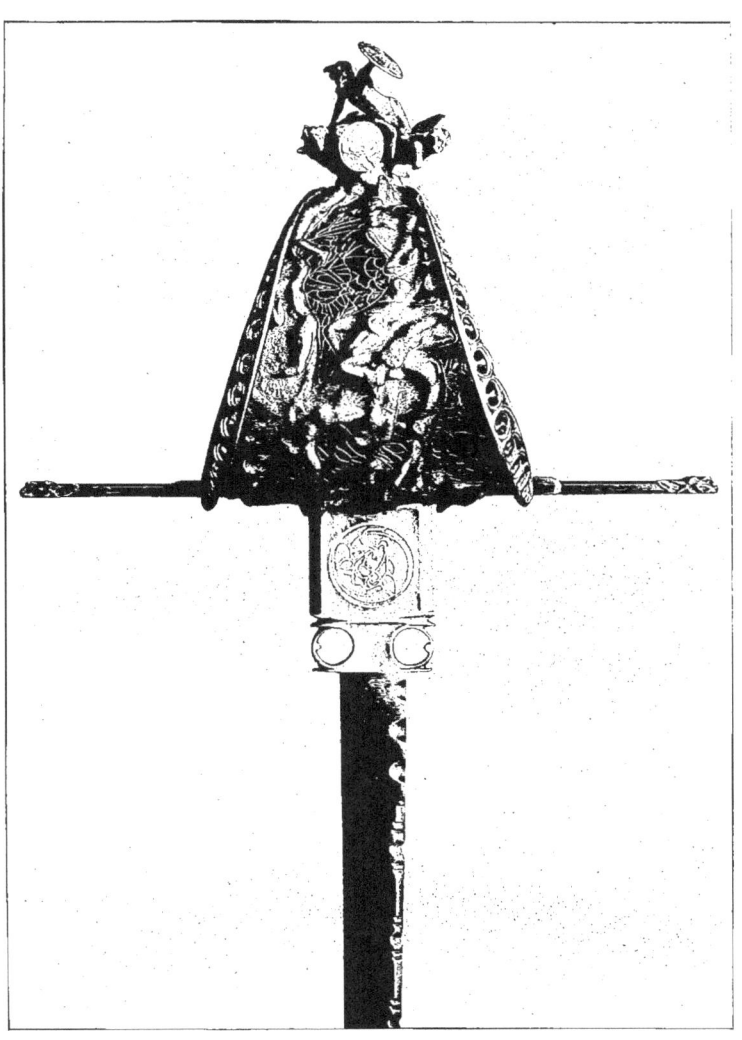

DAGUE EN CORNE DE RHINOCÉROS SCULPTÉE
par Lalique (1901).

habilement agencées et taillées, disposées avec un goût parfait; des plaques de cou, des bracelets, mille autres objets divers. On croit rêver en présence de ces jolies choses, qui ne plaisent pas toutes également sans doute, mais qui sont si imprévues, si réussies : ce coq tenant fièrement dans son bec un énorme diamant jaune; cette grande libellule au corps féminin, aux ailes diaphanes; ces paysages d'émail où scin-

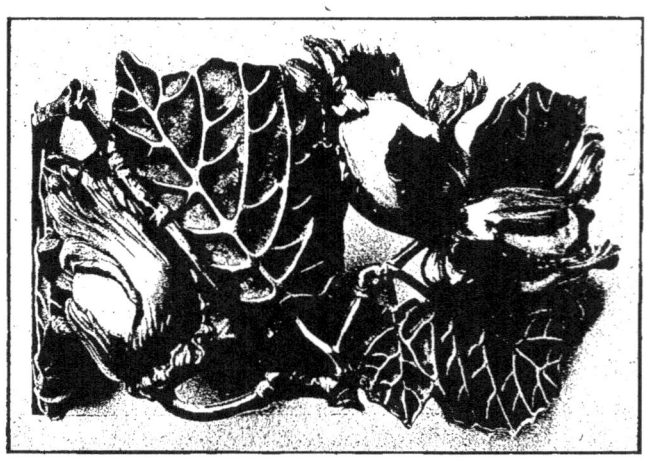

BRACELET.
Noisettes d'opales à involucres d'or, feuilles d'argent, tiges d'émail violet, par Lalique (1902).

tille une rosée de diamants; ces ornements empruntés aux pommes de pin, que sais-je encore! Il y a là des choses d'inspiration et d'habileté japonaises et qui sont cependant de sentiment bien français. Cet homme est un grand artiste, un chef d'école, dont l'exposition nous rend tout joyeux et fait briller au premier rang, sans conteste, la bijouterie française. »

Lalique remporta un triomphe sans égal; une foule avide et serrée se pressait pour voir ses œuvres, dont on parlait partout. Il y eut entre leurs admirateurs et leurs détracteurs des discussions violentes, des exagérations de part et d'autre ; cependant, nous l'avons dit, bien rares furent les critiques d'art hostiles au genre nouveau dont Lalique était le créateur, et beaucoup se montrèrent absolument enthousiastes. En tous cas, ces œuvres ne trouvèrent

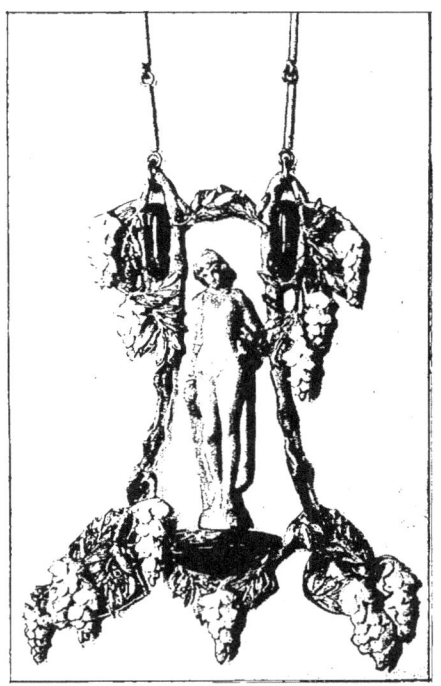

PENDANT DE COU IVOIRE, AMÉTHYSTES, ÉMAIL
par Lalique (1902).

pas d'indifférents et forcèrent même l'attention des plus récalcitrants. C'est donc en maître que Lalique fut salué, acclamé, et il n'est pas douteux que l'impulsion donnée par lui, l'influence considérable exercée par ses productions amenèrent une évolution complète dans la bijouterie de la fin du XIXᵉ siècle. Non seulement il a produit des œuvres excellentes et ouvert à ses confrères une voie féconde que quelques-uns d'entre eux n'ont que trop servilement suivie, mais où d'autres ont su conserver leur personnalité, il eut aussi le mérite, peut-être plus important encore, de violenter, oserai-je dire, le public jusqu'alors rebelle aux tentatives de nouveauté et de l'amener à admettre que le bijou pouvait, par la beauté du travail, par la recherche artistique de la forme et de la composition, prendre une valeur souvent supérieure à celle des matériaux précieux employés par la joaillerie. Grâce à lui, le bijou est redevenu un objet d'art alliant, par un travail parfait, la recherche délicate et gracieuse à la richesse, et rivalisant par ses attraits insoupçonnés, avec la joaillerie proprement dite. Il a reconquis une faveur qui s'est maintenue toujours croissant depuis cette époque, bien qu'elle eût semblé avoir atteint son apogée.

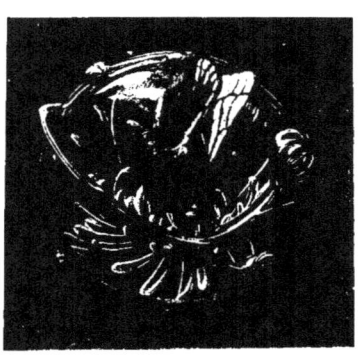

BROCHE BOURDON.
Cristal gravé et émail, par Lalique (1905).

Un grand prix et la rosette d'officier de la Légion d'honneur récompensèrent celui qui s'était consacré, avec une énergie et une persévérance inlassables, à la si heureuse rénovation de la parure féminine.

Disons encore que ce n'est pas seulement dans la bijouterie et la joaillerie que Lalique fut un artiste hors ligne et un novateur; il avait montré depuis longtemps ce qu'on pouvait attendre de lui comme orfèvre. Dès 1887, il avait établi pour Harvey des pièces d'orfèvrerie de toilette : miroirs, brosses, boîtes à poudre et à savon, flacons, etc., et depuis, il avait exécuté des œuvres d'art de toutes sortes : coffrets, épées, coupes, vases, qui révélaient une fécondité et une aptitude vraiment surprenantes. Il eut même un moment la pensée de faire une orfèvrerie de table entièrement nouvelle : surtouts, soupières, légumiers, couverts, etc. ;

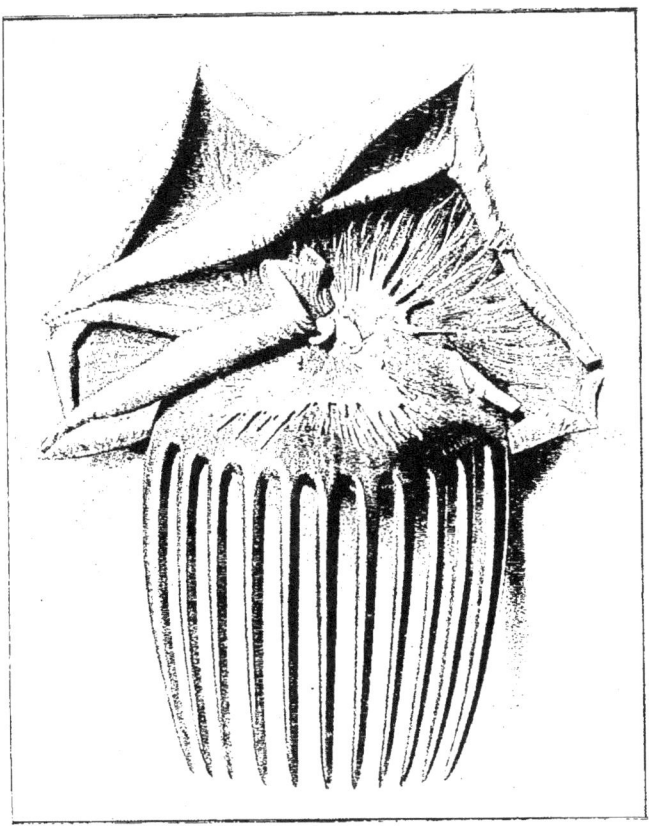

PEIGNE « PENSÉE FANÉE », EN CORNE SCULPTÉE ET OR
par Lalique (1901).

mais il hésita à se lancer dans cette voie, en raison du temps qu'il eût fallu consacrer à ce travail considérable, comme aussi de la nécessité où il se serait trouvé d'organiser de toutes pièces un atelier avec outillage complet et spécial.

Peut-être, au fond, n'a-t-il pas tout à fait abandonné ce projet ; il serait très intéressant d'en voir la réalisation.

Lalique, surchargé de travaux, ne pouvant plus suffire aux demandes qui lui étaient faites de tous côtés, dut s'adjoindre de jeunes collaborateurs qui, sous sa direction, participaient à l'exécution de ses dessins et sculptures. Il en est deux dont le nom mérite d'être cité. L'un, Hoffmann, fut un sculpteur d'une habileté extraordinaire et de grande imagination. Il mourut jeune, il y a peu d'années. L'autre,

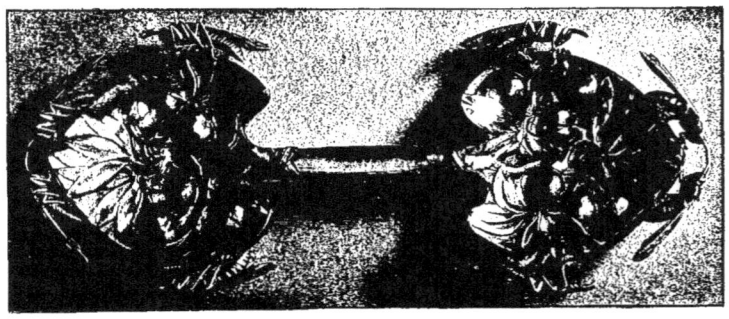

BROCHE.
Guêpes et fruits émaillés, sur des panneaux de cristal appliqués sur fond d'or, par Lalique (1904).

Chardon, est un dessinateur adroit, lauréat des concours de la Chambre syndicale.

En dehors de la bijouterie et de l'orfèvrerie, d'autres travaux étonnamment variés tentèrent aussi Lalique, et il les entreprit avec succès. Nous avons vu qu'il s'était occupé avec ardeur de céramique, d'émail, de verre ; il fit également des meubles, tables, chaises, vitrines, bahuts ; de la peinture, de la gravure, des portraits au pastel, des broderies pour robes, des cols de manteaux pour l'ornementation desquels concouraient les matériaux les plus divers.

En 1902, Lalique fit construire, cours la Reine, n° 40, un immeuble aux lignes sobres dont la décoration extérieure, dessinée par lui, est tout entière empruntée au pin. Les vantaux de la porte cochère, en verre moulé avec personnages et branches de sapin, produisent un effet très imprévu;

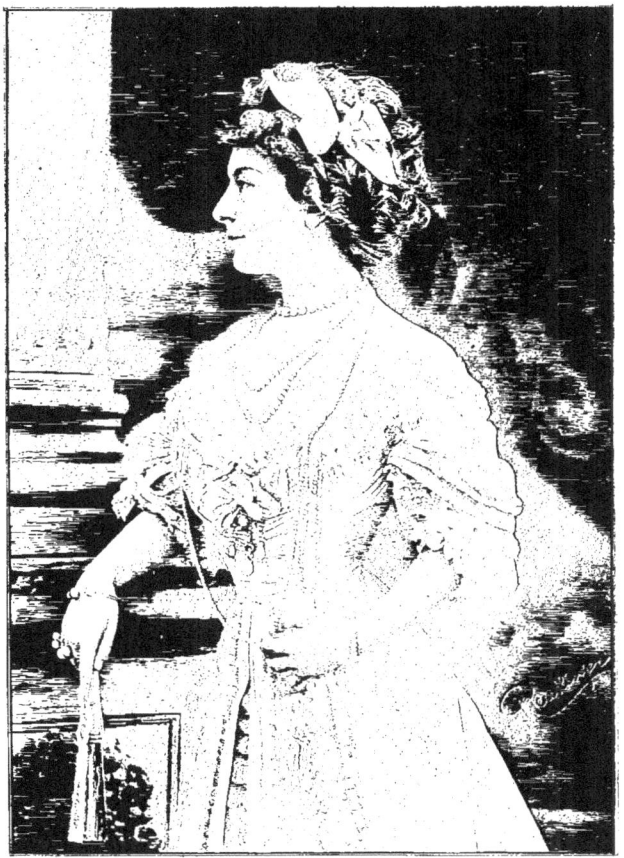

Mlle CÉCILE SOREL (1906). Cliché Reutlinger.
Colliers et sautoirs de perles; bracelets, broche, bagues avec perles.

l'ensemble est aménagé avec tout le souci du confort et révèle le sentiment d'harmonieuse distinction que cet artiste apporte dans toutes ses créations. C'est là qu'il a installé ses ateliers, ses bureaux et tous ses services. Enfin, en 1905, n'ayant pu trouver d'emplacement disponible rue de la Paix, il ouvrit, place Vendôme, n° 24, un magasin pour la vente de ses œuvres.

Lalique a pris constamment une part très brillante aux différentes expositions de l'étranger : son succès y était tou-

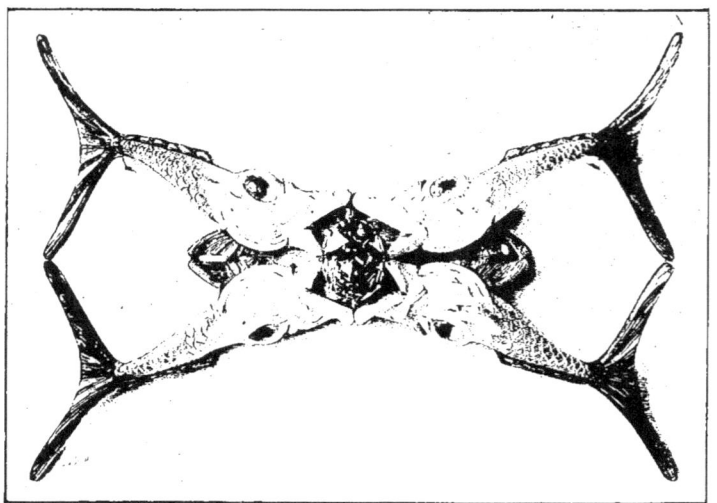

BROCHE POISSONS, ÉMAIL BLEU PALE
par Lalique (1905). — Longueur 12 cent.

jours certain. C'est ainsi qu'il figura avec éclat à l'Exposition d'Art décoratif de Turin en 1902, à l'Exposition de Saint-Louis en 1904, à celle de Liége en 1905, où il fut chargé en outre de faire une frise décorative brodée en ficelle[1], pour orner une des salles de la section française. A Londres, en 1903, une exposition spéciale lui fut consacrée ; elle eut lieu Crafton Gallery. Lalique en avait décoré les murs au pochoir

1. C'est Mme Ory-Robin qui, la première, avait eu l'idée de ce genre de travail, dont il existe des spécimens intéressants au Musée des Arts décoratifs.

et, indépendamment de ses objets précieux présentés dans des vitrines avec panneaux de fleurs en verre moulé dont il était l'auteur, il avait joint trois cents de ses dessins. Le succès fut tel qu'une seconde exposition eut encore lieu à Londres, chez Agnew, en 1905.

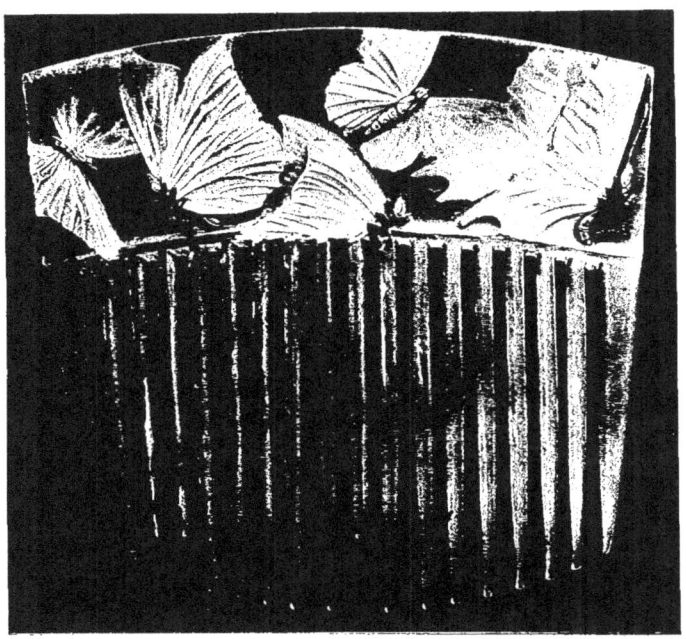

PEIGNE PAPILLONS EN CORNE ET ÉMAIL
par Lalique (1905).

Nous nous contenterons de rappeler les nombreuses commandes faites à Lalique, en diverses circonstances, par l'État, la Ville de Paris, des personnages officiels, et en particulier par le Président Félix Faure lors de la visite qu'il fit au Tzar et à la Tzarine à Saint-Pétersbourg, où ces spécimens d'un goût bien français furent très appréciés. Les demandes affluèrent de l'étranger ; les Cours d'Angleterre, de Russie, d'Italie, d'Espagne, les principaux musées d'Art décoratif voulurent posséder du « Lalique ».

Nous ne parlerons pas de toutes les notabilités politiques ou mondaines qui s'adressèrent à lui et ne détaillerons pas

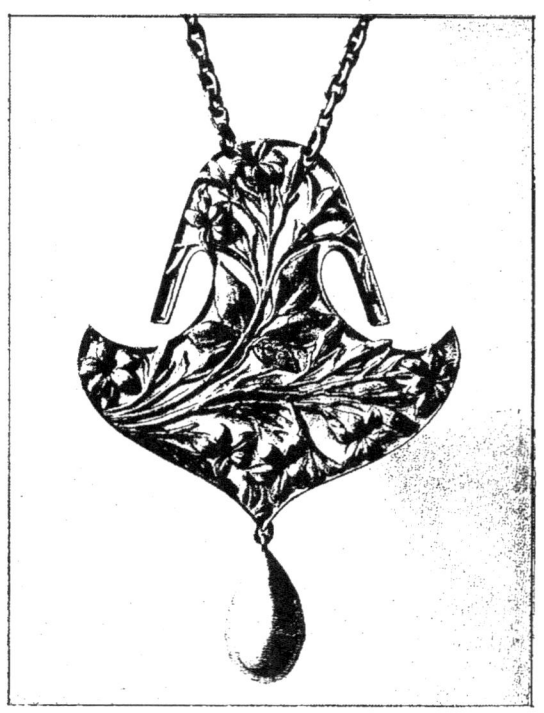

PENDANT DE COU OR VERT ET ÉMAIL
par Lalique (1901).

les objets remarquables qu'il composa pour Mme Waldeck-Rousseau, pour la Comtesse de Béarn, pour Sarah Bernhardt et pour tant d'autres : toujours il fut à la hauteur de sa renommée. Un de ses admirateurs, M. Gulbenkian, banquier arménien, établi en Angleterre, et grand amateur de ses créations, en a collectionné, paraît-il, une centaine.

Travailleur infatigable, homme de goût merveilleusement doué, René Lalique a produit un nombre considérable de pièces d'une distinction extrême, qui rehaussent magnifiquement l'éclat de l'Art français. Dans les musées de l'avenir, ses œuvres rachèteront, dans une certaine mesure,

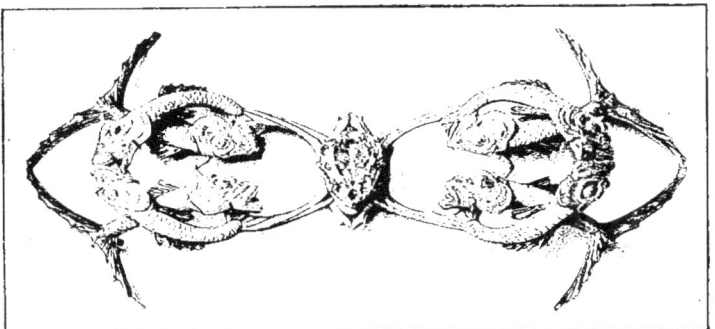

BROCHE POISSONS ÉMAILLÉS
par Lalique (1903). — Longueur : 12 cent.

la faiblesse des productions de l'époque, si triste au point de vue du bijou, qui commence vers la Restauration pour s'étendre jusqu'au milieu du second Empire. Ce ne sera pas là un de ses moindres titres de gloire.

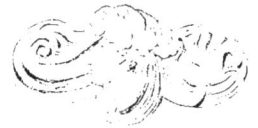

CONCLUSIONS

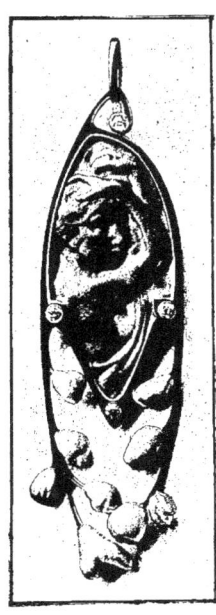

PENDENTIF
par G. Le Turcq (1902).

Nous nous sommes efforcé, dans cette étude, de suivre l'une après l'autre les transformations du bijou français pendant le cours du xixe siècle. Ces variations étaient du reste intimement liées aux fluctuations de la mode elle-même, et il est naturel et logique que nous ayons retrouvé, dans les œuvres de nos devanciers analysées par nous, la trace du style plus particulièrement en faveur à l'époque où elles ont été produites.

Au début du siècle, le bijou, conçu à l'Antique sous l'influence prépondérante de David, abandonne la grâce délicate et souple qu'il avait eue au xviiie siècle, pour devenir correct et solennel, mais rigide et froid. A la fin de la Restauration et sous Louis-Philippe, le Romantisme le ramène aux styles gothique et Renaissance, mais insuffisamment compris et superficiellement interprétés. Vers le milieu du Second Empire, le développement de la prospérité commerciale et financière du pays, le goût croissant pour le luxe et la dépense, précipitent les changements de la Mode. Il faut à tout prix trouver du nouveau, et pour cela s'adresser aux sources les plus variées, en suivant le courant toujours mobile de l'actualité et du snobisme. C'est ainsi que nous avons vu le bijou devenir successivement égyptien, étrusque, néo-grec, anglais, sportif, etc. Nous avons aussi constaté un retour assez accentué au style Louis XVI et à l'interprétation directe de la nature florale, plus particulièrement pour la joaillerie, dont Massin est alors le protagoniste incontesté.

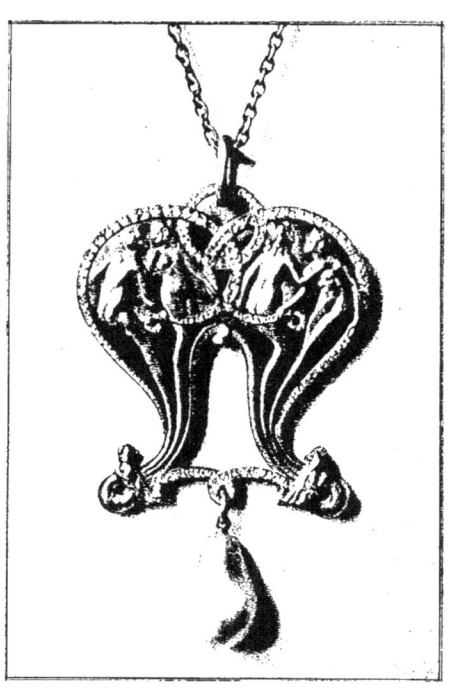

PENDANT DE COU OR VERT,
PERLE ET BRILLANTS
par Lalique (1901).

D'autre part, l'accroissement considérable et rapide des fortunes privées, le besoin de meubler et d'orner comme il convenait les demeures luxueuses élevées le long des voies nouvelles créées dans la capitale par Haussmann, avaient ramené, ou plutôt propagé dans le public, la passion du bibelot et des objets d'art anciens. Paris devint le lieu de rendez-vous des collectionneurs du monde entier attirés par les ventes sensationnelles qui se succédaient à l'Hôtel Drouot. Cet engouement pour les choses du Passé eut une influence marquée, mais non favorable, sur la production des industries d'art à cette époque. La recherche et l'initiative personnelles, déjà peu développées, firent place à l'érudition : tout devint rétrospectif. Les mieux doués de nos décorateurs industriels bornèrent leur ambition et leurs efforts à parfaire des imitations ou des reconstitutions d'œuvres anciennes. Tous les styles catalogués mis à contribution fournirent les éléments d'une foule d'œuvres, présentant parfois de grands mérites d'exécution, mais manquant de spontanéité et ne révélant aucune émotion artistique chez leurs auteurs.

Cette crise fut longue ; heureusement, elle ne fut pas générale : en France comme à l'étranger, il se trouvait encore quelques hommes persévérants se refusant à croire

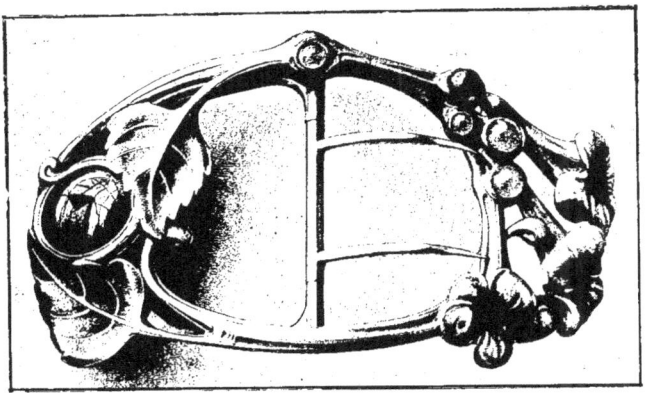

BOUCLE DE CEINTURE
par G. Le Turcq (1901).

qu'un artiste vraiment digne de ce nom pût se contenter d'un simple travail de compilation et d'arrangements plus ou moins ingénieux, au lieu de mettre sa fierté à devenir lui-même un créateur, dans la mesure de ses moyens.

Nous avons déjà signalé, principalement dans les pages consacrées à Lalique, quels efforts furent tentés un peu avant 1900, dans toutes les industries relevant de l'art décoratif, pour s'affranchir des formules surannées et de la tyrannie de la routine.

Cependant, l'importance de cette manifestation artistique fut telle, que nous croyons utile d'en exposer, au moins sommairement, les phases principales qui devaient aboutir à ce que l'on appela chez nous, improprement du reste, l'*Art nouveau*.

Il est assez difficile de déterminer d'une manière précise les origines de ce mouvement auquel, d'ailleurs, plusieurs causes différentes et presque simultanées ont contribué. Le nom de *Modern style*, qui fut d'abord donné à l'ensemble de ses résultats, semblerait indiquer qu'il prit naissance en Angleterre, consécutivement à la propagande ardente entreprise par le littérateur-esthéticien John Ruskin (1819-1900) et à la faveur obtenue dans ce pays par le « Préraphaélitisme » ; et certainement, les peintures des adeptes de Botticelli, tels que D.-G. Rosetti, puis Sir Edw. Burne-Jones (1833-1898), l'évocateur de la vie légendaire et symboliste du Moyen-Age, et quelques autres encore eurent une large part d'influence dans les changements apportés alors à la décoration et à l'ameublement anglais, conçus avec une évidente préoccupation de simplicité dans les lignes.

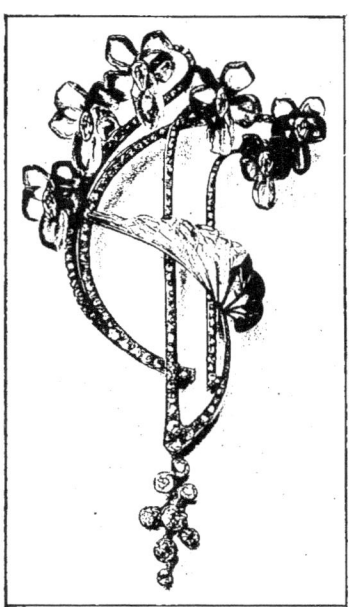

PENDANT DE COU.
Violettes en améthystes et brillants,
par Paul Liénard (1904).

Des artistes convaincus, comme William Morris[1] (1834-1896), Walter Crane (1845), puis, après 1889, R. Anning Bell, Charles Ricketts, Gaskin, Aubrey Beardsley (1872-1898), etc.,

---

1. William Morris fonda en 1863 une fabrique d'objets d'art et particulièrement de papiers à tenture, à laquelle il fournissait lui-même des dessins.

s'étaient engagés résolument dans cette direction nouvelle, et, grâce à leurs persévérants efforts, avaient réussi à modifier d'une façon très intéressante l'ornementation du mobilier, des étoffes, des papiers peints, des livres.

Mais il ne faut pas perdre de vue, qu'en France aussi,

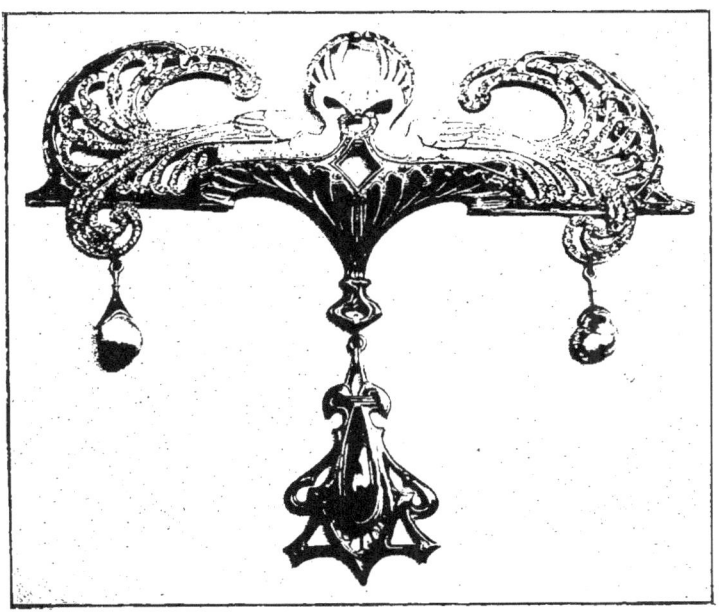

BROCHE ÉMAIL ET PERLES
par Georges Fouquet (1901).

parallèlement à ces tentatives anglaises, et même antérieurement, un mouvement analogue s'était déjà dessiné. Viollet-le-Duc (1814-1879), avec une ferveur d'apôtre, avait préconisé à la fois l'étude du gothique et le retour, dans l'Art décoratif, aux saines traditions nationales; il avait démontré que si les Maîtres du Moyen-Age sont parvenus à créer un style véritablement nouveau et magnifique, s'ils ont pu rajeunir l'ornementation romane, c'est parce qu'ils étaient

48

revenus résolument à l'étude de la Nature, se contentant souvent d'agencer avec sagacité et avec goût, presque sans les modifier, les éléments décoratifs qu'elle fournit.

Les idées émises par Viollet-le-Duc l'avaient désigné, dès 1863, pour la chaire d'Esthétique et d'Histoire de l'Art

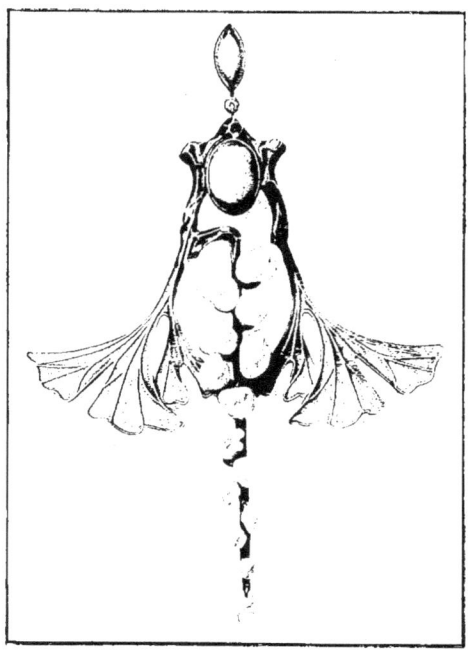

PENDANT DE COU PERLES ET ÉMAIL
par Paul Liénard (1903).

à l'École des Beaux-Arts, mais comme elles étaient en opposition avec les formules académiques alors en faveur, elles furent mal accueillies et le professeur incompris renonça bientôt à ses fonctions. Cependant, avec le temps, on finit par reconnaître la justesse de vues du célèbre architecte; aussi, lorsque plus tard un autre novateur, Eugène Grasset (1850), s'appliqua à sortir des sentiers battus, trouva-t-il, sinon le grand public, du moins le monde artiste, préparé déjà suffisamment à le comprendre. Plein d'ardeur et de foi,

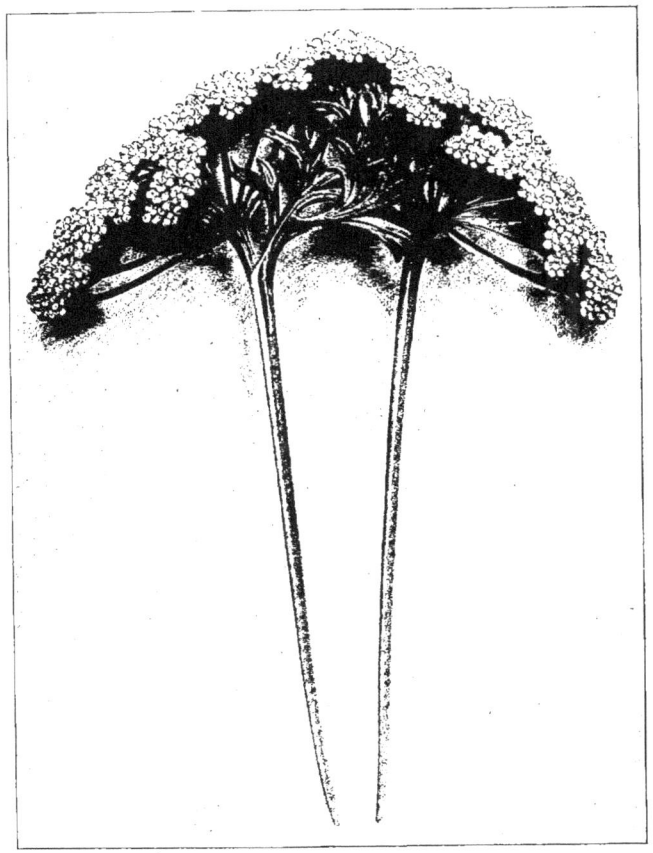

PEIGNE OMBELLES
par Lucien Gaillard. (Salon de 1904.)

Grasset contribua grandement par ses œuvres et par son enseignement, très suivi et très fécond, à la transformation du style et à l'évolution décorative. Faut-il rappeler son admirable illustration de l'*Histoire des Quatre fils Aymon*, publiée en 1883, alors que rien de semblable n'existait encore ?

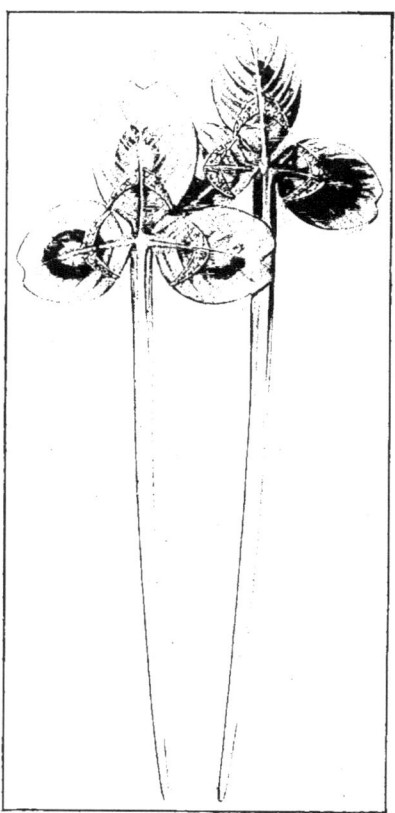

ÉPINGLE DE COIFFURE
par Paul Liénard (1905).

D'ailleurs, ce livre magnifique, en avance sur son époque, ne fut apprécié que par une élite peu nombreuse. Depuis, il n'est pour ainsi dire aucune des branches de l'art décoratif dans laquelle Grasset ne se soit exercé et distingué : tentures, vitraux, ferronnerie, céramique, étoffes, meubles, bijoux, illustration, affiches, etc., il a tout abordé et toujours avec une réelle originalité et une réussite justifiée.

De son côté, Émile Gallé (1846-1904) poursuivait également depuis plusieurs années ses recherches de nouveauté, tant pour la forme de ses vases en verre coloré, que pour leur décor et leur matière même. En 1883, il installa aussi à Nancy, sa ville natale, un atelier d'ébénisterie artistique, d'où sortirent des meubles d'une invention personnelle. On se souvient du grand succès qu'obtinrent à l'Exposition de 1889, ses créations d'un aspect si imprévu et d'un goût très délicat.

Tels sont, à notre avis, les artisans principaux ou tout au moins immédiats de la transformation qui devait, vers 1895, devenir l'*Art nouveau*.

Mais, selon nous, beaucoup de ces artistes, étrangers ou Français, avaient subi plus ou moins directement, plus ou

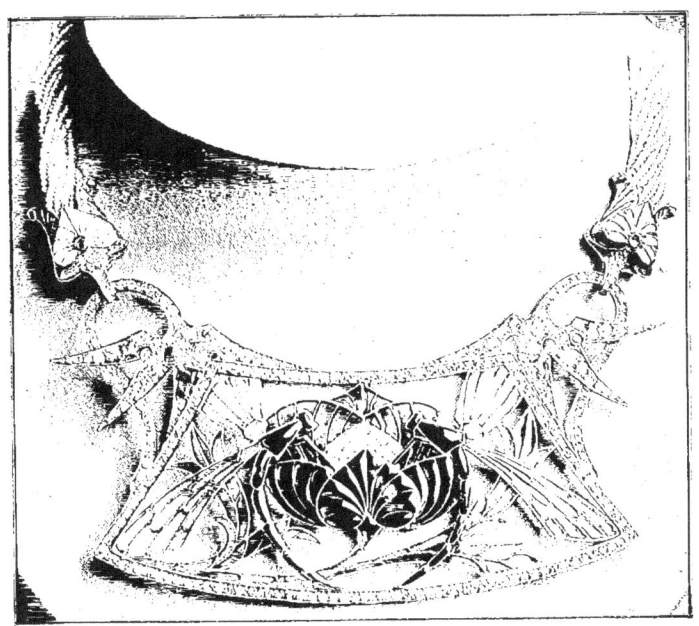

COLLIER AUX LIBELLULES, ÉMAUX TRANSLUCIDES ET JOAILLERIE
par Georges Fouquet (1904). — Largeur de la plaque : 10 cent.

moins consciemment, l'influence des œuvres japonaises qui, jalousement conservées dans leur pays d'origine, étaient peu connues, mais purent enfin se répandre librement après la révolution de juin 1866, qui bouleversa de fond en comble les institutions politiques et les mœurs de l'Empire du Soleil Levant, et ouvrit largement au commerce extérieur ses portes, jusque-là fermées. Par la suite, les nombreuses

Expositions d'Art japonais ancien[1] organisées en Europe, aidèrent sensiblement à révéler au public la maîtrise insoupçonnée des artisans de l'Extrême-Orient.

On a pu dire avec raison que, comme les Grecs dans l'Antiquité, les Japonais constituent la nation la plus artiste qui ait jamais existé. En effet, aux diverses manifestations et circonstances de leur vie, ils associent toujours l'Art, qui ne reste pas seulement le privilège d'une caste supérieure. Le bas peuple lui-même éprouve si vivement l'amour de la Nature et de ses beautés que l'on voit, à des dates fixes, la

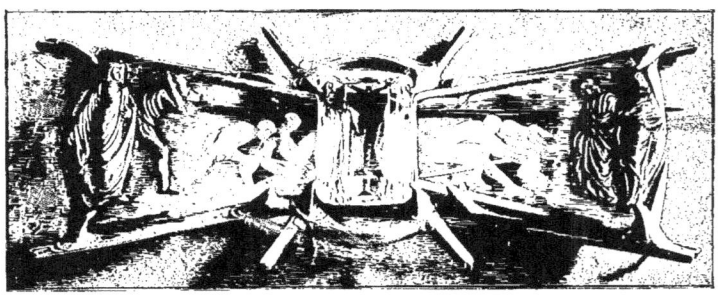

« LE VOL DE LA PIERRE ».
Broche en cristal gravé et émail ; saphir blanc au centre, par Lalique (1904).

population tout entière se transporter à la campagne, uniquement pour y admirer, soit les cerisiers, les iris ou les chrysanthèmes en fleurs, soit les érables rougis par l'automne, soit encore un beau clair de lune dans un site d'élection.

Les Japonais ont été de tous temps des artistes supérieurs, et leurs œuvres — nous ne parlons pas ici de l'article de bazar, spécialement fabriqué pour l'exportation, —

1. Exposition des *Arts du métal* (1880), où figura la collection Cernuschi; *Exposition rétrospective de l'Art japonais* (avril 1883), organisée chez Georges Petit, par M. Louis Gonse, et à la suite de laquelle il fit paraître son *Art japonais*; publication du *Japon Artistique*, par Bing (1888); exposition de la *Gravure japonaise* à l'École des Beaux-Arts (1890); vente Philippe Burty (1891), etc.

présentent cette particularité merveilleuse, que plus on les examine, plus elles donnent la sensation de la perfection. Toutefois, ce n'est pas comme modèles que ces œuvres nous ont été le plus réellement utiles; elles ont eu surtout pour nous le très précieux avantage de nous inciter à reprendre

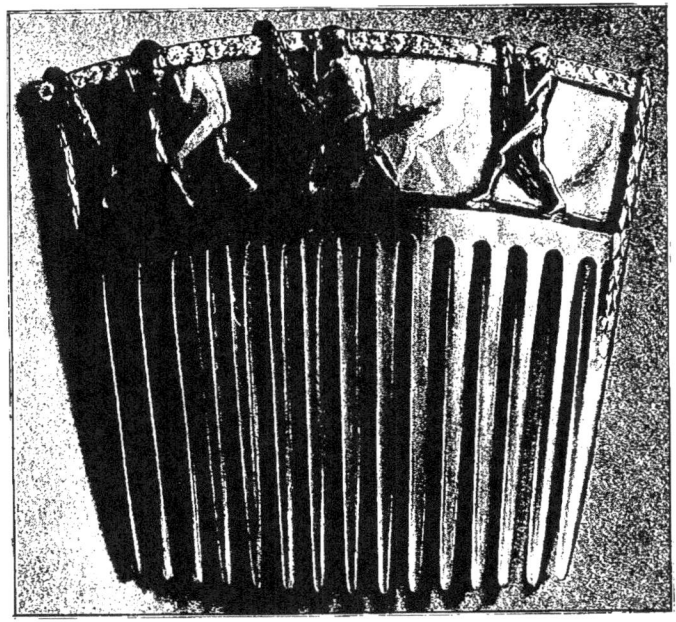

PEIGNE EN CORNE SCULPTÉE ET TEINTÉE
par Lalique (1905).

le contact direct avec la Nature que, depuis le Moyen-Age, nous avions trop négligé de consulter. Il suffit de parcourir les nombreux albums des Japonais, de voir quelques-uns de leurs « pochoirs »[1], pour constater avec quel amour ils

---

[1]. Ce sont les albums, principalement, qui firent le mieux connaître les éléments décoratifs japonais. Moins dispendieux que les objets de collection, ils se répandirent facilement dans les ateliers, où ils trouvaient des admirateurs enthousiastes. Nous avons déjà signalé l'influence qu'ils ont eue dès la fin du

l'étudient, comment ils savent dessiner un insecte, une fleur, un brin d'herbe, les interprétant d'une manière à la fois simple et précise, sans que les détails, toujours fidèlement rendus, empêchent d'apercevoir les grandes lignes. Mais leur habileté à reproduire la Nature n'est rien en comparaison du parti qu'ils savent en tirer pour la décoration dont ils ont, pour ainsi dire, le sens inné ; l'ingéniosité, la variété et le goût de leurs arrangements sont admirables. Aussi habiles à combiner les lignes qu'à associer les couleurs, ils ont évidemment beaucoup contribué, bien qu'indirectement, à l'évolution de la décoration moderne, et il n'est pas téméraire de penser que, sans l'exemple de ces maîtres, les étoffes de Liberty, les papiers peints de Walter Crane, les porcelaines de Copenhague n'auraient probablement pas existé.

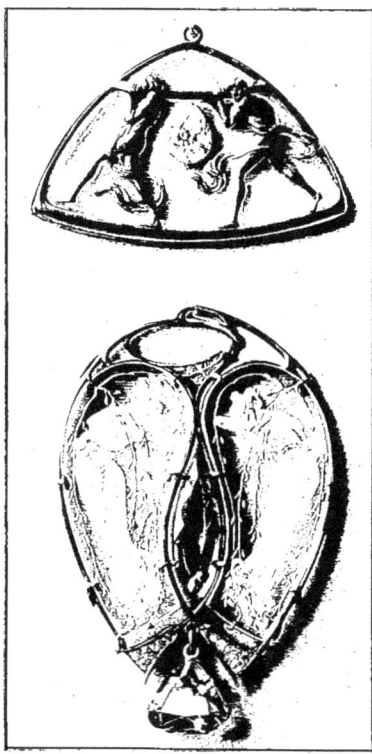

BROCHES EN CRISTAL GRAVÉ
par Lalique (1906).

En relations suivies avec les Japonais par le Pacifique, les Américains leur ont

règne de Napoléon III, pour l'orfèvrerie et le bijou, les bronzes, les meubles et la céramique.

Les « pochoirs » sont des modèles en papier découpé, qui servent à l'impression des étoffes.

emprunté les premiers éléments de leur décoration, qu'ils se contentèrent d'abord de copier. On se souvient encore de l'orfèvrerie martelée de Tiffany vue en 1878, et des autres objets envoyés par lui à l'Exposition de 1889, et dont

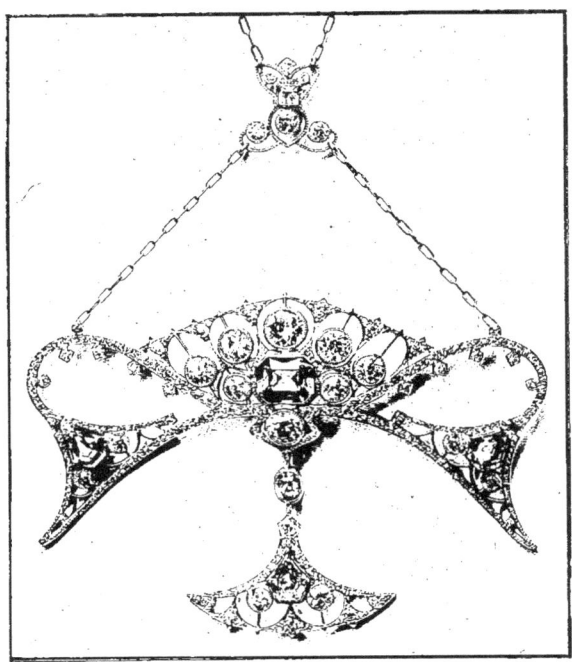

PENDANT DE COU JOAILLERIE ET SAPHIRS
par Vever (1906).

il avait confié l'exécution à des ouvriers japonais, installés dans ses ateliers de New-York. Les tentatives postérieures de style moderne faites par les Américains au moment de l'Exposition de Chicago (1893), témoignaient certainement d'une recherche intéressante et efficace de nouveauté, mais elles restaient cependant encore influencées, dans une mesure assez large, par l'Inde et l'Extrême-Orient.

Toutefois, maintenant que nous avons indiqué ce qui, selon nous, revient au Japon dans l'évolution artistique de la fin du xixe siècle, il est juste aussi de reconnaître que les artistes Européens auxquels nous avons fait allusion au cours de ces conclusions, de même que nos peintres impressionnistes, loin d'imiter plus ou moins servilement les Japonais, se sont inspirés seulement de leurs procédés généraux de composition et de mise en page, et conservent une part prépondérante d'invention et de mérite personnels.

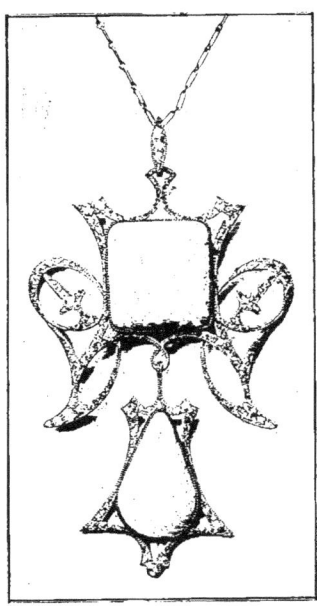

PENDANT DE COU
OPALES ET BRILLANTS
par Henri Téterger (1907).

D'autres causes, d'ordre très différent, favorisèrent aussi, mais dans une moindre mesure, l'orientation nouvelle du style et du goût ; par exemple, la formation des cénacles artistiques de Montmartre et du *Chat Noir* en particulier.

C'est en 1881 que Rodolphe Salis fonda son fameux cabaret, très en vogue jusqu'en 1895 et qui fut le berceau de tant d'illustrations parisiennes. C'est là que se forma toute une pléiade de littérateurs et d'artistes aux conceptions et aux idées ultra-modernes : poètes, chansonniers, auteurs dramatiques (dont quelques-uns portent aujourd'hui l'habit à palmes vertes) ; dessinateurs de talent, tels que Willette, Caran d'Ache, Henri Rivière, Georges Auriol, Steinlen, Forain, etc., qui répandaient dans des périodiques illustrés un art humoristique et aimable bien français, ou composaient pour le théâtre des Ombres, des décors pleins de fantaisie et de charme. Puis, vers 1886, commencèrent à paraître de claires affiches « jetant sur les murailles l'éclat flamboyant des diaprures »[1]. A leur tour, les programmes, les prospectus, les couvertures et les illustrations de livres propagèrent le mouvement, et l'Art décoratif, de plus en plus libéré des anciennes formules, parvint insensiblement à une transformation complète.

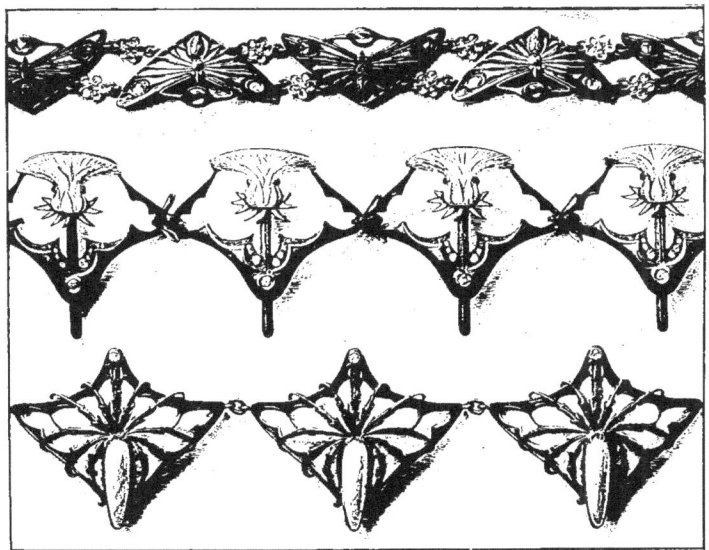

BRACELETS SOUPLES ÉMAILLÉS
par E. Feuillâtre.

Dès 1891, la Société Nationale des Beaux-Arts admit à son Exposition annuelle du Champ-de-Mars des œuvres d'Art industriel qui formèrent un groupe particulier. A son tour, en 1895, la Société des Artistes français, jusque-là réfractaire, se voyait contrainte de céder à la pression de l'opinion publique, et organisait à son Salon des Champs-Élysées une section spéciale aux objets d'art, dans laquelle

1. Roger Marx, *les Maîtres de l'affiche*.

Lalique exposa pour la première fois avec un succès si régulièrement confirmé dans la suite.

Cependant, les adeptes des tendances artistiques nouvelles éprouvaient le besoin d'avoir une publication spéciale qui pût leur servir de trait d'union, en même temps que de tribune. Aussi le *Studio,* créé à Londres en 1893, fut-il accueilli avec une grande faveur ; il servit de point de départ aux nombreuses revues analogues, parues ultérieurement en France et à l'Étranger [1], et contribua avec elles aux progrès du mouvement naissant.

Aux artistes dont nous avons déjà parlé, vinrent s'en adjoindre successivement d'autres, de talents divers : en 1894, Alphonse Mucha, patronné par Sarah Bernhardt ; puis Carlos Schwabe, et, plus tard, Georges de Feure, pour ne citer que les principaux ; chacun d'eux apportant sa pierre à l'édifice qui s'élevait de jour en jour plus solide.

En 1895, l'évolution parut assez complète pour que M. S. Bing, japonisant émérite et homme d'un goût raffiné, crût le moment venu de lancer une invitation « aux artistes et artisans », et de réunir, en une exposition permanente et internationale, intitulée *Salon de l'Art nouveau,* « toutes productions artistiques, arts du décor, du mobilier et de l'objet utile, qui manifesteraient une conception personnelle, en accord avec l'esprit moderne ».

En même temps, il chargea l'architecte Louis Bonnier, de transformer dans ce but l'hôtel de la rue Chauchat, où il avait abrité jusqu'alors les plus délicats spécimens de l'art japonais ancien.

L'appel fut entendu, et les artistes accoururent en foule.

Indépendamment de peintres et de sculpteurs, parmi lesquels figuraient Besnard et Rodin, de nombreux « artisans » firent des envois très intéressants : Lalique, Émile Gallé, Grasset, Dampt, Carlos Schwabe, Henri Rivière, George Auriol, P.-A. Isaac, Alexandre Charpentier, Walter

---

1. *Art et Décoration,* janvier 1897 ; *die Dekorative Kunst, 1898,* etc. Rappelons cependant que *la Revue des Arts Décoratifs* remonte à 1880.

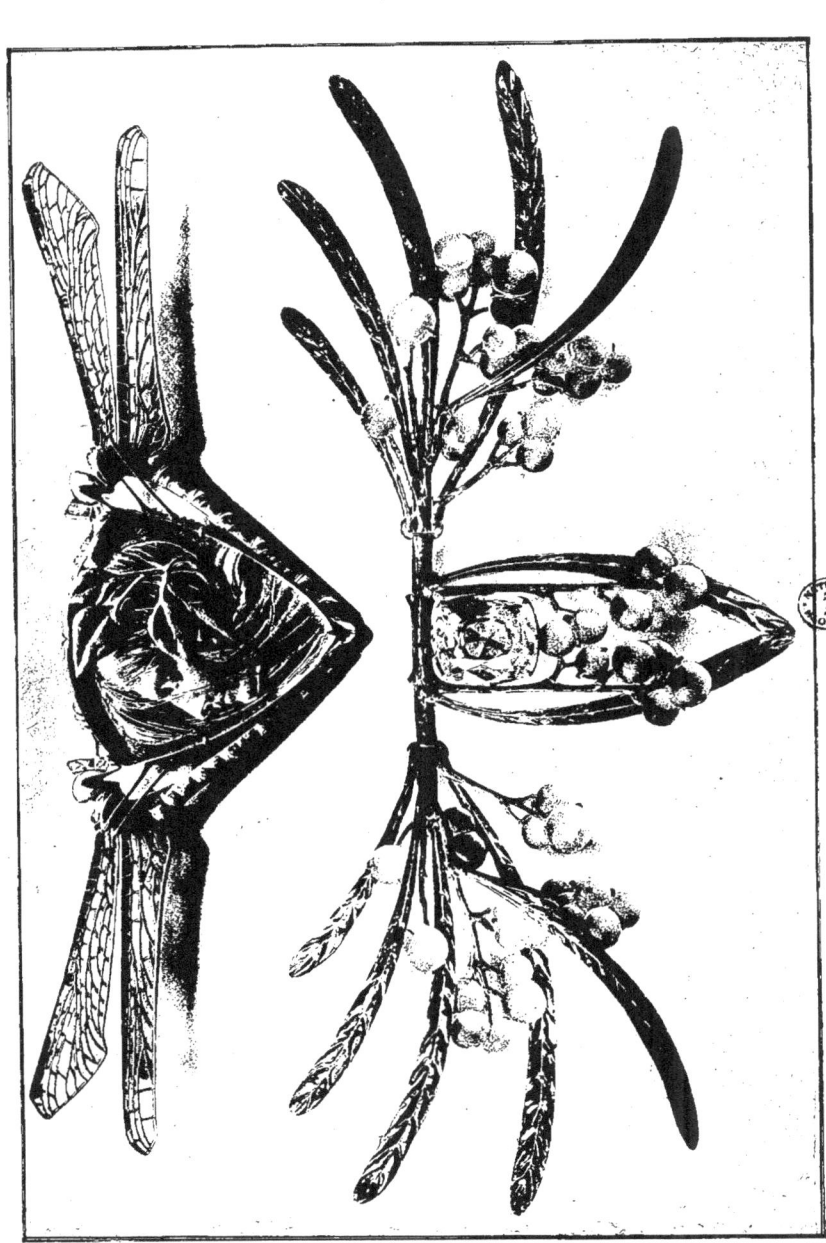

BROCHE AUX LIBELLULES, OR ÉMAIL & BAS-RELIEF EN VERRE (1905)
BROCHE A FEUILLAGE D'ÉMAIL ET FRUITS DE CRISTAL MAT (1903)
par Lalique.

Crane, Brangwyn, Henri Van de Velde, Louis-C. Tiffany (le verrier, fils de l'orfèvre américain), Benson, Vallgren et cent autres. Presque toutes les industries d'art figuraient dans cette exposition : bijoux, orfèvreries, papiers peints, reliures, appareils d'éclairage, étoffes, vitraux, gravures, meubles, affiches, broderies, vases, ustensiles de toutes

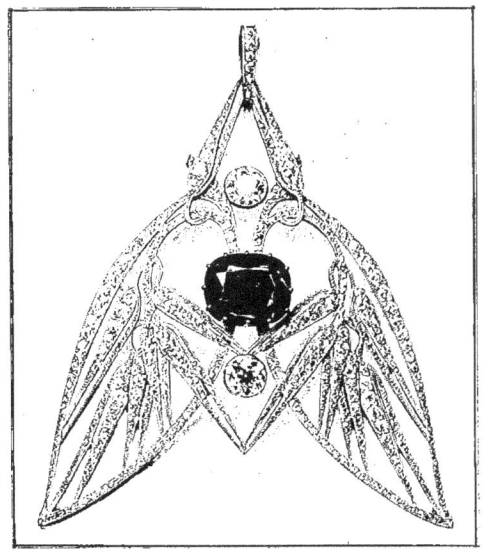

PENDANT DE COU.
Épis d'avoine en joaillerie, centre rubis, monture platine, par Vever (1907).

sortes, panneaux décoratifs, etc., témoignant d'un effort vraiment extraordinaire.

Le succès de cette tentative fut considérable ; il eut été complet sans doute, si tous ces objets, dont chacun séparément offrait un intérêt incontestable, n'avaient formé un ensemble un peu disparate et manquant d'unité, dans lequel aussi l'élément étranger, peu conforme à notre tempérament et à nos goûts, était peut-être trop largement représenté.

Quoi qu'il en fût, il y avait, dans l'empressement même

témoigné par les artistes « et artisans », une preuve irrécusable des changements survenus dans les tendances décoratives et aussi de l'existence d'un style nouveau.

Dès lors, le mouvement ne fit que s'accentuer; chaque année, les deux Salons, sans parler d'une foule d'expositions de moindre importance, semaient dans l'esprit public la bonne graine, hélas! trop souvent mélangée d'ivraie, et la grandiose manifestation de 1900 acheva et consacra l'œuvre

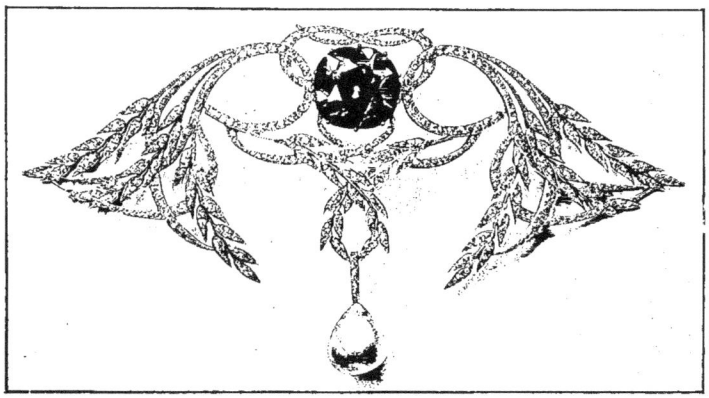

BROCHE EN JOAILLERIE
par Vever (1907). — Largeur : 14 cent.

commencée. La cause était gagnée, et ceux qui résistaient ou hésitaient encore formaient une minorité infime et quelque peu disqualifiée, passant pour rétrograde ou dénuée de toute espèce de goût. Tout le monde voulut faire ou posséder de l'« Art nouveau », et l'engouement fut presque général.

Nous pouvons noter en passant, et non sans quelque fierté, que ce fut certainement dans les objets de bijouterie que le nouveau style fut interprété de la façon la plus satisfaisante et qu'il trouva ses manifestations les plus réussies et les moins contestées.

CONCLUSIONS 769

Cependant, son triomphe ne fut pas aussi définitif qu'on aurait pu le croire. Si les amateurs délicats, capables de faire par eux-mêmes la distinction entre le bon et le mauvais, n'ont jamais cessé d'apprécier et d'acquérir les œuvres nouvelles présentant un véritable mérite, il n'en est pas moins vrai que le public, dans son ensemble, sentit refroidir

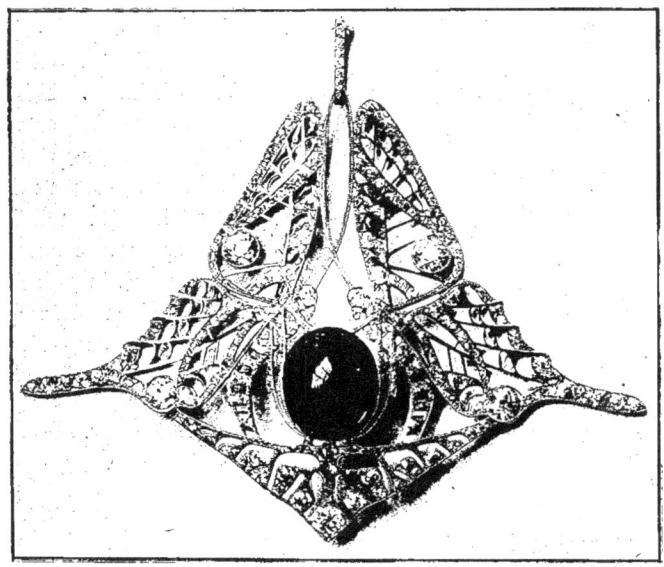

PENDANT DE COU PAPILLONS : ÉMERAUDE CABOCHON,
JOAILLERIE ET ÉMAIL BLEU PALE.
par Vever (1907).

son enthousiasme que le snobisme ne surchauffait plus, et se désintéressa progressivement des recherches de nouveauté. Il faut dire, à sa décharge, que ce revirement n'était pas dû à un simple caprice de sa part, mais à des causes suffisamment sérieuses, dont voici, selon nous, les principales.

Tandis que les apôtres convaincus de la première heure, entraînés déjà par un long travail, poursuivaient leur tâche avec le même zèle consciencieux, et continuaient à produire

49

des œuvres excellentes, on vit surgir à côté d'eux des nuées d'inconnus qui, tout à coup convertis à la Réforme artistique en voyant que la faveur du public et des critiques influents lui était acquise, se mirent fiévreusement à la besogne, produisant hâtivement et copieusement des ouvrages mal étudiés. Parmi ceux-là, les moins sûrs d'eux-mêmes, et aussi les plus avisés, se contentèrent de pasticher les œuvres marquantes des bons artistes, mais en les répétant à l'excès, et en les défigurant par une accentuation exagérée de ce qu'ils croyaient être les traits les plus caractéristiques d'une formule nouvelle.

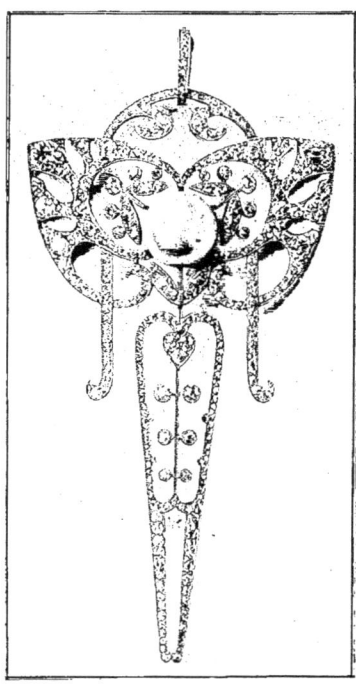

PENDANT DE COU
EN JOAILLERIE PLATINE
par Vever (1907).

Comme les maîtres réputés avaient tiré un parti agréable des courbes sinueuses employées seules ou en combinaison avec la figure humaine, on ne vit bientôt plus dans les décorations que des lignes en paraphe, en lanière, en coup de fouet; des femmes grêles aux chevelures interminables et ondoyantes. Parce que de charmantes compositions avaient emprunté leurs motifs à certains éléments de la flore ou de la faune, on s'empressa de les reproduire à profusion et presque exclusivement. Ce fut une véritable invasion d'iris, de gui, de pins, d'ombelles, de paons, de cygnes voguant parmi les nénuphars, etc., qui engendra bientôt la satiété. D'autre part, en présence des excellents résultats que les vrais maîtres de l'art décoratif avaient obtenus grâce au principe de la stylisation, un grand nombre des nouveaux venus s'étaient empressés de l'appliquer, mais sans talent ni mesure, et, par esprit de surenchère, en étaient arrivés bientôt à des formes sèches, dépouillées de tout charme, et n'ayant pour ainsi dire plus rien de commun avec les éléments naturels qui leur avaient servi de point de départ.

Il s'était trouvé aussi des peintres et des sculpteurs,

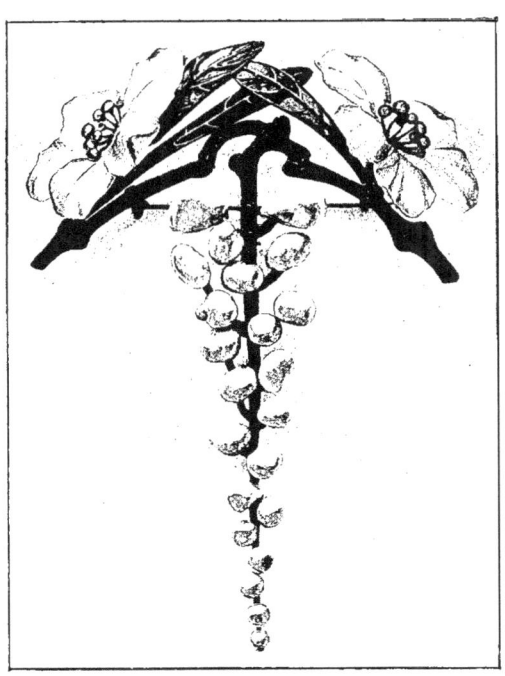

BROCHE A FLEURS DE CRISTAL ÉMAIL ET PERLES
par Paul Liénard. (Salon de 1908.)

dont les envois aux Salons n'avaient pu jusque-là forcer l'attention du public, et qui pensèrent être plus heureux en faisant du bijou ou de la décoration industrielle, s'imaginant de bonne foi que réussir dans cet art mineur serait un jeu pour eux déjà rompus au Grand Art. Sans préparation d'aucune sorte, sans la moindre notion du métier qu'ils adoptaient subitement, ils se lancèrent dans des compositions inexécutables ou mal appropriées aux exigences et aux procédés spéciaux de fabrication dont ils ne savaient pas le premier mot. Encore ceux-là avaient-ils plus ou moins pratiqué le dessin ! Mais combien, qui l'ignoraient complètement, ne s'en crurent pas moins appelés, eux aussi, à jouer un grand rôle dans l'évolution en cours, malgré, ou peut-être grâce à cette ignorance même qui les garantissait de toute attache avec le Passé. Que pouvaient-ils produire, sinon des objets bizarres, ne relevant le plus souvent que de l'excentricité ? Leur maladresse presque enfantine, n'était égalée que par la bonne opinion qu'ils avaient d'eux-mêmes.

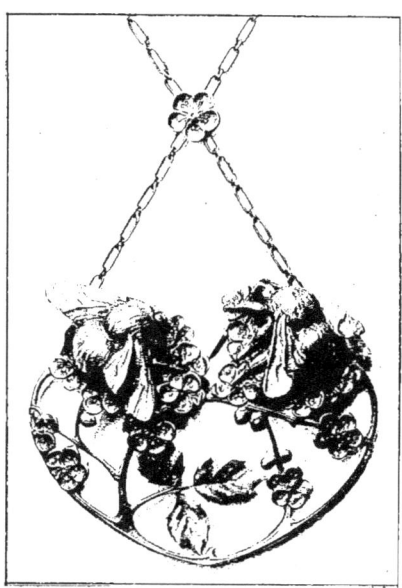

PENDANT DE COU BOURDONS, OR CISELÉ
par Vever (1908).

Convaincus de leur talent, ils avaient cru devoir se distinguer du commun en se décernant préalablement la qualité d'artiste. Ce fut alors comme une épidémie : ouvriers d'Art, meubles d'Art, reliures d'Art, broderies d'Art, jusqu'à cordonnier d'Art et postiches d'Art, tout y passa. Il n'y eut si mince bibelot, si insignifiant objet qui ne fût « d'Art » avec un grand A, et ne portât d'une façon ostensible et quelque peu prétentieuse la signature de son auteur.

Quel contraste avec la modestie des admirables sculpteurs de nos cathédrales gothiques, de ces « imagiers » du Moyen-Age, débordant de foi, qui ont créé tant de chefs-d'œuvre sans penser un instant à nous révéler leurs noms !

A notre avis, les étrangers ont aussi une lourde part de responsabilité dans la défaveur assez marquée qui a succédé,

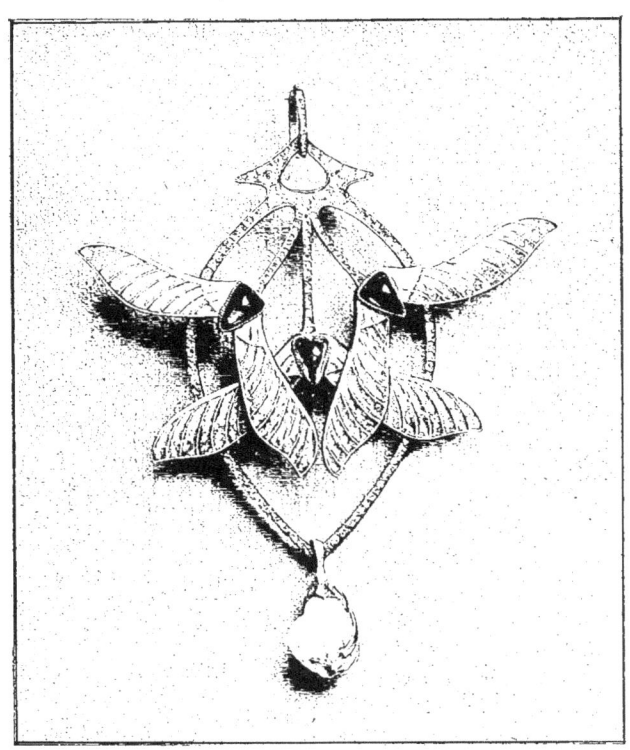

PENDANT DE COU ÉRABLE,
ÉMAIL, DIAMANTS, ÉMERAUDES ET PERLE
par Georges Fouquet (1906).

pour l'Art moderne, à l'engouement des premiers temps. Nous ne parlons pas ici des Anglais qui, ayant contribué dès l'origine à ce mouvement artistique, se trouvèrent très bien placés pour le suivre quand le succès lui fut acquis, et furent d'autant mieux en mesure de produire des œuvres intéressantes, qu'ils avaient dépassé la période toujours assez longue et ingrate des tâtonnements.

Mais d'autres, et en particulier nos voisins du Nord et de l'Est, furent pris au dépourvu ; désirant cependant

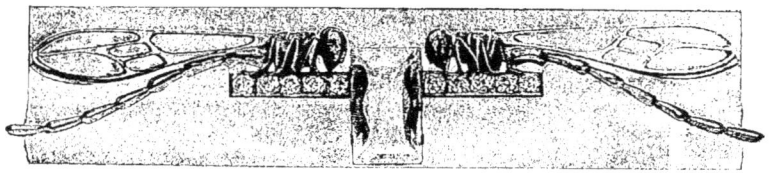

BROCHE LIBELLULES ÉMAILLÉES
par Paul Liénard. (Salon de 1908.)

profiter de la vogue considérable obtenue par le nouveau style, ils se mirent fièvreusement à faire — on pourrait dire à contrefaire — dans leurs ateliers, ou plutôt dans leurs usines, de Bruxelles, Genève, Munich, Berlin, Pforzheim, des quantités innombrables de produits d'une exécution très inférieure, établis commercialement, sans aucune préoccupation artistique, et avec le seul souci du gain à réaliser par

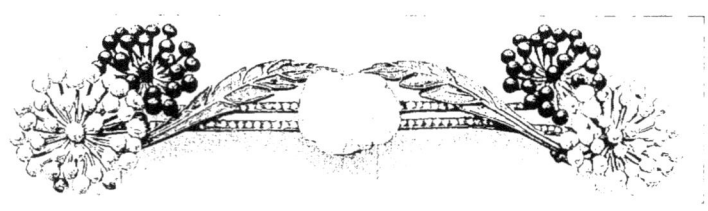

BROCHE ÉMAIL ET PERLES BLANCHES ET NOIRES
par Paul Liénard. (Salon de 1908.)

leur vente. Pour abaisser le prix de revient de leurs articles, ils arrivèrent bientôt à simplifier, à réduire ou même à supprimer complètement les jolis détails qui donnent tant de charme aux compositions bien comprises, et se bornèrent, pour tout ornement, aux grandes lignes de construction faciles à interpréter économiquement. Il est vrai que, pour assurer à celles-ci un aspect moderne incontestable (condition alors essentielle pour la vente), ils les tourmentèrent avec exagération et mauvais goût, produisant ces combinaisons de courbes bizarres dont on a pu dire que, par leurs sinuosités, elles rappelaient le macaroni. C'est ainsi que, pour le bijou en particulier, les Belges, les Suisses, et surtout les Allemands, inondèrent le monde entier de déplorable « Art nouveau », n'ayant pris du style naissant

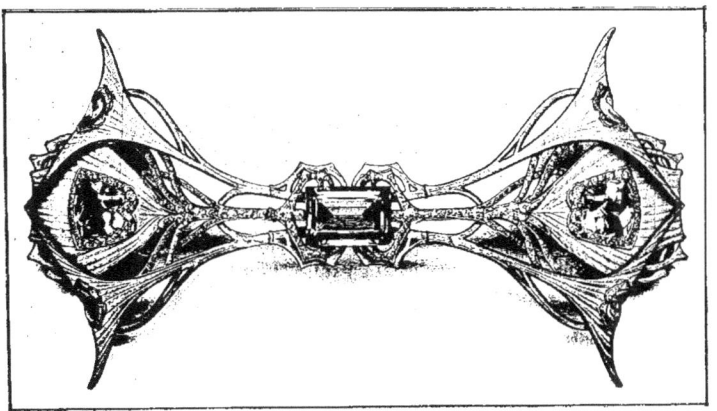

GRANDE BROCHE PLUME DE PAON, ÉMAIL BLANC
par Lucien Gaillard (1906). — Longueur : 16 cent.

que les défauts, et renouvelèrent ainsi l'erreur artistique commise par leurs ancêtres sous Louis XV, lorsqu'ils défigurèrent notre charmant style rocaille pour en faire leur massif et compliqué « rococo »[1].

Un autre motif de désaffection pour le style nouveau peut être trouvé dans l'emploi abusif et peu logique qu'en

---

1. Il est curieux de constater que ce style rocaille est désigné dans les documents du temps par les mots : « dans le goût moderne ». Sans doute, lors de son apparition, plus encore que notre « Art nouveau », il sembla audacieux aux contemporains ; de même que, plus tard, le contraste dut être saisissant lorsqu'en face de ses formes mouvementées, de ses coquilles et de ses chicorées on vit surgir le Louis XVI aux lignes simples et calmes.

firent trop souvent l'architecture et le mobilier. Sans doute, il a été exécuté des ameublements et des décorations intérieures tout à fait agréables, de même que plusieurs des constructions récentes, sagement comprises, sont dignes d'éloges; mais combien d'autres, désordonnées, inquiétantes, furent élevées, dans lesquelles la substitution systématique des courbes aux horizontales et aux verticales (comme si la direction de la pesanteur avait subitement changé!) nuit à l'impression nécessaire d'équilibre et de stabilité. On peut admettre une grande liberté dans la composition et le choix

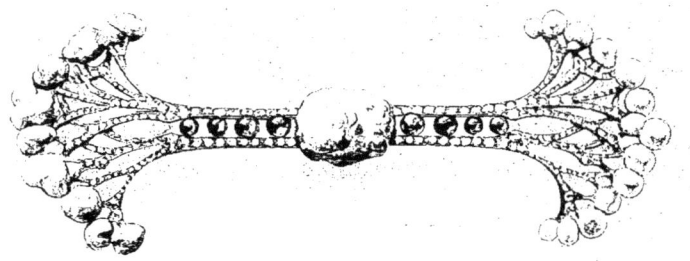

BROCHE EN JOAILLERIE ET PERLES
par Paul Liénard. (Salon de 1908.)

des lignes pour une étoffe de robe, un bijou, ou tout autre objet de petite dimension destiné à être vu indifféremment dans plusieurs positions et qu'on peut en tout cas cesser de regarder à volonté; mais il ne saurait en être de même pour la décoration d'une habitation, ou pour les tentures et les gros meubles destinés à la garnir, qui s'imposent aux yeux d'une façon permanente. Dans ce cas, l'absence préméditée des lignes verticales et horizontales qu'on pourrait appeler « reposantes », produit un sentiment incontestable d'incohérence et de malaise.

Qui ne se rappelle l'avoir éprouvé, dans les Expositions, en présence de certaines décorations intérieures évoquant des idées de cauchemar, ou encore devant ces meubles tourmentés, d'aspect menaçant, qui semblaient destinés à figurer dans une salle de tortures de l'Inquisition plutôt qu'à garnir confortablement et agréablement quelque « home » moderne ?

Toutes les raisons que nous venons d'indiquer justifient dans une large mesure l'éloignement momentané du public

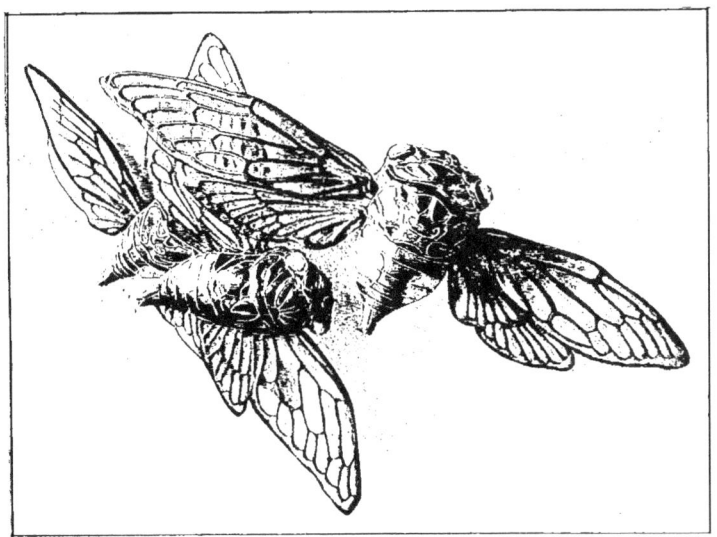

CIGALES OR ET ÉMAIL
par Lalique (1907). — Largeur : 17 cent.

pour l' « Art nouveau » et expliquent comment il s'est laissé ramener docilement aux styles d'antan, auxquels d'ailleurs le poussaient énergiquement ceux qui, sentant leur incapacité à créer de l'inédit, étaient trop heureux de pouvoir reprendre les copies ou les faciles arrangements qui leur avaient si bien réussi autrefois. Dans la plupart des industries, et dans la bijouterie en particulier, les impuissants revinrent donc au style Empire et au sempiternel Louis XVI. En réalité, ce fut un bienfait, puisque ainsi ils ne continuèrent plus de discréditer l'Art moderne par des compositions mal venues et sans goût, et laissèrent désormais le champ libre aux chercheurs convaincus qui n'avaient jamais cessé

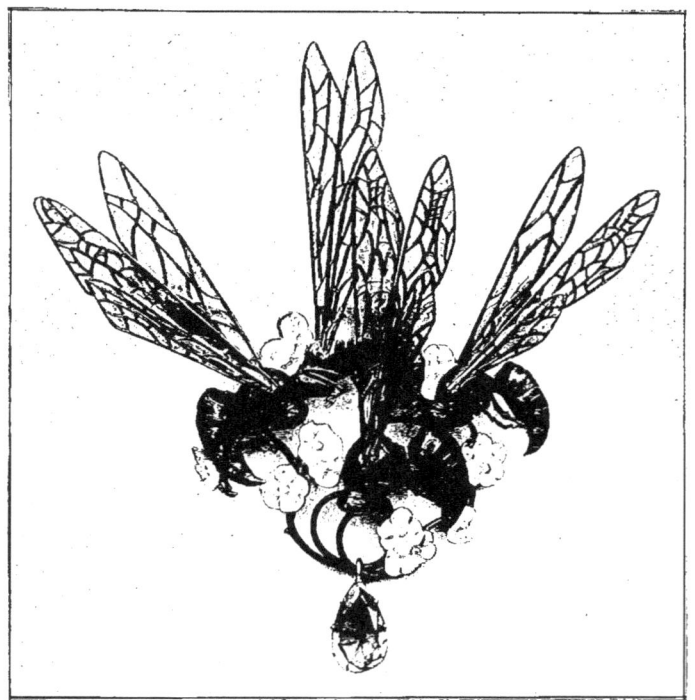

BROCHE GUÊPES ÉMAILLÉES,
AILES TRANSPARENTES, FLEURS BLEU CLAIR
par Lalique. (Salon de 1908.)

de préférer aux banales redites, l'effort, mais aussi la joie et l'honneur des trouvailles personnelles. C'est à ces vaillants et à ces persévérants que, selon nous, l'avenir appartiendra. Ils ont eu déjà une action indirecte, mais très sensible, même sur ceux de leurs concurrents qui les décrient et ne suivent pas leur voie. Il suffit, pour s'en convaincre, de se reporter à ce qu'était le bijou avant l'évolution récente et de le comparer au bijou actuel : on constate, jusque dans

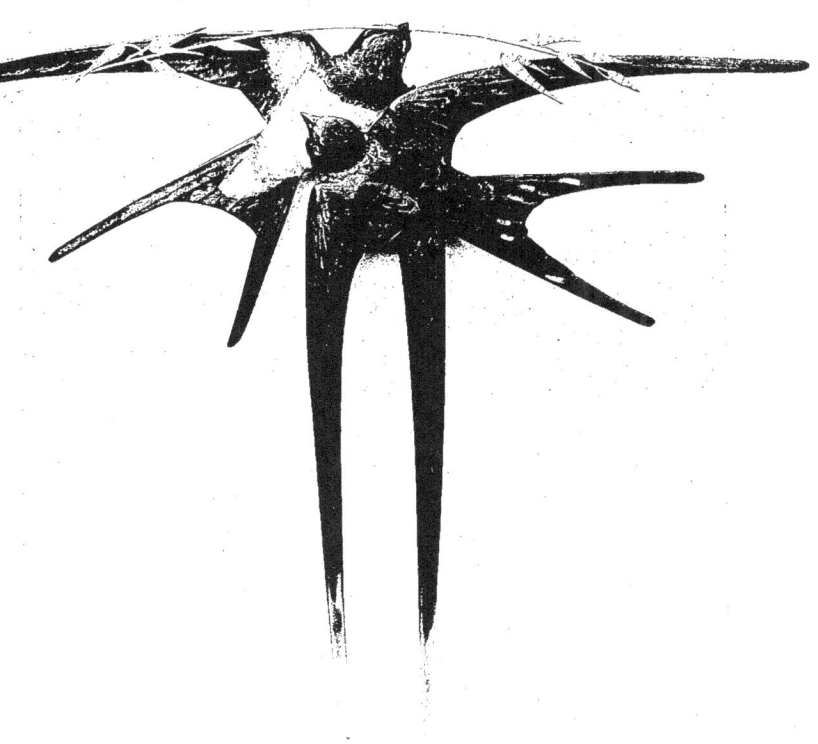

PEIGNE HIRONDELLES EN CORNE SCULPTÉE ET TEINTÉE
par Lalique. (Salon de 1908.) — Largeur : 20 cent.

les pastiches de l'ancien interprété aujourd'hui différemment, un progrès marqué dû incontestablement aux enseignements et aux exemples des champions de l'Art moderne.

D'autre part, après l'effervescence inexpérimentée des premiers temps, beaucoup, parmi les fervents de cet art, se sont assagis et savent à présent donner à leurs ouvrages non seulement le charme de l'imprévu, mais aussi les qualités d'équilibre et d'harmonie qui font le mérite des œuvres classiques. Ils continuent ainsi la véritable tradition des vieux Maîtres qui, à aucun moment, ne songèrent à recommencer ce qu'avaient fait leurs prédécesseurs, mais, au contraire, eurent toujours l'intention et la conviction de créer de l'inédit, sagement, il est vrai, sans fièvre, avec la lenteur nécessaire et surtout en respectant les lois essentielles, immuables, qui sont indispensables à toute bonne composition.

Il ne faut pas perdre de vue que nous ne connaissons guère des styles anciens que les meilleurs spécimens, le temps ayant balayé les mauvais et les médiocres (car il y en eut certainement à toutes les époques); n'oublions pas non plus, qu'avant de devenir classiques et indiscutés, ces styles furent tous tenus, par la majorité des contemporains, pour extravagants et révolutionnaires, et qu'ils ne comptèrent d'abord qu'un nombre restreint de partisans éclairés, dont on ne reconnut que plus tard la perspicacité et le bon goût.

Nous avons la ferme conviction qu'il en sera de même pour l'Art moderne. Aujourd'hui débarrassé des incapables, des excentriques et des plagiaires du début, il n'est heureusement plus guère pratiqué que par des artistes consciencieux et de conviction robuste, véritables créateurs, dont les productions, justement recherchées dès maintenant par des amateurs de plus en plus nombreux, prouveront victorieusement dans l'avenir la puissance et l'originalité d'invention de nos maîtres contemporains et feront le plus grand honneur à la Bijouterie française de notre époque.

INDEX ALPHABÉTIQUE

DES NOMS CITÉS DANS LES TOMES II ET III

Les noms précédés d'un astérisque sont déjà cités dans le tome I".

Aguado (Mme), p. 104.
Aguero (Mme), p. 104.
Alekan frères, bijoutiers, p. 643.
Ancelot, bijoutier, p. 643.
André, bijoutier-joaillier, p. 397.
André (Mme Édouard), p. 104.
Angenot, bijoutier, p. 644.
Anning-Bell (Robert), dessinateur anglais, p. 752.
Appert (Léon), p. 712.
Arfvidson (Charles), bijoutier, p. 535, 644, 696.
* Aucoc aîné (Casimir), orfèvre, p. 295.
Aucoc fils (Louis), bijoutier, p. 596, 598-600, 614, 620, 672, 693-694.
* Aucoc aîné (Louis), bijoutier, p. 118.
Aucoc (André), orfèvre-joaillier, p. 571.
Audianne, joaillier, p. 645.
* Audouard (Louis et Philibert), ciseleurs, p. 119, 124.
Auger (Alphonse), bijoutier, p. 362, 573.
Auger (Georges), bijoutier, p. 574.
Auriol (George), dessinateur et littérateur, p. 762, 764.
Auxenfants, fondeur, p. 496.

Babel, joaillier, p. 219.
Bachelet, p. 251, 252.
Baltard, architecte, p. 128, 284.
Banneville, dessinateur, p. 696.
* Bapst, joaillier, p. 50, 116, 134, 135, 136, 138, 141, 142, 145, 216, 219, 345. (Voir Bapst et Falize.)
Bapst (Alfred), joaillier, p. 134, 136, 498.

Bapst (Armand), joaillier, p. 134.
* Bapst (Charles), joaillier, p. 134.
* Bapst (Constant), joaillier, p. 134.
Bapst (Frédéric), joaillier, p. 136.
* Bapst (Germain), orfèvre, joaillier, écrivain, p. 40, 134, 498, 500, 514, 726.
Bapst (Jules), joaillier, p. 134.
* Bapst (Paul), joaillier, p. 134, 138.
Bapst et neveu, joailliers, p. 134.
* Bapst et Falize, joailliers, p. 504, 521. (Voir Bapst.)
* Barbedienne, fabricant de bronzes, p. 150, 193, 492.
Barberel (J.), contremaître, p. 672.
Barré, ciseleur-orfèvre, p. 296, 496.
Barrias, statuaire, p. 504.
Bartet (Mme), artiste dramatique, p. 716, 721.
Barucci (La), p. 108.
* Barye, sculpteur et ciseleur, p. 120.
Bassano (Duc et Duchesse de), p. 97, 129.
Basset, dessinateur et joaillier, p. 426, 448, 645. (Voir Moreau.)
* Bassot (Léon), bijoutier, p. 546.
* Baucheron (Louis), bijoutier, p. 296, 302, 307, 362, 454, 458, 526, 527. (Voir Guillain.)
Baudrier (André), bijoutier, p. 566. (Voir Fontana.)
Baudry (Paul), peintre, p. 344.
Baugrand (Gustave), joaillier, p. 40, 120, 133, 139, 182, 228, 232, 259, 262, 276, 277, 298, 300 à 307, 314, 336, 342, 446, 667, 703. (Voir Marret et Baugrand.)

* Baugrand père (Victor), joaillier, p. 300.
Beardsley (Aubrey-Vincent), dessinateur anglais, p. 752.
Béarn (Mme la Comtesse de), p. 731, 746.
Beaumont, bijoutier, p. 322.
Becker (Édouard), sculpteur, p. 434, 435, 436, 456, 598.
Belleau, bijoutier, p. 582.
Bellery-Desfontaines, dessinateur, p. 649.
Bellette, bijoutier, p. 643.
Beltête, ouvrier joaillier, p. 231.
Belville (Eugène), dessinateur, p. 649.
Bénédite (Léonce), critique d'art, p. 684.
Bénier, bijoutier, p. 356, 357, 360.
Benoist (Louis), bijoutier, p. 454.
Bensé, joaillier, p. 645.
Benson, appareils d'éclairage anglais, p. 767.
Béranger, émailleur, p. 379.
Bertrand, bijoutier, p. 30.
Besnard (Albert), peintre, p. 764.
Betouille, bijoutier, p. 122.
Bing (Marcel), dessinateur, p. 645.
Bing père (S.), négociant, p. 635, 758, 764.
Bingen, fondeur, p. 504.
Bismarck (Prince de), p. 344.
Bissinger, caméiste, p. 296, 307.
Blanc (Charles), écrivain, p. 391, 724.
* Bled (Georges), bijoutier-joaillier, p. 538.
Boëck, joaillier à Londres, p. 219.
Bognard (John), graveur, p. 34 à 38.
Boin (Georges), orfèvre, p. 614.
Boivin (René), joaillier, p. 623.
Bonnet, orfèvre, p. 296.
Bonnier (Louis), architecte, p. 764.
Bonvallet, dessinateur, p. 649.
Bordas, émailleur, p. 196.
Bordinckx, diamantaire-lapidaire, p. 420.
Bossard, orfèvre de Lucerne, p. 518.
Bottée (Louis), sculpteur, orfèvre, graveur en médailles, p. 562, 608, 665.
Bottentuit et Plisson, bijoutiers, p. 563.

Boucher de Perthes, archéologue, p. 8.
* Boucheron, joaillier-orfèvre, p. 168, 184, 186, 240, 277, 294 à 298, 302, 306, 334, 341, 346, 348, 353, 362, 395 à 442, 446, 448, 451, 452, 454, 456 à 460, 462, 463, 466, 467, 504, 522, 526, 592, 612, 614, 675, 689, 707, 708.
Bouchon, contremaître, p. 504.
* Bouchot (Henri), écrivain, p. 128.
Boucicaut (Mme), p. 475.
Bouclier, p. 252.
Bouguereau, peintre, p. 525.
Bouilhet (André), orfèvre, p. 680.
Bouilhet père (Henri), orfèvre, p. 588.
Bourdier, bijoutier, p. 314, 424.
Bouret et Ferré, bijoutiers, p. 231.
Bourgeois, bijoutier, p. 550.
Boussard, graveur incrusteur, p. 460.
Boutet de Monvel (Charles), bijoutier, p. 636.
Boutry, ciseleur, p. 203.
Brangwyn (Frank), peintre décorateur, p. 767.
Branicka (Comtesse), p. 104,
Brard, ciseleur, p. 383, 469, 496.
Brasseur (André), joaillier, p. 610.
* Brateau (Jules), ciseleur, p. 286, 463, 466 à 470, 496, 656.
* Bréguet, horloger, p. 604.
Briançon, contremaître, p. 706.
Bricteux, bijoutier, p. 638, 644, 650.
Briet, émailleur, p. 167, 418.
Brocard (Eugène), bijoutier, p. 310.
* Bruneau, bijoutier, p. 24.
Brunet (Georges), bijoutier, p. 642, 646, 647.
Bugniot (Auguste), dessinateur, p. 448, 450.
Burdy, graveur sur pierres dures, p. 434, 460.
Burne-Jones (Edward), peintre anglais, p. 752.
* Burty (Philippe), critique d'art, p. 758.
Bury, joaillier, p. 14.

Cabanel (A.), peintre, p. 96.
Cabasson, peintre, p. 674.
Cadet-Picard, bijoutier, p. 309, 314.

INDEX ALPHABÉTIQUE 783

Caen (Édouard), bijoutier, p. 319, 322, 534.
Caillot (Jacques), bijoutier, p. 190, 191.
* Caillot (Pierre), bijoutier, p. 150, 188, 189, 190, 193, 195.
Caillot-Peck, joailliers, p. 191, 192, 193, 198, 372, 548.
Calle, bijoutier, p. 190, 549.
Calliat (Armand), orfèvre, p. 588.
Calliet, orfèvre, p. 203.
Calmus, dessinateur-bijoutier, p. 442, 443, 454.
Cameré (Henri), dessinateur, p. 128, 356, 586.
Campana, antiquaire, p. 144, 145, 150, 152, 157, 176, 252, 272, 388, 490, 580.
Capitaine, joaillier, p. 240.
Caran d'Ache, peintre, p. 762.
Cardeilhac, orfèvre, p. 649.
Carlier (Émile), sculpteur, dessinateur, p. 126, 296, 496, 504.
Carnot, Président de la République, p. 517.
Caron (Alexandre), sculpteur en ivoire, p. 434, 609.
Carrier-Belleuse, sculpteur, page 382, 389, 495.
Cartier (Alfred), bijoutier-joaillier, p. 591, 592, 694.
Cartier père (Louis-François), bijoutier-joaillier, p. 252, 591.
Cartier (Louis), joaillier, p. 592.
Cartier (Pierre), joaillier, p. 592.
De Cassin, Marquise de Carcano, p. 104.
Castellani, bijoutier, p. 150 à 152, 155, 158, 158.
Castiglione (Comtesse de), p. 107, 219.
Cauvain, dessinateur-joaillier, p. 646.
Cellini (Benvenuto), orfèvre, p. 151, 418, 419.
Cernuschi, collectionneur, p. 758.
Chabaud, peintre-émailleur, p. 122.
Chabrolli, bijoutier, p. 570.
Chadel (Jules), dessinateur, p. 648.
* Chaise (Jules), bijoutier, p. 74, 277, 374, 375, 395, 452.

Chalon (Louis), sculpteur, p. 645.
Chalvet, ouvrier bijoutier, p. 186, 341, 348, 400, 451.
Chambin, bijoutier, p. 605, 614, 646.
Chambord (Comte de), p. 34.
Champier (Victor), publiciste, p. 2, 179, 608.
Chapu, statuaire, p. 504.
Chapus (Mme et fils), bijoutiers, p. 643.
Chardon, contre-maître bijoutier, p. 496.
Chardon, dessinateur, p. 649, 742.
Charlot, émailleur, p. 650.
Charpentier (Alexandre), sculpteur, p. 764.
* Chartres (Duchesse de), p. 3.
* Chaumet (J.), joaillier, p. 600 à 604.
Chaveton, bijoutier-joaillier, p. 614, 644.
Chédeville, sculpteur, p. 496.
Chénaux frères, dessinateurs, sculpteurs, p. 264.
Chéret (Jules), peintre, p. 556, 557.
Chevalier, chaîniste, p. 322.
* Christofle, orfèvre, p. 23, 118, 200, 287, 312, 492, 599.
Clairin (Jules), peintre, p. 718.
Clément, bijoutier, p. 644.
Closson (Félix), dessinateur et joaillier, p. 293, 294, 375.
Coche, ouvrier joaillier, p. 302.
Coffignon, bijoutier, p. 192.
Colombier (Marie), p. 110.
Colonna (Éd.), dessinateur, p. 635, 645, 650, 651.
Combier, bijoutier, p. 296, 458.
Cora Pearl, p. 106, 270, 277, 309.
Cordonnier, sculpteur, p. 504.
Corplet, émailleur, p. 650.
Corroyer, architecte, p. 464.
Cossart, dessinateur, p. 649.
Cosson, ciseleur, p. 388, 470.
Coster (Martin), diamantaire, p. 118, 119.
Coulon (Léon), joaillier-bijoutier, p. 438, 592, 594 à 597, 615.
Courcy (de), émailleur, p. 650.
Couty (Edme), dessinateur, p. 649.
Crane (Walter), peintre anglais, p. 752, 760, 767.

* Crosville, orfèvre, p. 522.
Crouzet père, bijoutier, p. 183 à 187, 307, 399, 542.
Crouzet fils, bijoutier, p. 184, 344, 399.
Crozatier, ciseleur, p. 462, 470.
* Dafrique, bijoutier, p. 20, 120.
Dampt (J.), sculpteur, p. 556, 764.
* Daras, joaillier, p. 183.
Darcel (Alfred), archéologue, p. 491.
* Daux, joaillier, p. 397, 436, 446, 454.
David, caméiste, p. 586.
Debacq, joaillier, p. 643.
Debain, orfèvre, p. 614.
Deberghe, dessinateur-bijoutier, p. 645.
Debut (Jules), dessinateur et joaillier, p. 294, 296, 341, 398, 400 à 403, 405, 413, 415, 428, 436 à 441, 446, 452, 592, 594, 595.
De Feure (Georges), dessinateur, p. 648, 764.
Déjazet, comédienne, p. 27.
Delaplanche, statuaire, p. 496, 504.
Deraisme, ciseleur, p. 470, 730.
Derouen, bijoutier, p. 550.
Désandré (Richard), ciseleur, p. 496.
Desbazeille (Germain), bijoutier, p. 551 à 558.
Desbazeille (Louis), bijoutier, p. 550 à 554.
* Deschamps, bijoutier-joaillier, p. 396 à 398, 526.
Descomps (Joë), sculpteur et ciseleur, p. 470, 554, 622, 645.
Des Fontaines (Jules), joaillier, p. 397.
Deshayes (Eugène), joaillier, p. 349, 386, 433, 643.
Desmarquet, orfèvre, p. 576, 578.
Desplantes, bijoutier, p. 450.
Desprès (Félix), joaillier, p. 610 à 614.
Desroziers, dessinateur, p. 624, 629.
Destape (Alexandre), graveur, p. 700.
Destape (Jules), joaillier, p. 302, 408, 694, 700, 701, 706.
Deverdun, joaillier, p. 594, 596.
Devin, ouvrier joaillier, p. 216, 218.
Devitte, contre-maître, p. 550.
* Diéterle, décorateur, p. 243.

Diomède (Guillemin), ciseleur, p. 467.
Doche (Mlle), artiste dramatique p. 19.
Douy-Pascault, dessinateur, p. 534, 648.
Dreux, bijoutier, p. 38.
Dubret (Henri), bijoutier, p. 637, 644.
Dubufe père (Édouard), peintre, p. 96, 160.
Duché, bijoutier, p. 644.
Dufat, orfèvre, p. 614.
Dufaux, émailleur, p. 296.
Dufet, bijoutier, p. 320.
Dufoug, dessinateur, p. 673.
Dufrène (Maurice), décorateur, p. 612, 644.
Dugué, ouvrier joaillier, p. 217.
Dumas fils (Alexandre), p. 106.
Dumouza, dessinateur, p. 300.
Duplessis, bijoutier, p. 539.
* Duponchel (Charles-Édmond), orfèvre-joaillier, architecte, directeur de l'Opéra, p. 118, 208, 272, 277, 522. (Voir Morel et Duponchel.)
Dupont, chaîniste, p. 319, 320.
* Dupré, graveur en médailles, p. 470.
Dupuy et Chaudé, bijoutiers, p. 578, 620.
Durbec, bijoutier, p. 448, 451.
* Duron père (Charles), orfèvre-bijoutier, p. 118, 164, 192, 196, 251, 277, 278, 307.
Dutreih, bijoutier, p. 159, 160.
Dutroy, horloger bijoutier, p. 442.
Duval (Félix), bijoutier, p. 264, 267, 268, 269.
Duval (Julien), bijoutier, p. 558 à 560, 562, 623.
Duval et Le Turcq, bijoutiers, p. 558, 559, 562.
Duvelleroy, éventailliste, p. 253.

Erazzu (Mlle de), p. 104.
Erhart (Ferdinand), bijoutier-orfèvre, p. 545, 644.
Essling (Princesse d'), p. 97.
Etex, sculpteur, p. 674.

Fabre frères, bijoutiers à Buenos-Ayres, p. 388.

Falguières (G.), bijoutier, p. 574, 614, 615, 644, 646.
* Falize père (Alexis), orfèvre-joaillier, p. 60 à 87, 240, 296, 313, 322, 327, 329, 347 à 349, 486, 535, 536, 538, 579.
Falize (André), orfèvre-joaillier, p. 518, 519.
Falize (Guillaume), bijoutier, p. 61, 66.
Falize (Hyacinthe), bijoutier, p. 61, 66.
Falize (Jean), orfèvre-joaillier, p. 520.
* Falize (Lucien), orfèvre-joaillier, écrivain, p. 84, 88, 134, 296, 374, 390, 416, 450, 484 à 524, 526, 528, 531, 532, 534, 584, 615. (Voir Bapst et Falize.)
Falize (Pierre), orfèvre-joaillier-émailleur, peintre, p. 520.
* Falize frères, orfèvres-joailliers, p. 506 à 521.
* Fannière (Auguste), orfèvre, p. 198, 199, 207.
Fannière (Joseph), orfèvre, p. 198, 199, 207.
Fannière fils (Joseph), p. 207.
* Fannière (Les frères), orfèvres, p. 41, 128, 131, 198, 199, 200, 201, 203, 204, 208, 376, 377.
* Fauconnier, orfèvre, p. 198, 199, 204.
Faure (Félix), Président de la République, p. 517, 572, 573, 745.
Faure (Mlle Lucie), p. 731.
Fauré (P.), dessinateur, p. 300.
Férin (Auguste), orfèvre, p. 586.
Férin (Léon), orfèvre, p. 586.
Ferlet, ciseleur, p. 470.
Ferni (Auguste), ouvrier bijoutier, p. 585.
* Fester (Théodore), joaillier, p. 40, 88, 91, 117, 214, 231.
Feuillâtre (Eugène), émailleur, p. 640, 641, 650, 763.
Filard, joaillier, p. 296, 644.
Firmin, émailleur, p. 256.
Flandrin (Hippolyte), peintre, p. 128.
Foisil, médailleur, p. 562.
Fonsèque, bijoutier, p. 532. (Voir Fonsèque et Olive.)

* Fonsèque et Olive, bijoutiers-joailliers, p. 529, 532, 533, 557.
* Fontana, bijoutier-joaillier, p. 307, 312, 313, 564, 565, 566, 567.
Fontana (Charles), bijoutier, p. 564, 566, 567, 620.
Fontana (Giacomo), bijoutier-joaillier, p. 566.
Fontana (Henri), notaire, p. 564.
Fontana (Joseph), bijoutier, p. 565, 566, 567.
Fontana (Pierre), joaillier, p. 567.
Fontana (Thomas), bijoutier, p. 564, 566.
* Fontenay (Eugène), bijoutier, p. 85, 147 à 181, 188, 228, 240, 263, 275, 288, 322, 342, 355, 356, 365, 368, 375, 393, 448.
Fontenay (Prosper), bijoutier, p. 158.
Forain (Jean-Louis), peintre, p. 762.
Fossey (Jules), dessinateur, p. 300.
* Fossin père (Jean-Baptiste), joaillier, orfèvre, peintre et sculpteur, p. 182.
Fossin fils (Jules), joaillier, p. 42, 44, 118, 182, 183, 184, 187, 219, 272, 276, 298, 603.
* Foullé (Henry), bijoutier, p. 189, 326.
Fouquet père (Alphonse), bijoutier, p. 66, 240, 365 à 395, 623, 700, 702.
Fouquet (Georges), bijoutier, p. 623 à 629, 753, 757, 773.
Fourcaud (de), critique d'art, p. 711.
Fournier (F. de), miniaturiste, p. 5.
Foy (René), bijoutier, p. 645.
Fray, orfèvre, p. 522.
Frémiet, statuaire, p. 496.
Frey (André), dessinateur, p. 584.
Frey (Paul), bijoutier, p. 580, 582, 583.
Friedman, bijoutier allemand, p. 525.
Froidefon, bijoutier, p. 644.
* Froment (François), orfèvre, p. 66.
* Froment-Meurice (Émile), orfèvre-joaillier, p. 34, 122 à 132, 211, 277, 278 à 280, 283, 284, 356, 440, 446, 484, 522, 584 à 590, 615.
Froment-Meurice (François), conseiller municipal, p. 585.

50

* Froment-Meurice père (François-Désiré), orfèvre-joaillier, p. 8, 21, 27, 66, 118, 121, 122, 124, 125, 131, 164, 200, 208, 278, 550.
Froment-Meurice (Jacques), sculpteur, p. 585.
Froment-Meurice (Marc), explorateur, p. 585.
Fromont, bijoutier, p. 384.

Gabriel, bijoutier, p. 578, 620.
Gagneré, émailleur, p. 496.
Gaillard (Amédée), bijoutier, p. 626.
Gaillard (Auguste), bijoutier, p. 626.
Gaillard (Ernest), bijoutier et orfèvre, p. 626, 628, 630 à 634.
Gaillard (Lucien), bijoutier et orfèvre, p. 630, 632, 633, 636 à 643, 755, 775.
Gaime, joaillier, p. 360. (Voir Marret.)
Galbrunner, lapidaire, p. 284.
Galland (P.-V.), décorateur, p. 548.
Gallé (Émile), maître verrier, p. 517, 756, 764.
Gallois, ouvrier joaillier, p. 422-423.
Gambetta, p. 346.
Gariod (Léon), bijoutier, p. 617, 618, 694.
Garnier, émailleur, p. 504, 650.
Garnier (Charles), architecte, p. 149.
Garnier (Jean), ciseleur, p. 470.
Gaskin, dessinateur anglais, p. 752.
Gaucher, bijoutier, p. 617.
Gautrait, ciseleur-modeleur, p. 618.
Gautruche, doreur, p. 504.
Gay et Morgan, bijoutiers, p. 342.
Germain, orfèvre, p. 844.
Gérôme, peintre, p. 138, 674.
* Giacomelli, peintre et dessinateur en bijoux, p. 375.
Gif, joaillier, p. 373, 646.
Gillion, bijoutier, p. 591.
Giraldon (Adolphe), dessinateur, p. 649.
Giraudon, ciseleur, p. 401, 469.
* Giroux, articles de Paris, p. 200, 248.
Glachant, orfèvre, p. 496, 504, 522, 576.
Gloria, bijoutier, p. 302, 358, 359.
* Goësin (E.), dessinateur, p. 53.
Gonse (Louis), écrivain, p. 758.

Graff, bijoutier, p. 539.
Grandhomme (Paul), émailleur, p. 80, 382, 389, 497, 504, 650.
Grandjean, bijoutier, p. 362.
Granger, bijoux de théâtre, p. 142.
Grasset (Eugène), peintre, p. 668, 669, 670, 754, 755, 756, 764.
Gross, bijoutier, p. 644.
Guéret, bijoutier, p. 574. (Voir Auger.)
Guétary (Jean), publiciste, p. 342.
* Gueudet, bijoutier, p. 444.
Gueyton (Alexandre), bijoutier, p. 21 à 34, 120, 572.
Gueyton (Camille), bijoutier, p. 35, 572 à 577, 793.
Gueyton (Marc), bijoutier, p. 35, 572.
Guillain, bijoutier, p. 296, 302, 307, 458, 526. (Voir Baucheron.)
Guillaume (Eugène), statuaire, p. 356, 674.
Guillemin (Auguste), joaillier, p. 192-193.
Guillemin frères, bijoutiers-joailliers, p. 198, 372.
Guillemin (Hippolyte), p. 192.
Guillemin (Jean), bijoutier, p. 192.
Guimond (Esther), p. 110.
Gulbenkian, banquier, p. 746.

Hagneaux, joaillier, p. 643.
Hallet, joaillier, p. 672.
Hallingre, bijoutier, p. 578, 620.
Halphen (Auguste), bijoutier, p. 264, 268, 580.
* Halphen (Joseph), joaillier-diamantaire, p. 119, 174, 188, 233, 234, 251, 263, 264, 302.
Hamelin (Paul), joaillier, p. 182, 549, 582, 647, 694.
Harel (Mme Augustin), p. 104.
Hartz, bijoutier, p. 563. (Voir Plisson et Hartz.)
Harvey, tablettier-orfèvre, p. 740.
Haussmann (Baron), p. 129, 332, 750.
Henckel de Donnersmark, p. 106, 344, 346.
Heng (Victor), dessinateur, p. 313, 314.
Hénin, orfèvre, p. 614.
Henrivaux (Jules), directeur de Saint-Gobain, p. 712.

INDEX ALPHABÉTIQUE

Herlemont, ciseleur, 470.
Hersant, bijoutier, p. 644.
Hirtz (Lucien), émailleur et dessinateur, p. 448, 450, 504.
Hittorf, architecte, p. 128.
Hoffmann, sculpteur, p. 742.
* Honoré (Bourdoncle), ciseleur, p. 210, 270, 286, 296, 389, 436, 456, 462, 466, 467, 496.
Horn (Baron de), p. 54.
Houillon (L.), émailleur, p. 418, 496, 504, 637, 650.
Hubert (Léopold), orfèvre-ciseleur, p. 211, 496.
Hue, graveur sur pierres, p. 460.

Ingres, peintre, p. 120.
Isaac (P.-A.), peintre, 764.
Iselin, sculpteur, p. 284.

Jacobi, chimiste, p. 23.
* Jacquemart, sculpteur, p. 128.
Jacquet, bijoutier, p. 543.
Jacquin, perles fausses, p.
* Jacta (Eugène, père), bijoutier, p. 542, 546, 547.
Jacta (Georges), bijoutier, p. 544, 546 à 550, 614, 694.
Janin, bijoutier, p. 304, 482, 522.
* Janisset (Mme), bijoutière, p. 72, 74, 76, 78, 544.
Janvier, tour à réduire, p. 720.
Jaquet, estampeur, p. 463.
Jarry (Eugène), bijoutier, p. 358, 360. (Voir Marret.)
Jarry aîné (Gabriel, dit Jarry-Calle), p. 118, 358, 548, 549, 550.
Jarry (Gustave), bijoutier, p. 358. (Voir Marret.)
Jean (Charles), émailleur, p. 650.
Joindy, sculpteur-ciseleur, p. 496, 562.
Joly (Gabriel), dessinateur, p. 448.
Jordan (chimiste), p. 23.
Julienne (Eugène), dessinateur, p. 239, 241, 243 à 253, 256, 260, 264, 312, 375, 444.
Jurawicz (Mme), p. 104.
* Justin (sculpteur-modeleur), p. 27.

Kamper, bijoutier, p. 643.
Kees, éventailliste, p. 253.
Khalil-Bey, p. 110, 112.
* Klagmann (Jules), sculpteur, p. 243.
Kramer, joaillier, p. 40, 117, 183, 185, 187, 188, 307, 346.
Krantz (Camille, député), p. 680.
Kuyl, bijoutier, p. 452.

Labarte, archéologue, p. 490.
* Laborde (Comte Léon de), p. 11, 490.
Labouriau, joaillier, p. 614, 643.
Lachaussée, ciseleur, p. 388.
Lacroix (A.), ouvrier joaillier, p. 307.
Laffitte (Gaston), bijoutier, p. 645, 647.
Laisne, dessinateur, p. 312.
Lalique (René), bijoutier-joaillier, orfèvre, émailleur, p. 391, 642, 688, 690 à 747, 750, 751, 758, 759, 760, 764, 765, 777, 778, 779.
Lamargot, bijoutier, p. 578, 580.
Lambert (Th.), architecte, p. 619 à 621.
Landois, dessinateur, p. 598, 638, 648.
Langlois, bijoutier, p. 264.
Langoulant, bijoutier, p. 615, 644.
Lantéron, ciseleur, p. 470.
Larchevêque, bijoutier-joaillier, p. 263, 530.
Las Marismas (Marquise de), p. 97.
Lassus, architecte, p. 50
Latour-Maubourg (Marquise de), p. 97.
* Laurent, bijoutier, p. 550.
Laurent-Verdier, cannes, p. 570.
* Lavigne, orfèvre-ciseleur, p. 203.
Leblanc (Léonide), p. 107, 313, 328.
Lebrun, orfèvre, p. 200.
Lecas (Edmond), bijoutier, p. 539, 540, 542, 646.
Lechevrel, graveur-caméiste, p. 460.
Leclerc, ouvrier joaillier, p. 426.
* Le Cointe fils (Léon), orfèvre-bijoutier, p. 118, 543, 544.
Ledagre, bijoutier-orfèvre, p. 119, 193.
Lefebvre (Auguste), joaillier, p. 548.
Lefebvre (Charles), bijoutier, p. 578.
Lefebvre (Edmond), bijoutier, p. 578, 620.

Lefebvre aîné (Eugène), bijoutier, p. 386, 574, 576, 615, 620.
Lefebvre fils (Eugène), orfèvre-bijoutier, p. 578.
Lefebvre (François), horloger, p. 574, 578.
Lefebvre (Jules), peintre, p. 520.
Lefort (A.), bijoutier, p. 534, 646.
*Letournier, émailleur, p. 121, 124, 164, 165, 166, 302.
Lefranc, bijoutier, p. 442.
Lefuel, architecte, p. 344.
Legrand (Auguste), sculpteur, dessinateur, p. 440.
Legrand (Joseph), graveur, p. 313, 440, 570.
Legrand (Paul), dessinateur, p. 252, 296, 362, 420, 427, 440 à 448, 454, 456, 458, 459.
Lehon (Comtesse Léopold), p. 104.
Lemeunier, joaillier, p. 645.
*Lemoine père, bijoutier, p. 573. Voir Ouizille.
Lemonnier (G.), joaillier, p. 14 à 20, 40 à 42, 48, 118, 216, 220, 222, 314.
*Lempereur, joaillier, p. 219.
*Lenglet, ciseleur, p. 522.
*Lepage, armurier, p. 440.
Lepage, bijoutier, p. 547.
Lepec (Charles), émailleur, p. 80, 277, 296.
Lequien père, dessinateur, p. 692.
Lequien fils, sculpteur, p. 693.
*Leroy, ouvrier bijoutier, p. 186, 289.
Le Saché (Émile), graveur en taille-douce, p. 524.
Le Saché (Georges), bijoutier-joaillier, p. 496, 524 à 528, 530, 531, 696.
Le Saché (Jean-Jacques), graveur en médailles, p. 524.
Letessier (Caroline), p. 107.
Le Turcq (Georges), bijoutier, p. 559, 634, 646, 647, 749, 751.
Levasseur, sculpteur, p. 504.
Levillain, sculpteur modeleur, p. 150.
Lezay-Marnezia (Vicomt*sse* de), p. 97.
Lhomme, bijoutier, p. 406.
Liberty (tissus anglais), p. 758.
*Liénard, dessinateur, sculpteur, p. 243.

Liénard (Paul), dessinateur-bijoutier, p. 645, 752, 754, 756, 771, 774, 776.
Lièvre (Édouard), dessinateur, p. 150.
Lindeneher, sculpteur-orfèvre, p. 203.
*Linzeler, bijoutier, p. 567, 568, 570.
Linzeler (Albert), bijoutier, p. 570.
Linzeler (Charles), bijoutier, p. 568.
Linzeler (Ernest), bijoutier, p. 570.
Linzeler père (Eugène), bijoutier, p. 568, 570, 571.
Linzeler fils (Eugène), bijoutier, p. 570.
Linzeler (Frédéric), bijoutier, p. 570, 572.
Linzeler (Georges), bijoutier, p. 570.
Linzeler (Robert), orfèvre, p. 572.
Lion (Auguste), bijoutier-chaîniste, p. 314 à 322, 337, 644.
Lobjois, bijoutier, p. 596.
Lœbnitz (Jules), céramiste, p. 253.
Lœulliard (Octave), ouvrier joaillier, p. 409, 411, 412, 416, 418, 451.
Loew (A.), bijoutier-joaillier, p. 342.
Loguet frères, bijoutiers, p. 672.
Loir, bijoutier, p. 266.
Loliée (Frédéric), écrivain, p. 106, 108, 109.
Lorrain (Jean), littérateur, p. 730.
Loubet (Émile), Président de la République, p. 521.
Louchet, ciseleur, p. 644.
Louvet, estampeur, p. 463.
Louvrier de Lajollais, peintre, p. 530.
Loussel, bijoutier, p. 296, 454.
Loyer, ouvrier joaillier, p. 302.
*Luynes (Honoré, Duc de), p. 11, 21, 277.
Lyon-Alemand, p. 386.

Mackay (M*me*), p. 412.
Mac-Mahon (Maréchal de), p. 210, 211, 355.
Magne, architecte, p. 131, 208.
Magne (Lucien), architecte, p. 649.
Maheu, bijoutier-joaillier, p. 16, 18, 41.
Maillet, sculpteur, p. 284.
Mainfroy, bijoutier, p. 312.
Malaret (Baronne de), p. 97.
Manès (M*me*), p. 104.
Manteuffel (Maréchal de), p. 347, 348.
Mantoux, bijoutier, p. 644.

INDEX ALPHABÉTIQUE

* Marchand aîné (Édouard), bijoutier, p. 72, 74, 159, 160.
Marest (Jules), bijoutier, p. 196, 615.
Marie (Auguste), bijoutier, 579, 580.
Marie (Charles), bijoutier-joaillier, p. 578, 579, 580, 582, 638.
Marioton (Claudius), ciseleur, p. 470.
* Marrel (Les frères), bijoutiers, p. 20, 74.
* Marret (frères), joailliers, p. 356 à 360, 362, 364, 440, 454, 588 à 593, 615.
Marret (Alfred), bijoutier, p. 360.
Marret (Auguste), orfèvre, p. 359.
Marret (Charles), joaillier, p. 302, 356, 357, 359, 360, 364.
Marret (Ernest), joaillier, p. 360, 362, 675.
Marret (Hippolyte), joaillier, p. 356 à 358, 360.
Marret (Justin), fabricant d'ordres, p. 358, 360.
Marret (Paul), joaillier, p. 302, 359, 360, 364.
Marret (Pierre), bijoutier, p. 359, 360.
Marret et Baugrand, joailliers, p. 120, 150, 302, 359.
Marret et Jarry, joailliers, p. 120, 190, 313, 358 à 363, 442, 454, 526, 549.
Martel (Hippolyte), bijoutier, p. 182, 362, 388, 389.
* Martial-Bernard (Charles), bijoutier, p. 414, 668.
* Martincourt, bijoutier, p. 312.
Martincourt (E.), bijoutier, p. 562.
Martincourt (Henri), joaillier, p. 621.
Marx (Roger), critique d'art, p. 763.
* Massin (O.), joaillier, p. 30, 85, 88, 91, 96, 167, 182, 212 à 243, 251, 252, 263, 296, 300 à 308, 354, 416, 422, 424, 471 à 490, 504, 505, 527, 614, 750.
Masson, sculpteur, p. 122.
Mathilde (Princesse Bonaparte), p. 6 44, 45, 103, 160, 320, 496, 544.
Mauboussin, bijoutier, p. 643.
Maudoux, bijoutier, p. 66.
Mauguin, architecte, p. 344.
Meissonier (Ernest), peintre, p. 458.

* Mellerio-Borgnis, joaillier, p. 573.
* Mellerio-Meller, joailliers, p. 40, 67 à 74, 120, 150, 189, 277, 287, 307, 326, 522.
Membré (Ernest), émailleur, p. 664.
Menu (Alfred), bijoutier, p. 362, 397, 442, 443, 446, 447, 454, 456.
Menu (Michel), bijoutier, p. 456.
* Mercier, ciseleur-orfèvre, p. 296, 496.
Merson (Luc-Olivier), peintre, p. 516, 520.
Metternich (Princesse de), p. 104.
* Meurice, orfèvre, p. 66. (Voir Froment-Meurice.)
* Meurice (Paul), littérateur, p. 66.
Meusnier (Henri), bijoutier, p. 366.
Meyer (Alfred), émailleur, p. 80, 302, 373, 496.
* Meyer (Édouard), bijoutier, p. 458.
Meyer-Heine, bijoutier, p. 264.
Michaut, ciseleur, p. 382, 469, 496.
Mignolet et Baugrand, joailliers, p. 300.
Millet (Aimé), statuaire, p. 496, 674.
Moche (J.), bijoutier, p. 606, 615, 644.
Mollard, bijoutier et émailleur, p. 418, 419, 644.
Molly, émailleur, p. 296.
Montebello (Comtesse de), p. 97.
Montezer, ouvrier joaillier, p. 16.
Monthiers, bijoutier, p. 549.
Monzer, ouvrier bijoutier, p. 260.
Moreau, joaillier, p. 448, 645. (Voir Basset.)
Moreau-Vauthier, sculpteur, p. 502.
* Morel (Jean-Valentin), bijoutier, joaillier, orfèvre, p. 110, 120, 122, 164, 251, 332.
* Morel (Prosper), orfèvre, joaillier, p. 307, 600.
* Morel (Valentin), lapidaire, p. 183.
* Morel et Duponchel, orfèvres-joailliers, p. 283.
* Morel-Ladeuil (Léonard), p. 27.
Morgan (Edgar), bijoutier, p. 546.
Morris (William), peintre anglais, p. 752.
Mouchon, dessinateur, p. 711.
Mouchy (Duchesse de), p. 55, 104.

Mucha (Alphonse), dessinateur, p. 624 à 627, 764.
Murat (Charles), bijoutier, p. 374, 604.
Musard (Mme), p. 106, 270.
Muzet, député, p. 700.

Nadaud, sculpteur, p. 467.
Nattan (Georges), joaillier, p. 252, 264.
* Nattan (Hippolyte), joaillier, p. 263, 264, 401.
* Névillé, dessinateur, graveur, p. 243.
Nicolau, bijoutier, p. 264.
* Nitot (Étienne), joaillier, p. 20, 182, 603.
Nocq (Henry), sculpteur, bijoutier, publiciste, p. 550, 645.
Nodiot, ciseleur, p. 470.
Noury, bijoutier, p. 643.

Obiols, bijoutier, p. 645.
* Obry (Hubert), ciseleur, p. 38.
* Odiot, orfèvre, p. 128, 467.
Ogez, bijoutier, p. 310.
* Olive (Émile), p. 496, 528 à 534. (Voir Fonsèque et Olive.)
Oms, ciseleur, p. 496.
* Orléans (Duc d'), p. 3.
Orseni, ouvrier bijoutier, p. 496.
Ory-Robin (Mme), p. 744.
Osterberg, ouvrier joaillier, p. 479, 482.
Otero (Mlle), p. 568, 569, 570.
Otterbourg, bijoutier, p. 310, 530.
* Ouizille et Lemoine, joailliers, p. 40.
Owen-Jones, ornemaniste, p. 490.

Pagerie (Duc et Duchesse de la), p. 104.
Paget, négociant en diamants, p. 615.
Paillet, miniaturiste, p. 416.
Païva (Comtesse de), p. 106, 342, 346. (Voir Henckel de Donnersmarck.)
* Papegay, bijoutier, p. 440.
Paris (Comtesse de), p. 144.
Patout, bijoutier et émailleur, p. 644.
Patti (Adelina), cantatrice, p. 330.
* Paul frères, bijoutiers, p. 120.
Paul (Eugène), bijoutier, statuaire, p. 286.
Payen, bijoutier, p. 120, 122.
Péconnet, bijoutier, p. 543.

Peck (Prosper), bijoutier-joaillier, p. 190, 198.
Peck-Olivier, fabricant d'ordres, p. 360.
Pelletier, joaillier, p. 296, 644.
Petit fils (Auguste), bijoutier, p. 694.
Petit (Jacques), bijoutier, p. 180, 188, 190, 259, 271, 281.
Petit et Wampflug, relieurs-doreurs, p. 296.
* Petiteau fils (Eugène), p. 47, 94, 397.
Peureux, orfèvre et ciseleur, p. 470.
Peyre (Jules), dessinateur, p. 375.
Philippe fils (Carl), bijoutier, p. 197.
Philippe (Émile), bijoutier, p. 211, 522.
Philippi (Frédéric), bijoutier, p. 193 à 198.
Phillips, bijoutier de Londres, p. 150.
Picart, bijoutier, p. 180, 193.
Picard (Georges), peintre, p. 736.
Picot (Théophile), bijoutier, p. 296, 456, 458.
Piel, bijoutier en imitation, p. 347, 612.
Pierres (Baronne de), p. 97.
Pierson (Mlle), artiste dramatique, p. 731.
Piétri, secrétaire de l'Impératrice, p. 4.
Pinard, bijoutier, p. 372, 374.
Plessier (E.), ouvrier joaillier, p. 307.
Plisson et Hartz, bijoutiers, p. 561, 563, 564 à 566.
Point, ciseleur, p. 496.
Poisson (Baronne), p. 104.
Pommayrac (De), miniaturiste, p. 54, 89.
Popelin (Claudius), émailleur, p. 80, 496.
* Pouget, joaillier, p. 219.
Pourée, bijoutier, p. 252, 644.
Pourtalès (Comtesse de), p. 104, 325, 731.
* Poussielgue-Rusand, orfèvre, p. 32.
* Pradier, statuaire, p. 22.
Prégnot, dessinateur, p. 548.
Prévateau, ciseleur, p. 388.
Prouvé (Victor), peintre et sculpteur, p. 556, 558.
Provost-Blondel, graveur, p. 648.
* Prud'hon (P.-P.), peintre, p. 128.
Pye, ciseleur, p. 496.

INDEX ALPHABÉTIQUE

Quillot, lapidaire, p. 296.
Quinton, sculpteur, ciseleur, p. 504, 586.

Rabanit, orfèvre, p. 576.
* Rambert, dessinateur-graveur, p. 286.
Rambour, bijoutier, p. 608, 615, 646.
Radius (Georges), joaillier, bijoutier, p. 402.
Rault (Louis), ciseleur, p. 401, 459 à 466.
Ravaut (Ch.), joaillier, p. 700.
Reed, p. 406, 408. (Voir Tiffany).
Réfauvelet, bijoutier, p. 644.
* *Régent* (Le diamant le), p. 138.
Reiber (Th.), dessinateur, p. 150.
Reintjens (Charles), joaillier à Liège, p. 212.
Reister, dessinateur et graveur d'ornement, p. 182.
Renn, joaillier, p. 643, 694.
Rey, bijoutier, p. 538.
Richard (P.), ciseleur, p. 435, 436.
Richet, émailleur, p. 176.
Ricketts (Charles), dessinateur anglais, p. 752.
Riffault, émailleur, p. 168, 294, 296, 353, 418, 419.
Rinzi, bijoutier, p. 548.
Riondelet, bijoutier, p. 356, 360.
Riou (Mme veuve), chaîniste, p. 322.
Riquet, émailleur, p. 650.
Rivaud (Charles), bijoutier, p. 556, 557, 558.
Rivet, graveur en médailles, p. 562.
Rivière (Henri), peintre, p. 762, 764.
Robert, ouvrier joaillier, p. 218.
Robert (Henri), joaillier, p. 622, 623.
Robin (Alfred), bijoutier (Chabannais), p. 444.
* Robin (Aristide, dit Joureau), bijoutier, p. 74, 76, 78.
Robin (Charles) (Gueudet), bijoux, camées, p. 444, 446.
Robin (Édouard), bijoutier, p. 267.
* Robin père (Jean-Paul), bijoutier, p. 200, 246, 248, 251 à 255, 257, 259, 262, 267, 310, 538 à 540.
Robin (Maurice), bijoutier, p. 645.
* Robin fils (Paul), bijoutier, p. 241, 260, 267, 268, 350, 357, 462, 522 à 524.
Rochefort (Henri), p. 331.
Rodanet, horloger, p. 606.
Rodier, éventailliste, p. 253.
Rodin (Auguste), statuaire, p. 764.
Rometin, bijoutier, p. 319, 643.
Rosetti (Dante Gabriel), peintre anglais, p. 752.
* Rossigneux (Charles), architecte ornemaniste, p. 150, 280, 404.
Rottembourg, bijoutier p. 644.
Roty (Oscar), graveur en médailles, p. 557, 558, 718.
* Rouillard (P.), sculpteur, p. 270, 674.
Routhier, émailleur, p. 504.
* Rouvenat (Léon), bijoutier-joaillier, p. 20, 88, 120, 180, 214 à 216, 251, 288 à 298, 307, 312, 375, 380, 381, 610.
Rouzé (Louis), joaillier, p. 436, 522.
Royer, bijoutier, p. 440.
Rozet (René), sculpteur, p. 599, 666.
* Rudolphi, bijoutier, p. 20, 27, 118, 150, 196.
Ruprich-Robert, architecte-décorateur, p. 674.
Ruskin (John), littérateur anglais, p. 752.

Saint-Yves, bijoutier, p. 645.
Sainte-Claire Deville, chimiste, p. 285-286.
Salis (Rodolphe), p. 762.
Salmson, sculpteur, p. 522.
Samper, bijoutier-joaillier, p. 233, 592.
Sandoz père (Gustave), horloger-bijoutier, p. 604 à 608.
Sandoz fils (Gustave-Roger), bijoutier, p. 607 à 610.
Sarah-Bernhardt, p. 415, 624, 714, 718, 746, 764.
* Savard, bijoutier, p. 607.
Schneider (Hortense), actrice, p. 106, 330, 335.
* Schœnewerk, statuaire, p. 210, 211.
Schwabe (Carlos), peintre, p. 764.
Séguin (Mme), p. 104.
Sellières (Baron), p. 277.
Serres, bijoutier, p. 252.

* Sévin (Constant), décorateur, p. 150.
Silvano frères, bijoutiers, p. 322.
Simart, sculpteur, p. 128, 131.
Simond (Charles), publiciste, p. 58, 334.
Smets (Henri), bijoutier, p. 180.
Smets fils (Léon), bijoutier, p. 180.
Smith, bijoutier à Londres, p. 262.
Solié, bijoutier, 645, 651.
* Sollier frères, émailleurs, p. 302.
Sorel (Mlle Cécile), artiste dramatique, p. 743.
* Soufflot père (François), joaillier, p. 621, 622.
Soufflot (Henri), orfèvre, p. 623.
Soufflot fils (Paul), bijoutier-joaillier, p. 364, 431, 595, 622, 623, 683.
* Soulens (Eugène), p. 354, 534 à 540.
Soyer, émailleur, p. 650.
Steinlen, peintre, p. 762.
Stern, graveur, p. 32.
Subinger, bijoutier, p. 30.

Tard, émailleur, p. 80, 302, 456, 491, 496.
Templier (Alexandre), bijoutier, p. 565, 620. (Voir Fontana.)
* Templier (Charles), bijoutier, p. 618, 620.
Templier (Eugène), p. 620.
Templier (Henri), bijoutier-joaillier, p. 310, 578, 620.
Templier (Hippolyte), éventailliste, p. 619.
Templier (Joseph), joaillier, p. 620.
Templier (Jules), bijoutier, p. 566, 620. (Voir Fontana.)
Templier (Louis), bijoutier, p. 620.
Templier (Paul), joaillier, p. 619 à 622.
Téterger fils (Henri), bijoutier, p. 616, 645, 762.
* Téterger père (Hippolyte), bijoutier, p. 436, 645.
Thérésa, chanteuse, p. 111, 112, 331.
Thesmar (Fernand), émailleur, p. 650.
Thiénot, ciseleur, p. 730.
Thiers, Président de la République, p. 355, 522.
* Thomire, bronzier et ciseleur, p. 128.

Tiffany, orfèvre-joaillier, p. 220, 406, 761.
Tiffany fils (Louis-C.), verrier, p. 767.
Tissot, graveur, damasquineur, p. 456, 457, 458.
* Tixier, bijoutier-joaillier, p. 396.
Tonnelier, bijoutier, p. 617.
Topart, perles fausses, p. 136.
Tottis, joaillier, p. 219, 220, 306, 482.
Touay (Hippolyte), joaillier, p. 304, 482.
Tourrette, émailleur, p. 504, 650.
Touyon (Antoine), bijoutier, p. 582.
Touyon et Stensmaght, bijoutiers, p. 582.
Traus, contremaître, p. 527.
Trouvé, bijoux électriques, p. 309.
Truchy, perles fausses, p. 136.
Turquet, orfèvre, p. 522.

Vacherot, bijoutier, p. 296, 454.
Vaguer (Léon), joaillier, p. 644, 646.
Vallgren (Victor), sculpteur-ciseleur, p. 767.
Van de Velde (Henri), décorateur, p. 767.
Varangoz, lapidaire, p. 504.
Varenne, dessinateur, p. 697, 698, 700.
Varlet, dessinateur, p. 115, 264.
Vaubourzeix fils (Georges), joaillier, p. 182.
Vaubourzeix (Hippolyte), bijoutier, p. 182, 296, 389.
Vaudet, lapidaire, p. 552.
* Vechte, orfèvre, ciseleur, p. 120.
Verdier, cannes, p. 550, 570.
Verneuil (M.-P.), dessinateur, p. 649.
Vernier, sculpteur et médailleur, p. 470, 496, 532, 556 à 559.
Vernon, graveur en médailles, p. 558, 560, 562, 623.
Vever, bijoutier, joaillier, orfèvre, p. 318, 369, 373, 374, 469, 470, 504, 532, 562, 614, 652 à 689, 761, 767 à 769, 770, 772.
Vever (Ernest), bijoutier, joaillier, p. 303, 318, 652, 653, 654, 659 à 672, 674.

INDEX ALPHABÉTIQUE 793

Vever (Henri), joaillier, p. 672, 674, 678, 680, 682, 689.
Vever (Paul), joaillier, p. 664, 666, 672, 674, 678, 688, 689.
Vever (Pierre-P.), bijoutier, p. 652, 654.
* Viennot, joaillier, p. 20, 117, 214.
Viette, joaillier, p. 40, 117, 120, 215, 216, 218, 219.
Villain, ciseleur, p. 203.
Villain (Victor), sculpteur, p. 302.
Viollet-le-Duc, architecte, p. 50, 490, 753, 754.
Voisin, éventailliste, p. 253.
Vollet (Henry), dessinateur et peintre, p. 648, 662.
Vuilleret, bijoutier, p. 694.

* Wagner (Charles), bijoutier-orfèvre, p. 27.
Waldeck-Rousseau (Mme), p. 746.
Walewska (Comtesse), p. 104.
Waret (Samuel), dessinateur, p. 585.
* Wièse père (Jules), ciseleur, p. 118, 207, 211, 213.
Wièse fils (Louis), ciseleur, p. 211, 470.
Willemsens, p. 462.
Willette (A.), peintre, p. 762.
Winterhalter, peintre, p. 9, 42, 54, 96, 97, 99, 209, 224, 261, 273.
Wöhler, chimiste, p. 285.
Wølk, ouvrier joaillier, p. 482.

Yencesse, graveur en médailles, 562.

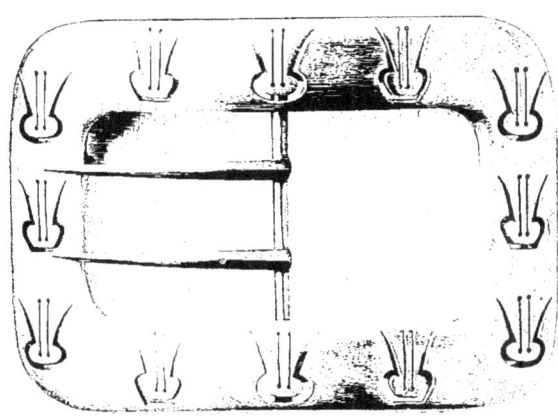

BOUCLE DE CEINTURE
par Camille Gueyton.

TABLE DES GRAVURES

	Pages
« La Force prime le Droit », médaillon (1871), par Paul Legrand	337
Broche à filets d'émail, perles et brillants	338
Bijoux « Alsace-Lorraine », avec emblèmes et devises patriotiques	339
Châtelaine en or repercé. Composition de J. Debut, exécution de Chalvet (maison Boucheron)	341
Médaillon avec émail peint, par E. Fontenay	342
Médaillon or mat, avec boutons de roses en perles roses, par Gay et Morgan	342
Modes de 1870	343
Bracelet manchette, par Crouzet (maison Boucheron)	344
Parure d'émeraudes et brillants, par Bapst (1872)	345
Croix « Alsace-Lorraine »	346
Boucle d'oreille émaux cloisonnés, par Falize	347
Médaillon émaux cloisonnés, par Falize	347
Pendant d'oreille en or, genre ferrure, par Chalvet (maison Boucheron)	348
Médaillon émaux cloisonnés, par Falize	348
Pendant de cou joaillerie et or (maison Deshayes)	349
Médaillon émaux cloisonnés, par Falize	349
Médaillons, par Paul Robin (1873)	350
Modes de 1872	351
Chaînes « Léontines » à glands et médaillons (1875)	352
Collier et demi-parure, avec émaux translucides, par Riffault (maison Boucheron)	353
Pendant de cou or mat et grenat cabochon, par Soulens	354
Pendant de cou coquille (vers 1875)	354
Châtelaine, par Fontenay (vers 1874)	355
Boucles d'oreilles étrusques, par E. Fontenay	356
Bracelet, par Émile Froment-Meurice. Composition de H. Cameré (1875)	365
Bracelets serpents, par Paul Robin	357
Médaillon brillants et perles (maison Marret frères et Jarry)	358
Pendants de cou camées et perles (maison Marret frères et Jarry)	359
Pendants d'oreilles en joaillerie (maison Marret frères et Jarry)	361
Pendant de cou saphirs et brillants (maison Marret frères et Jarry)	362
Broche joaillerie (maison Marret frères et Jarry)	362
Bracelets joaillerie et or (maison Marret frères et Jarry)	363
Châtelaine joaillerie avec émaux (maison Marret frères)	364
Collier « draperie » or et filigrane, par E. Fontenay (1875)	365
Mlle Latour parée de ses bijoux	366
Modes de 1874	367
Châtelaine en or, par E. Fontenay (1876)	368
Bracelets de joaillerie antérieurs à 1880 (maison Vever)	369
Bracelets rigides, or mat et pierres	370

Bracelets avec grenats cabochons	370
Mme Billy, en 1874	371
Broche et pendants d'oreilles éventail (maison Caillot, Peck et Guillemin).	372
Pendant de cou, émail d'Alfred Meyer (maison Vever)	373
Pendant de cou joaillerie et turquoise, par Gif	373
Médaillon en émaux cloisonnés, par Lucien Falize	374
Médaillon onyx et joaillerie (maison Vever)	374
Collier d'or, par E. Fontenay	375
Pendant de cou émeraudes, brillants et or émaillé, par les frères Fannière (1878)	376
Bijoux, par les frères Fannière	377
Grande châtelaine « Bianca Capello », par A. Fouquet (1878). Émaux de Béranger	379
Bracelet coquille et dauphins, par A. Fouquet (1878)	380
Diadème chimères en joaillerie, par A. Fouquet (1878)	381
Grande broche Renaissance. Composition d'A. Fouquet (1878). Émail de Grandhomme, sculpture de Carrier-Belleuse, ciselure de Michaut (Musée des Arts décoratifs)	382
Breloque sphinx en or ciselé, par A. Fouquet (1878). Ciselure de Brard (Musée des Arts décoratifs)	383
Modes de 1875	385
Diadème, par A. Fouquet (1883)	387
Bracelet Diane, par A. Fouquet (1885). Émaux par Grandhomme, sculpture de Carrier-Belleuse, ciselure d'Honoré (Musée des Arts décoratifs).	389
Bracelet manchette, guipure de Venise, par A. Fouquet (1878)	390
Mlle Doinel	391
Diadème pompéien en joaillerie, par A. Fouquet (1883)	392
Collier et demi-parure or et perles, par E. Fontenay (1878)	393
Bracelet en joaillerie, par A. Fouquet (1889)	395
Bracelet manchette en joaillerie (maison Boucheron)	396
Bracelet avec médaillon, par Menu (maison Boucheron)	397
Châtelaine. Composition de J. Debut (1875), pour l'Empereur de Russie (maison Boucheron)	398
Bracelet, joaillerie, perles et pierres. Genre de Crouzet (maison Boucheron).	399
Boucle d'oreilles en or, travail à la pince par Chalvet (maison Boucheron).	400
Médaillon, par J. Debut (maison Boucheron, 1878)	400
Châtelaine or ciselé, dessin de J. Debut (maison Boucheron, 1870-1886).	401
Pendant de cou, par J. Debut (maison Boucheron, 1878)	402
Collier avec partie retombante, par J. Debut (maison Boucheron, 1877)	403
Pendant de cou scarabée en grenat (maison Boucheron)	404
Collier, par J. Debut (maison Boucheron)	405
Pendant de cou grenat cabochon (maison Boucheron)	406
Pendant de cou (maison Boucheron)	406
Modes de 1876	407
Diadème lotus. Composition de Destape (maison Boucheron, vers 1876).	408
Rose épanouie, par Lœuillard (maison Boucheron)	409
Pendant de cou joaillerie et grenats (maison Boucheron)	410
Bracelet en émail rouge translucide, vers 1875-1880 (maison Boucheron).	410
Branches de capillaire en joaillerie, par Octave Lœuillard (maison Boucheron)	411

TABLE DES GRAVURES

Feuille de bananier, par Lœuillard (maison Boucheron)............	412
Grand collier saphirs et brillants. Composition de J. Debut (maison Boucheron, Exposition de 1878).....................	413
Bracelet joaillerie et cristal de roche (maison Boucheron)..........	414
Bracelets à motifs de joaillerie sur émail bleu (maison Boucheron)....	414
Collier de Mme Sarah Bernhardt. Composition de J. Debut (maison Boucheron, 1878)......................	415
Bracelet en émail « queue de paon » (maison Boucheron)..........	416
Bracelet pavé de diamants, avec décor d'émail (maison Boucheron)...	416
Bracelet « les Quatre Saisons », miniatures sur ivoire de Paillet (maison Boucheron, vers 1875-1880)..................	416
Feuilles en joaillerie, par Lœuillard (maison Boucheron)..........	417
Bracelet pâquerette en joaillerie, par Octave Lœuillart (maison Boucheron).	418
Branche de fuschias (maison Boucheron).................	419
Broches avec diamants gravés, par M. Bordinckx (3 fig.) (maison Boucheron).......................	420
Diadème en joaillerie (maison Boucheron).................	421
Branche de mimosa (maison Boucheron).................	422
Grappe de raisin, par Gallois (maison Boucheron, Exposition de 1889).	423
Diadème rubans (maison Boucheron)..................	424
Collier platane, avec tour de cou à ressort (maison Boucheron, 1885)..	425
Couronnette à décor de trèfles. Composition de Basset (maison Boucheron, Exposition de 1889)...................	426
Couronnette en joaillerie. Composition de Paul Legrand (maison Boucheron, Exposition de 1889)...................	427
Bijou de cou. Composition de J. Debut.................	428
Modes de 1878.....................	429
Grand pendant joaillerie et perles (maison Boucheron, Exposition de 1900).	430
Peigne en or ciselé, émaux et brillants (maison Boucheron, Exposition de 1900)........................	431
Insecte à ailes d'émail translucide (maison Boucheron)..........	432
Colliers en joaillerie (maison Deshayes, vers 1885).............	433
Boucle de ceinture (maison Boucheron, Exposition de 1900)........	434
Châtelaine « le Lierre », par E. Becker. Ciselure de P. Richard.....	435
Boîte d'allumettes en bois et or, par E. Becker (maison Boucheron, Exposition de 1900)......................	436
Ornement de cou. Composition de J. Debut...............	437
Broche avec diamant bleu et deux poires brillants blancs, valant 950.000 francs (maison Boucheron, Exposition de 1900).......	438
Modes de 1878.....................	439
Pendant de cou, grenat cabochon en joaillerie (maison Marret frères)..	440
Médaillon onyx et brillants (maison Marret frères)............	440
Collier de violettes en améthystes et joaillerie, composition de J. Debut.	441
Collier et bracelets à facettes en or lapidé, exécutés par Menu, pour Boucheron.....................	442
Broches en or ciselé. Sujets tirés des Fables de la Fontaine de Gustave Doré (maison Menu).....................	443
Épingles de chapeau en or ciselé (maison Menu).............	444
Bracelets souples en or ciselé (maison Menu)..............	445
Épingles de cravate (maison Menu)...................	446

Broches Renaissance en or ciselé, avec pierreries (maison Menu)..... 447
Épingles à chapeaux en joaillerie (maison Durbec).............. 448
Bracelets articulés en or, par E. Fontenay (1880)................ 449
Épingles de coiffure, par Desplantes........................ 450
Broches en or (maison Durbec)........................ 451
Boucle d'oreille or poli repercé, par Kuyl (maison Boucheron)...... 452
Pendant de cou or repercé poli, par Kuyl (maison Boucheron)...... 452
Modes de 1879................................... 453
Boucle d'oreille or rouge poli à maillons souples, par Menu....... 454
Châtelaine or poli à facettes, par Menu (maison Boucheron)........ 454
Colliers en joaillerie (vers 1880) 455
Médaillon en platine repercé sur émail bleu, par Tissot........... 456
Vase en acier incrusté d'or, par Tissot (maison Boucheron)........ 457
Bracelet en acier incrusté d'or, par Tissot (maison Boucheron)..... 458
Clowns en acier ciselé, par L. Rault (maison Boucheron)......... 459
Épingle de cravate, par L. Rault (maison Boucheron)........... 460
Arlequin en acier ciselé, par L. Rault (maison Boucheron)........ 460
Bijoux en or ciselé, par L. Rault........................ 461
Boutons de manchettes « les Quatre Saisons », par L. Rault (maison
  Paul Robin).................................... 462
Le Clown au caniche (acier pris sur pièce), par L. Rault (maison
  Boucheron) 463
« Fantasia », par L. Rault. Sculpté dans l'or fin (1893)............ 464
Modes de 1882 465
Bracelet manchette (2 fig.), par J. Brateau (maison Boucheron, Exposi-
  tion de 1878)................................ 466, 467
Plat d'étain, avec décor de noisettes, par Jules Brateau........... 468
Éventail en or repoussé, par Jules Brateau (maison Vever, 1889) (2 fig.). 469
Étui à cigarettes, par J. Brateau (maison Vever, Exposition de 1889). . . 470
Bracelet en joaillerie souple, dans le goût des broderies anglaises, par
  O. Massin (1878) 471
Bracelet articulé à palmes, genre persan, travail filigrané par O. Massin
  (1878).. 471
Croissants et arcs, diadème en joaillerie, par O. Massin........... 472
Broche serpent et perle grise de 143 grains, par O. Massin (1878) 472
La vitrine de O. Massin à l'Exposition de 1878................ 473
Rose thé en joaillerie, par O. Massin (1878).................. 474
Nœud de dentelle sur tulle en joaillerie, par O. Massin (1878)....... 475
Fleur de narcisse, joaillerie filigranée, par O. Massin (1878) 476
Modes de 1884 477
Feuilles de chêne et glands perles, application du filigrane à la monture
  du diamant, par O. Massin (1878)....................... 478
Bouquet de primevères. Travail en blanc, par O. Massin (1878) 479
Broche hibou, par O. Massin (1878). Perle noire de 145 grains 480
Les Dentelles de O. Massin à l'Exposition de 1878. 481
Diadème en joaillerie avec brillants poires, par O. Massin (Exposition
  de 1878) 482
Collier serpent, perles noire et blanche, par O. Massin (1889) 483
Ornement de coiffure, par O. Massin (1889).................. 484
Branche de liserons, par O. Massin....................... 485

TABLE DES GRAVURES

Broche coquille et algue en joaillerie, avec perle noire, par O. Massin (1889)	486
Devant de corsage, perles et brillants, par O. Massin	487
Ornement de corsage, par O. Massin (1889)	488
Modes de 1885	489
Bracelets souples en joaillerie, par O. Massin	490
Médaillons en émaux cloisonnés d'or, genre japonais, par Lucien Falize (1876), émaillés par Tard	491
Bijoux en émaux cloisonnés d'or, genre japonais, par Lucien Falize (1874)	492
Collier à double face, émaux cloisonnés sur paillons, par Lucien Falize (1880)	493
Châtelaine, émaux cloisonnés d'or, style japonais, par Lucien Falize (1876)	494
Diadème avec ferronnière, par Lucien Falize (1880)	495
Montre en or ciselé : « les Trois Parques », « Apollon et Diane », par Lucien Falize (1882), ciselure de Oms	496
Parure d'or ciselé, par Lucien Falize (1885), émaux de Grandhomme	497
Bracelet or ciselé avec médailles antiques, par Lucien Falize	498
Bracelets à devises, émaux cloisonnés sur paillons, par L. Falize (1890)	499
Pendants de col Renaissance, or, émaux et pierreries, par Lucien Falize (1886)	500
Pendants de col, or, émaux et pierreries, par Lucien Falize (Exposition de 1889)	501
Bracelets en or ciselé, par Lucien Falize (1890)	502
Collier de joaillerie et branche de mûrier sauvage, par L. Falize (1889)	503
Bracelet or ciselé, par Lucien Falize, émaux de Grandhomme (1890)	504
Pendant de col, « Saint Georges terrassant le dragon », or, émail et pierreries, par Lucien Falize (1890)	505
Boucle de ceinture à décor de lis émaillés, par Falize frères (1900)	506
Bracelets souples (maison Falize frères, Exposition de 1889)	507
Plaque de cou joaillerie et émail bleu (maison Falize frères, 1903)	508
Modes de 1886	509
Pendentif « Daphné » (maison Falize frères, 1900)	510
Collier et bracelet souple en joaillerie, par Lucien Falize (1892)	511
Tour de cou, figure voilée (maison Falize frères, 1899)	512
Chaîne à fleurs d'ancolie, par Lucien Falize (1895)	513
Peigne émail et opales (maison Falize frères, Salon de 1902)	514
Peigne gui (maison Falize frères, Salon de 1902)	515
Pendentif « Sylphide » (maison Falize frères, 1903)	516
Pendentif émaillé, par Lucien Falize (1896)	517
Plaque de cou émail et joaillerie (maison Falize frères, 1903)	518
Modes de 1887	519
Diadème en joaillerie (maison Mellerio dits Meller)	520
Diadème souple en joaillerie (maison Mellerio dits Meller)	520
Bijoux en or ciselé et émaillé, genre Renaissance, par Louis Wièse	521
Broche lézard, par Paul Robin	522
Broche hibou, par Paul Robin	522
Bijoux divers (maison Paul Robin)	523
Agrafes de ceinture (maison Paul Robin)	524

Châtelaine en or ciselé, par G. Le Saché.	525
Broche en joaillerie, par Le Saché	526
Châtelaine, par Le Saché, ciselure de Brateau	527
Broche brillants et émeraudes cabochons, par G. Le Saché	528
Broches en joaillerie. Composition de E. Olive (maison Fonsèque et Olive).	529
Face-à-main en joaillerie, par G. Le Saché.	530
Liane de Pougy (1892).	531
Broche grains de café (1885), broche raisin (1889) (maison Fonsèque et Olive).	532
Bracelets souples en joaillerie. Composition d'Émile Olive (maison Fonsèque et Olive).	533
Bracelet aux crabes, par A. Lefort (1888)	534
Bracelet souple « vannerie », par Édouard Caen (1882).	534
Pendant de cou en acier bleui et brillants (maison Arfvidson).	535
Groupe de treize fétiches, avec chainettes	536
Colliers et bracelets, par Auguste Lion	537
Broche brillants et saphir, par Georges Bled	538
Diadème joaillerie et perles, par E. Lecas (1889).	539
Diadème rubans en joaillerie, par Edmond Lecas.	540
Modes de 1892	541
Diadème en joaillerie, par E. Lecas (1889).	542
Bagues « modern style » en joaillerie (maison Péconnet, 1898 à 1900)	543
Pommes de cannes ciselées et émaillées (maison G. Jacta).	544
Agrafes de manteau en argent ciselé, par Erhart (1899)	545
Petite trousse de dame, or émaillé (maison G. Jacta).	546
Nécessaire de dame, or ciselé, gravé et émaillé (maison G. Jacta)	547
Étui à cigarettes en or ciselé, gravé et émaillé (maison G. Jacta).	548
Diadème (maison Paul Hamelin)	549
Broche, par Henry Nocq (1898).	550
Chaînes d'hommes dites « Régence » (maison G. Desbazeille).	551
Bagues d'hommes (maison G. Desbazeille).	552
Bijoux divers (maison G. Desbazeille)	553
Pendentif druidesse, par Joë Descomps	554
Bagues en or ciselé pour hommes.	555
Broche Diane, par Vernier (1886). Broche Parisienne, par Jules Chéret. Broche Printemps, par Vernier.	556
Broche, par Victor Prouvé. Broche ronde, par Dampt et Rivaud (1898). Broche, par Victor Prouvé (1898).	556
Bracelet du Centenaire, par O. Roty (1889) (Ch. Rivaud, éditeur).	557
Les Quatre Arts. Composition de Vernier (maison G. Desbazeille).	558
La Nuit (1899), Gallia (1897), l'Amour (1898). Médailles par E. Vernon. (J. Duval, éditeur).	558
Bracelet Gaulois, par Duval et Le Turcq (1890).	559
Développement agrandi du dé de la Reine Wilhelmine. Composition de E. Vernon (1900). (Maison J. Duval)	560
Dé de la Reine Wilhelmine. Id.	560
Broches en joaillerie : Paniers et attributs Louis XVI (maison Plisson et Hartz).	561
La Vierge des catacombes, par Julien Duval (1891). (Maison J. Duval et	

TABLE DES GRAVURES

Le Turcq)	562
Broche avec bas-relief d'ivoire, par Vernon	562
Bracelet « Faust » (maison G. Le Turcq, 1895)	563
Broches animaux en joaillerie et pierres de couleurs (maison Plisson et Hartz)	564
Chaînes « Régence » (maison Plisson et Hartz)	565
Broches chimères en or ciselé (maison Plisson et Hartz)	566
Ornement de corsage (maison Fontana frères, 1900)	567
La Belle Otero parée de ses bijoux	568
Devant de corsage en joaillerie de la Belle Otero	569
Bijou, émeraudes et brillants de la Belle Otero	570
Devant de corsage, plumes de paon en joaillerie (maison A. Aucoc, 1900)	571
Bracelet en or repoussé et ciselé, offert par la ville du Havre à Mme Félix Faure (1895). Exécuté par Camille Gueyton (2 fig.)	572, 573
Sautoir aux singes, par Camille Gueyton	574
Bijoux divers : boucles de ceinture, bagues, épingles, par C. Gueyton	575
Broche chauve-souris, par Camille Gueyton	576
Diadème, boucles, broches, bracelet, par Camille Gueyton	577
Broches couronnes en brillants (1890). Barrette de collier de chien (1894) (maison Ch. Marie)	578
Colliers à ferrets, diamants et rubis calibrés (maison Ch. Marie)	579
Bracelet, par Paul Frey (1895)	580
Bracelet feuilles de lierre, or et brillants, par Paul Frey (1895)	580
Modes de 1894	581
Étui à cigarettes en or, par Paul Frey	582
Aumônière hibou, cuir ciselé en or, par Paul Frey	583
Broche Phénix, par E. Froment-Meurice	584
Broche François Ier, par E. Froment-Meurice	584
Bracelet argent ciselé, par E. Froment-Meurice. Composition de Samuel Waret, exécution d'Auguste Ferni (vers 1900)	585
Collier joaillerie et émail (maison Émile Froment-Meurice, Exposition de 1900)	585
Ornement de ceinture en or. Composition et ciselure de Quinton. Camée en jaspe sanguin, par David (maison Froment-Meurice, 1889)	586
Pendant de col (maison Émile Froment-Meurice, 1900)	587
Ornement de corsage (maison Marret frères, Exposition de 1900)	588
Pendant de cou (maison Marret frères, Exposition de 1900)	589
Pendant de cou en joaillerie (maison Marret frères, Exposition de 1900)	590
Ornement de coiffure en brillants (maison Marret frères, Exposition de 1900)	591
Broche en joaillerie (maison Marret frères, Exposition de 1900)	592
Collier de chien, souple, plumes de paon (maison Coulon, Exposition de 1900)	592
Collier rubans joaillerie (maison Marret frères, Exposition de 1900)	593
Broche rose noire (maison L. Coulon, Exposition de 1900)	594
Ailes en joaillerie (maison Debut et Coulon, Exposition de 1889)	595
Ornement de corsage (maison L. Coulon, 1900)	596
Plume à tige flexible en diamants sertis sur aluminium (maison L. Coulon, Exposition de 1900)	597
Broche « enfants ». Bas-relief par E. Becker (1899) (maison Louis Aucoc)	598

51

Boucle de ceinture « art nouveau ». Composition de Landois (maison
    Louis Aucoc, 1899) 598
Broche jasmin (maison Louis Aucoc, 1899) 599
Broche émaillée (maison Louis Aucoc, 1899) 599
Broche bluets (maison Louis Aucoc, 1899). 600
Broche joaillerie et pierres de couleur calibrées (maison L. Aucoc, 1900). 600
Modes de 1895 601
Diadème rubans en joaillerie (maison Chaumet, Exposition de 1900). . 602
Collier rubis et brillants (maison Chaumet, Exposition de 1900) 603
Diadème navettes brillants et perles (maison Chaumet, Exposition de 1900). 604
Boucle de ceinture (maison Murat, 1900). 605
Boucle de ceinture (maison Chambin). 605
Réticule (maison Moche, 1900) 606
Boucle de ceinture : « Jeune fille aux iris » (maison Savard, 1900) 607
Broche en joaillerie (maison Gustave-Roger Sandoz, 1900) 607
Pendentif (maison Rambour, 1900) 608
Pendant de cou « lyre » (maison Gustave-Roger Sandoz, 1900) 608
Mlle Demarsy (1897) 609
Broche en joaillerie (maison Desprès, 1900) 610
Pendant de cou (maison Desprès, 1900) 610
Pendant (maison Desprès, 1900) 610
Broches et pendants de cou en joaillerie (maison Desprès, 1900) 611
Broche (maison Desprès, 1900) 612
Broche (maison Piel, 1900) 612
Broche, par Maurice Dufrène 612
Collier avec améthystes, olivines calibrées et brillants (maison Bou-
    cheron, 1900) 613
Plaque de cou Louis XVI, joaillerie sur platine, par G. Falguières. . . . 614
Broche libellule, par G. Falguières (1900). 615
Bracelet danseuses (maison Henri Téterger, Exposition de 1900). 616
Pendentif égyptien, or ciselé et émaillé (maison Gariod, 1901) 617
Pendant de cou : ivoire, émail, perles et brillants (maison Gariod, 1900). 618
Bagues en or. Composition de Th. Lambert (Salon de 1901, maison
    Paul Templier) 619
Boucle de ceinture. Composition de Th. Lambert (Salon de 1901,
    maison Paul Templier). 620
Broches. Composition de Th. Lambert (Salon de 1901, maison Paul
    Templier). 621
Pendant de cou joaillerie, par Paul Templier (1901) 622
Broche avec bas-relief ivoire, par Joë Descomps. 622
Broche en joaillerie, par Paul Soufflot (1900) 623
Bourse « le Rêve », par Vernon (maison J. Duval). 623
Chaîne avec ferrets d'émaux et opales (maison Georges Fouquet, 1899) . 624
Grande broche, émaux et pierres, avec breloques, par Georges Fouquet.
    Composition de A. Mucha (1900). 625
Pendant de cou : opales, émaux, pierreries (maison G. Fouquet, 1899) . 626
Intérieur du magasin de M. G. Fouquet. Décoration par Mucha (1901) . 627
Pendant de cou (maison Georges Fouquet, 1900). 628
Ornement de corsage joaillerie, émail et perles (Salon de 1901, maison
    Georges Fouquet). 629

TABLE DES GRAVURES

Broche frêlon. Composition de Desroziers (maison Georges Fouquet). . 629
Pommes de cannes et d'ombrelles (maison Lucien Gaillard, 1900). . . . 630
Modes de 1898 631
Plaque de cou en corne, avec émaux, ciselure, etc. (maison L. Gaillard). 632
Plaques de collier (maison Lucien Gaillard). 632
Peigne fleur de pêcher, peigne platane, peigne pavot (maison L. Gaillard). 633
Boucle de ceinture « art nouveau », par G. Le Turcq. 634
Broches, flacon « art nouveau », par E. Colonna (1900) (maison Bing). . 635
Pendant de cou, par Ch. Boutet de Monvel (Salon de 1903). 636
Pendant de cou émaillé, par L. Houillon 637
Plaque de cou sirène, par Henri Dubret. 637
Boucle de ceinture violettes. Composition de Landois (1899) (maison
  Bricteux). 638
Plaque de cou se portant sur un velours (maison Ch. Marie, de 1892 à
  1900) 638
Mlle Lucy Gérard (1898) 639
Pendant de cou, par E. Feuillâtre 640
Spécimens de motifs émaillés pour sautoirs, par E. Feuillâtre (1900) . . 641
Boucle de ceinture, or ciselé (maison Georges Brunet). 642
Modes de 1900 643
Broche joaillerie (maison Léon Vaguer) 644
Collier en ivoire, or et émaux, « plaisir champêtre », par René Foy
  (Exposition de 1900) 645
Bagues, par Paul Liénard (1905) 645
Plaques de cou glycines, par G. Falguières 646
Bagues (maison G. Le Turcq, 1900) 646
Plaque de cou, violettes émail, par Gaston Laffitte 647
Bagues (maison G. Le Turcq, 1900) 647
Corsage boléro en joaillerie : émeraudes, rubis, perles, turquoises et
  diamants, exécuté pour Mlle Faguette (1901). 648
Mlle Trouwahowna (1904) 649
Pendant de cou or et émeraudes, par E. Colonna (1900) 650
Pendant de cou (maison Bricteux, 1899) 650
Pendant de cou en or, émail rouge et œil-de-chat, par E. Colonna (1900). 651
Pendant de cou (maison Solié) 651
Breloques : psyché, lampe Carcel, huilier, par E. Vever (avant 1855). . 652
Breloques en or et argent : canons, mortiers, etc., par E. Vever (1860) . 653
Collier souple, franges perles et brillants (maison Vever, Exposition
  de 1878) 654
Collier assyrien en or mat (maison Vever, Exposition de 1878) 655
Monogramme or ciselé (maison Vever, 1891) 656
Collier souple, perles et brillants (maison Vever). 656
Branche de muguet en joaillerie (maison Vever, Exposition de 1889). . . 657
Boucle de ceinture : glycine en améthystes sculptées et or émaillé
  (maison Vever, 1897). 658
Bouquet de joaillerie (maison Vever, Exposition de 1889). 659
Boucle de ceinture : iris, émaux translucides et émaux dépolis (maison
  Vever, 1897). 660
Peigne iris en émaux translucides (maison Vever, 1897). 661
Pendant de cou émaillé. Composition de H. Vollet (maison Vever, 1899). 662

Boucle de ceinture: jasmin d'Espagne émaux mats (maison Vever, 1898). 663
Diadème « Monnaie-du-pape », opales et diamants (maison Vever, Exposition de 1900).................................. 664
Broches et pendants de cou, avec émaux mats. Médailles de L. Bottée (maison Vever, 1898)................................. 665
Épingle à chapeau (maison Vever, 1900)..................... 666
Pendant de cou « le Parfum ». Composition de René Rozet (maison Vever, 1900).. 666
Pendant de cou joaillerie et émaux transparents sur or ciselé (maison Vever, Exposition de 1900)............................. 667
Pendant de cou « Poésie » : or, ivoire et émaux. Composition de E. Grasset (maison Vever, Musée des Arts décoratifs)......... 668
Broche « apparitions » : or, ivoire, émaux, pierres cabochons. Composition de E. Grasset (maison Vever, Musée du Luxembourg)...... 669
Broche Marguerite. Composition de E. Grasset (maison Vever, Musée de Tokio)... 669
Boucle de ceinture paon, or et émail, cornalines. Composition de E. Grasset (maison E. Vever, 1900)....................... 670
Peigne cyclamen : feuilles d'ivoires avec taches d'opales, fleurs en émail translucide (maison Vever, Exposition de 1900)........... 671
Pendant de cou: femme en ivoire, émaux et brillants (maison Vever, 1900). 672
Devant de corsage en joaillerie (maison Vever, Exposition de 1900)... 673
Pendant de cou « Bretonne » : joaillerie, émaux, ivoire, corail (maison Vever, 1900).. 674
Pendant de cou « Bretonne » : opales sculptées, émaux, diamants (maison Vever, Exposition de 1900)...................... 675
Pendentif « Sylvia »: agate sculptée, diamants et émail (maison Vever, 1900). 676
Boucle de ceinture « Syracuse », or émaillé (maison Vever, Exposition de 1900).. 677
Diadème plume de paon, diamants et opales (maison Vever, Exposition de 1900).. 677
Pendant de cou, émaux et perles longues (maison Vever, 1900)..... 678
Peigne feuilles de chardon, émaux translucides dépolis (maison Vever, Musée des Arts décoratifs de Breslau).................... 679
Pendant de cou or émaillé (maison Vever, 1900).............. 680
Pendant de cou : paon, émaux et opales (maison Vever, 1900)...... 680
Grand ornement de corsage libellules, diamants et rubis (maison Vever, Exposition de 1900).................................. 681
Pendant de cou « la Sirène et la Vague », émaux mats et translucides (maison Vever, 1900).................................. 682
Pendant de cou « ancolies », joaillerie et émail (maison Vever, Exposition de 1900).. 683
Pendant de cou opale, émaux et joaillerie (maison Vever, 1901).... 684
Plaque de cou pommes de pin, or ciselé et émaillé (maison Vever, 1902). 685
Plaque de cou en joaillerie (maison Vever, 1901).............. 685
Pendant de cou Louis XVI, diamants et saphirs (maison Vever).... 686
Pendant de cou, émaux transparents (maison Vever)........... 687
Pendant de cou « oxalis », émaux transparents (maison Vever)..... 687
Pendant de cou, émaux dépolis et perle longue (maison Vever).... 688
Broche émeraude et brillants (maison Vever)................. 689

TABLE DES GRAVURES

Broches or mat et joaillerie. Dessin de Lalique (1882)	690
Pendant de cou en joaillerie. Dessin de Lalique (1883)	690
Broches de fantaisie, or mat et joaillerie. Dessin de Lalique (1883)	691
Branche d'églantier. Dessin original de Lalique (1883)	692
Marguerite en joaillerie. Dessin de Lalique (1884)	693
Branche de géranium. Dessin de Lalique (1884)	694
Araignée en joaillerie. Dessin de Lalique (1884)	695
Bracelet souple en joaillerie, broche sauterelle. Dessin de Lalique (1884)	695
Épi de blé en joaillerie. Dessin de Lalique (1885)	696
Broches en or ciselé, par Lalique (1888)	697
Broche nœud de tulle or mat, bordé de joaillerie, par Lalique (1889)	697
Oiseaux chanteurs, par Lalique (1889)	698
Dessin de bracelet, par Lalique (1891)	698
Bouquet de joaillerie, par Lalique (1890)	699
Broches, par Lalique (1893) (3 fig.)	700
Broche chardon, or et émeraudes cabochons, par Lalique (1894)	701
Broche mimosa en joaillerie, par Lalique (1892)	701
Collier « éclaboussures » en joaillerie, par Lalique (1894)	702
Broche Renaissance, par Lalique : joaillerie, améthystes, opales (Salon de 1895)	703
Pendant de cou en joaillerie, genre Renaissance, par Lalique (1895)	704
Peigne en corne, paons sur rosace d'opales, par Lalique (1898) (Musée des Arts décoratifs)	705
Boucle iris émaillés, par Lalique (Salon de 1897)	706
Bracelet iris : émaux mauves et violets nuancés sur fonds d'opales, par Lalique (Salon de 1897)	707
Plaque de collier émail et joaillerie, par Lalique (1898) (Musée du Luxembourg)	707
Pendant de cou, par Lalique (Salon de 1898)	708
Pendant de cou : paons émail blanc et émeraudes, par Lalique (Salon de 1898)	708
Devant de corsage, par Lalique (Exposition de 1900)	709
Pendant de cou : femme en agate sculptée, chevelure d'or, iris émaillés, par Lalique (Salon de 1898)	710
Ferrets de chaîne émaillés, par Lalique (Salon de 1898)	711
Broche, par Lalique (1898)	712
Bracelet chauve-souris émail bleu, étoiles en diamants, par Lalique (1898)	712
Peigne en corne à décor d'ombelles, par Lalique (1898)	713
Boucle de ceinture, par Lalique	714
Une Parisienne en 1900	715
Broche, par Lalique (1899)	716
Parure de corsage : tête en agate sculptée, chevelure en or repercé, ornée de fleurs en diamants, par Lalique (Salon de 1898)	717
Boitier de montre en émail, par Lalique (Musée des Arts décoratifs)	718
Peigne d'ivoire, guirlandes de fleurs en or, émail et diamants, par Lalique (1898)	719
Pendant de cou : bas-relief en chrysoprase, pommes de pin en émail vert s'harmonisant avec l'or du bijou, par Lalique (1900)	720
Grand diadème en aluminium, avec bas-relief en ivoire. Exécuté en 1899 par Lalique pour Mme Bartet (rôle de Bérénice)	721

Pendant de cou, par Lalique (1900) 722
Ornement de corsage libellule, émaux translucides, par Lalique (Exposition de 1900) 723
Broche émaillée, par Lalique (1899) (Musée des Arts décoratifs) 724
Ornement de tête : coq tenant dans son bec un gros diamant, par Lalique (Exposition de 1900) 725
Pendant de cou en or, par Lalique (1900). 726
Épingle à chapeau : guêpes d'émail sur un fruit d'opale, par Lalique (1900). 727
Grand ornement de corsage : serpents émaillés et perles, par Lalique (1900). 728
Ornement de corsage : serpents émaillés, par Lalique (Exposition de 1900). 729
Bague, par Lalique (1900). 730
Flacon, par Lalique 730
Collier noisettes, par Lalique (Musée des Arts décoratifs) 731
Bague et broche, par Lalique. 732
Peigne, par Lalique 733
Broche : figures en ivoire, serpents émaillés, par Lalique (1900) 734
La vitrine de Lalique à l'Exposition de 1900 735
Broche paon émaillé, par Lalique (1901) (Musée des Arts décoratifs). . . 736
Dague en corne de rhinocéros sculptée, par Lalique (1901) 737
Bracelet : noisettes d'opales à involucres d'or, feuilles d'argent, tiges d'émail violet, par Lalique (1902) 738
Pendant de cou ivoire, améthystes, émail, par Lalique (1902). 739
Broche bourdon : cristal gravé et émail, par Lalique (1905) 740
Peigne « pensée fanée », en corne sculptée et or, par Lalique (1901) . . . 741
Broche : guêpes et fruits émaillés, sur des panneaux de cristal appliqués sur fond d'or, par Lalique (1904) 742
Mlle Cécile Sorel (1906) 743
Broche poissons, émail bleu pâle, par Lalique (1905) 744
Peigne papillons en corne et émail, par Lalique (1905) 745
Pendant de cou or vert et émail, par Lalique (1901) 746
Broche poissons émaillés, par Lalique (1905). 747
Pendentif, par G. Le Turcq (1902) 749
Pendant de cou or vert, perles et brillants, par Lalique (1901) 750
Boucle de ceinture, par G. Le Turcq (1901) 751
Pendant de cou : violettes en améthystes et brillants, par P. Liénard (1904). 752
Broche émail et perles, par Georges Fouquet (1901) 753
Pendant de cou perles et émail, par Paul Liénard (1903) 754
Peigne ombelles, par Lucien Gaillard (Salon de 1904). 755
Épingle de coiffure, par Paul Liénard (1905) 756
Collier aux libellules, émaux translucides et joaillerie, par G. Fouquet (1904)................................. 757
« Le Vol de la pierre » : broche en cristal gravé et émail, saphir blanc au centre, par Lalique (1904) 758
Peigne en corne sculptée et teintée, par Lalique (1905) 759
Broche avec cristal gravé, par Lalique (1906). 760
Pendant de cou joaillerie et saphirs, par Vever (1906) 761
Pendant de cou opales et brillants, par Henri Téterger (1907) 762
Bracelets souples émaillés, par E. Feuillâtre 763
Broche aux libellules, or émaillé, bas-relief en verre (1905); broche à feuillage d'émail et fruits de cristal mat (1903), par Lalique 764

TABLE DES GRAVURES

Pendant de cou : épis d'avoine en joaillerie, centre rubis, monture platine, par Vever (1907).	767
Broche en joaillerie, par Vever (1907)	768
Pendant de cou papillons : émeraude cabochon, joaillerie et émail bleu, par Vever (1907).	769
Pendant de cou en joaillerie platine, par Vever (1907).	770
Broche à fleurs de cristal émail et perles, par P. Liénard (Salon de 1908).	771
Pendant de cou bourdons, or ciselé, par Vever (1908).	772
Pendant de cou érable, émail, diamants, émeraudes et perle, par Georges Fouquet (1906)	773
Broche libellules émaillées, par Paul Liénard (Salon de 1908)	774
Broche émail, perles blanches et noires, par Paul Liénard (Salon de 1908).	774
Grande broche plumes de paon émail blanc, par Lucien Gaillard (1906).	775
Broche en joaillerie et perles, par Paul Liénard (Salon de 1908).	776
Cigales or et émail, par Lalique (1907)	777
Broche guêpes émaillées, par Lalique (Salon de 1908).	778
Peigne hirondelles en corne sculptée, par Lalique (Salon de 1908).	779
Boucle de ceinture, par Camille Gueyton	793

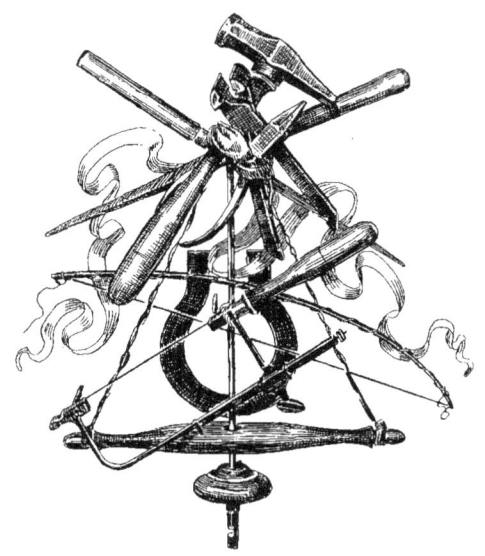

TABLE DES MATIÈRES

LA TROISIÈME RÉPUBLIQUE

	Pages
La guerre et la Commune. — Plus de parures, plus de numéraire. — Les bijoux personnels de l'Impératrice et la Païva, comtesse de Donnersmarck. — Bijoux patriotiques ; un défi de Manteuffel. — Vitalité de la France ; les étrangers reviennent à Paris	337 à 350
Apparition des diamants du Cap ; la transformation de la joaillerie. — Quelques joailliers : les Marret ; Alphonse Fouquet ; scènes de la vie d'atelier	350 à 395
Boucheron et ses collaborateurs : les dessinateurs Jules Debut, Paul Legrand, Lucien Hirtz. — Lœulliart. — Menu. — Tissot	395 à 461
Les maîtres ciseleurs : Louis Rault, Jules Brateau	461 à 470
Massin et la joaillerie aux Expositions de 1878 et de 1889	470 à 484
Lucien Falize. — Ses préférences pour l'émail et la ciselure. — Il s'associe avec Germain Bapst. — Les frères Falize. — Quelques collaborateurs de Falize : Le Saché ; Olive	484 à 534
Soulens ; Jacta ; Jarry ; Desbazeille. — La médaille remplace le camée dans les bijoux. — Duval et Le Turcq. — Les graveurs en médailles : Vernon, Vernier, Bottée, etc.	534 à 563
Plisson et Hartz ; le bijou fantaisie. — Les Fontana. — Les Linzeler.	563 à 572
Quelques bijoutiers : Gueyton, Auger, les Lefebvre, Marie, Frey.	572 à 584
Émile Froment-Meurice. — Cartier. — Debut et Coulon. — Louis Aucoc	584 à 599
Chaumet. — Sandoz. — Després. — Un toast fantaisiste.	599 à 615
Georges Fouquet et Alphonse Mucha.	622 à 626
Ernest Gaillard. — Lucien Gaillard.	626 à 643
Maisons anciennes et nouvelles ; impossibilité de mentionner toutes celles qui le méritent. — Quelques dessinateurs et émailleurs	643 à 651
Vever à Metz, puis à Paris après 1870	651 à 689
Lalique. — Ses débuts. — Il reprend la maison Destape. — Son ardeur au travail. — Sa joaillerie. — Essais d'émail, de verre et de céramique. — Travaux pour Sarah Bernhardt. — Le Salon de 1895. — Le tour à réduire. — La corne, les perles baroques, l'opale, les pierres secondaires. — La figure humaine employée dans les bijoux. — Succès de Lalique à l'Exposition de 1900 ; sa vitrine. — Influence de Lalique sur la bijouterie de notre époque. — Ses imitateurs.	689 à 747

TABLE DES MATIÈRES

CONCLUSIONS

Copie des styles anciens. — Tentatives faites pour rénover l'Art décoratif. — Le « Modern Style » et l' « Art Nouveau ». — Leurs origines et leur évolution en Angleterre et en France ; les Préraphaélites. — Viollet-le-Duc. — Eugène Grasset. — Émile Gallé. — Influences de l'art japonais, des cénacles de Montmartre, des affiches en couleurs. — Salon de l' « Art Nouveau », chez Bing en 1895. — Apogée de la vogue du nouveau style lors de l'Exposition de 1900. — Tout le monde veut faire de l' « Art Nouveau ». — En France, et surtout à l'Étranger, les exagérations d'une foule d'artisans improvisés amènent une réaction ; beaucoup reviennent au style Empire et au Louis XVI. — Cependant les vrais artistes persévèrent et progressent. — La création personnelle l'emportera sur le pastiche. . . . . 747 à 780

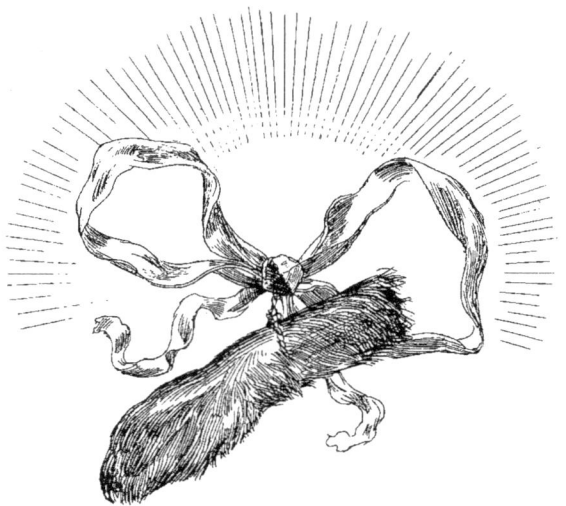

ACHEVÉ D'IMPRIMER
LE TROIS OCTOBRE MIL NEUF CENT HUIT
SUR LES PRESSES
DE
L'IMPRIMERIE GEORGES PETIT
JULES AUGRY, DIRECTEUR
12, RUE GODOT-DE-MAUROI, 12
PARIS

PHOTOGRAVURES
DE LA
MAISON CUEILLE & BOUCHÉ

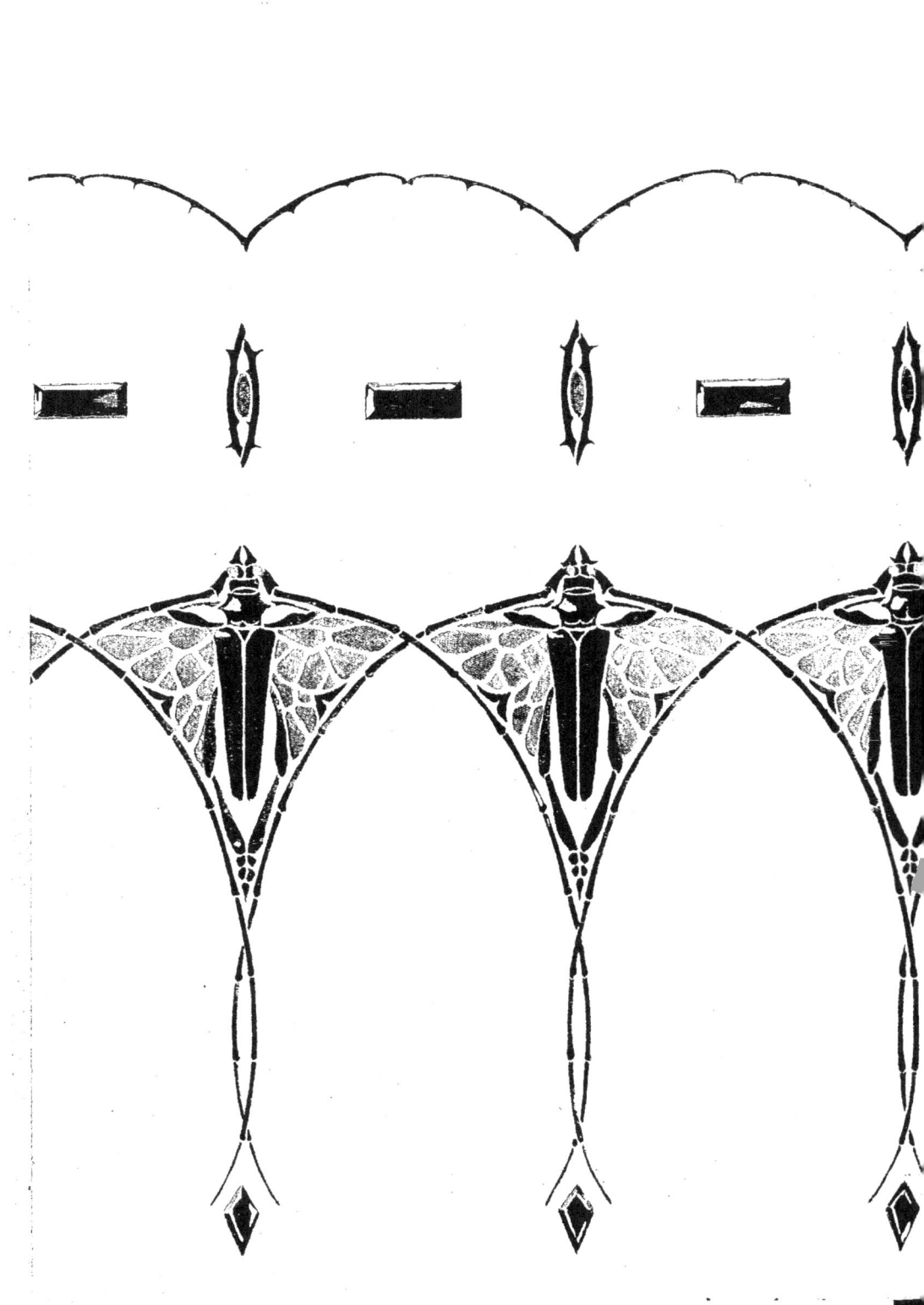

www.ingramcontent.com/pod-product-compliance
Lightning Source LLC
Chambersburg PA
CBHW071155240526
45470CB00016BA/30